陇东林业有害生物与林木种苗管理研究

主　编　席忠诚

西北农林科技大学出版社

图书在版编目(CIP)数据

陇东林业有害生物与林木种苗管理研究 / 席忠诚主编. —杨凌：西北农林科技大学
出版社，2013.6

ISBN 978-7-81092-825-0

Ⅰ. ①陇… Ⅱ. ①席… Ⅲ. ①森林植物－病虫害防治－研究－甘肃省②苗木－育苗－
研究－甘肃省 Ⅳ.①S763②S723.1

中国版本图书馆 CIP 数据核字(2013)第 131600 号

陇东林业有害生物与林木种苗管理研究

席忠诚　主 编

出版发行　西北农林科技大学出版社
地　　址　陕西杨凌杨武路 3 号　　邮　编：712100
电　　话　总编室：029－87093105　发行部：87093302
电子邮箱　press0809@163.com
印　　刷　西安华新彩印有限责任公司
版　　次　2013 年 06 月第 1 版
印　　次　2013 年 06 月第 1 次
开　　本　787 mm×1092 mm　1/16
印　　张　25.75
字　　数　590 千字

ISBN 978-7-81092-825-0

定价：66.00 元

本书如有印装质量问题,请与本社联系

编委会组成人员

主　　任：樊德民

副主任：胡开阳　席忠诚

成　　员：李亚绒　彭小琴　刘向鸿

主　　编：席忠诚

编　　委：李亚绒　彭小琴　刘向鸿　靳晓丽　李宏斌

序

    林业是生态文明建设的主力军，美丽中国要靠全体国民特别是林业人去装扮。陇东森林尤其是子午岭森林是陕甘宁三省区极其重要的生态屏障，关乎该区域的农业生产安全和社会的全面发展。要维护好这一重要的生态屏障，就必须突出抓好林业有害生物防控工作，预防和控制有害生物这个"不冒烟的森林火灾"。要不断增加生态屏障的覆盖范围，充分发挥其保护作用，就必须切实加强林木种苗管理工作，夯实林木种苗这个林业建设的基石，培育更多的良种壮苗用以绿化祖国大地和美化现代人居环境。

    甘肃省庆阳市领军人才、林业高级工程师席忠诚同志将自己26年来主持或参与的主要课题、项目、标准的核心内容和重要文章汇集成册，旨在为发展现代林业，实现陇东乃至毗邻省区森林覆盖率的快速提升、为陇东林业科学发展提供必要的决策参考和技术支撑。

    《陇东林业有害生物与林木种苗管理研究》由论文篇、科研篇和标准篇组成，涉及试验研究、对策思考、实用技术和树种培育、技术标准等内容，是一本实用性好、操作性强的林业技术资料，可作为林业系统管理人员和技术干部学习、参考的必备书籍。

樊佳民

2013 年 4 月

目　录

论文篇

对策思考

实用技术

科研篇

标准篇

论文篇

对策思考

子午岭林区害鼠种类及防治对策

李亚绒，俞银大，席忠诚

（庆阳地区森林病虫防治检疫站，甘肃 西峰 745000）

鼠害是人类生活的大敌,它不仅危害农作物,而且对林业生产也构成威胁。近年来,随着子午岭人工林面积的不断扩大,森林害鼠的危害也日趋严重,大部分林场,森林害鼠已成为影响造林成败的主要因素。据统计,华池林区人工幼林每年鼠害发生面积达 0.64 万 hm^2(9.6 万亩),平均鼠害率达 12.4%;合水林区 1965～1990 年,营造各种松林 2.63 万 hm^2(39.4 万亩),但由于害鼠发生,仅存活 0.75 万 hm^2(11.3 万亩),存活率为 28.8%。为了巩固造林成果,提高人工林的成活率和保存率,笔者对子午岭林区的鼠害进行了调查,并提出了防治对策,以期为基层林场防治鼠害提供决策依据。

1　害鼠种类

分布于子午岭林区的鼠害有 9 种,它们分别是:

(1)中华鼢鼠;(2)达乌尔鼠兔;(3)花鼠;(4)岩松鼠;(5)小林姬鼠;(6)大林姬鼠;(7)黑线姬鼠;(8)子午沙鼠;(9)社鼠。

2　危害特征

子午岭林区数量最多、危害最大的害鼠当属中华鼢鼠。其食性杂,可危害油松、华山松、华北落叶松、杨树、刺槐、榆等树种的苗木及幼树,其中对油松危害最甚。由于该鼠啃食幼树根系并挖掘复杂的鼠道破坏林木根系,使林木的养分、水分吸收受阻,致使大量苗木及幼树枯黄以致死亡,大大降低了造林成活率和保存率,严重危害宜林地,年年造林不见林,阻碍了人工林的发展壮大。同时,该鼠还危害农作物,咬断作物根系,使植物大量枯死,甚至把整株作物拖入洞穴,造成缺苗断垄,并破坏自然植被,引起水土流失。

达乌尔鼠兔是仅次于中华鼢鼠的又一种林区害鼠,基本以植物的绿色部分为食。早春和枯草期达乌尔鼠兔啃食树皮.常在根茎上部约 20 cm 处环状啃皮,致使水分养分输送受阻,树木死亡。秋季将新栽幼树从根茎处咬断,拉进洞内贮藏越冬。还常常在林地内挖洞筑巢,切断树根或使树根在洞内裸露,破坏林地工程,影响树木生长,引起土壤沙化和水土流失。

花鼠和岩松鼠同属于松鼠科,是以种子为主要食物的一类害鼠。其食性杂,对豆类、谷类、瓜果、林木种子及幼芽均有危害。不仅侵入农田掘食播种的农作物种子,还经常进入苗圃盗食松籽破坏播种育苗。母树林也常因此而严重减产,苹果、梨、杏、核桃等果树也常遭危害,间或还食害部分树木的嫩枝、嫩芽。它们是母树林、种子园、直播造林、天然更新、苗圃幼苗及果园发展不可忽视的害鼠。

姬鼠类,包括小林姬鼠、大林姬鼠和黑线姬鼠;它们喜食种子,亦食植物的绿色部分(大林姬鼠除外)。春季盗食种子,夏季食植物的绿色部分及瓜果,对育苗生产有很大的影响。大林姬鼠有挖掘食物的能力,嗜食种子,是直播造林的大敌。

子午沙鼠,以食植物种子为主,也食植物绿色部分,并破坏自然植被,造成水土流失。

社鼠,食性杂,常以坚果如榛子、松子、栗子等为食,数量多时,亦危害农作物、菜园,有时食野果、林木嫩叶和昆虫。

3 发生特点

3.1 种类的多样性和不均衡性

子午岭林区害鼠种类多、占庆阳地区发生种类的64.3%,在分类上呈现出不均衡性。分属2目4科7属,即啮齿目松鼠科、岩松鼠属、花鼠属;鼠科,姬鼠属、鼠属;仓鼠科、鼢鼠属、沙鼠属和兔形目鼠兔科、兔形属。其中啮齿目占绝对优势,共8种,占88.9%,兔形目1种,占11.1%。4科中,以鼠科最多,为4种,占44.4%;松鼠科、仓鼠科各2种,分别占22.2%;鼠兔科仅一种,占11.1%。

3.2 分布的区域性

林区害鼠,由于地理环境、寄主树种、气候因素等影响,更重要的是受其自身生物学特性的制约,在分布上呈现规律的区域性。在庆阳全区广布的有中华鼢鼠、花鼠、子午沙鼠和社鼠4种,仅在林区发生的有大林姬鼠、小林姬鼠、黑线姬鼠和岩松鼠4种,只在合水、华池林区分布的有达乌尔鼠兔1种。

3.3 食根性害鼠的主导性

林区害鼠依据其对植物危害部位的不同,大致可分为两大类:一类是以植物地下部分包括根系、块茎、块根等为主要取食对象,称之为食根性害鼠;另一类则以植物的地上部分包括茎、叶、杆、种子、果实等为主要取食对象,称之为非食根性害鼠。虽然子午岭林区食根性害鼠只有中华鼢鼠1种,非食根性害鼠就有8种,但无论从发生数量还是危害程度来看食根性害鼠始终处于主导地位。每年用于防治食根性害鼠而消耗的人力财力,据粗略估计也在100万元以上。

3.4 危害程度及危害范围的差异性

林区害鼠对人工林的危害不仅程度迥然不同,而且范围也有差异。有的种类危害所造成的损失令人吃惊,如中华鼢鼠危害年直接经济损失达72万多元;而有的种类如子午沙鼠和社鼠危害较轻。有的种类如达乌尔鼠兔只危害幼苗和幼树,而有的种类如中华鼢鼠不仅危害幼苗、幼树,而且还危害树龄20年以上的大树。有的种类如花鼠、岩松鼠不仅危害仓库、苗圃中的种子,且上树危害成熟的球果,而有的种类如达乌尔鼠兔只危害嫩枝和针叶。

4 防治对策

4.1 营林措施

一是调整林木结构,提高混交比重以减轻鼠类危害。鼠类对林木的危害有一定的选择性,在混交林中,有易受害树种,也有受害轻甚至不受害的树种,它们互相交错,彼此隔离,使害鼠的危害受到了制约,从而保护树木的正常生长。

二是营造速生丰产林。速生丰产林,因其生长迅速,长势好,郁闭快,所以鼠类危害较轻。

三是加强幼林抚育,促进林木快速生长。增强林木自身的抗逆性,可减轻鼠类危害。

4.2　人工防治

即机械防治,利用捕鼠笼、捕鼠夹、枪、弓箭等机械设备捕杀害鼠。不同害鼠应选择不同的灭鼠工具:对于长年在地下生活的中华鼢鼠,主要采用弓箭、钢弓夹和地箭捕打,效果良好;捕子午沙鼠、姬鼠用带网夹效果更佳;对于松鼠、达乌尔鼠兔和社鼠可用枪击法,弓形夹、平板夹捕杀。

4.3　化学防治

4.3.1　直接喷灌农药防治

用“3911”、“1059”、马拉硫磷、敌敌畏等农药灌根或喷洒于鼠洞周围的植物上,害鼠因食带毒植物而中毒死亡。

4.3.2　诱饵毒杀

根据害鼠的食性,选择不同的毒饵诱杀。

达乌尔鼠兔,可用50％“1059”乳油500倍液或磷化锌粉或0.01％溴敌隆拌以青草投入鼠洞毒杀之。

松鼠、姬鼠、社鼠和子午沙鼠,用葵花籽、白瓜籽作饵料,先和入熟青油拌匀,再拌入约5％～8％的磷化锌,在食物缺乏的季节,据害鼠的活动规律,选择其活动频繁的场所堆放诱杀之。

松鼠、姬鼠,还可用苹果、杏等鲜果切块拌入磷化锌毒杀之。

中华鼢鼠,采用磷化锌－大葱、磷化锌－土豆块以及鼢鼠灵毒饵诱杀,防效均在75％以上。

4.3.3　烟雾熏杀

用烟雾炮、磷化铝片投入有效鼠洞熏杀害鼠。

4.4　保护和利用天敌

子午岭林区害鼠的天敌有猫头鹰、黑鹰、赤狐、黄鼬、艾虎、野狸子、马尾狼、蛇等,应加以保护和利用。

【本文1996年8月发表在《甘肃农村科技》第4期第10－11页,获甘肃省林学会优秀论文四等奖】

子午岭人工松林病虫害发生动态及防治对策

席忠诚

（庆阳地区林木种苗管理站，甘肃 西峰 745000）

子午岭森林是耸立于陇东东部一堵强大的绿色屏障，对于保持水土，涵养水源，增加雨量，保障农牧业生产起着积极重要的生态保护作用。为了巩固造林绿化成果，促进森林面积特别是人工松林面积的扩大，笔者对人工松林病虫害发生动态及其成因做了粗浅分析，并提出了相应的防治对策，供领导和林业部门参考。

1 人工松林病虫害发生特点

1.1 人工松林现状

子午岭人工松林包括人工油松林、人工华北落叶松林和华山松林。天然油松林仅见于南端中湾场部，面积不足 200 hm²。人工油松林始造于 60 年代后期，至今林龄在 20 年以上的 5 333 hm² 左右，分布于子午岭中南部林场。80 年代以来，油松被列为主要造林树种，大量应用于荒山造林和次生林改造更新，并改一般造林为工程造林，人工林面积逐年扩大，现已保存面积 5 万 hm²，全林区均有栽植；子午岭虽非华北落叶松和华山松的种源地，却是他们的适生地之一，自 70 年代后期开始营造人工林，现保存华北落叶松 4 000 余hm²，华山松 266.7 hm²。

1.2 80 年代病虫害发生特点

危害松林中不同树种的病虫害种类多少依次为：油松大于华山松大于落叶松；造成危害的优势种群有：球果害虫、枝梢害虫和苗期病害；不同树种病虫害发生面积和成灾面积各不相同；落叶松虽有病虫害发生但未形成灾害，油松、华山松则不同程度受到病虫的侵袭，油松林病虫害成灾面积远大于华山松林，油松病虫害发生率和成灾率分别是 27.5％和 1.4％，华山松则分别为 33.3％和 6.7％；三种林中虫害发生面积和成灾面积均大于相应的病害面积。

1.3 90 年代病虫害发生特点

病虫害种类多少仍为：油松大于华山松大于落叶松，造成危害的优势种群在不同树种间种类不同：油松以松针小卷蛾、松大蚜、蓝木蠹象、六齿小蠹、落针病和枯梢病为主；落叶松又以落叶松球蚜指名亚种、落叶松枯叶蛾、紫蓝曼蝽、松横坑切梢小蠹和早期落叶病为主；华山松则以松大蚜、六齿小蠹、松沫蝉、果梢斑螟、立枯病为主；针叶、枝梢病虫害危害严重，球果和苗木受害较轻，病虫害发生率和成灾率因树种不同而异；油松为 9.5％和 1.2％，落叶松为 8.1％和 1.7％，华山松为 31.7％和 9.3％；虫害发生面积和成灾面积仍然大于相应的病害面积。

2 人工松林病虫害发生动态及成因分析

2.1 人工松林病虫害发生动态特征

人工松林病虫害的发生具有三大动态特征。一是病虫害发生种类急剧增加。油松增长 3.1 倍,落叶松和华山松则分别增长 5.7 和 4.5 倍。二是主要病虫种类优势种群发生了变化。除原有的球果和枝梢害虫及苗期病虫害外,还增加了大量的针叶害虫(如松针小卷蛾、落叶松球蚜指名亚种)和部分针叶、枝梢病害(如油松枯梢病、落叶松早期落叶病等)。这些病虫害曾在部分林场暴发成灾,造成一定的经济损失。三是病虫害发生率和成灾率因林种不同变化不同。油松病虫害发生率明显下降,成灾率稳中有降;落叶松林内发生率和成灾率虽有所升高,但仍处在较低的水平;华山松林内发生率稳中有降,成灾率却出现增长趋势,且均居高不下,这将对华山松的健康生长造成严重威胁。

2.2 人工松林病虫害发生成因分析

随着人工松林面积的不断扩大,子午岭林区固有的杂食性害虫也随着生存环境的改变而迁移,许多种类由原来单一地危害阔叶树逐渐向既危害阔叶树又兼食针叶树的方向转变。如舞毒蛾、黄褐天幕毛虫、桦尺蛾、李尺蛾等。这样必然造成人工松林病虫害种类的急剧增加。

随着林龄的增长,许多在松林苗期的优势病虫害种群也逐渐被中幼林期所替代,出现了苗圃病虫害、枝梢病虫害、针叶病虫害、球果害虫共存,以针叶和枝梢病虫害占据优势的局面。

尽管油松、落叶松、华山松有许多共性,但三者之间的种类差异是不容忽视的,因而病虫害种类自然不尽相同,有多有少,导致病虫害发生率和成灾率出现明显差异。

油松林在子午岭林区内因生态演替序列属顶级群落,落叶松和华山松在子午岭这块适生地长势良好,加之营造后的人工林加强了抚育管理,生长迅速、郁闭快。因此,病虫害只能在小范围内发生,突发性病虫害也仅仅在局部成灾。

2.3 人工松林病虫害发展趋势预测

根据人工松林病虫害发生动态特征及其成因分析结果和子午岭林区发展规划可以预测:在今后一段时间内人工松林病虫害发生种类继续表现上升势头,许多在松林生长的中后期发生的种类将逐渐显现;松林内优势病虫种群也将随着林龄的不断增长而发生变化;病虫害危害面积亦会随着人工林面积的壮大而增加,但病虫害大面积成灾的可能性极小,小范围个别种类暴发成灾的几率极高。

3 人工松林病虫害防治对策

针对子午岭人工松林病虫害发生特点,提出以下防治对策:

3.1 严格检疫执法,杜绝危险性病虫害入侵

截至目前,子午岭人工松林尚未发现国内森林植物检疫对象,因此,严格检疫执法,杜绝危险性病虫害入侵显得至关重要。一是在林区各木材检查站增加调运检疫和验证项目;二是各林场对育苗用种、造林用苗严格产地检疫,坚持用健康种苗育苗、造林;三是全

林区应有计划建立无森检对象的种苗繁育基地、母树林基地;四是加强专(兼)职森检人员的技术培训,不断提高他们的业务素质和工作能力。

3.2 建立治本性预防机制,加大病虫害灾情监测和预报力度

森林病虫害以森林、林木为其生存的基本条件,林业生产的每一个环节都对其发生发展有着直接的关系。因此,要从造林规划设计开始,在采种、育苗、造林、抚育、采伐、运输等各个生产环节,不间断地配套实施病虫害预防措施,使森林病虫害防治始终贯穿于林业生产的全过程,并将其作为一项降低灾害的治本性措施来抓。同时建立严格的检查监督机制和有关的技术规范,使预防森林病虫害的滋生蔓延成为全社会的共识。森林经营单位要注重灾情监测和预测预报,建立由森保员和护林员组成的病虫害林间调查队伍,负责按规定的调查项目和时间,定期调查和报告病虫害发生情况,形成病虫情报面上发生信息调查网。然后,再根据病虫的分布情况,在有代表的林地设立发生规律系统监测点,开展有关种群消长规律的系统调查,逐步形成点面结合的测报网络格局。

3.3 坚持"预防为主、综合治理"的森林病虫害防治方针,及时防治局部突发性病虫害

子午岭人工松林常规性病虫害由于受到天敌资源、自然生态环境及种群自身特征等因素的制约,一般不形成大的灾害。因此防治时,提倡尽量减少人为干扰因素,增强生态循环中生物链的自控能力,维持生态平衡。对于爆发性病虫害倡导综合治理。即合理运用化学药剂降低病虫种群密度,加强人工防治包括人工清除病虫株、枝和其他人为降低病虫害种群密度的方法的应用,增大生物制剂和信息素在防治中的应用比例,保护天敌资源,充分发挥其在防治中的应用,增强林木自身的抗病虫能力,将突发性病虫害控制在经济允许水平之下。

3.4 广泛开展科学研究,不断提高森防工作的科技含量

利用高新技术防治病虫害是提高防治效果的重要战略措施。要针对发生面广、危害大的病虫害开展科学研究,研究其发生发展规律、预测预报技术、综合防治措施以及综合管理决策系统等。并将研究成果尽快转化为防治生产力,及时予以推广应用,提高森防工作的科技含量,从总体上提高森林病虫害的防治水平。

【本文 1998 年 12 月发表在《甘肃农村科技》第 6 期第 36－37 页;1999 年 12 月录入《甘肃科技增刊之西部开发论文集(甘肃部分)》第 153－155 页,并获甘肃省科委组织的"三星石化杯"优秀论文奖】

子午岭林区林虫发生特点与防治对策

席忠诚[1]，李亚绒[2]

（1.庆阳地区林木种苗管理站，甘肃 西峰 745000；

2.庆阳地区森林病虫害防治检疫站，甘肃西峰 745000）

摘要：根据子午岭林区林虫区系组成和区划特征，结合主要树种害虫危害特点，提出了预防和除治子午岭林区森林害虫的 3 项措施。

关键词：子午岭；林虫；发生特点；防治对策

中图分类号：S763. 3 文献标识码：A 文章编号：1671－0886(2002) 05－0028－ 02

Occurrence of forest pest insects in Ziwu Mountains and their control countermeasures

XI Zhong-cheng[1] , **LI Ya-rong**[2]

(1. *Forest Seed and Seedling Management Station of Qingyang District*，*Xifeng 745000*，*Gansu Province*，*China*；

2. *Forest Pest and Disease Management* & *Quarantine Station of Qingyang District*，

xifeng 745000，*Gansu Province*，*China*)

Abstract：Based on the fauna composition and division characteristics of forest pest insects in Ziwu Mountains and damage of pests on important tree species，3 control countermeasures were provided.

Key word：Ziwu Mountains；forest pest insects；occurrence；control countermeasures

子午岭森林是国家和甘肃省重要的水源涵养林，预防和除治子午岭林区森林害虫的危害蔓延，对确保庆阳地区林业可持续发展有十分重要的意义。笔者在多年实地调查的基础上，结合两次森林病虫普查和全区经济昆虫区系调查，分析了子午岭林区林虫发生特点，提出了防治对策，现报道如下。

1 子午岭林区林虫区系特点

1.1 区系组成

分布于子午岭林区的已知昆虫共 1040 种，其中属古北界的 317 种、东洋界 70 种、古北界—东洋界过渡带 561 种、广跨种 92 种，分别占 30.5% 、6. 7% 、53. 9%和 8. 9%。由此可见子午岭林区森林昆虫以古北界—东洋界过渡带和古北界的种类为主，占已知种类的 80％以上。

1.2 区划特征

子午岭森林昆虫可划分为 4 个群落区,各群落区特点如下。

1.2.1 梁峁顶部群落区

植被以沙棘、黄蔷薇、胡枝子等灌木为主,混生辽东栎、山杨、杜梨等阔叶树种。重要害虫种类较少,有 11 种,多为地下或食叶害虫,危害轻微,很少暴发成灾。

1.2.2 干旱阳坡群落区

主要树种有侧柏、杜梨、榆、山杏等,灌木以文冠果、狼牙刺为主。害虫种类较多,常见森林害虫有 36 种,但无突出危害的种类,地下害虫和食叶害虫为主要种群。

1.2.3 较湿润阴坡群落区

主要树种有山杨、白桦、辽东栎、油松等,灌木以虎榛子、四季青、二色胡枝子为主。害虫种类众多,常见森林害虫有 50 余种,种实害虫和食叶害虫占重要地位;食叶害虫虽然生境适宜,但天敌也相对较多,总体表现相对平衡的状态;种实害虫当属球果害虫危害突出,平均球果受害率在 40％以上。

1.2.4 沟道群落区

沟谷底部生长着丝藻、香蒲、芦苇等,沟谷两岸丛生着沙棘、筐柳、丁香、柔毛绣线菊、胡颓子、虎榛子等灌木及小叶杨、河柳、引进杨等乔木。害虫数量与较湿润阴坡群落区相当,常见森林害虫有 55 种,其中食叶害虫数量较大,枝干害虫危害严重,检疫对象危害不容忽视。

2 主要树种害虫危害特点

子午岭森林植被以落叶阔叶林为主。危害油松、辽东栎、山杨、小叶杨、白桦、侧柏、山定子、落叶松、杜梨、文冠果、山杏、沙棘、黄蔷薇、狼牙刺等主要树种的森林害虫主要特点如下。

2.1 种类繁多

子午岭林区常见和危害较重的害虫有 128 种,占森林昆虫的 12.3％。其中杨树害虫就有 80 多种,占常见害虫的 62.5％;油松等目的经营树种的害虫种类也在 50 种以上,并有不断增加的趋势,近几年在油松林内就发现中华纽扁叶蜂 *Neurotoma sinica* Shinohara 等国内新纪录多种。

2.2 各类害虫比例不均

根据害虫危害部位的不同,可将其分为种实害虫、根部害虫、枝干害虫和叶部害虫 4 大类。常见的 128 种森林害虫中,种实害虫 6 种,根部害虫 18 种、枝干害虫 26 种、叶部害虫 78 种,比例约为 1∶3∶4∶13 。

2.3 钻蛀性害虫危害严重

钻蛀性害虫包括蛀干害虫和种实害虫两大类。危险性蛀干害虫有四点象天牛 *Mesosa myops*(Dalman),黄斑星天牛 *Anoplophora nobilis* Gang1bauer、青杨楔天牛 *Saperda populnea* Linnaeus、杨干透翅蛾 *Sesia siningensis* Hsu、杨干象 *Cryptorrhynchus lapathi* Linnaeus、芳香木蠹蛾东方亚种 *Cossus cossus orientalis* Gaede、六齿小蠹 *Ips acuminatus* Gyllenhal、小灰长角天牛 *Acanthocinus griseus*（Fabricius）、松幽天牛 *Asemum amurense* Kraatz 等；种实害虫有油松球果小卷蛾 *Gravitarmata margarotana*（Hein）、松果梢斑螟 *Dioryctria mendacella* Staudinger、球果尺蛾 *Eupithecia abietaria gigantea* Staudinger、柞栎象 *Curculio dentipes*（Roelofs）、桃蛀果蛾 *Carposina niponensis* Walsingham 等，它们的危害相当严重。

2.4 食叶害虫此起彼伏，刺吸害虫危机潜在

食叶害虫种类最多，数量最大，占常见 128 种森林害虫的 61%，常大面积发生，局部成灾。如刺槐眉尺蠖 *Meichihuo cihuai* Yang、杨毒蛾 *Stilpnotia candida* Staudlinger，柳毒蛾 *S. salicis*（Linnaeus）、松叶小卷蛾 *Epinotia rubiginosana*（Herrich-Schaffer）等。在 k 对策害虫被控制后，r 对策害虫种群发展具有明显的潜在危机，表现最突出的是蚜类、蚧类和叶蝉类，如松大蚜 *Cinara pinitabulaeformis* Zhang et Zhang、落叶松球蚜 *Adelges laricis* Vall.、柳蛎盾蚧 *Lepidosaphes salicina* Borchs.、蚱蝉 *Cryptotympana atrata*（Fabricius）和大青叶蝉 *Cicadella viridis*（Linnaeus）等。

2.5 害虫的分布与森林类型关系密切

森林害虫的分布与危害状况是由南到北，种类逐渐减少，危害趋重。南部林分结构组成复杂，害虫种类多，但一般危害较轻；北部林分结构组成简单，害虫种类明显偏少，却往往容易成灾。在相同的立地条件下，天然林因树种组成多样化，虽害虫种类多，分布广泛，一般较难大规模成灾；而人工林因树种单一，昆虫区系简单，种类少，却往往容易成灾。

3 防治对策

3.1 严格检疫执法，杜绝危险性病虫害入侵

分布于子午岭林区的国内和省内森检对象有 5 种：白杨透翅蛾 *Parathrene tabaniformis* Rottenberg、杨干象、青杨楔天牛、黄斑星天牛和杨干透翅蛾，应按照《植物检疫条例》和《森林植物检疫技术规程》的要求，严格检疫执法，杜绝危险性病虫害入侵。

3.2 强化预测预报网络建设，加大虫情监测预报力度

子午岭林区森林害虫预测预报网络通过十几年的建设已具雏形。要进一步加强测报工作，改善仪器、设备等硬件设施条件，加强网络等高新测报技术的推广应用。采取点面结合、专业队和广大群众结合、土洋结合的调查方法，定期调查和报告虫害发生情况，及时发布准确的虫情发生发展趋势预报，为实施防治提供重要依据。

3.3 坚持"预防为主，综合治理"的方针，及时除治局部突发性虫灾

子午岭森林生态系统是一个相对稳定的动态平衡系统，栖息其内的森林昆虫由于受天敌、生境及种群自身特性等因素的共同制约，一般不形成大的灾害。因此在防治上，要尽可能少的实施人为干扰，增强自然界生物链的自控能力。对于局部暴发性森林害虫倡导综合治理。即合理利用高效低毒的化学药剂或植物性农药压低害虫种群密度，加大灭幼脲、白僵菌等生物制剂和性诱剂、拒避剂等信息素在防治中的应用比例，提倡应用人工

物理机械除治,包括人工清除虫害枝、株,灯光诱杀成虫和其他人为降低害虫种群密度的方法,保护天敌资源,增强林木自身的抗虫能力。

参 考 文 献

[1] 席忠诚.子午岭林区林虫区划初探[J].甘肃林业科技,1997,(3):56-59
[2] 俞银大,席忠诚,李亚绒.甘肃杨树病虫害及其防治[M].兰州:甘肃文化出版社,1997
[3] 席忠诚.子午岭人工松林病虫害发生动态及防治对策[J].甘肃农村科技,1998,(6):36-37

【本文 2002 年 10 月发表在《中国森林病虫》第 21 卷第 5 期第 28-29 页,获甘肃省林学会优秀论文三等奖】

加快林木种苗发展的措施

何天龙，席忠诚

（庆阳市林木种苗管理站，甘肃 庆阳 745000）

1　切实加强对林木种苗工作的领导

林木种苗工作是生态林业建设中一项带有全局性、超前性、战略性的基础工作。充分发挥各级林业行政主管部门主要领导第一责任人的作用，对本辖区内的林木种苗生产、供应、质量负总责；充分发挥各营造林实施单位主要领导直接责任人的作用，对本单位造林所用的种苗生产、供应、质量负全部责任；充分发挥林木种苗管理部门主要领导质量监管责任人的作用，对本辖区内种苗质量监督检查、种苗市场管理、种苗生产供应调查、种苗信息的报告等负全责。在种苗生产、供应、使用的高峰期，林木种苗管理部门依法对种苗生产、供应、质量进行跟踪检查和督察，相关部门应予以积极配合。从 2006 年起实行种苗生产、供应、质量监督检查制度，市上随时监督检查种苗生产、供应、质量情况。若出现重大质量事故，将追究相关人员的责任。同时，加大对种苗从业人员的培训力度，使种苗管理人员熟练掌握国家林业和林木种苗法律、法规、政策和方针，提高种苗工作者的整体素质和依法行政的能力，力争种苗管理工作在理论创新、工作创新和制度创新方面有重大突破。

2　建立健全规范的种苗生产供应保障体系

全市要建立以国有场圃为依托、中心苗圃和标准化苗圃为骨干、村户育苗为补充的多层次种苗生产供应体系。加强林木种苗生产与造林计划的衔接，确保种苗生产与供应规范有序进行。努力实现全市范围内天然林保护、退耕还林和三北四期等工程及绿色生态和谐家园建设种苗供需的总量平衡和树种、品种的结构平衡。种苗的生产供应要实行以合同采购为主，招标采购为辅的供销形式。按照造林任务，由造林单位与种苗生产单位签订种苗供应合同；明确种苗生产范围、树（品）种、数量、质量、规格等指标，确定双方责任，以合同要求生产和供应种苗，不足部分以招标采购形式作补充。

3　大力扩繁推广优良乡土树种和名优新特经济林品种

优良乡土树种和名优新特经济林品种具有生长快、抗干旱、耐瘠薄、易成活、生物学特性稳定、经济价值高等特点，是造林绿化的首选树种。庆阳市要在扩繁推广优良乡土树种、名优新特经济林品种和名贵珍稀树种，特别要在大力发展稍白杨、楸树、臭椿、文冠果、国槐、沙棘等树（品）种上下工夫。2006 年优良乡土树种新育苗面积必须完成 100 hm²，以后每年要有适度增加。切实做到地块、面积、树种三落实。同时，要按照《中华人民共和国种子法》的有关规定设立专项资金,重点用于林木种质资源保护、引种驯化、品种选育、区域试验、良种初步审定和推广、种子储备等工作。做好国家和省上审定和认定的 71 个良种在适生地全面推广外,要立足本地,选择耐旱、抗病虫的生态防护林树种、速生丰产树种和品质优良的经济林品种,在试验的基础上进行逐步推广,不断提高全市良种使用率,使 2006 年良种使用率达到 40% 以上。

4 加强林木种苗法制建设

继续加强林木种苗法治教育,提高公众法律意识;认真贯彻《中华人民共和国种子法》、《甘肃省林木种苗管理法规》及其配套法规,依法进行种苗管理。严格执行林木种子生产、经营许可和种子标签及质量检验、种苗使用责任追究、质量案件上报跟踪制度,建立种苗执法监督体系,加强执法全过程的监督。同时,规范种苗市场秩序,严厉打击生产经营假冒伪劣种苗、乱引滥繁、虚假宣传、无证无签生产经营林木种苗的违法行为。建立起权责明确、行为规范、监督有效、保障有力的林木种苗执法监管体系,充实执法力量,改善执法监督条件,提高执法监督队伍素质,营造良好的执法氛围。

5 深化国有林木种苗基地体制改革

国有苗圃要全面推行企业化管理,按市场机制运作,自主经营,自负盈亏,大力推进机制创新、体制创新和科技创新,积极探索促进林木种苗发展的多种实现形式,鼓励打破行政区域界限,在保证为林业建设提供优质种苗和确保国有资产保值增值的前提下,按照自愿互利原则,通过联合、兼并、股份制改造等形式,引入社会资本,组建跨地区的苗圃联合体,盘活国有资产,实现规模经营,降低经营成本,走产业化经营的路子,提高质量效益。

6 积极引导非公有制种苗生产和经营

社会各界可跨所有制、跨行业、跨地区投资发展种苗产业。凡有能力的农户、城镇居民、科技人员、私营企业主、外国投资者、企事业单位的职工等,都可依法单独或合伙参与林木种苗生产和经营。在种苗市场准入上,凡具备《林木种子生产经营许可证管理办法》所规定条件者,都可以依法申领林木种子生产、经营许可证,凭证依法从事种苗的培育和经营。要加强对非公有制种苗生产者、经营者的职业道德教育和业务能力培训,提高整体素质,增强种苗生产经营者的法制观念,促进合法生产经营种苗。

7 加大基础设施建设力度

积极争取国家和地方投资,加大林木种苗基础设施建设力度,特别要把种子加工贮藏、市县级种苗质量监督检测站、种苗信息网络等基础设施建设,纳入当前建设重点,不断提高林木种苗质量监督检验水平,进一步夯实林木种苗这个林业建设的基石。对已建成的种苗工程项目要加强管理,引入市场机制,不断挖掘潜力,提高生产能力,在市场竞争中发展和提高。同时,不断完善信息服务,筹备成立以服务社会为宗旨,以营造良好的生产经营环境为目的的林木种苗花卉协会,为林木种苗生产、经营者提供多层次、多渠道、全方位的社会化服务。并加强种苗生产、供应预测、预报工作,搞好余缺调剂,保证种苗供应。

按照全国种苗网络建设的统一标准和要求,加强种苗信息网络建设,尽快与国家种苗网对接,实现种苗生产供求信息共享。全面准确掌握并及时报送、发布种苗供求和新品种信息,引导种苗生产,确保造林任务圆满完成。分区域建立林木种苗交易市场,通过展览会、信息发布会等多种形式,为种苗供需双方提供交易场所和信息交流机会。

8　提升种苗质量监督管理水平

林木种苗质量监督检查要严把种源、育苗、出圃、流通和使用这"五关"。一是种源关:育苗、造林所需种子,必须使用种源区种子,并经检验分级,附有检验证,择优使用;不合格种子,不得用于育苗和造林。二是育苗关:按照《林木育苗技术规程》规范生产,每亩产苗量不得超过规定数量,避免形成细苗、弱苗和病苗。三是出圃关:出圃苗木必须分级,低于国标二级的等外苗不得出圃。四是流通关:对市场流通的苗木质量进行跟踪、检测,严禁证件不全和等外苗木进入市场流通。五是使用关:造林使用的林木种苗必须具有《林木种苗质量检验合格证》、《林木种苗使用许可证》、《林木种苗检疫证》和产地标签,即"三证一签"。在造林季节,应选派责任心强的检验人员深入现场进行种苗质量的监督。造林所用种苗合格率必须达到100%,并经检查验收质量合格后,由质量监督人员、工程监理人员及造林单位负责人共同签字进行实地栽植。否则,不得用于造林。

9　坚持科技创新和新技术推广应用

加强种苗应用技术研究,改变庆阳市高新技术应用滞后的现状,整合优势资源,逐步推进林木遗传育种、良种选育研究和科研攻关。筛选、组装一批科研成果,建立和完善科研与生产相结合的良种推广体系,加速推广良种繁育、苗木培育、种苗包装运输等种苗生产、经营、流通环节的先进实用技术,提高林木种苗的科技含量。积极引进、试验、示范国内外的名优品种,增加本地的林木品种资源。在种源选择上,加强生产性种源选择测试,扎扎实实落实适地适树适种源,拟定新的主要造林树种的种源选择。在繁育技术上,继续推广工厂化育苗、容器育苗、遮阴网育苗、大苗定植、嫁接育苗等实用技术;变单季节造林为多季节造林,同时,注意应用细胞工程、辐射育苗、转基因育苗、太空育种等高新技术,不断提高良种选育技术水平。

【本文2006年6月发表在《庆阳科技》第2期第7—8页】

加快庆阳市林木种苗产业发展的对策思考

刘松林[1]，席忠诚[2]

（1.甘肃省林木种苗管理总站，甘肃 兰州 730046；

2.庆阳市林木种苗管理站，甘肃 庆阳 745000）

摘要：针对庆阳市林木种苗质量监督与种苗市场发育不相适应、种苗生产结构不尽合理、种苗产业发育缓慢、一些地方对苗木的使用把关不严等4个突出问题，提出了加强组织领导、健全供应体系、推广乡土树种、推进法制建设、深化体制改革、规范非公经济、促进设施建设、提升监管水平、强化科技推广等解决问题的对策和措施。

关键词：林木；种苗；发展；对策

中图分类号：S 722　　　文献标识码：B

　　林木种苗产业是为大地增绿、场圃脱贫、职工致富、农民增收的绿色基础产业，生产和供应数量充足、种类丰富、结构合理、质量优良的林木种苗是建设社会主义新农村和绿色生态和谐家园的重要环节。针对庆阳市林木种苗产业发展存在的突出问题，笔者提出了相应的对策和措施。

1　种苗产业发展中的突出问题

　　改革开放以来，庆阳市林木种苗产业虽然取得了一定成绩，但也存在一些不容忽视的突出问题。

　　(1)质量监督与种苗市场发育不相适应。随着育苗生产中经济成分的多元化(其中国有、集体和非公经济成分所占比例约为3：1：6)，种苗市场日益发育，这对林业发展十分有益，但缺乏有效的监督管理，特别是非公经济和个体林农的监管有待进一步加强。

　　(2)种苗生产结构不尽合理①。一方面，良种基地(截至目前庆阳现有林木良种和采种基地分别为3个和5个，其中良种基地以油松为主，采种基地以刺槐、山杏、沙棘、柠条为主)不仅规模小，产量少，而且树种结构也不合理；以油松为主的针叶树种多，以楸树、臭椿、白蜡、杨、柳、榆、槐和经济林等为主的阔叶树种少，适宜庆阳市的抗逆性强的林木良种更少。很难满足目前造林、绿化和经济林建设多角度全方位发展的需要。另一方面，苗木新品种、优质苗相对短缺，而一般苗木诸如山杏、油松大量过剩，特别是油松2~5年生的容器苗和大田苗圃地存量达20 000万株以上，给生产单位造成了巨大而难以克服的压力，严重影响了种苗产业的正常、健康和有序发展。

　　(3)种苗产业发育缓慢、分布零散没有形成规模。由于国家林业政策的逐步紧缩，广大林农不明政策，致使千家万户林农自主、自发育苗的态势还在继续扩大，因缺乏必要的组织协调和技术指导,造成了生产零散、分布凌乱、销售困难、效益低下的被动局面。

(4)一些地方对苗木的使用把关不严,执法不力,说人情、吃回扣的现象时有发生,造成了不良的影响,也带来了一定的经济损失。

2　种苗产业发展的对策和措施

2.1　加强组织领导

要充分发挥各级林业行政主管部门主要领导为第一责任人的作用,对本辖区内的林木种苗生产、供应、质量负总责,充分发挥各营造林实施单位主要领导或直接责任人的作用,对本单位造林所用的种苗品种、质量、数量负全责;充分发挥林木种苗管理部门的主要领导为种苗质量监管责任人作用,对本辖区内种苗质量监督检查、种苗市场管理、种苗生产供应调查、种苗信息的报告等负全责。在种苗生产、供应、使用的高峰期,管理部门依法对种苗生产、供应、质量进行跟踪检查和督察,相关部门要予以积极配合。若出现重大的种苗生产、供应和质量事故,应追究相关人员的责任。

2.2　健全供应体系

庆阳市要建立以国有场圃为依托、中心苗圃和标准化苗圃为骨干、村户育苗为辅的多层次种苗供应体系。要加强林木种苗生产与造林计划的衔接,确保种苗生产与供应规范有序进行。努力实现全市范围内工程造林及绿色生态和谐园建设种苗供需的总量平衡和树种、品种的结构比例。种苗生产供应要实行以合同定购为主,招标采购为辅的供销形式。按照造林任务,由造林单位与种苗生产单位签订种苗供应合同,明确种苗各项指标,确定双方责任。

2.3　推广乡土树种[②]

优良乡土树种和名优新特经济林品种具有生长快、抗干旱、耐瘠薄、易成活、生物学特性稳定、经济价值高等特点,是造林绿化的首选树种。庆阳市要在扩大繁育推广应用优良乡土树种、名优新特经济林品种和名贵珍稀树种上下工夫,特别要大力发展河北杨、楸树、臭椿、文冠果、国槐、沙棘等树(品)种。除做好国家和省上审定和认定的71个良种在适生地全面推广外,要立足本地试验选择并逐步推广耐旱、抗病虫的防护林树种、速生丰产林树种和品质优良的经济林品种,使全市良种使用率逐年得到提高。

2.4　推进法制建设

继续加强林木种苗法制教育,提高公众法律意识;认真贯彻《中华人民共和国种子法》、《甘肃省林木种苗管理条例》及其配套法规,依法进行种苗管理。严格执行林木种子生产、经营许可证和种子标签及质量检验、种苗使用责任追究、质量案件上报跟踪制度,建立种苗执法监督体系,加强执法全过程的监督。同时,要规范种苗市场秩序,严厉打击生产经营假冒伪劣种苗、乱引滥繁、虚假宣传、无证无签生产经营林木种苗的违法行为。建立起权责明确、行为规范、监督有效、保障有力的林木种苗执法监管体系,充实执法力量,改善执法监督条件,提高执法监督队伍素质,营造良好的执法氛围。

2.5　深化体制改革

国有苗圃要全面推行企业化管理,按市场机制运作,自主经营,自负盈亏,大力推进机制创新、体制创新和科技创新,积极探索促进林木种苗发展的多种实现形式,鼓励打破区域界限,在保证为林业建设提供优质种苗和确保国有资产保值增值的前提下,按照自愿互利原则,通过联合、兼并、股份制改造等形式,引入社会资本,组建跨地区的苗圃联合体,盘活国有资产,实现规模经营,降低经营成本,走产业化经营的路子。

2.6 规范非公经济

社会各界可跨所有制、跨行业、跨地区投资发展种苗产业[③]。凡有能力的人员都可依法单独或合伙参与林木种苗生产和经营。凡具备《林木种子生产经营许可证管理办法》所规定条件者,都可以依法申领林木种子生产、经营许可证,凭证依法从事种苗的培育和经营。要加强对非公有制种苗生产者、经营者的职业道德教育和业务能力培训,提高整体素质,增强种苗生产经营者的法制观念,促进合法生产经营种苗。

2.7 促进设施建设

积极争取国家和地方投资,加大林木种苗基础设施建设力度。特别要把种子加工贮藏、市县级种苗质量监督检测站、种苗信息网络等基础设施建设纳入当前建设重点,不断提高林木种苗质量监督检验水平。对已建成的种苗工程项目要加强管理,引入市场机制,不断挖掘生产潜力,提高生产能力,在市场竞争中发展和提高。同时,要不断完善信息服务,筹备成立以服务社会为宗旨,以营造良好的生产经营环境为目的的林木种苗花卉协会,为林木种苗的生产、经营者提供多层次、多渠道、全方位的社会化服务。并在加强种苗生产、供应、预测预报工作,搞好余缺调剂,保证种苗供应上下工夫。要按照全国种苗网络建设的统一标准和要求,加强种苗信息网络建设,要尽快与国家和省种苗网络对接,实现种苗生产供求信息共享。要全面准确掌握并及时报送、发布种苗供求和新品种信息,引导种苗生产,确保造林任务圆满完成。要分区域建立林木种苗交易市场,为种苗供需双方提供交易场所和信息交流机会。

2.8 提升监管水平

林木种苗质量监督检查要严把"五关"。一是种源关:育苗、造林所需种子,必须使用种源区种子,并经检验分级,附有检验证,择优使用;否则,不得用于育苗和造林。二是育苗关:严格按照《林木育苗技术规程》规范生产,降低细苗、弱苗和病苗的比例。三是出圃关:出圃苗木必须分级,低于国标二级的等外苗不得出圃。四是流通关:对市场流通的苗木质量进行跟踪、检测,严禁证件不全和等外苗木进入市场流通。五是使用关:造林使用的林木种苗必须具有林木种苗质量检验合格证、《林木种苗使用许可证》、林木种苗检疫证和产地标签,即"三证一签"。在造林季节,必须经检查验收合格后,由质量监督人员、工程监理人员及造林单位负责人共同签字的苗木才可进入现场栽植。

2.9 强化科技推广

要整合优势资源,逐步推进林木遗传育种和良种选育研究和科研攻关,改变庆阳市高新技术应用滞后的现状。筛选、组装一批科研成果,建立和完善科研与生产相结合的良种推广体系,加速推广良种繁育、苗木培育、种苗包装运输等先进实用技术,提高林木种苗的科技含量。在繁育技术上,要继续推广工厂化育苗、容器育苗、遮阴网育苗、大苗定植、嫁接育苗等实用技术;变单季节造林为多季节造林,同时,要注意应用高新育苗技术,不断提高良种选育的技术水平。

注:①庆阳市林木种苗管理站.庆阳市林木种苗花卉产业发展"十一五"规划.2006
　　②庆阳市林业局.贯彻落实《加快林木种苗发展意见》的实施方案.2006
　　③甘肃省林业厅.关于进一步加强林木种苗工作的意见.2006

【本文 2006 年 9 月在庆阳市林木种苗花卉协会成立大会上交流并获协会优秀论文一等奖;2007 年 1 月录入《庆阳市林木种苗花卉产业发展对策与相关技术措施研讨会论文集》;2007 年 3 月发表在《甘肃林业科技》第 32 卷第 1 期第 66－67 页,有改动】

子午岭油松林昆虫种群结构及主要类群治理对策

席忠诚

（庆阳市林木种苗管理站，甘肃 庆阳 745000）

油松（*Pinus tabulaeformis* Carr.）是子午岭自然保护区内因生态演替序列中的顶级群落且十分稳定的群落。随着天然林保护和重点生态公益林建设工程的逐步实施，油松林在子午岭林区所占的份额越来越大，据初步调查林区内现保存油松林面积已逾百万亩。子午岭省级自然保护区的森林昆虫在 20 世纪 80、90 年代分别进行过 2 次较为系统的普查，随后 21 世纪初进行了首次林业有害生物普查，其他研究较少。本文以油松林为研究对象进行昆虫种群结构分析，并提出主要类群的治理对策。

一、材料来源与分析方法

在设立标准地调查的基础上，借鉴 20 世纪 80、90 年代森林病虫普查成果，以研究林内蛾类昆虫区系组成特点。

地下昆虫在标准地内采用五点法调查，林下植被和树冠上昆虫采用网捕法，灾害性昆虫采用随机连续抽样调查害虫危害程度和种类。

根据营养层和功能集团的划分，将油松林昆虫群落划分为植食者、捕食者、寄生者和腐食者 4 个营养层。功能集团依据科级分类单元、食性相似及内部竞争关系划分类群，确定优势物种和关键种；优势种是指在一定空间内种群数量较多的物种，关键种是指对油松的生长发育产生重要影响的优势种。

二、结果与分析

1. 油松林昆虫群落组成

调查结果表明，子午岭自然保护区油松林的昆虫有 210 种，分属 11 目 65 科。其中植食性种类 65 种，占总数的 30.95%；捕食性天敌 94 种，占 44.76%；寄生性天敌 48 种，占 22.86%，其余种类占 1.43%（表 1）。天敌种类达 142 种，占 67.62%，说明子午岭油松林昆虫生态多样性非常丰富。

表 1　子午岭油松林昆虫的组成

分类单元		腐生昆虫	总数	昆虫种类组成		
昆虫				捕食昆虫	植食昆虫	寄生
2	目	2	11	9	5	2
11	科	3	65	27	25	11
48	种	3	210	94	65	48

2.油松林昆虫区系分析

保护区油松林 210 种昆虫在地理区划上分属于:古北界 45 种,占总数的 21.43％;东洋界 7 种,占 3.33％;古北－东洋跨界种 138 种,占 65.72％;世界性种 20 种,占 9.52％;显然,古北界和古北－东洋界跨界种占据了重要地位,达到了 87.15％;东洋界和世界性种仅占到 1 成多,世界性种类稍多,东洋界种类最少。

3.油松林昆虫群落的主要功能集团

将以油松为中心形成的昆虫群落划分为 4 个营养层、8 个功能集团和 42 个类群(表2),同一营养层中,不同的功能集团会根据其取食特性分化出优势种共 58 种。油松林昆虫功能集团中的关键种共 29 种,其中:食根类关键种有黄地老虎、东北大黑鳃金龟和黑绒鳃金龟 3 种;食叶类有松针小卷蛾、油松毛虫、宁陕松毛虫、舞毒蛾和古毒蛾 5 种;食梢类有松大蚜和微红梢斑螟 2 种;蛀干类有褐梗天牛、家茸天牛和六齿小蠹 3 种;蛀果类有油松球果小卷蛾和松果梢斑螟 2 种;捕食类有中华螳螂、红蜻、黄蜻、大草蛉、蠋步甲、七星瓢虫、绿芫菁和常见黄胡蜂 8 种;寄生蜂有舞毒蛾黑瘤姬蜂、地蚕大铗姬蜂和酱色齿足茧蜂 3 种;寄生蝇有大灰后食蚜蝇、火红茸毛寄蝇和怒寄蝇 3 种;中性昆虫是确保食物链完整的重要物种,仅 3 种。

表 2　子午岭油松林昆虫营养层功能集团结构

优势种数量	营养层	功能集团	主要类群
9	植食者	食根类	蟋蟀、蝼蛄、地老虎、金龟甲、象甲、叩头甲
7		食叶类	小卷蛾、枯叶蛾、天蛾、毒蛾、夜蛾、蝶类
5		食梢类	蜻类、沫蝉、蚜虫、叶蝉、螟蛾、象甲
7		蛀干类	天牛、象甲、小蠹
4		蛀果类	小卷蛾、螟蛾、尺蛾、象甲
16	捕食者	捕食类	螳螂、蜻象、草蛉、瓢虫、虎甲、步甲
10	寄生者	寄生类	芫菁、蛇蛉、蚁蛉、螳蛉、螽斯、寄生蜂、寄生蝇
	腐生者	中性昆虫	蝇、蚂蚁、虻类

三、油松林主要昆虫类群治理对策

1.治理原则

坚持"预防为主,科学防控,依法治理,促进健康"的森防方针,充分利用害虫与寄主油松,有害生物与环境的关系,以营林措施为基础,以生物措施为主导,辅以化学防治的综合治理措施,因时因地因虫制宜地协调运用各种有效方法,安全、有效、经济简易地控制油松害虫的危害,确保油松林的健康。

2.基础性治理措施

(1)林业防治:营造松栎混交林,倡导条状和团块状混交,避免营造油松纯林;注意及时间伐抚育,合理修枝,剪除虫害枝、果,丰富林内植被,保持林内卫生。通过选种、育苗、造林、施肥、灌溉、间伐、抚育、种子贮藏等一系列林业措施,来改善油松生长的环境条件,增强油松自身的抗虫能力,预防害虫的猖獗发生和危害。

(2)保护天敌:保护区油松林天敌种类丰富,达142种,占昆虫总数的67.62%,采取有力措施保护天敌显得尤为重要。对采种林分必须将当年成熟果及虫害果全部采回,并将虫害果择出集中在一起,用纱笼罩住,控制害虫逃逸,让天敌昆虫飞回林间,以压低害虫虫口密度,减轻损失。其他林分也要尽可能不用或者少用广谱性的化学药剂,确保天敌安全。

(3)科学监测:在油松重点林分特别是母树林、种子园、采种基地设立监测预报点,科学准确地预测预报各类昆虫的发生情况,制定科学有效的治理措施,将害虫的危害损失降至最低。

(4)加强检疫:森林植物检疫要贯穿油松林建设的始终,严防危险性有害生物侵入传出。

3.分类治理对策

(1)松毛虫:主要有油松毛虫、宁陕松毛虫 2 种。当发生危害时,卵期释放松毛虫赤眼蜂,可有效降低林间松毛虫落卵量,降低虫口密度。放蜂应选择晴天,气温 28℃ 以上,相对湿度 80% 以上,放蜂量为 10 万头/hnm²,设置 45～60 个/hm² 放蜂点,分 3～5 次释放效果较好;在气温 28℃ 以上、相对湿度 90% 以上,喷施白僵菌(5 亿/g)或松毛虫杆菌(0.5 亿孢子/ml)30～40 倍液 1 500 kg/hm²,防效可达 80%～90%;在幼虫期,喷施 25% 的灭幼尿 III 号,用量 600～750 g/hm²,防效可达 80% 以上;在爆发成灾时,可采用化学药剂防治。

(2)天蛾、夜蛾、毒蛾类:主要有松黑天蛾、柳裳夜蛾、舞毒蛾、古毒蛾等。成虫期设置黑光灯诱杀成虫;初孵幼虫期喷洒苏云金杆菌(100 亿/g)500 倍液,或 B.t 乳剂或青虫菌浓度为 1.0 亿孢子/ml 菌液,杀虫效果好;也可喷洒灭幼尿 III 号胶悬剂 1 500 倍液;保护利用天敌;大面积发生时,可采用化学药剂防治。

(3)松针小卷蛾:采集缀叶虫苞,集中销毁;保护利用天敌;大面积发生时,可采用化学药剂防治。

(4)食梢类:主要有松大蚜、松梢斑螟、叶蝉等。保护利用瓢虫、草蛉、胡蜂和小蜂类天敌;危害严重时,可喷施内吸性农药防治。

(5)天牛类:树干注药,对已经蛀入木质部的幼虫,可注入 50% 马拉硫磷乳油或 50% 杀螟松乳油或 80% 敌敌畏乳油进行防治;成虫羽化期,树干喷洒 8% 的绿色威雷、25% 西维因可湿性粉剂等农药防治;大批量的虫害木,按 50～70 g/m³ 木材的剂量投放硫酰氟或溴甲烷,密封 5 d,小批量的虫害木,按 10～2 0g/m³ 木材的剂量投放磷化铝或磷化锌,密闭 3 d。

(6)小蠹类:林间悬挂性诱器诱杀成虫;全树喷洒内吸性农药毒杀幼虫并预防成虫产卵;林间设置饵木诱杀成虫。

(7)蛀果类:郁闭度在 0.7 以上的林分于 4 月上中旬,林间逆温层现象出现时,施放烟剂 15 kg/hm²,相隔 5 d,连续施放 2 次;在幼虫孵化期喷洒 25%BT 乳剂 200 倍液或 20% 灭幼尿 III 号胶悬剂 1 000 倍液;冬季人工清除采种基地油松树上残存的雄花絮,以减轻危害;危害严重时可采用化学药剂进行超低量喷雾。

【本文 2007 年发表在《庆阳科技》第 6 期第 22－23 页,获庆阳市陇原环保世纪行 2007 年优秀论文奖】

庆阳林木良种建设现状与对策

席忠诚

（庆阳市林木种苗管理站，甘肃 庆阳 745000）

所谓林木良种是指通过试验和鉴定，证明在一定造林区域内，其产量、质量、适应性、抗性等方面明显优于当前主栽材料的繁殖材料。要提高林业生产的经济效益、生态效益和社会效益，根本途径之一就是选育和应用林木良种。林木良种繁育技术水平的高与低、速度的快与慢，将会影响林业的发展水平。以前由于人们对林木良种认识不足，致使新品种混杂现象时有发生，假种坑农事件屡禁不止。为提高生产地种苗质量，逐步实现本市林业种苗良种化，规范种苗市场，根据《中华人民共和国种子法》第十六条的规定，国家林业局从 2002 年开始实行林木良种审定制度，对审定林木良种的特性、栽培技术要点、适宜种植范围等通过林木良种目录的形式予以公布。林木良种名录的颁布对于提高产地种子质量和造林质量将起到重要作用。同时也极大地保护了林木品种选育者和使用者的利益，加快林木种子市场迈入规范化道路的步伐。

一、庆阳林木良种建设现状

1. 审定认定了部分良种

经过全市上下多年来的努力，截至目前，由本市培育、引进成功并经省林木良种委员会审定和认定的林木良种有：正宁总场的油松、合水县的长富 2 号苹果、庆阳市的秋富 1 号苹果、庆阳市的长富 6 号苹果、庆阳市的砀山酥梨、庆城县的梨枣、宁县的晋枣共 7 个树种（品系），占全省 81 个树种（品系）的 8.6%。经国家认定的林木良种只有中湾油松母树林 1 个。

2. 良种推广使用得到重视

自从国家《林木良种推广使用管理办法》颁布实施以来，林木良种的使用得到本市各级林业主管部门的普遍重视。据统计全市真正意义上的良种使用率得到逐步提升，已由 2000 年的 36% 提高到目前的 48%，增加了 12 个百分点。可利用的林木良种也由原来省上审定认定的 29 个树种（品系），增加到目前国家和省上审定认定的 81 个树种（品系）。特别是油松和苹果的良种使用率得到显著提升。

3. 良种基地建设初具规模

随着国家西部大开发战略的实施，本市先后完成正宁中湾油松和环县四合塬油松良种基地 2 个良种基地建设项目，完成投资 112.2 万元，抚育管理林地 144.7 hm^2，病虫害防治 66.7 hm^2，购置检验仪器 3 套，修建检验室、种子储藏室等用房 24 间 480 m^2，晒场 925 m^2。同时，完成合水总场油松采种基地、华池总场沙棘采种基地和环县柠条采种基地

3 个采种基地建设项目,完成投资 131.8 万元。抚育管理林地 446.7 hm²,病虫害防治 446.7 hm²,购置检验仪器 3 套,运输车辆 3 辆,看护房 2 间,检验等用房 76 间 1 520 m²,晒场 3 600 m²。这些项目的完成有力地推动了本市林木良种基地建设步伐,为今后林木良种基地建设开了个好头。

　　4. 良种基地管理已具雏形

　　以正宁总场中湾油松母树林为代表的庆阳市林木良种基地,国家先后三次投资建设,现已具有一定的规模。良种基地的组织管理、技术管理、资金管理、档案管理等已基本走上正轨。但是由于国家投资政策的调整,致使第三期工程因投资中断而被迫下马。多年来,良种基地生产的种子未能实行优质优价,致使基地生产入不敷出,正常的生产和必要的管理手段难以实施,扩大再生产也就无法谈起。

二、良种建设存在的困难与问题

　　一是对良种认识不足,使具有优良特性和较高遗传增益的曹杏、沙棘、柠条、华北落叶松、文冠果、欧美杨 107 和 108 号等树种(品系)不能及时被审定认定为林木良种。

　　二是项目建设不能紧跟国家投资导向,资金投入严重不足,良种基地建设停滞不前。

　　三是良种基地生产的产品优质而不能优价,阻碍了良种的生产和推广使用。

　　四是管理措施不到位,降低了良种的优良特性。

　　五是科研、管理技术人员不够稳定,良种科研、管理出现了断档现象。

　　六是良种推广体系不完善,使应该推广的林木良种没能有效推广,严重制约了良种使用推广的规模和范围。

三、良种建设的对策措施

　　1. 提高思想认识,明确良种在生态文明建设中的地位和作用

　　一是要充分认识良种的增产潜力,牢固树立一粒种子可以改变世界的思想;认识良种长期性、继承性、与生产密切联系的特点,充分肯定其在现代林业建设中所占份额越来越大,在同等条件下,优良种子可使林业大幅度增产。二是要正确认识良种在林业生产中的战略地位。林木生长周期长,快则几年,慢则几十年才能收获,种子的优劣,直接影响到生产效益。必须从战略的高度去认识。三是良种建设是现代林业发展的必然要求,要提高林业的经济、生态和社会三大效益,必须也只能依靠推广林木良种。四是林木良种是实施绿色生态工程的重要物质基础,要高质量完成绿色生态工程各项造林任务,充分发挥其效能,必须应用林木良种。

　　2. 加强良种繁育,以林木良种建设推动种苗花卉产业科学发展

　　当前本市良种建设只有着重抓好以下几方面工作,才能推动林木种苗花卉产业又好又快、科学发展。一是加快调整使树种结构、基地布局更趋合理。对油松优良遗传资源加强保存与开发利用,开展优质、高产、高效用材林、生态林树种和优质林果树种及花卉品种(品系)的选育。二是开展高效育种组合技术的研究,以提高育种研究效率为目的,充分利用已有育种材料,按树种(品系)、林种的适生环境要求的多途径育种。三是加强林木良种

的实用繁殖技术研究,包括实生选育杂交利用、实生选育无性繁殖利用和无性系选育利用。四是抓好已建的各类试验林、示范林、基因库、收集圃、种子园的建设、观察测定工作。五是重点抓好国家级良种基地和省级良种基地建设,建成研究、试验、示范和推广良种的样板基地。

3. 完善良种政策,不断加快审定认定林木良种推广使用步伐

一是建立和完善林木良种研究、繁育和推广、示范的技术体系。二是加强良种的审定、推广机制,充分借助本市省林木良种审定委员会的职能,及时组织推荐审定一批林木良种。三是加大宣传力度,为良种推广使用工作营造良好的舆论氛围。四是研究制定和落实良种科研生产和推广使用的政策和措施,鼓励生产和使用良种,对生产、使用良种的单位,实行政策性补贴。五是多方筹措资金,进一步加强林木良种基地建设,逐步建立一批国家级、省级、市级和县级林木良种基地,真正实现良种供应基地化的目标。六是强化良种管理,正确处理新品种与良种的关系,把乡土树种与外来树种同等对待,切实发挥有性繁育的创造性和无性繁殖优良性状的稳定性,重视良种退化与幼化复壮工作,合理利用常规与高新技术,确保良种信誉,要严格遵循良种生产使用管理办法,维护良种选育者、生产者、经营者和使用者的合法权益。林木良种建设是一项系统性工程,是林木种苗行业不可或缺的工作内容,也是国家林业建设重要的投资领域和方向。只要下大气力抓紧抓好这项基础性工作,本市林业建设就能快速发展、科学发展、可持续发展。

【本文 2009 年 6 月发表在《庆阳科技》第 2 期第 7—10 页,获庆阳市第二届林木种苗花卉协会优秀论文奖】

陇东文冠果生物质能源林基地建设初探

席忠诚

（庆阳市林木种苗管理站，甘肃 庆阳 745000）

摘　要：从能源林建设的必要性、文冠果的基本特性、能源林建设的可行性、文冠果的栽培技术和能源林建设的不利因素及解决方案等五个方面，对陇东文冠果生物质能源林基地建设进行了初步探讨。目的是为陇东在建设能源化工基地的同时，着力关注生物质能源林基地建设提供参考依据。

关键词：文冠果；能源林；建设；探讨

1　能源林建设的必要性

能源是现代人类生存和发展所依赖的重要资源。在化石能源渐趋枯竭，生态环境压力日益加剧，能源需求和油价持续上升，以及世界能源资源争夺愈演愈烈的背景下，寻求可再生清洁能源是减少能源的对外依赖、提高能源供应安全系数，减少温室气体排放，解决能源安全问题的主要途径。

生物质能源是一种最现实和可以大规模对化石能源替代的可再生清洁能源，就其能源当量而言，生物质能源仅次于煤、油、天然气而位列第四。生物质能源除具能源功能外，还可生产替代多种以石油为原料的化工产品，可使有机废弃物无害化和资源化。林业生物质能源是国家替代能源发展战略的重要组成部分，对缓解能源紧缺，优化能源结构，充分挖掘边际性土地生产力，发展农村经济和增加农民收入，促进我国经济社会可持续发展具有重要作用。

文冠果是甘肃省特别是庆阳市子午岭林区具有天然分布且很有发展前途的木本油料、水土保持和良好观赏价值的优良乡土树种。与此同时，文冠果作为重要的生物质能源树种，在国家林业局编制的《林业生物柴油原料林基地"十一五"建设方案》中，规划为西北地区主要生物质能源树种进行推广栽植。在甘肃省林业厅编制的《甘肃省林业发展"十一五"和中长期规划》中，明确把建立一批以文冠果为主的林木生物质能源基地作为一项重要内容编入规划。我国由于人工栽培的文冠果面积很小，远不能满足生产的需要，急需尽快实现规模化、产业化，形成新的产业链，发展潜力非常大。建设文冠果能源林基地不仅能为当前调整农村产业结构，增加农民收入，丰富造林绿化树种开辟新的道路，而且能够充分挖掘当地固有资源优势，培育区域特色优势产业，促进经济发展，加快生态建设进程，更重要的是对于提高人们的生活水平，加快农村小康建设步伐具有非常重要的现实意义。

2　文冠果的基本特性

2.1　文冠果的分布与栽培历史

文冠果又名木瓜、文官果,属无患子科文冠果属植物,主要分布在黄土高原地区,陕西、甘肃、青海、内蒙古较多,宁夏、山西、河南有散生孤立树木或小群落,东北也有少量分布。文冠果在庆阳全市均有分布,子午岭林区分布较普遍,生于海拔 1 200 m～1 700 m 的黄土丘陵向阳山坡及沟岸崖棱上,分布面积万余亩。我市镇原县曙光乡的一株文冠果已有 600 多岁高龄,可谓"文冠果之王"。文冠果是高级油料。过去,人们对其鲜食、加工、药用和观赏等价值未予重视。上世纪 90 年代,沈阳药科大学陈英杰教授从其果壳中"发现 10 个结构特异的皂苷类新化合物",开发出了国家二类新药文冠果皂苷(小儿尿速停);同时,文冠果嫩叶作为降血压、血脂的功能茶得到开发,文冠果活体汁液治疗风湿病的疗效得到肯定,这个树种重新受到重视,人工栽培有了恢复。

2.2　文冠果的价值

文冠果树全身是宝,开发潜力很大,种仁营养成分极为丰富,含人体所需 19 种氨基酸,9 种钾、钠、钙、镁、铁、锌等微量元素和维生素 B1、B2、维生素 C、E、A、胡萝卜素。嫩果是风味特殊、香气浓烈、营养丰富的水果,既可生食,又可罐藏加工,还可作为特色菜推上餐桌。文冠果油含不饱和脂肪较为稳定,是超特级的高级保健食用油,具有清化血液脂质物,软化血管,清除血栓质,阻断皮下脂肪形成,降低血脂、胆固醇的特效作用;文冠果的油渣蛋白质含量很高,是生产高蛋白饲料的好原料;文冠果果壳可提取工业用途广泛的糠醛,可制作活性炭,也是生产治疗泌尿系统疾病等药品的主要原料;文冠果枝干是治疗风湿病的特效药物,树叶具有消脂功效,可生产减肥茶等减肥饮品。文冠果种仁除可加工食用油外,还可制作高级润滑油、高级油漆、增塑剂、化妆品等工业制品。文冠果种子含油率 30.4%(去皮后种仁含油率 66.39%),含蛋白质 25.75%,粗纤维 1.6%,非氮类物质为 3.73%(上海市食品工业研究所,1971 年)。油分中不饱和脂肪酸含量高达 94%,亚油酸占 36.9%。文冠果油亚油酸含量高、皮肤渗透力强、保健功用显著,化妆品生产企业作为基本原料使用,按摩行业把它作为按摩用的底油。木材、枝叶"性甘、平,无毒,主治风湿性关节炎(《中药大词典》上海科技出版社,第 496 页)。"果皮含糠醛 12.2%,是提取糠醛的最好原料。用文冠果种仁加工的"木瓜露",色泽洁白,口味醇香,营养丰富,是优质蛋白质饮品。文冠果 4 月下旬始花,花期 4 周,花色艳丽,花序长达 30 cm,花冠红中泛紫,实属奇葩,是上好的观花植物。花粉量多,流蜜量大,是重要蜜源植物。树姿袅娜,具有花美、叶奇、果香、枝瘦、体拙等特点,易于人工控制树型,创造各种盆景。北方地区公路、城市街道、风景区都可作为观赏树木栽培。木材肉红色,色泽瑰丽,纹理美观,材质坚硬,是制作家具的优良材料。榨油后饼渣蛋白质含量高、无毒、适口性好,是重要蛋白质食品原料。

2.3　文冠果的主要特点

2.3.1　抗性强,适应能力卓越

文冠果生长在向阳的、人畜难至的崖畔、陡坡,具有极强抗旱能力。经试验证实,年降

水量 300 mm 以上地区均可栽植。极耐寒,－28℃未见冻害。移栽成活好,一般成活率可达 80％以上。开花时晚霜已过,不会冻花冻果,具极好的避灾能力。

2.3.2 挂果早,生产能力优异

文冠果挂果早,一般头年栽苗,翌年见花,5 年生园子挂果率达 95％。采取合理施肥、适度修剪、及时采摘嫩芽转移生长中心、花期喷洒生长调节剂等措施,可使产量迅速上升。"10 年生单株产种子 5kg 左右,30 年生产种子 20～35kg,结实期一直延续 100 余年(黑龙江合江地区农业局资料,1974 年)。"

2.3.3 用途多,市场前景广阔

作为高级木本油料,文冠果可代替部分油料作物,腾出大量土地生产粮食。作为功能茶、中药材、观赏植物,文冠果已经开始受到重视。文冠果的更高价值还在于它是生物质能源的代表树种。在能源危机成为世界性问题的当代,文冠果确属我国北方首选的生物质能源树种。文冠果进入盛果期后亩产量超过 600 kg,每亩能生产生物柴油 150 kg 或更多。

3 能源林建设可行性

3.1 符合国家林业产业政策

国家十分重视林业生物质能源的开发利用,专门成立了林木生物质能源领导小组和林木生物质能源办公室,编制了《全国能源建设规划》、《林业生物柴油原料林基地"十一五"建设方案》,确定了包括甘肃省在内的一批能源林培育基地,国家财政部、国家发改委、农业部、国家林业局、国家税务总局,联合出台了弹性亏损补贴、原料基地补助、示范补助、税收优惠等四项政策,对发展林业生物质能源进行财税扶持。

3.2 发展空间广阔

我省是文冠果最适省份之一,定西、白银、陇南、白龙江林区以及平凉、天水、庆阳均有分布。这些地区特别是庆阳市无论是气候、土壤、海拔,还是地貌特征都与文冠果的生物学特性相吻合,适宜文冠果规模种植。当地不仅有丰富的荒山荒地适宜种植文冠果,而且群众了解文冠果的习性、掌握了栽培管理技术,有规模发展的潜在优势。

3.3 省委省政府高度重视

甘肃省是个少林省份,自然条件恶劣,生态环境脆弱,经济发展落后。发展以文冠果为主要栽培树种的林业生物质能源林基地,不但可以防风固沙,保持水土,有利于改善生态环境,而且还能促进我省农业产业结构调整,促进农民增收,同时又能提供高效清洁的生物质能源原料,催生新型绿色新能源产业,实现多赢目标。甘肃省委、省政府十分重视生物质能源林基地建设,省长徐守盛多次过问,原甘肃省人大常委会副主任柯茂盛同志亲自赴京汇报争取项目和资金。目前我省已被纳入国家林业总局全国文冠果生物质能源林基地建设示范省份。

3.4 林改后林农急需提高林地效益

庆阳市的集体林权制度改革工作,在合水县和其他 7 县区部分乡镇已试点完成,广大林农在掌握了大量荒山荒坡的林地使用权之后,造林绿化的积极性空前高涨,急需寻找提

高单位林地产值和效益的优良树种和产业。文冠果能源林基地建设,为林农提供了极好选择机会。

3.5　生物质能源林建设条件成熟

随着北方种植规模的逐步扩大和树龄的不断增长和丰产,工业开发一旦形成规模必将使经营者长期受益。国内目前虽有 150 万吨生物燃油的设备加工能力,但国务院已于 2006 年 12 月明令禁止用油菜子、花生、大豆、葵花子等食用油生产生物燃油,又于 2007 年 6 月 9 日发布通知,明令禁止发展粮食乙醇生物燃料项目,在建项目即被叫停。这就为我国大规模发展文冠果生物燃油产业提供了最广阔的发展空间和机遇,也为产业的发展铺平了道路,根据国家林业局、中石油公司中长远发展规划,"十一五"期间我国北方至少要发展 500～1 000 万亩文冠果种植面积。

4　文冠果栽培技术

4.1　繁育技术

文冠果可用播种、嫁接、插根等方法繁殖,一般用播种育苗。7、8 月间在树势健旺、丰产性强、种子含油率高的母树上采种。随采随播时,种子无需处理;如需春播,播前应进行催芽。催芽方法有混沙埋藏和温水浸种两种,温水浸种应用较多。一般在春播前 30～40 d,将种子用始温 45℃左右的温水浸泡 3 d,每天换水一次,捞出放入筐内,上盖湿草帘,在 20～25℃的温暖室内催芽,每天用清水淋洗、翻动 1～2 次,待种子 2/3 裂嘴露白时播种。育苗应选地势平坦、土壤深厚肥沃、排灌方便的沙壤土。育苗前一年秋将圃地深翻 25 cm,早春浅翻,并碎土、耙平,做成高床,然后进行土壤消毒,每公顷施农家肥料 32 500～45 000 kg。春播在 3 月下旬至 4 月中旬。播前应灌足底水,开深 3～5 cm 的沟,沟距 20～30 cm,将种子均匀撒入沟内,覆土厚 3～4 cm。每公顷播种量 300 kg,播后床面覆草,待苗出齐后揭去覆草。苗木生长期间要及时松土、除草、追肥、灌水、间苗、定苗,并进行病虫害防治。定苗后保持苗距 9～12 cm,1 年生苗高可达 40～60 cm,每公顷产苗为 22.5～30 万株。1～2 年生苗均可出圃造林。

4.2　栽植技术

园地应选择土壤深厚,湿润肥沃,通气性好,无积水,排水灌溉条件良好,pH 值 7.5～8.0 的微碱性土壤,按经济林标准,进行集约经营管理。栽植时株行距为 2×3 m,挖 60～80 cm 见方的穴,同时每穴施入土杂肥 70 kg 左右,碳铵、过磷酸钙 0.5～1.0 kg。栽植分春栽和秋栽,春栽在土壤解冻后萌芽前,秋栽在苗木落叶后上冻前。栽植深度适当浅栽 1～2 cm,可减少根茎腐烂,提高成活率和新梢生长量。萌芽前及时定干,定干高度 80 cm 左右,选留顶部生长健壮、分布均匀的 3～4 个主枝,其余摘心或剪除。并做好修剪、施肥等管理。

4.3　有害生物防治

黄化病是由线虫寄生根部引起的,应加强苗期管理,及时进行中耕松土;铲除病株;实行换茬轮作;林地实行翻耕凉土,以减轻危害。木虱危害常引起煤污病,防治多采用早春喷施 50%乐果乳油 2 000 倍液毒杀越冬木虱,以后每隔 7 天喷施一次,连续喷射三次就可控制木虱发生。对于黑绒金龟子可用 50％敌敌畏乳剂 800～1 000 倍液喷杀成虫。

5　不利因素及解决方案

5.1　不利因素

庆阳市属经济欠发达地区,资金不足是基地建设的主要不利因素,对生物质能源林栽植形成障碍。本地区虽有 1 万亩左右的天然文冠果植物分布,但因分布零散形不成规模,不足以支撑生物柴油的规模化生产。

5.2　解决方案

基地资金从多方面筹措,一是申请中央财政补贴,二是地方财政配套,三是建设单位自筹,四是林农投工投劳。通过多方筹集,可以解决基地建设资金不足的问题。文冠果能源林的集中栽植和集约化管理是解决生物质原料的重要途径。

【本文摘要 2010 年 9 月录入《可持续发展研究》,并获甘肃省学术年会优秀论文奖】

夯实发展基础 托起绿色希望

——甘肃省庆阳市林木种苗事业发展纪实

席忠诚，张育青，彭小琴

（庆阳市林木种苗管理站，甘肃 庆阳 745000）

进入 21 世纪以来,甘肃省庆阳市林木种苗事业坚持以规范种苗执法,提高质量意识,强化行业管理,服务广大林农,推动产业升级,确保林业发展为目标,以科技进步为动力,以优化树种结构为手段,以改善投资环境为出发点,各项工作取得了可喜成绩,先后有多人多次受到过国家、省、市、县和本单位的表彰和嘉奖,市林木种苗站也多次受到上级的表彰和奖励。

一、夯实基础建设　推动产业升级

庆阳市林木种苗管理工作以市林木种苗管理站为核心,以 8 县区种苗站和子午岭 4 个林业总场种苗工作专门力量为骨干的全市种苗管理体系日臻完善,以市林木种苗检验中心为平台,全市 35 名检验人员为基础的质量监督检验体系已基本形成。此外,成立了"庆阳市林木种苗花卉协会"。

国家西部开发战略实施以来,庆阳共争取国家基础设施建设和种苗基地建设投资项目四大项十六小项,全市林木种苗工程项目累计完成总投资 1 480.46 万元。已建设林木良种基地 2 处、采种基地 3 处、苗圃基地 10 处,建设林木种苗质检站 1 处。经过多年的建设,庆阳市林木种苗基础设施条件已得到明显改观,生产出的种子和苗木不仅质量可靠,面且数量充足,经济效益十分可观。

目前,全市国有县属苗圃总经营面积 680.32 hm²(10 199.68 亩),平均年出圃苗木 2 322万株;民营集体、个人育苗基地育苗面积 171.95 hm²(2 578 亩),年平均产苗 5 643 万株;国有林场苗圃经营面积 593.83 hm²(8 903亩),平均年出圃苗木 11 373 万株;现有林木良种基地两处,经营面积 1 733.35 hm²(25 987.3 亩),平均年产良种 9 250 kg;采种基地三处,经营面积 990.5 hm²(14 850 亩),平均年产种 21 250 kg;基地供种率达 85%。培育树种、花卉达 70 多个品种。庆阳市确定的刺槐、山杏、国槐、稍白杨、楸树、臭椿、文冠果、沙棘、油松、侧柏、小叶杨和华北落叶松等 12 个优良乡土树种发展较快,其每年造林育苗面积占全市的 80% 以上。楸树于 2007 年被确定为庆阳市的市树。"十五"以来,全市共调剂种子 50 万 kg,苗木 20 亿株,盆栽鲜花 900 万盆,年产鲜花 9 000 万株,年创产值 2 600万元,基本形成的 8 个种苗花卉交易市场,年交易额 2 000 万元,产业发展成绩喜人。"蒲棒"、"巍峨"无花果盆景和文冠果种子分别在国家和甘肃省花卉博览会上获奖。

二、注重科研工作　推动成果转化

庆阳市各级林木种苗管理部门始终坚持科技兴种苗。经初步统计,庆阳市开展的种苗花卉方面的科研项目有 30 多项,其中 2005 年以来完成的项目有 10 余项荣获庆阳市科技进步奖。由市林木种苗站承担并组织完成的《欧美杨 107、108 及 110 号引种试验示范》、《陇东黄土丘陵沟壑区容器育苗与造林技术示范推广》等科研项目多次获庆阳市科技进步奖。由省技术监督局发布的甘肃省地方标准中,有许多项都是庆阳主持起草修订的。目前,庆阳仍有多项科研项目正在实施中。这些项目的顺利实施和圆满完成,为林木种苗花卉产业的健康发展注入了活力,也取得了极其显著的经济、社会和生态效益。

种苗新技术的推广应用也是庆阳工作的重点。据统计,全市已完成容器育苗、地膜覆盖育苗、温室温棚育苗、ABT 生根粉蘸根或蘸插条育苗、遮阴网育苗和动力 2003 育苗累计超过 6 亿株。这些苗木的出圃可产生直接经济效益 10 277 万元。新技术的推广应用,有力地提高了林场和苗圃的经济收入,也带动了林木种苗产业的大发展。

随着林权制度改革不断深化,庆阳市林木种苗科技服务体系进一步完善和健全。一是加强信息服务。及时编写种苗信息简报,准确发布苗情、生产状况和阶段性管理措施,为林农提供林木种苗技术咨询和技术服务。每年发布种苗信息 100 多期,收到了很好的效果。二是加强技术指导。每年春季,抽调技术骨干,深入生产一线,为群众解决生产中遇到的困难和问题,辐射带动农户学科技、用科技,通过科技宣传、学习培训、现场指导、典型示范等措施,推广应用新技术。三是强化目标责任。县级种苗站干部与育苗户签订技术指导合同书,实行技术人员与育苗质量挂钩的责任制度,落实责任,完善奖惩。

三、注重规范标准　推动质量提升

国家已颁布实施的林木种苗方面的 31 项国家和行业标准中的《林木种子检验规程》、《林木种子质量分级》、《主要造林树种苗木质量分级》和《主要花卉产品等级》等国家标准,是庆阳平时执行的核心标准。其他甘肃省地方标准已在生产中得到普遍应用。

庆阳把贯彻执行国家和地方林木种苗标准作为普及林业科技知识的切入点,有力地推动了种苗工作标准化进程。一是严把种子质量关。只有达到国家三级以上标准的种子才能调运、播种,检验合格的悬挂标签,未经检验或检验不合格禁止育苗。二是严把育苗关。按照《林木育苗技术规程》规范生产,避免形成弱苗、细苗。三是把好苗木出圃关。在造林前由种苗部门对出圃苗木进行现场验收,并签发"合格证"及"林木种苗使用许可证",未取得"两证"的苗木,严禁用于造林绿化。四是强化质量检查。严格执行国家林业局《林木种苗质量监督抽查暂行规定》,在各县区全面自检的基础上,庆阳市按 30% 的比例对所属县区进行核查,甘肃省按 10% 的比例进行抽检,全市造林苗木合格率达 100%,种子合格率达 96%。庆阳多次代表甘肃省接受国家林业局的种苗抽检,受检种子 36 批、苗木 60 多批,并且全部达到国家和地方标准,得到了国家林业局和省上的一致好评,为甘肃省赢得了荣誉。全市有 4 个单位被国家林业局命名为"全国质量信得过种苗基地"称号,有 2 个单位被命名为"全国特色种苗基地"称号。

在林木种苗执法中,庆阳以《中华人民共和国种子法》和《甘肃省林木种苗管理条例》

为准则,坚持依法治种。一是坚持种苗"许可证"制度,明确种苗生产者和经营者的主体资格。二是加强监督检查,先后查处无证经营、生产的种苗案件5起,查处销售假劣种子4起1.5万多公斤,销毁不合格苗木25万余株。准确鉴定了3起涉农种子案,维护了经营者的合法权益,做到了违法必究、执法必严。

四、注重示范推广　推动成果共享

积极鼓励专业技术人员发表学术论文。据统计:全市有80人(次)发表论文150余篇(次)。《欧美杨107号和108号引种育苗试验研究》、《狼牙刺的扩繁栽培》、《陇东欧美杨107、108引种栽培技术》、《松柏容器育苗技术》、《刺槐育苗技术》、《速生杨扦插育苗技术》、《适宜庆阳栽植的林木良种栽培技术要点》等论文分别在《中国林业》、《西北林学院学报》、《甘肃农业大学学报》、《甘肃科技》、《甘肃林业科技》和《甘肃农村科技》上发表。

注重论文、成果、工程项目设计的整理、汇集、印制工作。《林木种苗行业法规、技术标准选编》、《林木种苗法规标准适用手册》、《欧美杨107、108及110号引种试验示范》、《庆阳市林木种苗花卉产业发展对策与相关技术措施研讨会论文集》和《甘肃省陇东黄土高原沟壑区苗圃建设总体设计》等项目成果集或设计文本30余部印制发行。为今后林木种苗产业又好又快发展,积累了第一手技术资料。2009年,为了真实地再现庆阳林木种苗走过的足迹,为祖国60岁生日献上贺礼,庆阳编撰出版《庆阳林木种苗三十年》,全面展示了庆阳种苗30年发展的精美画卷。

林木良种建设得到普遍重视。正宁林业总场中湾林场油松良种基地被确定为国家级林木良种基地,罗山府林场小叶杨良种基地被确定为省级林木良种基地;刺槐、沙棘、柠条、华北落叶松、欧美杨107和108号、山杏、楸树、文冠果、油松、山桃、小叶杨、宁县曹杏和三倍体毛白杨等14个树种(品种),已通过省良种审定委员会的审定和认定。全市良种使用率得到逐步提升,已由2000年的36%提高到目前的50%,增加了14个百分点。可利用的林木良种也由原来省上审定认定的29个树种(品系),增加到目前国家和省上审定认定的96个树种(品系)。特别是油松和苹果的良种使用率提升较快,良种使用率达到了80%以上。

【本文2011年4月发表在《中国林业》第4A期第24—25页】

整合资源 统筹规划 打造庆阳"后花园"
——巴家嘴森林公园建设的思路与对策

王文举[1]，　席忠诚[2]

（1.巴家嘴林场，甘肃 庆阳 745000；2.庆阳市林木种苗管理站，甘肃 庆阳 745000）

随着经济社会的快速发展、人们生活水平和消费档次的逐步提升，以崇尚自然、走进森林、回归自然、拥抱自然为特征的森林生态旅游正在逐步成为社会民众的消费热点和炙手可热的朝阳产业。发展森林生态旅游，不仅具有巨大的社会和生态效益，而且具有广阔的市场前景。

巴家嘴森林公园是距甘肃省庆阳市区最近（仅有 15 km）的森林公园，其占地面积 3 km²，位于蒲河流域中游，黄土高原沟壑区董志塬与太平塬的接合处，森林覆盖率达 91%。这里苍松翠柏、鸟语花香、碧波荡漾，湖光山色相映成趣，是人们休闲娱乐的好去处。但由于规模小、森林景观不突出、开发建设缓慢等原因，公园的功能和作用一直未能得到充分发挥和显现。因此，把巴家嘴森林公园打造成为风景优美、基础设施完善、服务功能齐全、软硬环境俱佳、集观光旅游、休闲度假、科普教育为一体的高品位森林公园，是公园必须面对且极具挑战性的课题。

一、森林公园现状

巴家嘴森林公园是 1993 年在原巴家嘴林场的基础上批准建立的省级森林公园。公园紧邻"亚洲第一、世界第二黄土大坝"巴家嘴水库，水库总库容 5.1 亿 m³，水域面积约为 2 000 km²。全国重点文物保护单位北石窟寺距公园不足 10 km，风景优美的南小河沟据此不足 5 km。市区至镇原二级公路穿越公园，交通方便，通讯顺畅。然而，由于规模偏小，而且分属镇原、西峰两县区，周边与巴家嘴水库管理所、水电厂、园艺场、自来水公司相互花插，各自为政，相互掣肘，难成整体。生态地位不突出，大环境欠佳，除现有的几千亩人工林外，荒山荒沟面积大，水土流失严重。尽管水库大坝多次加固加高，但泥沙淤积有增无减，水库成了"高原平湖"。基础设施滞后，硬件不足。

二、发展思路与对策

明确目标，准确定位。巴家嘴丰富的旅游资源和显著的区位优势，具备开发建设"大公园"的基础和条件。进一步解放思想，打破行政区划的限制和林场建公园的思维模式，由政府牵头，统筹规划，以巴家嘴水库、北石窟寺、南小河沟三大景区为新公园的核心区，北进南扩。上游以蒲河与黑河交汇处的堡子嘴为界，下游至北石窟寺以南，东西分别以蒲河两岸侵蚀沟沿为界，形成南北长 20 km、东西宽 2.5～5.5 km、面积约 80 km² 的森林公园。

　　突出特色,生态先行。森林公园应突出森林生态这一特色,通过植树播绿,改善景区环境,使进入园区的游人充分享受山清水秀、树木葱茏、空气清新的自然美景。集中人力、物力和财力,采取建立全民义务植树点、青年林、纪念林和发包绿化工程等方式,争取要在3～5年内将规划区内的荒山荒坡全面绿化,不漏死角。采取工程措施与生物措施相结合的方式,按大苗大坑栽植的要求,增强保土、截流、净水的效果。按照适地适树的原则,营造油松、侧柏、云杉、白皮松等常绿针叶以及楸树、刺槐、文冠果、桃、杏、李等优良乡土树种和经济林木为主要成分的混交林,适度栽植迎春、连翘、黄刺玫、忍冬等花灌木,形成景观生态,实现春有花、夏有荫、秋有实、冬有绿的森林景观效应。在水库大坝－北石窟段,通过围堰筑堤,建成2～3处淤地坝,开展水上游乐项目,丰富旅游内涵。

　　创新体制,整体推进。建设"大公园",必须加快构建充满活力、富有效率、更加开放、有利于科学发展的体制机制。打破原来的管理格局,协调规划区内县、乡、村及各企事业单位的关系,积极参与公园建设。政府应组建新的公园管理机构,担当起统揽全局、协调区县、组织领导的职责,做到管理有序、政令畅通、建设规范。制定优惠政策,筑巢引凤,加大招商引资力度,鼓励和吸引民间资本参与森林公园开发建设。

　　加大投入,夯实基础。把森林公园建设这件惠及当代、荫及子孙、造福人民的实事办好,必须加大资金投入力度。抢抓国家西部大开发战略带来的历史发展机遇,争取国家项目扶持。积极申报蒲河流域生态综合治理和巴家咀水库库区生态治理项目;整合天然林保护、退耕还林、"三北"防护林建设等林业生态工程项目;多方争取亚行、世行贷款造林及碳汇造林项目。在基础设施建设上,将公园区的水、电、路建设纳入全市统一规划,贯通北石窟寺——巴家嘴——南小河沟——庆阳市区柏油马路,连通巴家嘴森林公园与市区各景点,形成市区——南湖——小崆峒——北石窟寺——巴家嘴水库——南小河沟——市区北湖的精品生态旅游线路,努力把巴家嘴森林公园打造成为造福庆阳人民的"后花园"。

【本文 2011 年 11 月发表在《中国林业》第 11 上期第 26 页】

发挥协会作用 提升种苗产业水平

——庆阳市林木种苗花卉协会发展纪实

席忠诚

（庆阳市林木种苗管理站，甘肃 庆阳 745000）

甘肃省庆阳市林木种苗花卉协会自成立以来，遵照章程，本着"自愿、平等、互助、互利"和"组织协调，服务指导"的办会原则和宗旨，充分发挥专业协会的作用，团结和带领广大会员以市场为依托，以科技、信息、销售为纽带，逐步建立起了利益均享、风险共担、全程化服务的利益共同体。协会积极开拓省内外市场，在市场竞争中共同致富，为美化生活，优化环境，保护和合理利用林木种苗花卉资源，繁荣市场经济，壮大种苗花卉事业做了大量的工作。同时，协会以市场为导向，以科技为依托，按照"调整结构，注重质量，稳步发展，提高效益"的方针，逐步调整了林木种苗和花卉品种结构，加强了新品种、新技术的引进和推广，扩大了林木种苗和花卉栽培面积，增加了名、优、珍、稀、新、奇种苗花卉品种的数量，扩大了规模，为丰富庆阳市种苗花卉资源探索了一条成功的路子。

一、产业发展显活力，效益驱动出成绩

协会以国家、省、市林业发展的大政方针为指针，按照"突出特色，发挥优势、完善制度，把好关口"的指导原则，进一步强化了林木种苗花卉工作基础地位，确保了全市乃至周边省（区）市林业生态工程和人居美化工程对种苗花卉的需求。截止 2012 年 9 月，全市种苗花卉培育面积达 11.3 万亩，是 2009 年 2.78 万亩的 4.06 倍，增加了 8.52 万亩，总栽苗量达 12.48 亿株，苗木总产值达 26.5 亿元；其中：新育苗 42 815.9 亩，留床苗 15 219.5 亩，定植苗 54 928 亩。苗木培育种类由原来的油松、侧柏、刺槐、沙棘等几个本土树种，增加到目前的国槐、珍珠梅、紫丁香等 50 多个树种。为了培育高质量的商品苗木，各会员单位在基地建设上加大了投入，使固定苗圃基地的道路、管护房和喷灌设施等硬件达到了标准化苗圃的要求，有的农民苗木合作社还配套了移动灌溉设施。在扩大苗木培育规模的同时，紧紧抓住市场需求，大力调整苗木品种结构和针阔比例，在发展油松、华山松等树种的同时，进一步加大阔叶树种定植比例和新品种引进，苗木品种结构进一步优化。在苗木销售方面各会员单位抢抓机遇、占领市场，紧紧抓住春季苗木销售旺季，采取外出推销、网络宣传、印发资料等多种形式，不失时机地做好苗木销售工作，苗木销售额较往年有显著增加。

二、壮大队伍促发展，活动开展有成效

随着城市化进程的不断加快，越来越多的农村富余劳力特别是青壮年进入城市，农村闲置土地相对较多，许多种苗经纪人响应国家号召，成立了以生产苗木为主的苗木种植农

民专业合作社。据统计,全市有这类合作社 53 家,这些合作社多数都已自愿加入了协会。协会共有各类会员单位 113 个,较协会成立之初的 60 个会员单位,净增加 53 个。协会常务理事会为了及时掌握全市林木种苗花卉产业的发展情况,确定今后苗木花卉产业发展思路,定期不定期召集部分个体会员代表进行工作座谈,肯定成绩,指出不足,达到了交流经验、互通信息、促进发展的目的。近年来,协会组织专家服务组结合种苗产业调查、验收,深入全市 8 县区 4 个林业总场 27 个林场、种苗花卉企业、个体户进行调研和开展技术服务。积极指导全市中心苗圃和重点花卉企业项目建设,做好市场宣传和招商引资等工作。全市现有中心苗圃和重点花卉企业 70 多家,通过协会的专业技术指导,企业自身的积极争取,政府的大力扶持,很多企业的综合实力不断增强,业务向纵深方向发展,前景广阔。

为提高庆阳市林木种苗花卉从业人员的生产技术水平,及时解决实际生产过程中存在的困难和问题,协会多次采用聘请专家讲课、分发林木种苗花卉信息资料、网站发布树种培育技术等方式,对企业技术人员进行培训,提高了从业人员的专业技术水平。积极组织会员单位结合苗木销售和引进,先后赴山东、河南、江苏、内蒙古等省(区)市和省内各市州开展合作交流。2011 年下半年,协会部分会员单位为第二届中国国际林业产业博览会暨第四届中国义乌国际森林产品博览会做了大量前期准备工作,并参会布展。正宁林业总场中湾林科所的油松种子获大会金奖,正宁县果品公司的核桃—香玲、"庆阳苹果"、陇蜜富士、宁县林业局的"庆阳苹果"、宁州富士等获优秀产品奖。加入协会的一些大型龙头企业,充分利用其品种、技术和销售网络的优势,带动周边地区发展苗木花卉生产,及时向兄弟会员提供信息服务,帮助会员企业调整树种结构,提供优质种苗花卉品种,提高栽培技术水平和帮助产品销售等,促进了全市林木种苗花卉产业的大发展,实现了经济效益和社会效益的双丰收。

三、科学支撑助产业,成果转化鼓士气

协会组织专业技术人员根据陇东实际情况,并在总结国内最先进科研成果的基础上,编写了《陇东主要适生树种培育技术》一书。普及了林业科技知识,提高了造林绿化水平,为加快现代林业建设步伐,努力为建设"国家级生态市"和"省级园林城市"服务,为"联村联户、为民富民"行动的开展提供技术支撑。为给庆阳市林木种苗标准化生产提供技术支撑,组织专业人员起草了《油松容器育苗技术规程》、《庆阳市文冠果育苗造林技术规程》等8 项甘肃省地方标准,并自 2011 年 7 月 30 日起实施。

"林以种为本,种以质为先",良种是决定产业发展目标能否实现,经济增长方式能否转变的基础和关键。经多方努力,庆阳市的刺槐、紫斑牡丹等 16 个林木品种被审定为省级林木良种。金丝柳、镇丰 1 号山杏被认定为省级林木良种。罗山府小叶杨被确定为省级良种基地;《优良树种文冠果的开发与栽培技术研究》项目,获 2009 年庆阳市科技进步二等奖;《楸树优质苗木繁育试验示范》项目,获 2010 年庆阳市科技进步一等奖;《优质苹果苗木繁育及标准化建园技术示范推广》项目,获 2011 年庆阳市科技进步二等奖;《容器育苗标准化生产技术集成与产业化》项目,获 2012 年庆阳市科技进步二等奖。积极引导子午岭国有林场苗圃开展容器育苗、遮阴网育苗、ABT(GGR)生根粉育苗、动力 2003 育

苗等先进实用育苗技术的推广应用和试验示范,不断改善育苗方法和技术,提高了苗木培育质量。

四、协会服务多角度,信息共享占市场

按照要求结合实际,协会先后制定"十二五"全市种苗规划、子午岭林区"十二五"优质林木种苗基地建设规划和其他发展规划中种苗产业发展部分的相关内容。利用参加展览会、花博会等机会,组织会员单位和个人参加产业专家论坛,聆听知名专家关于林木种苗花卉市场的需求动态、苗木花卉科技发展方向等方面的知识讲座。邀请了省内外有关专家来庆阳市进行生产技术现场指导。协同市森防等部门不定期到会员企业开展病虫害防治服务、栽培管护技术指导咨询等工作。利用庆阳市林木种苗花卉 QQ 群和市内林果业网站,多方位介绍会员情况,并及时发布市场信息和市场走势分析文章,供会员单位参考。协会积极配合国家林业局、甘肃省种苗管理局完成了种子、苗木国家级各年度质量抽检工作。认真落实苗木使用"两证一签"制度,全市共签发种苗质量检验合格证 800 多份,签发标签 900 多份,既保障了种苗质量,又防止了有害生物的入侵,有力地保证了森林资源的安全。

【本文 2013 年 1 月发表在《中国林业》第 1 下期第 32 页】

论文篇

实用技术

陇东杨树枝干害虫的防治

俞银大，席忠诚，李亚绒

（庆阳市林木种苗管理站，甘肃 庆阳 745000）

从 80 年代初期,杨树枝干害虫就有杨干透翅蛾、柳蛎蚧、杨圆蚧、榆木蠹蛾、六星黑点蠹蛾、芳香木蠹蛾、青杨天牛、大青叶蝉、星天牛、光肩星天牛、中华薄翅天牛、白杨透翅蛾、黄扁足树蜂、金绒天牛共 14 种,到目前又新发现了黄斑星天牛、杨窄吉丁、曲牙锯天牛、杨锦纹吉丁、四点象天牛、杨干象等 6 种,增加到 20 种;危害面积由最初的 0.27 万 hm^2（4万余亩）,扩大到现在的 2.07 万 hm^2（31 万多亩）,扩大了 6 倍多;危害程度也显著加重,由原来成灾面积占发生面积的 2.6%,加大到现在的 10.1%,增加了 7.5 个百分点。

杨树枝干害虫在子午岭林区危害的种类占总数的 80%;在南部高原沟壑农田防护经济林区分布的种类占总数的 70%;在北部丘陵残塬水土保持薪炭林区分布的种类占总数的 30%。其中天牛和吉丁甲类多为毁灭性害虫,受外界影响极小,且食谱较宽,嗜食树种分布较广,个别种类如黄斑星天牛、杨窄吉丁,已在我区蔓延危害,局部成灾,大有猖獗之势。因此,这两类害虫是我区 90 年代杨树健康成长的大敌。

根据陇东杨树枝干害虫发生的现状,要抑制住这类害虫猖獗之势我们认为应以下述几方面着手防治:

首先要深入宣传,认真贯彻"以防为主"的方针,宣传的方法方式颇多,可采用印发宣传材料,张贴宣传标语,播放录像,投送广播稿,编写森防科普读物,利用宣传车;开展防治咨询等形式,使广大群众对枝干害虫防治家喻户晓、人人皆知。

其次要加强森林植物检疫。严禁带虫苗木、木材长距离运输,特别要加强青杨天牛、杨干象、黄斑星天牛、白杨透翅蛾、杨圆蚧、柳砺蚧等害虫的防范。加大产地检疫、调运检疫及复检工作的力度,杜绝危险性害虫传入、传出。

第三应重视林业措施防治。林业措施是害虫防治的基础措施,各级林业生产单位要全面规划改造现有以单一品种的杨、柳、榆连片种植的防护林网和行道树。有计划有步骤地团块状种植杨树,配置各种针叶树、椿类、泡桐、刺槐和槐树等树种的林带,以切断杨树枝干害虫扩散蔓延的通道,迅速降低害虫种群密度。对零星发生的害虫特别是危险性害虫,采取积极消除焚毁的办法,防患于未然。

第四实施各种防治办法的结合,进行害虫综合治理。杨树枝干害虫种类繁多,防治方法各异,要控制其危害必须因虫设防。如杨干透翅蛾、白杨透翅蛾利用性诱剂防治,无论经济效益还是生态效益都很理想,而青杨天牛、榆木蠹蛾、杨干象等枝梢苗木害虫则可通过修剪、铲除虫害株取得良好的防效;天牛、吉丁甲等隐蔽性害虫,可通过:人工捕捉成虫、晒卵;排粪孔注射高浓度农药或白僵菌等生物杀虫剂;排粪孔插入各类毒签、毒枝;成虫发生初期及盛期用残效期较长的化学杀虫剂喷冠;在幼虫未进入木质部前用内吸性药剂喷干;对严重被害木进行伐除处理等综合防治措施进行治理。

第五做好虫情监测和预测预报。虫情监测和预测预报是了解害虫发展趋势和防治害虫危害的先锋工作,是各级领导制定防治策略和措施的重要依据。各林业基层单位要在测报网络建设的基础上,加强虫情监测,进一步完善调查、信息、统计和报告制度,扭转"灾来忙一阵,平时无人问"的被动局面。

第六开展科学研究。目前采用的防治枝干害虫各种技术措施,只要认真步入实施,都可以控制灾害、压低虫口,挽回或避免大量的经济损失。同时还应当看到,有些虫种如杨窄吉丁等的生活习性,发生发展规律还没有真正掌握,有待进一步研究。

【本文 1994 年发表在《甘肃林业》第 1 期第 30-31 页】

近日污灯蛾

俞银大[1]，席忠诚[1]，李亚绒[1]，李秀山[2]

(1.庆阳地区林木种苗管理站，甘肃 西峰 745000；

2.甘肃省森林病虫检疫防治总站，甘肃 兰州 730050)

学名：*Spilarctia melli* Daniel；灯蛾科 Arctiidae。

分布：甘肃(正宁县、天水市、陇南地区)、陕西、浙江、山西、云南。

寄主植物：泡桐、楸树、核桃、桑树、枫杨、白蜡、刺槐、山杏、榆、臭椿、月季、葡萄、北京杨、新疆杨、玉米、蔬菜、牵牛花等。

为害情况：以幼虫取食叶片，严重时整株叶片被食光，影响林木的正常生长和结果。

一、形态特征

成虫 白色中型蛾子，雄虫体长 12～14 mm，翅展 36～41 mm；雌虫体长 14～17 mm，翅展 42～44 mm。头白色，触角为黑色，雄虫短栉齿状，雌虫丝状具纤毛。颈板前缘及翅基片红色。下唇须下方红色，上方黑色。胸足白色有黑条带，前足基节及腿节上方红色。腹部背面鲜红色，基部及末端有白毛，腹面白色，腹部及两侧各有 1 列黑色斑点。前翅白色，前缘脉下缘中部有两个黑斑，其中一个在横脉纹上，从后缘至翅顶前有 1 列黑斑。后翅乳白色，横脉纹上有 1 黑点，翅顶下方及臀角上方各有 1 黑点，呈三角形。

卵 扁圆或圆球形，直径 0.5 mm。淡绿色，中央略凹入，有光泽。呈块状或带状产于叶背边缘，覆有白色绒毛。

幼虫 老熟幼虫体长 35～40 mm，初孵幼虫浅棕色，随虫龄增加体色加深，老熟幼虫黑灰色，头部具较浅色"∧"形纹。体毛长，较整齐，丛生于毛瘤上，毛瘤深蓝色。体毛色泽不一，有黑色、浅棕色，个别较长为灰白色。背线及气门上线均为白色斑带。腹节 10 节，自第 3 节至第 6 节各具腹足 1 对，第 10 节有 1 对臀足。趾钩单序，中列式。

蛹 长 13～17 mm，宽 5～6 mm，赤褐色或黑褐色。腹部末端有臀棘，臀棘前端有钩刺，为体毛和丝组成的半透明的茧固定于落叶、地表及其他隐蔽处。茧为黄棕色，长椭圆形，长约 28 mm，酷似落叶颜色，在自然界很难发现。

二、生活习性

在正宁县、天水地区一年 1 代，以蛹在枯枝落叶下、地面隐蔽处结茧越冬。在正宁，蛹期 260 d，越冬蛹于翌年 6 月份气温上升到 20℃左右时开始羽化(在天水，5 月中旬开始羽化)，羽化的成虫破茧而出，成虫羽化盛期为 6 月下旬至 7 月上旬，羽化后经 3～6 d 飞翔，交尾后即可产卵。产卵量 210～450 粒不等，最多为 615 粒。一般雌虫平均寿命 8～12 d，雄虫 5～12 d。卵期 6～8 d。幼虫共 7 龄，7 月中旬为幼虫孵化盛期，大量结网为害，幼虫期约为 85 d。老熟幼虫于 9 月下旬至 10 月上旬下树吐丝结茧化蛹越冬。

成虫日间静伏于叶片,傍晚飞翔,飞翔能力较差,多在夜间交配产卵。雄成虫有较强趋光性,雌成虫趋光性很弱。成虫寿命 7~15 d。雌雄性比 1∶1.5。

幼虫具有群集性,群体内发育整齐。初孵幼虫取食叶肉后,叶片呈半透明状。3 龄以前群集结网为害;3 龄以后分散取食,静伏群集,受惊时即跌落地面或转移到其他植株上为害。老熟幼虫食量很大,经测定,每百头 7 龄幼虫可取食泡桐叶 1 313 cm²(一片泡桐叶平均 400 cm²)。在天水,9 月初老熟幼虫沿树干爬下地,在杂草、农作物上取食一段时间,于 9 月下旬开始化蛹。预蛹期 4~6 d,蛹期 255~285 d。

天敌种类较多,捕食性的有蜘蛛、螳螂、中华草蛉、牯岭草蛉、大草蛉、蠋敌 *Arma custos*(Fabricius)。寄生性的有异足姬蜂 *Heteropelma amietum* F.,寄生率 8.6％;雕背姬蜂 *Glypta sp.*,寄生率 0.9％;细线细颚姬蜂 *Enicospilus lineolatus*(Roman),寄生率为 0.5％;钩腹姬蜂科(Trigonalidae)一种,寄生率 1.4％;蚕饰腹寄蝇 *Blephoripa Zebina*(Walker),寄生率 3.8％;另有寄生蝇一种,寄生率 3.9％,寄生蜂一种。

三、防治方法

1.人工防治:冬季清除并及时烧毁落叶以减少越冬蛹。及时摘除有卵块或幼虫网幕的叶片进行焚烧或掩埋,可降低虫口密度。

2.化学防治:在幼龄幼虫期喷布 80％敌敌畏乳油 2 000 倍液,50％辛硫磷 3 000 倍液,90％敌百虫晶体 2 000~3 000 倍液,20％杀灭菊酯 2 000~3 000 倍液,杀虫效果可达 100％;在老龄幼虫期喷布上述药液效果可达 95％以上。用灭扫利原药、菊酯毒笔在树干涂环杀下树幼虫。

3.灯光诱杀:在成虫发生盛期,即 5 月下旬至 6 月下旬,利用黑光灯诱杀。

4.加强检疫:对嗜食的寄主树种产品实施检疫,杜绝虫源扩散,阻止虫情蔓延。

5.保护利用天敌:近日污灯蛾幼虫期有姬蜂、寄蝇等,应注意保护和利用。

【本文 1995 年 3 月录入《甘肃林木病虫图志》第二集第 66－67 页】

花布灯蛾生物学特性及综合防治技术

席忠诚

（庆阳地区林木种苗管理站，甘肃 西峰 745000）

摘　要：花布灯蛾近年来在庆阳地区部分县、乡发生，虫情日渐严重。该虫1年发生1代，以3龄幼虫群集在树干或枝丫处结虫苞潜伏在苞内越冬，越冬幼虫翌春严重危害叶芽，影响树木生长。据其生活史提出了以综合防治为主的防治方法，越冬幼虫危害期树冠喷布25％氧乐菊酯2 000～3 000倍液，防治效果可达95％以上，能显著压低虫口数量。

关键词：花布灯蛾；生物学特性；综合防治

中图分类号：S 763. 42 文献标识码：B

花布灯蛾 *Camptoloma interiorata*（Walker）在甘肃省内的分布以及危害针叶树的情况尚未见记载[1]，近年来在庆阳地区部分县乡时有发生，危害刺柏（*Juniperus formosana*）[2]，虫情日渐严重。幼虫取食新生叶芽，可将叶芽吃尽，影响刺柏生长，严重时甚至可造成整株死亡，已成为庭园绿化上亟待解决的问题。1995～1998年，作者对该虫在庆阳地区的发生、为害特点及综合防治技术进行了观察研究，现总结报道于后。

1　形态特征

成虫：体长10 mm，翅展28～38 mm。体橙黄色，前翅黄色[3]，翅上有6条黑线，自后角区域略呈放射状向前缘伸出，近翅基的2条呈"V"形，第3条位于中室，较短；在外缘的后半部，有朱红色斑纹2组，每组分出2支伸向翅基；靠后角外缘毛上有方形小黑斑3个。后翅橙黄色。雌蛾腹端有厚密的粉红色绒毛。

卵：圆形略扁，淡黄色，卵粒排列整齐，成块状，卵块表面覆盖有粉红色的绒毛。

幼虫：体长30～35 mm。头部黑色，前胸背板黑褐色，被黄白色细线分成4片。胸、腹部灰黄色，有茶褐色纵线13条，各节生有白色长毛数根，腹足基部及臀板均为黑褐色。

蛹：略成纺锤形，长约10 mm，茶褐色，腹部最后一节有一圈齿状突起。

2　生物学特性

2.1　生活史

花布灯蛾在庆阳1年发生1代，以3龄幼虫群集在树干或枝丫处结虫苞潜伏苞内越冬。翌年4月中、下旬当气温升至10℃左右，越冬幼虫即开始活动，5月中、下旬开始化蛹，蛹期15～25 d。成虫羽化盛期为6月下旬至7月上旬。卵期8～20 d，平均为13d。

当年幼虫自 7 月上旬开始危害,10 月中旬结虫苞越冬;整个幼虫期长达 11 个月之久,其中取食危害时间长达 5 个月。生活史详见表 1[4]。

2.2 生活习性

2.2.1 成虫期

成虫多在上午羽化,白天停息在针叶上,黄昏后交尾,次日产卵在树冠中部的针叶上。具有较强趋光性,寿命为 5~8 d。

2.2.2 卵期

卵块成圆形,上覆盖雌蛾脱下的粉红色绒毛,每个卵块上卵粒数不等,少则几十粒,多则上百粒。

2.2.3 幼虫期

幼虫孵化时,从卵底咬破卵壳爬出,群集卵块周围,然后吐丝结成灰白色的虫苞,并以丝将叶柄缠在小枝上。幼虫潜伏虫苞内,黄昏后出苞在附近小枝上群集取食叶芽或嫩叶。10 月中、下旬气温下降至 10℃ 以下时,虫群离开针叶迁移到树干或大枝丫处作新虫苞,群集于内潜伏越冬。翌春越冬幼虫开始活动后食量大增,危害十分严重。

2.2.4 蛹期

老熟幼虫沿树干爬到地面枯枝落叶层或石块下作茧化蛹,茧深黄色。

2.3 发生与环境的关系

花布灯蛾的发生与外界环境关系密切。常发生于丘陵山区,山脚、山洼避风向阳处发生重于山顶迎风处。树冠外围叶芽受害重于内部,嫩叶受害重于老叶。春季干旱少雨有利于越冬幼虫出蛰为害,否则为害较轻。连片(行)栽植的刺柏受害重于间隔栽植的刺柏。

表 1 花布灯蛾生活史

月旬	11－3	4上	4中	4下	5上	5中	5下	6上	6中	6下	7上	7中	7下	8上	8中	8下	9上	9中	9下	10上	10中	10下
虫	(一)	⊖	⊖	⊖	⊖	⊖	⊖	⊖														
							△	△	△	△	△	△										
态										+	+	+	+	+								
												.	.	.								
														－	－	－	－	－	－	－	(一)	(一)

注:"＋"示成虫,"."示卵,"－"示幼虫,"(一)"示越冬幼虫(休眠),"⊖"示越冬幼虫(活动),"△"示蛹。

3 综合防治技术[4]

3.1 营林措施

庭园绿化应尽可能推行乔灌混交、针阔混交的栽植模式以阻止花布灯蛾等害虫的发生。对已经发生危害的应结合松土除草破坏化蛹场所,可明显减轻当年危害。

3.2 人工防治

于冬季或早春,用长柄弯嘴铁铲刮除主干和大枝丫上带虫苞的老树皮,集中烧毁。对树冠较小、树体不高的可用煤油涂虫苞两端杀死越冬幼虫。

3.3　黑光灯诱杀

于成虫盛发期在林中空地设置黑光灯诱杀之。

3.4　化学防治

（1）4 月下旬至 5 月中旬,越冬幼虫大量取食活动期,树冠喷布 25％氧乐菊酯(榆中县农药厂生产)2 000～3 000 倍液,防效可达 95 ％以上。

（2）5 月中旬至化蛹前,树冠喷洒 40％乐果乳油 800 ～1 000 倍液,防治效果可达 85％以上。

（3）在幼龄幼虫期,于傍晚或阴天均匀喷洒 75％辛硫磷乳油 2 500～3 000 倍液,可取得很好的防治效果。

（4）严格实施调运检疫:花布灯蛾可随苗木调运异地传播,因此应严格实施调运检疫,防止人为扩散和蔓延。

（5）保护和利用天敌:花布灯蛾幼虫的天敌有刺蝇(*Pales pavida* Meigen)及寄生蜂 2 种,病原微生物 1 种,可因地制宜地加以保护和利用。

参 考 文 献

[1]　萧刚柔.中国森林昆虫(第 2 版增订本)[M].北京:中国林业出版社,1992

[2]　北京林学院.树木学[M].北京:中国林业出版社.1980

[3]　中国科学院动物研究所.中国蛾类图鉴(II)[M].北京:科学出版社,1983

[4]　方应中,席忠诚,俞银大,等.松针小卷蛾生物学特性与防治技术初探[J].甘肃林业科技,1993.(3):37—40

Biological characteristics and comprehensive control techniques of *Camptoloma interiorata*

XI Zhong-cheng

(*Forest Seed and Seedling Management Station of Qingyang District* ， *Xifeng* 745000, *Gansu Province China*)

Abstract ：the harm of Camptoloma interiorata was found in some counties and villages of Qingyang Distract in recent years ， and tends to be more serious. This insect reproduce a generation one year ， 3 — year larva overwinter in wormbud in crowds and make serious harm to bud and tree the next spring . Based on studying of live history ， this paper put forword comprehensive control methods ， and control rate could reach 95％ when spraying insecticide such as 25％ Yanglejuzhi with 1/2000 to 1/3000 concentration on crown in overwintering period .

Key word ：Camptoloma interiorata ; biological characteristics ; comprehensive control

【本文 1999 年 6 月发表在《甘肃林业科技》第 24 卷第 2 期第 35—37 页】

黄斑星天牛识别与防治

席忠诚

（庆阳地区林木种苗管理站，甘肃 西峰 745000）

黄斑星天牛是终生以杨树为主要食料的毁灭性蛀干害虫。以幼虫蛀食杨树主干和主枝造成树木千疮百孔，枯枝断头，木材完全失去利用价值。尽管 1992～1995 年甘肃省在天牛发生地开展了规模空前的综合工程防治，显著降低了有虫株率和虫口密度，有力地遏制了天牛的猖獗危害和迅猛蔓延。但是，目前黄斑星天牛在原发生地仍有零星危害，大有死灰复燃之势。为此，作者在工作实践和借鉴省内外先进经验的基础上，将黄斑星天牛的识别特征与防治方法总结报道于后，以期为林业生产单位和个人在天牛防治工作中提供参考依据。

1 黄斑星天牛识别特征

1.1 寄主

箭杆杨、小叶杨、加杨、青杨、大官杨、合作杨、河北杨、冬瓜杨、欧洲大叶杨、新疆杨等杨树品种及榆树、柳树都是黄斑星天牛嗜食寄主。

1.2 危害部位

直径在 6～16 cm 的带皮原木、板方材、小径材及幼树树皮下和木质部，黄斑星天牛都有可能危害。

1.3 危害状

1.3.1 卵槽

半圆形，长 13～15 mm. 刻槽稍凹陷，有不整齐的木丝，为天牛口器咬破的痕迹。刻槽皮下，在产卵孔的上方 6～10 mm 处为产卵处，新卵槽为棕色，旧卵槽与树皮同色。每刻槽有卵 1 粒，初产卵乳白色，后为淡黄色。

1.3.2 侵入孔

刚孵化幼虫取食韧皮部，并从产卵孔处排出细木屑和树液。随虫体增大，排泄孔也增大，3 龄后蛀入木质部，排出物中混有白色木丝，老熟幼虫的排泄孔可达 2 cm 以上，形状不规则。

1.3.3 羽化孔

圆形稍扁，平均长径 1.37 cm。短径 1.26 cm。

1.3.4 木段剖析

截取有代表性的木段用长螺丝刀撬开韧皮部，寻找生活在韧皮部与木质部之间的幼虫，根据排有红褐色虫粪、木屑、蛀入孔用凿子或斧头劈开木质部可见"L"形幼虫坑道，幼虫或蛹。

1.4 虫态

1.4.1 成虫

体黑色,鞘翅黑色,具青铜色光泽;小盾片、鞘翅上绒毛呈姜黄色至乳黄色,少数呈污白色,翅面上毛斑大小不等,排成不规则的 5 列,4 列最大,1、5 列最小,还散生一些小毛斑;鞘翅肩角内侧无明显小瘤,两侧缘略平行;触角 11 节,3 节最长,以后各节依次渐短,3~10 节前半段及 11 节密被蓝灰色细毛;腹部黑色有黄棕色细毛。雄虫较瘦小,体长 14~40 mm,宽 6.8~12 mm,触角超过体长 5 节以上;外生殖器的中茎较瘦,长厚比值为 7.5,弯度较大;中茎突较狭,阴茎侧突端部狭长,其基部弯度不深。雌虫较粗大,体长 24~40 mm、体宽 9~12 mm。触角超过体长 3~4 节。

1.4.2 卵

糯米状长卵形,长 5~6 mm,宽 2 mm。

1.4.3 幼虫

无足圆筒形,淡黄色,老熟时体长 40~50 mm,头小,深褐色、横宽,半缩于前胸之内。前胸背板呈梯形,上有"凸"字锈色斑纹,前缘转弯处有深色细边,弧度较大而均匀,前缘突出部在中央裂开,前侧角和后侧角均较圆,两侧凹处骨化较强,前胸腹板小腹片骨化板色泽较深,有较明显的颗粒。4~10 体节背面各有 1 个回字形步泡突,腹部两侧有气孔 9 对。

1.4.4 蛹

长 28~40 mm,淡黄色;体形大小及头胸附器比例和成虫相似,雌雄区别明显;头部倾于前胸下,口器向后,触角呈发条状,由两侧卷曲于腹面,腹部可见 9 节,以第七、八节最长。

1.5 生活规律

黄斑星天牛 2 年 1 代,当年以小幼虫或卵,次年以不同龄期的较大幼虫在皮下或木质部内越冬。成虫出现高峰期在 7 月底 8 月初,交尾多在晴天的 9~18 时。成虫取食树叶及嫩枝皮或木质部表层进行补充营养。成虫期约 30~40 d。幼虫每天活动高峰在 10~17 时,将木屑和粪便频繁向外推出;整个幼虫期长达 20~22 月。卵期为 18~24 d,蛹期为 20~30 d。

2 黄斑星天牛防治方法

2.1 综合防治模式

2.1.1 模式 I

清除虫害树＋熏蒸虫害木＋树种更新＋虫情监测。即对被害株率 20％以上,株均虫口密度 7.1 条以上,虫害指数 10 以上,且重点发生区的严重受害树或工艺成熟、成材大树,在冬季,经有关部门审批后,全面实施清除;对清除的虫害木实行塑料薄膜拱棚或大坑磷化铝片熏蒸处理;翌年春季在清除地段,严格选用抗天牛性能强的优良树种进行栽植更新,落实管护措施,监测虫情,发现天牛入侵小树时,迅速实施人工除卵,将天牛危害消灭在萌芽状态。

2.1.2　模式Ⅱ

人工除卵和皮下小幼虫＋生物化学防治。即对被害株率11％～20％,株均虫口密度2.1～7.0条,虫害指数5～10的中度危害区6 cm以上中小树实施的"治小措施"。其中生物化学防治可采用以插毒签,磷化铝堵孔和插蘸菌(药)麦秆为主的多种方法。对个别虫害大树或者无可救药的树木,可采取"除大"措施予以拔除。

2.1.3　模式Ⅲ

加强虫情监测＋拔点除源＋萌芽更新＋人工除卵和皮下小幼虫＋选用抗性强的树种填空补缺。即对被害株率5％～10％,株虫口密度0.3～2条,虫害指数5以下的轻灾区,在虫情监测的基础上,对虫源随发现随清除,对零星受害树实施人工除卵和皮下小幼虫,对清除虫害树后的空缺,一部分进行萌芽更新,一部分用抗性强的树种填空补植,以改善林分结构增强抵御虫灾的能力。农田林网采用此模式,不仅能除治天牛恢复树势,而且简捷经济。

2.1.4　模式Ⅳ

加强检疫＋虫情测报＋营造抗性强的树种。即在天牛虫害发生的邻近地带和未发生区,加强检疫,严禁带虫苗木入境,建立虫情预测预报制度,抓紧在边缘地带和林间空地积极营造抗性强的树种,如大力发展生态林和经济林等,优化树种组合,改善林种结构。

2.2　综合防治主要技术措施

2.2.1　清除虫害树

伐除的虫害树要实施灭虫处理:失去使用价值的伐倒木、梢头和枝枢等可烧毁灭虫;新产卵和小幼虫尚未进入木质部的带皮原条原木,可剥皮曝晒杀死卵和小幼虫。有条件者可将带虫木材送到工厂加工成纤维板、刨花板、火柴杆等,无上述条件者可加工成薄板(2cm以下)或劈成柴签。清除时,经有关部门审批后有计划地整段或整片进行。

2.2.2　熏蒸虫害木

对虫害木常采用在大坑、房屋(或窑洞、简易塑料等薄膜大棚)内,投放磷化铝、密封熏蒸。虫口不多尚有使用价值的木材,可用具有熏蒸作用或触杀作用的农药(如有机磷类和菊酯类农药)50～200倍液针管注孔,并用泥封住洞口,或将孔中木丝和粪便掏出,用棉球蘸上药液塞入蛀孔,或用以上药液和成毒泥塞入蛀孔,或用磷化铝可塑性颗粒剂堵孔。

2.2.3　树种更新

选择抗性树种,营造抗黄斑星天牛的结构林。可选用泡桐、臭椿、香椿、中槐、刺槐、楸树、樟树、侧柏、雪松等免疫树种。河北杨、毛白杨、银毛杨等高抗树种,新疆杨、银白杨、山杨、柳属等抗虫树种。同时,还要营造多树种、多林种优化组合的混交林。特别注意在广大农村,适地适树发展经济林。结合庭院经济建设,建立生态经济型林业。对于农田林网和行道树。可实行带状混交,也可按1％～5％的比例栽植诱饵树,以引诱残存的天牛,集中防治,减轻抗虫树的选择压力,是行之有效,切实可行的基本营林措施。

2.2.4　人工除卵和皮下小幼虫

从4月起至10月底,在天牛危害的林区,对6 m以下的中小树,实施螺丝刀除卵和皮下小幼虫,以及用小锤砸卵等措施。

2.2.5 生物防治

在片林中悬挂朽木段招引大斑啄木鸟可有效地控制天牛危害。白僵菌高孢粉与西维因粉剂混用(1∶5),采用麦秆法;白僵菌菌液含菌量16亿孢子/mL,加0.01％吐温80,混以低浓度触杀性农药,可采用喷雾、涂干、注孔等法,每隔10天施药1次共施药3次;施药以每年的4月初至7月下旬,9月上旬至10月上旬,1天中以14～20时效果为好。

2.2.6 化学防治

2.2.6.1 幼虫期化学防治

注孔法:将药液注射入虫孔防治树干内大幼虫,多种农药的高浓度药液均有效果。

内吸法:用50％久效磷乳油、50％甲胺磷乳油、40％氧化乐果乳油、40％乐果乳油、60％的3911乳油注入树体,杀灭树干上部幼虫。

喷孔法 用以防治皮下幼虫,采用机动或背负式喷雾器喷干或涂干。药剂用2.5％功夫乳油,25％菊乐脂乳油,5％来福灵乳油,2.5％溴氰菊酯乳油的200倍液;或50％马拉硫磷乳油,40％乐果乳油,40％久效磷羊毛脂100倍液,或40％氧化乐果孔油,50％辛硫磷乳油50倍液。

毒签法:用磷化锌熏蒸毒签,或甲敌粉、灭害灵粉、2.5％溴氰菊酯粉触杀毒签防治大幼虫,方便实用。

麦秆法:以麦秆携带甲敌粉、甲六粉、40％叶蝉散粉、2.5％溴氰菊酯粉、灭害灵粉等农药插入虫孔防治树干内大幼虫,经济方便有效。

毒枝法:利用林地拣拾的细枝条蘸一下事先配成一定比例的药液(粉剂可先蘸一下水,再蘸药粉)后插入虫孔,是目前防治天牛大幼虫最为经济、方便、实用,便于推广的一种方法。常用药剂有20％杀灭菊酯20倍、25％灭幼脲1号10倍、40％氧化乐果乳油10倍、BT乳剂、甲敌粉、2.5％溴氰菊酯粉10倍、灭害灵2倍。

堵孔法:利用磷化铝片剂(1/8～1/16)堵入虫孔,再以泥封口即可。

2.2.6.2 成虫期化学防治

毒圈法:以溴氰菊酯毒棒或西维因毒棒在产卵部涂2 cm宽的毒圈。

涂干法:以5％西维因粉剂加水喷或涂于直径6～15 cm的树干上。

药环法:以5.7％百树德乳油＋柴油、2.5％功夫乳油＋柴油或5％敌敌畏乳油＋柴油(药油比1∶10)于树干上喷环。

2.2.7 虫情监测

首先从4月份起,在黄斑星天牛嗜食寄主上寻找取食危害孔(侵入孔)、羽化孔、产卵刻槽。其次在7～8月份。实施人工捕捉成虫,尤其是在可疑地方,重点捕捉成虫,且须鉴定认可。第三在3年以上林分内每年可进行3次抽样调查以监测天牛。即5月中旬重点查明幼虫所排木丝的有无,7月下旬至8月上旬注意成虫是否传入,10月中旬查看有无新刻槽产生;抽样强度为株数的1％。最后,将专业监测网点和群众大面积有偿举报结合起来,以达到及时发现、提早防治黄斑星天牛的目的。

【本文2000年发表在《甘肃农村科技》第1、2期合刊第72－74页】

陇东欧美杨 107、108 号的引种栽培

席忠诚

（庆阳市林木种苗管理站，甘肃 庆阳 745000）

欧美杨 107、108 是欧洲黑杨和美洲黑杨的杂交品种，也是国家 2002 年认定的林木良种。甘肃省庆阳市首次将欧美 107、108 两个品系成功地引入了甘肃省。现将陇东欧美杨 107、108 引种栽培技术介绍如下，供参考。

一、育苗

育苗地应选择在交通方便、地势开阔平坦、背风向阳、地下水位低、排水良好，土壤质地疏松、肥沃、保水保肥，pH 值 在 7～8.5 之间，易溶盐含量低于 0.3％，有灌溉条件的地方。

选好的圃地应于冬初施足基肥（每亩约 4 000～5 000 kg），全面翻耕，深度 25～30 cm。翌春土壤解冻后苗木扦插前作床，苗床宽 70～80 cm，两床间距 20 cm 左右，床高为 20～25 cm，走向南北。为了增温保水床面应覆薄地膜一层。

用锋利的枝剪或者切刀，将种条截成具有三个芽（要求发育正常、芽体饱满）、长度为 12～15 cm 的插穗，上下切口均需平截。将截好的插穗 10 个一捆扎，顶端（即芽尖一端）蘸熔化的石蜡封住截面约 1～1.5 cm 高，严禁两头都封蜡。

欧美杨扦插时间在陇东应于每年清明节前后。实施扦插前要将蜡封的插穗在活水或池水中浸泡 12～24 h。扦插株距 25 cm、行距 60 cm，每亩可扦插 4 000 株以土。在覆膜的床面上扦插时，应先将地膜用器械戳一个与插穗粗细相当的孔，然后再从孔中垂直插入插穗。插完后在其土端覆土 1 cm 左右，对取自于基部和梢部的插穗在扦插时可蘸少许 ABT 生根粉。扦插完成后，对所有扦插地段浇透水一次。

当新梢长到 50～80 cm 时可以追肥一次，其后在苗木速生期，根据土壤肥力状况再追肥 2～3 次。追肥以氮肥为主，亦可用成分含量高的有机肥点施，有条件的地块还可以实施叶面追肥。叶面追肥以喷施宝 6 000 倍液为好。

由于多芽插穗能生长多个新梢，应在苗高 30～50 cm 时抹去细弱的新梢，最后只留一个较壮实的新梢。在后期生长过程中对长出的侧芽也应随时抹去。

苗期主要有白杨叶甲、白杨透翅蛾、青杨天牛、大青叶蝉等四种害虫危害，应酌情及时予以防治。病害以褐斑病和叶锈病最为常见，防治时可采用摘除病叶或喷施粉锈宁、甲基托布津等化学药剂，均可取得理想的效果。

检疫工作应贯穿于育苗全过程，无论是插穗分级、苗木生长，还是成品苗出圃都应进行严格的检疫，确保苗圃和造林地的安全。

二、造林

选择苗高在 3.0 m,地径 2.0 cm 以上的 2 根 1 干平茬苗造林。在苗木紧缺的情况下亦可用一年生 1 级苗,苗高在 1.90 m 以上,地径在 1.2 cm 以上造林。要求苗木健壮、顶芽饱满、根系完整、无病虫害。选择土层深厚、疏松肥沃的土壤造林。土壤贫瘠板结,土层浅薄的地方及风口处不宜作为造林地。塬面和川台地是造林最适宜的立地条件;二荒地、弃耕地和坡耕地亦可作为选择的对象,但速生性较差。

欧美杨 107、108 干形好,树冠窄,侧枝细,可适当密植。在庆阳市肥沃的塬面和川台地可采用 2×3 m 或 3×3 m 的株行距,而在其他立地条件下可适当加大株行距。

对土壤较为瘠薄的土地,在造林前全面深翻 30～40 cm,以提高土壤保水、保肥能力,改善土壤通透性,增强杨树根系对深层土壤的利用率。采用穴状整地方法,按株行距定点挖穴,穴大 60×60×60 cm 以上,土壤质地较差可采用全垦大穴法,穴大 70×70×70 cm 以上。整地时间最好在先 1 年入冬前,因通过整个冬季的冻垡、风化,可提高土壤的通透性;挖穴时间以 3 月份造林前为宜。以植苗造林为主,栽植前要将苗木根系浸泡在活水中 2～3 d 后再进行栽植。栽植时间为每年的 3 月中旬至 4 月上旬。栽植深度 60 cm 标准的深度才能使苗木根量增加,吸收深层湿润土壤中的水分,提高抗旱能力、成活率和生长速度。栽植方法为栽植时先填表土,后填心土,分层覆土,层层踩实。苗木定植后,有条件的地块一次浇足定根水,株均 50 kg 以上。其他地块,在土壤墒情好的情况下,造林时用生根粉 6 号 100 ppm 的溶液浸泡 12 h 以上,栽后不需灌水。

欧美杨 107、108 是喜氮、磷、钙的树种,PH 值最适为 6.5～7.5,只有在土壤肥沃,酸碱度适中的条件下,才能发挥其速生特性。因为大肥大水是速生丰产林的必要条件。一般每株施 0.5 kg 复合肥和 0.5 kg 过磷酸钙或每株 10 kg 腐熟的有机农家肥作基肥。在第一次生长盛期(5 月中下旬～6 月下旬)和夏季生长高峰期(7 月初～8 月底)追施氮磷肥,能明显促进生长,提高产量。

为了确保欧美杨 107、108 号 6～8 年成材,栽植后需连续抚育 3 年,主要是松土、扩穴、施肥、控制杂草、防治病虫、鼠、兔害等。在立地条件好的地块栽植 3 年后必须进行适当的透光伐,确保树木正常生长所需的光照和养分供应。

【本文 2007 年 7 月发表在《中国林业》第 7B 期第 48 页】

苹果贮藏期病害及其防治

席忠诚

（庆阳市林木种苗管理站，甘肃 庆阳 745000）

苹果贮藏期主要有轮纹病、炭疽病、青霉病、斑点病和虎皮病五种病害。现将其主要特征及防治方法介绍于后，供参考。

1. 轮纹病

真菌病害。果实感染病菌后，潜伏期很长，多在成熟期及贮藏期因高温多湿而发病，患处有淡褐色同心轮纹，病部稍隆起。以金帅、香蕉品种等发病较重。

2. 炭疽病

真菌病害。生长季节借雨水传播，高温多湿条件下发病严重。开始呈褐色小点，逐步扩大成同心轮纹状斑，病部稍凹陷，有苦味。以上两种病害均为田间侵染病菌，生长季节应加强喷药防治。发病较重的果园于贮藏前用 50％甲基托布津可湿性粉剂 500～1 000倍或 25％多菌灵可湿性粉剂 500～1 000倍浸果 10 min。

3. 青霉病

是在贮藏期间受青霉菌感染而发生的。受害部位腐烂，呈淡褐色，略有臭味，患部中央白色，后呈青绿色。一般苹果均有发生，特别是机械损伤的果实更易发生。因此，苹果贮藏时应剔除机械伤果和病果；采用低温贮藏可抑制青霉病的发生和发展。

4. 斑点病

发生在果实表面的生理性病害。主要是由于果实采前缺肥（特别是磷）和果实采收过早引起的。开始时呈各种颜色的斑点，绿色品种为褐色斑点；红色品种为黑色斑点。病菌易在斑点部位侵入，使果实腐烂。预防办法，应在田间增施磷肥，清除早期落叶病，按期采收，尽量不要早采。

5. 虎皮病

又名烫伤病，为生理病害。发生在长期贮藏及冷转热的过程中。病斑呈褐色斑块状，一般发生在娇嫩的绿色果面上，红色面较晚发生。原因是苹果果蜡中含有一种 α－法尼烯的物质，而早采的果实中 α－法尼烯又比较高，当 α－法尼烯氧化时就出现虎皮病。预防虎皮病可采取抗氧剂二苯胺和乙氧基喹喷果或浸果。以 2 000～4 000 ppm 乙氧基喹浸果，经 6 个月后防病效果达 90％以上；另外也可用以乙氧基喹为主剂的药物定名的虎皮灵制成水果保鲜纸进行包装，贮藏效果更好。

【本文 2007 年 9 月 19 日发表在《庆阳市科学技术协会网》种植技术栏目】

果园套种油菜的优点和方法

席忠诚

（庆阳市林木种苗管理站，甘肃 庆阳 745000）

果园套种油菜,是长期以来从事果园管理的果农,经过实践总结出的行之有效的方法。不仅可以改变果园小环境,而且可以提高单株产量增加果农收入。现将其优点和套种方法简介如下,供参考。

一、套种优点

1.减少蒸发,冬春保墒

陇东特别是庆阳市中南部地区冬、春干旱,大风天多,气候干燥,地表蒸发量大,土壤水分散失严重。套种油菜后,油菜覆盖果园,有利于保存雪雨和冬(春)灌水,保墒效果良好。

2.改善土壤理化性状,增加有机质含量

油菜茬口好,产量高,根茎枝叶腐烂快,可增加土壤有机质含量,改善土壤理化性状,提高土壤蓄水保墒性能,培肥地力。据调查,每亩油菜可产鲜枝叶 1 000～1 500 kg,缓解了果园覆盖材料不足的问题,连年种植,刈割覆盖,效果更好。

3.与果树争肥争水矛盾较小

从 10 月份至翌年 3 月底,果树处于缓慢生长期、休眠期和萌芽初期,生理代谢缓慢。而此阶段油菜生长较旺,与果树生长高峰相错,因此,二者争肥水矛盾较小。

4.方法简便,投资少

油菜抗旱性强,易出苗,封行早,播种管理方法简单易行。种子来源广,价格低,投资少,是果园生草覆盖的有效途径。

5.招蜂引蝶,有助授粉

蜜蜂是果园的主要授粉媒介,刈割前部分油菜花的开放,可招引蜜蜂和其他昆虫于果园,有助于果树授粉,提高坐果率。

二、套种方法

1.播前整地

8 月中、下旬,对全园深锄一遍,清除园内杂草,破除土块待用。

2.播期播量

进入 9 月选用白菜型油菜借墒播种,以防冻害。播种时,将油菜籽均匀撒入园内,撒种后立即将地搂一遍。每亩果园播油菜籽 0.5 kg 左右。

3.肥水管理

有灌溉条件的果园,结合冬灌或早春灌水,每亩追施尿素 7～10 kg。无灌溉条件的果园,可借雨雪撒施。

4.刈割覆盖

翌春 3 月下旬至 4 月上旬,油菜长到 40～50 cm 时,贴近地面进行刈割,将刈割后的油菜均匀覆盖于果园地面即可。

【本文 2007 年 9 月 19 日发表在《庆阳市科学技术协会网》种植技术栏目】

秋季常见花卉培育技术要点

席忠诚

（庆阳市林木种苗管理站，甘肃 庆阳 745000）

秋季是菊花、月季、茶花、仙客来、金盏菊等常见花卉培育的关键时期。掌握其培育技术是提高观赏价值的必然要求。现就秋季常见花卉培育技术简要作以介绍，供花卉爱好者参考。

一、菊花

应在立秋节前后 5 d 左右对多头菊、立菊、悬崖菊进行最后一次摘心。若想花期集中，则应对早花品种迟摘，迟花品种早摘；若想延长观花期，则应对早花品种早摘，迟花品种迟摘。待新枝长到 10 cm 左右，对多头菊进行定头，即选留长势一致，分布合理的奇数枝条作开花枝，其余剪除。薄肥勤施，适当控水，每天浇 8 成水，保持下午 5 点左右叶片略有萎蔫为宜。现蕾后施一至二次较重的花蕾肥，以有机肥为主，促进花蕾发育，并按每枝一蕾及时抹去多余的侧蕾。病虫必须以预防为主，一旦造成危害，直接降低观赏价值。

二、月季

在 8 月中下旬进行一次重修剪，剪除枝叶总量不超过 30%～50%，选留部分健壮枝短截，除去细弱枝、病虫枝、内膛枝，保持良好的通风透光条件。同时，应翻盆换土一次，去掉 1/3～1/2 的宿土，添加基肥和新培养土，对原盆较小的还应换大一号的盆。现蕾后加施追肥，做好常规病虫防治工作，特别注意红蜘蛛的防治。

三、茶花、茶梅、杜鹃

秋季是花蕾发育的重要阶段，要用矾肥水掺 8～10 倍的清水，每周浇一次，促进花蕾发育。茶花要尽早疏蕾，选留分布均匀，发育正常的外部花蕾，每 20～30 片叶留一个花蕾。每 20 d 喷一次菊酯类农药，防治叶部害虫。杜鹃还要注意防治叶部真菌病害。8～9月要继续遮挡中午直射光暴晒，还要避开西晒。

四、仙客来、马蹄莲、郁金香等喜冷凉型花卉

夏季休眠或半休眠，9～10 月气候转凉，应及时翻盆、上盆或分株上盆，注意加足底肥。这类花卉的栽植深度因种而异，栽植深度对以后生长的影响很大，要正确把握。一般地仙客来球茎要露出土面 1/4，风信子球茎全部入土，上面盖土 2 cm，郁金香鳞茎入土2/3，马蹄莲块茎盖土 3～4 cm。栽植时浇透水后，在未大量发叶之前应控制浇水量。

五、播种类花

秋播花卉以草花为主,大致可分为两大类:一类是露天草花,如金盏菊、金鱼草、三色堇、石竹等,可根据需要从 8 月至 10 月分期分批播种,结合其他养护措施,可延长观花时间;二类是温室草花,主要有瓜叶菊、报春花、蒲包花等,一般根据生育期长短,按期播种,按时开花。现在各花种新品系很多,各品系生育期长短不一,应引起注意。生育期是在发育起点温度以上计算的,如无加温条件,播种期应在按生育期播种的基础上,再提前 15 d 左右播种,以便确保按期开花。

此外,怕冻的花卉和观叶植物在深秋时节应逐渐控水,控制氮肥,增施磷钾肥和增加光照,以利提高花卉体液浓度,提高抗寒能力;秋季是树干增粗的高峰时期,对绑扎已定型的盆景应及时松绑,以免造成缢痕,有损观赏价值;秋季还要注意种子的分类采集和部分花卉的扦插繁殖。

【本文 2007 年 9 月 19 日发表在《庆阳市科学技术协会网》科学生活栏目】

苹果树腐烂病与轮纹烂果病的防治

席忠诚

（庆阳市林木种苗管理站，甘肃 庆阳 745000）

苹果树腐烂病与轮纹烂果病是苹果树健康生长的大敌。因此，加强对其的预防和除治是提高挂果期苹果树单位面积产量、增加果园经济效益的重要途径。

一、苹果树腐烂病

苹果树腐烂病俗称"烂皮病"，是苹果树最重要的枝干病害，也是造成苹果树树势衰弱、死枝死树甚至毁园的最直接原因。苹果树腐烂病是由腐烂病菌侵染所致的病害，腐烂病菌是一种弱寄生菌，具有潜伏侵染的特性。防治上采取以下措施可显著减少该病的为害。

1. 增强树势，科学预防冻害，减少树体伤口，减少营养消耗提高树体抗病能力是根治苹果树腐烂病的首要措施也是基本措施。

2. 加强肥水管理，适度疏花、疏果，合理负载产量，严禁过度环剥，剪口、锯口最好用"绿云"愈合剂涂抹，加快伤口愈合，避免发病，扶强健壮树势是防治苹果树腐烂病的有效措施。

3. 刮除病斑，于 2 月下旬~5 月下旬、8 月下旬~9 月上旬及时将腐烂病斑刮成梭形，彻底刮除病斑坏死组织，周围刮去健皮 0.5~1 cm 深达木质部，刮成立茬、平整（促进愈合），刮后用"果康宝"5 倍液或"腐迪"原液等涂抹病疤，铲除菌源是防止侵染、预防复发、减轻发病的重要措施。同时，刮刀也要常用药液消毒，以免带毒传病。

4. 早春结合修剪、锯除重大病枝、剪除细弱病残枝、刮除腐烂病斑、于发芽前全树喷果康宝 200~300 倍液或园易清 300 倍液、膜力丹 1 000 倍液；在腐烂病严重的果园，用果康宝 20 倍或园易清 30 倍涂干（从地面到 1.5 m 处的主干）或者全面细致喷洒 7.5% 强力轮纹净 50~100 倍液铲除园内腐烂病菌，生长期刮除复发或新增病疤、涂抹 7.5% 强力轮纹净 5~10 倍液于新老病疤交接处预防复发，控制发病。

5. 对于较小病斑可直接在病斑上敷厚 3~4 cm 的胶泥（超出病斑边缘 5~6 cm），用力贴紧裹紧塑料带，防止雨水冲刷和早裂；严重病斑可使用硫酸羟基喹啉和植物生长激素，并加入液体塑料涂敷，封闭病斑，让病菌缺氧酶中毒死亡。树干基部病害严重时，可采用泥土堆埋的方法根治病害。

6. 在 5~8 月果树愈伤能力强的时期，将主干、主枝基部树皮表层刮 1~2 mm，达到"病灶刮尽，新皮露白，幼皮露青，刮面光滑"的要求。刮后不涂药，当年就可长出新皮。

7. 及时处理病残枝、烧毁刮下烂病皮，禁用苹果树枝做篱笆也是防治苹果树腐烂病不应忽视的环节。

8.成年树病斑过大的,在春夏季进行脚接和桥接,以恢复树势。

二、苹果轮纹烂果病

苹果轮纹烂果病又称轮纹褐腐病或粗皮病,是近些年来红富士苹果最重要的果实和枝干病害。苹果轮纹烂果病是由苹果轮纹病菌和干腐病菌单独侵染或复合侵染所致的潜伏侵染性病害。是一种既可侵害枝干,又能为害果实的特殊病害。

苹果轮纹烂果病菌,一部分去侵染果实,造成果实发病,另一部分则去侵染枝干,造成枝干发病,但不论是果实发病,还是枝干发病,当年的新病斑都不能产生新的病菌孢子,不能形成再侵染。因此苹果轮纹烂果病是一种枝干病瘤越冬,幼果期皮孔侵染,近成熟期开始发病的潜伏侵染性病害,具有雨频高湿利于侵染,秋季高温利于发病的特点,据此确定的防治策略是"早刮病瘤除病源,幼果套袋防侵染,秋季喷药防扩展,低温贮藏防腐烂"。具体防治方法如下:

1.晚秋、早春结合刮治腐烂病,刮除枝干病瘤和病斑,清除园内腐烂落果,集中销毁,减少侵染来源。并喷膜力丹1 000～1 200倍液或用"膜力56"5～10倍液在刮除病斑老翘皮后涂抹。3月下旬至4月初喷3度石硫合剂。对发病重的大中枝干全面涂抹一遍7.5%强力轮纹净悬浮剂5～10倍液,压低树上菌源。

2.苹果树发芽前,全园喷布一遍7.5%强力轮纹净悬浮剂50～100倍液,铲除树体和围栏植物体上的越冬菌源。果实套袋前2～3 d,喷罗克1 000倍液或凯歌4 000倍液(多菌灵、绿色甲托也可)。摘袋后可再喷1次"强力轮纹净"。实施苹果套袋栽培技术,这是目前物理防治轮纹烂果病、提高苹果色泽、降低果品残毒的唯一有效方法。

3.果实侵染期,轮换交替连续用药保护果实,免遭侵染,这是降低果实带菌率,减少后期发病的重要方法。苹果套袋前连续防治3次,用药间隔期10 d,可轮换选用70%甲基托布津可湿性粉剂800倍,68.75%杜邦易保水分散性粒剂1 500倍,80%大生M-45可湿性粉剂800倍,50%扑海因可湿性粉剂1 200倍,20%扑菌灵悬浮剂600倍。苹果套袋后连续防治5～6次,用药间隔期10～15 d,可选择以甲基硫菌灵、多菌灵、代森锰锌、乙磷铝等为主要成分的复配农药与1∶2～3∶200的波尔多液轮换交替施用。

4.果实发病期,应用内吸性杀菌剂控制病菌扩展,减缓果实发病,这是轮纹烂果病防治的补救措施。苹果摘袋前选用40%福星乳油8 000倍液或70%甲基托布津可湿性粉剂800倍喷雾可控制病害发展,降低发病率。

5.在8月,用膜力丹50倍液涂刷粗皮病部,促进健皮生长。

6.贮藏期严格剔除病果,注意控制温、湿度。

【本文2008年4月17日发表在《陇东报》第三版致富桥栏目】

柏肤小蠹和双条杉天牛的综合防治

贾随太[1]，席忠诚[2]

(1. 罗山府林场,甘肃 宁县 745300;2.庆阳市林木种苗管理站,甘肃 庆阳 745000)

柏肤小蠹和双条杉天牛是危害侧柏、桧柏、刺柏等柏树的弱寄生性蛀干害虫,常常使近百年的大树和新移栽的壮年树受害而枯死,其分布广、危害大,但在甘肃陇东地区较少发现。近年来,柏肤小蠹和双条杉天牛在甘肃陇东公园内相伴连续发生,造成公园内部分甚至大部分柏树濒危或枯死,影响园内绿地景观效应的发挥,严重破坏了人们休闲娱乐的环境,已成为公园绿地管护的大敌。根据近年来的防治实践,结合当地生产实际,总结出综合防治柏肤小蠹和双条杉天牛的有效方法。

一、危害规律

(一)柏肤小蠹是侧柏的主要蛀干害虫和国家 233 种危险性林业有害生物之一。该虫虫体微小,生活隐蔽,主要蛀害寄主的韧皮部,破坏树体的输导组织,致使整株枯死。柏肤小蠹多侵害长势衰弱的濒死木、枯死木、新伐木或健康立木的枯死枝干部。侵害具一定的方向性,即立木的北面多于南面,伐倒木的下面多于上面。对树体径阶大小无明显选择,通常被害株的干部至顶部,以及直径在 0.5 cm 以上的小枝上均有侵害。一年发生一代,以成虫或幼虫在树皮内层和木质部表层之间的蛀道内越冬。4 月越冬成虫出蛰,中、下旬平均温度约 20 ℃时为飞出高峰期。雌成虫寻找生长势衰弱的柏树,在树皮上蛀圆形孔侵入,雄成虫随之而入,共蛀交尾室(母道)交配,雌虫产卵于蛀道(子道)内,经 7 d 左右孵化,幼虫紧贴韧皮部和木质部之间蛀食。5 月幼虫老熟化蛹,10 d 左右羽化为成虫,7～8月为成虫高峰期,9 月中下旬成虫再次飞到衰弱柏树上咬皮潜入越冬。

(二)双条杉天牛是我国柏树类植物的重要害虫,国家检疫对象。主要以幼虫在树皮下串食危害。在木质部表面蛀成弯曲不规则的扁平蛀道,蛀道内充满黄白色粪屑。柏树活体主干部,尤为距地面 0.5～2 m 段的树皮翘裂、易脱落,有少量白色树脂或虫粪流出,衰弱木被害后,上部即枯死,连续受害后整株死亡。树干上可见半圆形、稍凹陷、棕色或与树皮同 色,有不整齐的木丝构成的卵糟和形状不规则、大小为 1 mm 的侵入孔,或圆形稍扁,孔径为 3～6 mm 的羽化孔。该种天牛一年发生一代,主要以各虫态借助于寄主植株的调运作远距离传播;也可随成虫自然飞翔近距离传播,自然飞翔最远可达 1 300 m。

二、综合防治方法

(一)加强抚育管理。深挖松土,挖壕压青,追施土杂肥,适时浇水,促进树木速生,增强树势。特别是对移栽的柏树要加强养护管理,促使其尽快恢复树势。4～5 月为防止成虫产 卵,尽量不移栽大的侧柏和桧柏树。此类害虫为"次期性"害虫,有极强的趋弱性,与春秋两旱关系密切,"旱致弱,弱生虫",春秋防旱十分关键。

(二)清除虫害木(枝)。在虫害发生区,清除带虫木,清除时间应在该虫越冬期至次年成虫羽化前,即当年 10 月~翌年 4 月中旬前。只剪干枯枝、折损枝、严重虫害枝,剪口要稍离主干,且不宜 1 次修剪过多,防止伤口过大,流胶过多,影响树势。清除的带虫木和剪下的干枯枝、折损枝以及严重虫害枝要集中扒皮或烧毁,以减少虫害源。对于新栽树,如发现蛀干害虫要及时挖出烧毁,严禁栽植。

(三)设置饵木。对于双条杉天牛于 4 月上旬前,在彻底清除虫害木的基础上,设置 1 m 左右的带皮侧柏木段、树枝,4~8 根一堆,三角形或方形堆放,引诱该虫。对于柏肤小蠹用径粗 2~5 cm 干枯柏树枝在 4 月上旬~5 月上旬和 6 月上旬~8 月期间,设置饵木诱杀成虫。待侵入结束后,要注意定期清理诱集到的成虫集中消灭。

(四)人工捕捉。越冬成虫还未外出活动前,用白涂剂刷 2 m 以下的树干预防成虫产卵。天牛越冬成虫外出活动交尾时期,在林内捕捉成虫。在初孵幼虫为害处,用小刀刮破树皮,搜杀幼虫。也可用木槌敲击流脂处,击死初孵幼虫。

(五)药剂防治。3 月中旬~4 月中旬,成虫羽化、幼虫孵化期,可用高压弥雾机或背负式喷雾器向树木喷施 2 遍 8% 的绿色威雷 200~300 倍液、40% 氧化乐果乳剂 300~500 倍液、2.5% 溴氰菊酯或 20% 杀灭菊酯 1 000~1 500 倍液或 40% 久效磷 500 倍浓液、20% 氰戊菊酯乳油、20% 甲氰菊酯乳油 1 000~1 500 倍液喷洒主干和大枝,力求全树枝干均匀着药,以树皮湿润为度,可有效地杀灭成虫和初龄幼虫。天牛开始大量钻蛀取食危害时,用 30% 的敌敌畏或氧乐氰乳剂按 3:7(水)混合或敌敌畏+氧乐氰的 20 倍液,亦可用 20% 杀灭菊脂乳油 20 倍液、40% 氧化乐果乳油.2.5% 溴氰菊酯 10 倍液,注射或用棉纱浸蘸蛀孔用黏土封口,毒杀幼虫。注射前清除虫道内木屑虫粪,注射后用黏土密封虫道。用涕灭威,呋喃丹埋入根际进行防治。

由于在公园内施药,因此施药前 2~3 d 应及时发布通告提前告知有关单位和相关人员,并设置安全警戒线,原则上施药 1 个月内不得解除警戒;施药后及时插、挂有明显标志的警告牌,以防游客误入。

(六)保护和利用天敌。双条杉天牛幼虫和蛹期,有柄腹茧蜂、肿腿蜂、红头茧蜂、白腹茧蜂等多种天敌,应加以保护和利用。也可购买管氏肿腿蜂开展生物防治。柏肤小蠹有扁谷盗、金小蜂、郭公虫、绿僵菌、白僵菌、蒲螨等 6 种天敌可保护利用。

【本文 2008 年 6 月发表在《中国林业》第 6A 期第 44 页】

沙棘木蠹蛾的综合防治

王 萍[1]，席忠诚[2]

（1.定西市临洮农校，甘肃 临洮 730500；2.庆阳市林木种苗管理站，甘肃 庆阳 745000）

沙棘在甘肃省陇东黄土丘陵沟壑区既有天然分布区，又是流域治理、退耕还林和防沙治沙等治理生态脆弱区的重要树种。随着陇东退耕还林和荒山造林面积的进一步扩大，沙棘人工林在庆阳市内造林绿化中所占的份额也随之增大。然而，由于沙棘木蠹蛾在镇原县、西峰区和子午岭林区 10 年以上的沙棘林发生危害，威胁到万余亩人工沙棘林的健康生长，严重削减了沙棘作为水土保持树种所应发挥的生态效应，同时也给沙棘产业造成了很大的经济损失。为此，当地政府采取有效措施进行了综合防控。

一、准确把握鉴定特征

沙棘木蠹蛾成虫体长 17～19 mm，翅展 38～39 mm。成虫个体较小。触角丝状，伸至前翅中央，领片浅褐色，胸中央灰白色，两侧及后缘、翅基片暗褐色。腹部灰白色，末节暗黑色。前翅窄小，外缘圆斜，臀角抹圆，底色暗，有许多暗色鳞片，前缘有列小黑点，整个翅面无明显条纹，仅端部翅脉间有模糊短纵纹。缘毛格纹明显，其基部有一白线纹。后翅浅褐色，无任何条纹。虫体腹面与翅同色，为浅褐色。中足胫节 1 对距，后足胫节 2 对距。附节腹面有许多黑刺。

二、全面了解生物学特性

沙棘木蠹蛾是我国公布的第一批林业危险性有害生物之一，是危害沙棘干根的钻蛀性害虫。4 年发生 1 代，以幼虫在被害沙棘根部的蛀道中越冬，6 月老熟幼虫爬出蛀孔入土化蛹，7 月羽化成虫交尾产卵，7 月下旬孵化，10 月下旬幼虫越冬。成虫具较强趋光性，飞行迅速。夜间在 20：00～24：00 点集中出现并交尾。平均产卵 500 粒，卵产在树干基部树皮裂缝和靠近根基土中，每次产 15～186 粒，卵期平均 25 d。卵孵化后钻入皮，并向下蛀食。到第 2 年可钻入心材危害，并将木屑虫粪从侵入孔排出。幼虫 13 个龄期，大小不整齐，分为 1 年群、2 年群等类群。老熟幼虫爬出一般在树冠周围 15 cm 深土中做薄茧化蛹，蛹期 30 d 左右。主要危害多年生沙棘。危害严重单株虫口达 80 余头。

三、切实做好虫情监测

根据发生和危害情况设立监测标准地，掌握虫口数量变动情况和扩散蔓延趋势，使监测覆盖率达到 100%。一是根据上年虫情，采取观察蛀孔、危害状、枯梢等情况，采用踏查法监测沙棘木蠹蛾发生情况。二是于 5 月中旬～8 月中旬，在踏查的基础上，选择有虫林分采用人工合成的沙棘木蠹蛾诱芯，在林间位于上风头的树上，按 50×50 m 范围设置诱捕器,悬挂在约 1 m 高处,实施性引诱剂法监测。三是于 5 月中旬~8 月中旬,利用沙棘木蠹蛾成虫具有较强的趋光性采用灯诱法监测。每 5 hm² 设置 1 盏诱虫灯诱集成虫,每天开灯时间为 20：00~23：00。调查记载当日诱虫数量,计算雌雄比例。

四、积极开展综合防控

1. 营林措施：重度危害区(即镇原县沙棘分布区)采取沙棘林更新改造措施。要坚持生态效益与经济效益相结合,封(育)、改(调整树种结构)、造(林)相结合的原则,进行更新改造。对立地条件差的沙棘林,采用封育措施予以管理。春、秋季对自然条件复杂,沙棘死亡严重的地块进行皆伐改造,采取沙棘与当地乡土树种柠条的块状混交方式造林;对集中连片、坡度在 15 度以上的地段的沙棘林,春、秋季采取沙棘与当地乡土乔木树种山杏带状混交方式造林;对土层较厚、坡度较小、交通方便地段的沙棘林,以突出经济效益为着眼点,春、秋季采取皆伐改造方式,选择优良沙棘品种或引进大果沙棘良种作为更新换代的主栽品种,建立高标准的沙棘果园。

中度危害区(即西峰区和子午岭部分沙棘分布区)采取沙棘林平茬更新措施。春、秋季全面清除沙棘地上部分,通过根系萌蘖迅速恢复林分,及时定干、除蘖,加强抚育管理,确 保成林。

2. 生物防治：真菌防治 筛选专化性强的白僵菌菌株和自然寄生沙棘木蠹蛾幼虫的轮枝孢属真菌进行人工繁殖,选择雨后湿润的天气注入根茎部防治。

天敌防治 积极探索保护和利用毛缺沟寄蜂、猪獾等天敌。

3. 物理防治：5 月中旬至 8 月中旬,应用佳多频振式杀虫灯诱杀;5 月底采用皆伐或带状间伐的挖根灭虫措施。

4. 化学防治：在 4 月中旬~9 月上旬,在树干基部开 5~10 cm 深的环状沟,用 3％甲拌磷粉剂撒于其中覆土灭虫;也可采用根部施用磷化铝丸剂熏蒸防治;还可先对被害树根部 周围清除 0.3 m 树盘,再采用 50％杀螟松、40％氧化乐果乳油 1 000 倍液、2.5％敌杀死乳油 2 000 倍液等农药浇根覆土灭虫;对平茬后伐根可用 20％中西杀灭菊酯乳油 500 倍液进行处理。

5. 性信息素：用人工合成的沙棘木蠹蛾引诱剂,可以大面积控制沙棘木蠹蛾,是最为有效的监测和控制措施。

【本文 2009 年 4 月发表在《中国林业》第 4B 期第 54 页】

油松种实害虫的综合防控

刘志刚[1]，席忠诚[2]

（1.西坡林场，甘肃 正宁 745200；2.庆阳市林木种苗管理站，甘肃 庆阳 745000）

中湾油松良种基地位于甘肃省庆阳市正宁县境内中湾林场所辖林区，始建于1983年，是部、省联合建设的全国八大油松良种基地之一，也是油松地理种源北区甘东亚区内唯一生产油松良种的基地，2009年被国家林业局确定为国家林木良种基地。截至目前，基地已向国家提供良种3.9万kg，推广造林2万hm²。然而，近年来特别是2010年由于种实害虫猖獗危害，致使良种基地种子产量和质量显著下降，损失十分巨大。为此，基地组织专门力量对种实害虫进行了综合防控，达到了强树体保种质之目的。

一、种实害虫种类、习性及危害特点

中湾油松良种基地种实害虫主要有：松果梢斑螟、油松球果小卷蛾和微红梢斑螟三种。

松果梢斑螟。属鳞翅目螟蛾科，又名果梢斑螟。1年1代，以幼虫在雄花序内越冬。每年5～6月幼虫蛀入新枝、果中大量取食，6月中下旬化蛹，7月上旬羽化并交配产卵，新幼虫取食雄花序、枝干树皮、球果和枝梢，10月下旬进入越冬状态。幼虫取食雄（雌）花序并越冬于其中，偶有在遭过虫害而干枯的果、枝内越冬的。次年5月份越冬幼虫开始转移到健康的2年生球果及当年生枝梢内危害，但主要危害2年生球果。其蛀孔多位于球果下面的基部，孔口大，近圆形。6月中、下旬开始在被害的2年生球果及当年新梢内化蛹。

油松球果小卷蛾。属鳞翅目卷蛾科。1年1代，每年3月底至4月上旬化蛹，5月上旬至6月初产卵并孵化，幼虫老熟后于9月下旬至10月中旬离开球果或嫩梢下地吐丝结茧。是采种林分的主要害虫之一，以幼虫危害球果和嫩梢，初孵幼虫一般先取食当年生雌球花和嫩枝，后转入2年生球果危害，取食鳞片基部和种子。当年生雌花受害后，常提早枯落；2年生球果受害后，一般仍不脱落，其蛀孔多位于球果下面的中部和端部，孔口小，形状不规则。幼虫老熟后即离果坠地，在枯枝落叶层及杂草丛中吐丝结茧。

微红梢斑螟。1年1代，以幼虫在被害枝梢的蛀道内越冬。次年4月开始活动，6月中旬开始化蛹，7月份成虫出现并交配产卵，8月初幼虫孵出，很快蛀入顶芽或嫩梢，10月在蛀道内越冬。主要危害油松的主、副、侧梢和球果，主梢受害后，油松主干形成分叉、侧枝丛生、树冠呈扫帚状。

二、综合防控措施

良种基地管理。于3～4月清除种子园和母树林内杂灌，追施化肥，根施3%呋喃丹颗粒剂或西维因粉剂,以增强树势提高抗虫力。冬春季用竹竿敲落或3MF—4型弥雾喷粉机吹落雄花序,以破坏松果梢斑螟幼虫的越冬场所。

1.物理措施防治:在4月中旬至5月底,设置黑光灯和性激素诱捕器,诱杀油松球果小卷蛾的羽化成虫。在整个夏季,设置黑光灯和信息素板诱杀油松球果小卷蛾和松果梢斑螟及其他害虫。于6月上、中旬油松球果小卷蛾幼虫全部侵入球果后至老熟幼虫开始脱果前采集虫害果防治。10月份结合采果,将树上的虫害果全部采回,集中在林边,利用虫害果内寄生的天敌控制来年的危害。冬季或早春剪除干枯的虫害果枝,集中堆放在深坑内,周围洒上农药,既可防止松果梢斑螟越冬幼虫的逃走,又有利于其内寄生天敌安全返回林间。

2.生物措施防治:一是喷洒生物制剂:用25%B.t乳剂200倍液,防治未侵入梢果的油松球果小卷蛾;6月中旬以后,晴天的16时后或阴天地面喷洒白僵菌粉,每亩300 kg,或粉拟青霉麦麸锯末粗制菌剂,大树每株施用5 kg,小树每株施用2.5 kg,可有效防治油松球果小卷蛾下地化蛹的老熟幼虫;亦可施用青虫菌6号50倍液防治其他油松种实害虫。二是释放赤眼蜂:油松球果小卷蛾成虫产卵期,释放松毛虫赤眼蜂,每亩3~5万头,可减轻球果受害。三是利用食虫鸟:大山雀是油松种实害虫的重要天敌,可利用巢箱招引大山雀控制种实害虫的危害。

3.化学药剂防治:5月上、中旬油松开花授粉时,正是化学防治的关键时期。可选用手持式电动超低容量喷雾器,用2.5%敌杀死乳油或20%速灭杀丁乳油100倍液或敌马乳油10倍液进行超低容量喷雾。选用3WBS—16型手动背负式喷雾器,用2.5%敌杀死乳油或20%速灭杀丁乳油500倍液进行常量喷雾。选用3MF—4型弥雾喷粉机和WFB—18型弥雾喷粉机,用25%灭幼脲3号胶悬剂1 000倍液分别与2.5%敌杀死乳油500倍液或20%速灭杀丁乳油100倍液按1:1的比例混用喷雾。喷雾强度以球果表面湿润而无药液下滴为宜。亦可用2%噻虫啉微囊粉剂喷粉。均可取得理想的防治效果。

4.检疫措施防控:对出入油松分布区特别是油松种子园、母树林和采种林的油松球果、枝梢、枯枝落叶和油松种子等受检植物及其运输工具进行严格检疫检查。

【本文2011年4月发表在《中国林业》第4B期第42页】

国槐枝枯病的综合防控

桑娟萍[1]，席忠诚[2]

（1.甘肃林业职业技术学院，甘肃 天水 741020；

2.庆阳市林木种苗管理站，甘肃 庆阳 745000）

国槐属蝶形花科植物，又名槐树、中国槐、家槐。其树冠宽广，树姿优美，花朵色形俱佳，树叶、枝干各具特色，整株植物高雅清新，给人以赏心悦目的景观效果。国槐生长速度中等，寿命长，栽培容易，适应能力强，用途广泛，对二氧化硫、氯气、氯化氢等有害气体及烟尘等抗性比较强。随着城镇化和生态型城市建设步伐的加快，人们对生态环境需求的不断提高，城乡绿化理念由草坪绿化向乔灌花草结合发展，由单块绿化向见缝插绿转变，大树绿化已成为城乡绿化的主体，国槐大树作为优良的庭阴树和行道树被引入城市。然而由于移栽过程中对技术环节把握不当和后期管理措施失衡，出现了国槐枝枯病在一定区域大面积发生，造成了绿化效果不佳的被动局面。为此，加强国槐枝枯病的综合防控就显得十分重要了。

1.分布与危害：国槐枝枯病也称国槐腐烂病、国槐溃疡病。在河北、河南、江苏、陕西、甘肃（天水、庆阳、武威等市）等省均有发生。除国槐外，龙爪槐、金枝槐、金叶槐也有受害。主要危害国槐的幼苗和幼树的绿色主茎及大树的 1～2 年生枝。严重时能引起幼苗和幼树枯死及大树枯枝。

2.病原与症状：国槐腐烂病有两种症状类型，分别由不同病原菌所致。一是由小穴壳菌属聚生小穴壳菌引起的腐烂病的病斑初呈黄褐色，呈近圆形，后渐扩大呈椭圆形，病斑边缘呈紫红色或紫黑色，病斑可长达 20 cm 以上，并可环割树干。后期病部形成许多小黑点，即为病菌的分生孢子器。病部后期逐渐干枯下陷或开裂，成溃疡状，但病斑周围很少产生愈伤组织，故次年仍有复发现象。二是由镰刀菌属三隔镰孢菌引起的病斑初期呈浅黄褐色、近圆形、渐发展为梭形，长径 1～2 cm 左右。较大的病斑中央稍下陷，软腐，有酒糟味，呈典型的湿腐状。病斑可环割主干而使上部枝枯死，后期在病斑中央出现橘红色分生孢子堆。如病斑未环割树干，则病部当年能愈合，且以后一般无复发现象。个别病斑由于当年愈合不好，第二年可能由老病斑处向四周继续扩散。

3.发生与发展：镰刀菌型腐烂病约在 3 月初开始发生，3 月中旬至 4 月末为发病盛期，5～6 月产生孢子座。但在自然情况下并未发现有新侵染现象发生，至 6～7 月病斑一般停止发展，并形成愈伤组织。小穴壳菌型腐烂病发病稍晚，在子实体出现后当年虽不再扩展，但次年仍能继续发展。病菌具有潜伏侵染现象。病菌可以从断枝、残桩、修剪伤口、虫伤、死芽、皮孔、叶痕等处侵入。从叶痕、皮孔、健树皮分离表明，病菌在叶痕中占比例最多，其次是皮孔。解剖观察可见粗短菌丝在皮孔、叶痕和健皮较浅的皮层组织细胞间潜伏。当树皮膨胀度小于 85% 时，枝条上的溃疡病斑急剧增多。当树皮膨胀度到 60% 时最多,如再失水则枝条枯死。病害的潜育期约一个月。

4.预防与除治:栽培管理:加强管理是控制该病的基本措施。当天气干旱、土壤含水量少时,应抓紧浇水,增施磷钾肥和土杂肥,避免偏施氮肥,并加强抚育管理,提高树木生长势,增强抗病能力。预防措施:秋末在树干下部涂上白涂剂,生石灰、食盐、水的配制比例为 1:0.3:10;起苗、栽植注意保护根系;减少苗木运输时间,以减少苗木失水量;在有条件的地方,苗木起出后,立即浸入水中 24 小时,以利于树皮含水量的保持;栽前对根部喷以促生剂,有利于新根系的生长,增加吸水力,减少病害,栽后应随即灌水等;对于大青叶蝉等危害严重的地区应及时治虫,以防形成大量虫伤;从冬季修剪开始,重点修剪病枯枝,修剪时把和枯枝相连的表面上状似健康的部分剪去一段,剪口用波尔多液涂敷,剪下的枝条集中烧毁,减少侵染菌源。病斑刮涂:可用小刀或钉板将病部树皮纵向划破,划刻间距 3～5 mm,范围稍超越病斑,深达木质部。然后用毛刷涂以所选择的药剂(10％碱水、梧宁霉素、不脱酚洗油原液、10％双效灵 10 倍液、70％甲基托布津 100 倍液、50％多菌灵 100 倍液等),涂药后再涂以 50～100 ppm 赤霉素,以利于伤口的愈合;或用 25％瑞多霉 300 倍液加适量泥土后敷于病部,或用 40％乙磷铝 250 倍液喷涂枝干均有明显防治效果。药物防治:发病高峰期前,用 1％溃腐灵稀释 50～80 倍液,涂抹病斑或用注射器直接注射病斑处;或用溃疡灵 50～100 倍液、多氧霉素 100～200 倍液、70％甲基托布津 100 倍液、50％多菌灵 100 倍液、50％退菌特 100 倍液、代森铵液 100 倍、20％农抗 120 水剂 10 倍液、65％代森锌可湿性粉剂 500 倍液、菌毒清 80 倍液,喷洒主干和大枝,阻止病菌侵入。

【本文 2012 年 3 月发表在《中国林业》第 3 上期第 37 页】

论文篇

试验研究

黄斑星天牛幼虫年龄结构的初步研究

李孟楼，袁　伟，周嘉熹，席忠诚，任增武

(西北林学院森林资源保护系,陕西 杨陵 712100)

摘　要　通过对不同时间内所采到的黄斑星天牛幼虫的头壳宽度、体长和体重的研究,证明了该幼虫种群的年变动规律、优势龄虫分布于 6、7 两个龄期,并建立了测算幼虫虫龄与头宽、体长等回归方程。

关键词:森林害虫;天牛科;黄斑星天牛;幼虫;年龄;结构

黄斑星天牛(*Anoplophora nobilis* Ganglbauer)是西北地区杨树的毁灭性害虫,近年来各地已在形态特征、生活习性、发生规律及防治途径等方面做了许多研究,但该害虫幼虫期的年龄结构尚未见报导。

笔者对 1988 年 2～8 月份所采到的 888 号幼虫,进行了头壳宽度(头宽)、体长和体重测量及研究,以此来分析幼虫期的年龄组成。为田间调查时能较为准确的确定幼虫的龄期,及时预测预报提供依据。

1　材料和方法

于 1988 年 2、4、5、7 及 8 月份在岐山县的被害杨树干部采到 5 组幼虫,每组幼虫均单独分装、编号以便测量、分析。

采回的幼虫先置于冰箱内冷冻两天,待虫体呈休眠状态后进行测量。用测微尺度量头宽,精度为 0.5 mm 的直尺测体长,万分之一的电子天平称重。然后再做相应的数据处理。

2　结果分析

据 5 组样虫的测量数据,进行均数、虫龄组成诸因素分析,结果如下。

2.1　幼虫头宽、体长、体重与采虫时间的关系

5 组幼虫的头宽、体长及体重值(表1)说明,采虫时间不同,各测量项目的平均数和极差值差别明显。由于 2 月上旬所采的第一组样虫尚处于越冬阶段,所以按照 2－3－4－5－1 这一样组编排顺序分析总体特征并进行 F 检验表明,在 $F_{0.05}$ 水平上,头宽,体长的测验值均有 $F > F_{0.05}$ 的结果,即不同时间所采样虫的年龄构成差异显著。

2.2　虫龄及其结构

2.2.1　幼虫的虫龄及其特征

据幼虫头宽、频次曲线的峰值位置可知,峰值间的级差约为 0.6 mm。依此级差和极

值推算表明,黄斑星天牛幼虫期共有 9 龄,这一结果进一步验证了该虫幼虫期只有 9 龄之说。

表 2 的统计结果表明,随虫龄的增大,头宽、体长和体重均有显著增加,但至第 9 龄时体长稍有短缩,这和预蛹期形成前的特征相符合。由相邻虫龄间测量值的级差可知,当虫龄由小到大时,头宽基本是以等差级数增大;第 4 龄虫的体长增长较缓慢,而体重虽随虫龄的增大而增加、但其变化甚大。因此,在头宽、体长和体重三因素中,以头壳大小作为虫龄的指示值时较为可靠。

2.2.2 不同样组幼虫的优势龄虫

表 3 反映出,2~8 月下旬之前的幼虫群体中,6、7 两龄的幼虫占优势,分别达 36.3%及 34.2%;优势龄虫随采样时间的变化也有明显的差别。

由于 6 月下旬至 7 月上旬为该成虫的羽化高峰期(当年观察结论),蛹的发育历期约 15 d[2],可见表中 4 月中旬至 6 月上旬幼虫的优势龄虫增长一龄表明,6 龄到 7 龄的发育约需 20 d,7~9 龄虫的发育历期约 15 d。即随夏季高温季节的到来,幼虫的发育速率将不断加快,7 月份之后发育速率渐减慢,具停滞于 7、8 龄虫的势态;并且,越冬期的 4 龄虫当年只能发育至 8 龄,来年才能羽化为成虫。

2.2.3 幼虫年龄结构的年变化

分析 2~8 月份幼虫群体中优势龄虫的分布,据卵的孵化历期[2]可知,优势龄虫年变动规律为,越冬期及 10、4 月份幼虫种群内皆以 6 龄虫为优势龄虫期;5~6 月份优势龄虫则向 7 龄转移,8 月份之后因当年小幼虫介入种群,而出现了优势龄虫的第二个转移过程,即由 7 龄下降为 6 龄。这一规律在表 1 内亦有所反映。

表 1 总体特征数据表

项目	组号	平均数 ($\overline{X}$)	标准差 (S)	变动系数 (Vx)	最小值 (a)	最大值 (d)	极 差 (D)
头宽(cm)	1	0.425	0.052	0.123	0.310	0.564	0.254
	2	0.375	0.063	0.168	0.197	0.540	0.343
	3	0.381	0.041	0.107	0.207	0.511	0.304
	4	0.405	0.056	0.138	0.150	0.490	0.340
	5	0.405	0.079	0.195	0.130	0.480	0.350
体长(cm)	1	3.340	0.638	0.191	2.150	4.450	2.300
	2	2.970	0.772	0.200	1.050	5.500	4.450
	3	3.520	0.554	0.157	1.150	4.720	3.570
	4	3.140	0.677	0.216	1.200	4.700	3.500
	5	4.001	1.080	0.270	0.700	5.200	4.500
体重(cm)	1	1.220	0.537	0.440	0.336	2.493	2.157
	2	0.840	0.624	0.743	0.052	3.027	2.975
	3	1.010	0.391	0.387	0.046	2.350	2.304
	4	0.924	0.436	0.472	0.047	1.983	1.936
	5	1.564	0.516	0.330	0.023	3.042	3.019

表 2 虫龄 L、头壳宽 Y(cm)、体长 X(cm)、体重 Z(g)关系表

L	$\overline{Y}$	Sy	$\overline{X}$	S1	$\overline{Z}$	Sz	$\overline{Y}1-\overline{Y}1-1$	$\overline{X}1-\overline{X}1-1$	$\overline{Z}1-\overline{Z}1-1$
1	0.0719*		0.3882*	/	0.0629*	/			
2	0.1325	0.0035	0.8500	0.2121	0.2247*	/	0.0606	0.4618	0.1618
3	0.1767	0.0182	1.5317	0.7512	0.2757	0.2762	0.0442	0.6817	0.0510
4	0.2405	0.0167	1.7281	0.4533	0.7081	0.7196	0.0638	0.1964	0.4324
5	0.2951	0.0177	2.3156	0.5020	0.8107	0.6475	0.0546	0.5875	0.1026
6	0.3530	0.0170	2.8508	0.5300	0.8207	0.4914	0.0579	0.5352	0.0100
7	0.4053	0.0161	3.4479	0.5677	1.0303	0.4788	0.0523	0.5971	0.8207
8	0.4631	0.0163	4.0434	0.6185	1.2114	0.7290	0.0578	0.5955	0.1811
9	0.5183	0.0151	4.0300	0.5962	1.2434	0.7939	0.0552	−0.0134	0.0320
均值							0.0558	0.4586	0.2240
方差(S)							0.0059	0.2321	0.2758
变异系数(Vs)							0.1057	0.5061	1.2313

*据回归式估计值。

另一方而,在不同时期内,幼虫群体所占的龄期数目变异表现为:2～4月份只有3～9龄虫,至6月前后只有4～9龄虫可见于群体内,此时即为成虫的羽化高峰期;由于初孵小幼虫的介入7月份之后种群由1～9龄虫组成,从而使幼虫占有的龄期数升至一年内的最高峰;此后至越终期又趋于3～9龄的水准。

表 3 不同时间所采幼虫的虫龄结构及分布　　　　　　　(单位:%)

虫龄	1	2	3	4	5	6	7	8	9	幼虫头数
1988、2、9	—	—	?	?	3.64	56.36	18.18	10.01	10.91	55
1988、4、14	—	—	0.43	2.79	12.88	42.92	23.39	14.81	2.79	466
1988、6、2	—	—	—	1.03	6.19	38.66	50.00	3.61	0.52	194
1988、7、11	?	?	1.89	?	4.72	14.15	51.89	27.36	—	106
1988、8、23	—	2.99	2.99	2.99	1.49	1.49	49.25	38.81	—	67

注:? 为因采样误差,未将该龄幼虫采到。

表 4 虫龄 L 头宽 Y(cm)体长 X(cm)体重 Z (g)回归表

相关方程	系数 A	系数 B	T 检验	相关指数 Q
L=A+By	−0.2891	17.9193	显著	1.0000
L=A+Bx	0.2101	2.0318	显著	0.9999
L=A+Bz	0.6110	0.1808	显著	0.9999
Y=A+Bx	0.0284	0.1133	显著	0.9925
Y=A+ZB	0.3812	0.6355	显著	0.9609

2.3 虫龄、头宽、体长及体重的关系

由表3可见,虫龄L与头宽Y、体长X及体重Z,头宽与体长均呈现直线关系,而头宽与体重则呈现曲线关系。据此建立回归方程如表4,表4的结论表明:测定幼虫体长或头

宽后以相关方程推算虫龄,均有明显的可靠性。

3 小结与讨论

对采自 2～8 月份黄斑星天牛幼虫的头宽、体长、体重经测量和分析表明,该虫幼期只有 9 个龄期之说得到了进一步验证。幼虫的头宽、体长和体重均有随虫龄的增大而增长的势态,但以头宽变化的规律性最强、体长次之。就优势龄虫的年变动讲,一年当中 6、7 两龄虫占优势,但 2～5 月份为 6 龄、6～8 月为 7 龄、9 月至来年初春又复以 6 龄为优势龄虫期。在群体内,越冬期及 4 月份之前以 3～9 龄虫组成群体,6 月份前后由 4～9 龄虫组成,7～8 月以 1～9 龄虫构成,此后至越冬又回复原有势态。

回归分析表明,虫龄 L 与头宽 Y、体长 X 及体重、头宽与体长均呈现直线关系;而头宽与体重则呈幂函数关系。用相关式 L＝17.9193Y－0.2891(r＝99.97％)及 L＝0.2101＋2.0318X(r＝99.07％)推算虫龄时较为可靠。

据上述结论,田间调查时利用虫龄与头宽或体长的相关方程可推算出虫龄大小、及优势龄虫的组成,当优势龄虫由 6 龄转移至 7 龄时、为成虫羽化高峰的出现期,反之则为当年孵化的小幼虫大量入蛀木质部的时期。

参 考 文 献

[1] 王希蒙等.宁夏农业科技,1983,(3):27－28
[2] 张克斌,周嘉熹等.西北农学院学报,1984,(1):68－77
[3] 周嘉熹.林业科学,1981,(4):113－118

A Preliminary Study on Population Age Distribution of Larvae *Anoplophora nobilis*

Li Menglou，Yuan Wei，Zhou Jiaxi，Xi Zhongcheng，Ren Zengwu

(*Department of Forest Resource Conservation，Northwestern College of Forestry，YangLing，Shaanxi 712100，China*)

Abstract：The result shows that both 6 and 7 studiums of the larvae population of *Anoplophora nobilis* are dominant stadiums for whole year. 5 regression equations among head capsule with body length and weight of larvae were established.

Key word：forest insect pests；Long horned beetle；Anoplophora nobilis；Larvae；age；distribution

【本文于 1989 年 10 月发表在《西北林学院学报》第 4 卷第 2 期第 89－93 页】

鼢鼠灵杀灭中华鼢鼠试验初报

席忠诚，俞银大，赵机智，李亚绒

（庆阳地区林木病虫检疫防治站,甘肃 西峰 745000）

中华鼢鼠(*Myospalax fontanierii* Milne-Edwards)属啮齿目仓鼠科鼢鼠亚科的一种,俗名原鼢鼠、鼢鼠、瞎老鼠、瞎狯、瞎老等,广布于西北、华北、东北大部分省区。在我区已成为农林牧业生产上最主要的害鼠。在子午岭林区,中华鼢鼠危害极为严重,主要危害油松、华山松、华北落叶松、杨树、刺槐等树种的苗木及幼树,其中对油松的危害最剧烈,给我区人工油松用材林基地建设和保存造成了严重威胁,许多宜林荒山年年造林不见林。合水林区连家砭林场场部对面山,1979 年全部造上油松,到 1985 年为止,1979 年所造的油松林寥寥无几了,损失达 90％以上。近年来,我们对中华鼢鼠采取了多种防治方法,终因其营地下生活,加之洞道结构复杂,收效甚微。为此,1989 年,我们引进了"鼢鼠灵"毒饵,在合水林区连家砭林场及华池林区南梁林场进行了小面积试验,现将试验结果初报如下:

一、试验区概况

根据中华鼢鼠活动规律,我们在其危害高峰期五月份和九月份进行"鼢鼠灵"毒饵试验。

合水试验区分为三个小区,第一、二区设在连家砭林场场部附近的山头上,面积 10 余亩,油松被害株率在 90％左右;第三区设在塔儿湾的侧柏苗圃地,面积为 20 亩左右,危害较轻。

华池试验区分为四个小区,第一、二、三区设在南梁林场九眼泉山头上,面积 5 亩多,油松被害株率为 55％。第四区设在该场后菜园内,面积 20 亩,危害程度稍轻。

二、试验材料和方法

1.供试药剂:鼢鼠灵是将砒霜、柿子、黄鱼等经发酵处理并配以饵料当归、当参制成棒状的特效杀鼠颗粒剂,此药高效低毒。

2、样方设置及投药方法:在相同的立地条件下,根据鼢鼠推出土丘情况,随机选取鼠洞,同时,根据地形选 5～10 个有效洞为一个试验小区,共设置 7 个小区。

投药及效果检查采用开洞封洞法。即探查洞道并挖开洞口,过 24 小时检查所封洞口数即为有效洞数,然后每洞投药 6 粒,投药深度为 60 cm,投药处鼠洞必须通直,药粒放入后用新土封好洞口并做一标志,以便检查,以不投药为对照。

投药后 24～72 h,开洞检查药粒盗食情况,必要时进行一定量的洞道解剖。

灭鼠效果通过下式计算:

$$灭效（\%）=\frac{投药洞数-投药后检查未堵洞数}{投药洞数}\times100\%$$

因空白对照灭鼠率为零,故校正灭鼠率与上式计算结果相同。

三、试验结果及分析

试验结果见表1、表2。

1.由表1、表2可知:鼢鼠灵在不同时期的试验效果接近,分别为87.0%和88.0%,最低为80.0%;通过差异显著性检验(见表三)可以看出:不同时期鼢鼠灵防治中华鼢鼠的效果差异不显著,而且在洞道解剖过程中发现了2只死鼠,说明鼢鼠灵作为一种中华鼢鼠杀灭剂是很理想的,可以大面积推广。

2.从表1、表2还可以看出:盗药洞数与投药洞数之比与灭效相同,因此在以后的防治试验中可以用盗药率(盗药率=盗药洞数/投药洞数)来表示灭效(即防治效果)。

表1　五月份试验结果表

区号	有效洞数	投药洞数	盗药洞数	未盗洞数	灭效(%)	备注
1	10	10	9	1	90.0	解剖2洞,其中1洞在原洞周围发现1只死鼠。
2	8	8	7	1	87.5	解剖2洞,其中1洞在原洞周围发现1只死鼠。
3	5	5	4	1	80.0	解剖2洞未见死鼠也无活鼠。
合计	23	23	20	3	87.0	共挖出2只死鼠,其余未见死鼠亦未见活鼠。

注:地点:合水林业总场连家砭林场。

表2　九月份试验结果表

区 号	有效洞数	投药洞数	盗药洞数	未盗洞数	灭效(%)	备注
1	6	6	5	1	83.3	未解剖鼠洞
2	7	7	7	0	100.0	未解剖鼠洞
3	5	5	4	1	80.0	未解剖鼠洞
4	8	8	7	1	87.5	未解剖鼠洞
合计	25	25	22	3	88.0	未解剖鼠洞

注:地点:华池林业总场南梁林场

表3　不同时期鼢鼠灵灭效差异显著性检验表

时期	试验小区数	平均灭效	标准差	统计量 t	$T_{0.05}(f=5)$	检验结果
五月	3	87.0	5.2042	0.149	2.571	∵ $t < t_{0.05}$
九月	4	88.0	8.7556			∴差异不显著

3.试验结果表明:中华鼢鼠对鼢鼠灵有一定的敏感性。鼢鼠灵中配有当归、当参饵料,香味极浓,适口性好,一般地只要投药洞为有效洞,中华鼢鼠必然前来取食,这样就提高了灭鼠效果。因此,作为一种灭鼠剂,鼢鼠灵是很有前途的。

4.鼢鼠灵的主要作用成分为砒霜。砒霜对各种动物都有剧毒,对哺乳类尤甚。所以中华鼢鼠只要盗食了药粒必然死亡,死亡时间与食药量有关,食之愈多,死亡愈快。据研制者介绍即使食1粒(约0.26 g)亦可致死,只是死亡时间稍长。

在这次试验中先后解剖鼠洞 6 个,在原始鼠洞周围(不在老窝)找见死鼠 2 只。表明:鼢鼠食药后有剧烈反应,一般不再回到老窝也因药效发作,以惊人的速度(30 cm/s)逃离原始洞道,重筑新道,并与原始道隔绝,以此减轻药物的刺激,最终死于新洞道内。这种现象的出现,为我们寻找鼠尸带来了不便,故不能以是否找到鼠尸来判断药效的好坏。

四、讨论与建议

1. 成本费用比较:鼢鼠灵 34 元/kg,含药 3800 粒,每洞投 6 粒,可投 630 洞,灭鼠率按 60%(即最低灭效率 80% 减去 20% 无效洞)计,则一只鼢鼠需要药费 0.09 元;若每工每日投 30 洞,则可灭鼠 18 只,日工资按 5 元计,则灭一只鼢鼠人工费为 0.28 元,所以灭一只鼢鼠总费用=药费+人工费=0.09+0.28=0.37 元;而用人工弓箭捕打灭一只鼢鼠需 1.00 元,是鼢鼠灵的 2.7 倍,因此,用鼢鼠灵杀灭中华鼢鼠较为经济。

2. 中华鼢鼠防治效果检查标准探讨:

①开洞封洞法可作为粗略统计标准:开洞封洞法作为试验前检查有效鼠洞是可行的,但作为防治效果检查标准,我们认为只能反映一定的结果。因为中华鼢鼠有堵洞的习性,但并不只在开挖处堵。一般地没有其他因素影响时,在开挖处堵,若有药物或烟雾等在洞内作用,则一部分鼢鼠在距离开挖处较远的地方堵洞。为了便于研究,开洞封洞法可以作为粗略统计标准。

②鼠尸可以说明一定问题,但不能作为防效检查标准:以是否见到鼠尸作为防效检查标准,我们认为亦不能全面反映灭鼠效果。因为对于药物中毒,中华鼢鼠并非"坐而等死",必然进行挣扎而逃离原洞,造成不见死鼠亦不见活鼠的现象。据此统计势必引起试验结果的巨大误差。

③以林木的保存率为标准既可以反映防效又可以表明保护效益:经试验确定,以林木的保存率通过下式间接反映防效,是比较准确可靠的,也是我们防鼠要达到的真正目的,即保护林木等不受危害或少受危害。

$$防效(\%)=\frac{防前试验地存活株数-防后原存活中的死亡株数}{防前试验地存活株数}\times100\%$$

这种方法简便、准确、易行,在实际工作中实用价值高,对森林的保护效益通过上式也明显地反映出来。

3. 适当增大鼢鼠灵毒饵中砒霜的计量:试验所用鼢鼠灵是研制者专为草原灭鼠所生产,对于林区灭鼠,试验表明计量略偏小,虽也能杀死鼢鼠,但结果不很乐观。因为林区多为山地,不存在牛羊因牧草而误食毒饵中毒的现象,加之剂量偏小,鼢鼠在临死挣扎时同样可以破坏土层结构,损失林木的根系,所以建议研制者,对于林区使用的鼢鼠灵适当加大砒霜剂量,以减少因鼢鼠临死挣扎而造成的不必要的损失。

4. 做好大面积推广前的中型试验:鼢鼠灵在我区经过一年小型试验,已初步证实了其杀灭效果,为了确诊其防治效果,为我区大面积防治中华鼢鼠提供理论依据,建议进一步做好鼢鼠灵的灭效试验及投放大山头的中型试验,为大面积推广积累经验。

【本文 1991 年发表在《庆阳科技》第 2 期总第 85 期第 1—3 页】

庆阳地区杨树干部害虫发展趋势浅析

席忠诚，俞银大，李亚绒

（庆阳地区森林病虫检疫防治站，甘肃 西峰 745000）

摘 要 本文对庆阳地区杨树干部害虫种类、分布、数量、特点等作以阐述。并以此为依据对本区这类害虫的发展趋势予以分析、探讨，提出防止害虫扩散蔓延的四点建议。

关键词 树干害虫；发展趋势；杨树

杨树是速生用材树种，也是"四旁"绿化、建立农田林网的主要树种。新中国成立后我区杨树栽培面积迅速扩大，品种不断增加。然而随之而来的杨树害虫也在逐渐扩散蔓延，有些害虫已给林业生产带来了巨大损失，尤其是干部害虫造成的损失更大。

一、发生种类及危害特点

截至目前我区杨树干部害虫共发现 19 种：(1)黄斑星天牛 Anoplophora nobilis Ganglbauer；(2)星天牛 A. chinensis（Forster）；(3)光肩星天牛 A. glabripennis（Motschulsky）；(4)曲牙锯天牛 Dorysthenes hydropicus（Pascoe）；(5)四点象天牛 Mesosa myops（Dalman）；(6)中华薄翅天牛 Megopis sinica sinica（white）；(7)青杨天牛 Saperda populnea L.；(8)金绒天牛 Aeolesthes chrgsothrix（Bates）；(9)杨锦纹吉丁 Poecilonota variolosa Paykull；(10)杨窄吉丁 Agrilus popali Liu（该虫种由西北林学院森保系副教授刘铭汤定名）；(11)榆木蠹蛾 Holcocerus vicarius Walker；(12)蒙古木蠹蛾 Cossus mongolicus Erschoff；(13)白杨透翅蛾 Paranthrene tabaniformis Rottenberg；(14)杨大透翅蛾 Aegeria apiformis Clerck；(15)杨园蚧 Quadraspidiotus gigas Thiem et Gerneck；(16)杨蛎蚧 Lepidosaphes salicina Borchsenius；(17)大青叶蝉 Cicadella viridis L.；(18)黄扁足树蜂 Tremex fuscicornis Fabricius；(19)六星黑点蠹蛾 Zeuzera leuconotum Butler。

根据危害部位的不同，可将其划分为两大类：

1.危害枝干部：这类害虫主要在苗期或树木幼龄期危害。有白杨透翅蛾、青杨天牛、大青叶蝉，六星黑点蠹蛾、榆木蠹蛾五种。大青叶蝉以成虫产卵于枝干皮下，孵化后树皮翘起进行为害，其余均以幼虫钻蛀危害，形成瘦瘤或密集的不规则虫道，严重阻障养分和水分的输导，致使树势衰弱、秃顶、畸形，甚至整株死亡。

2.危害主干及根部：包括杨园蚧、杨蛎蚧、黄斑星天牛、光肩星天牛、金绒天牛、杨锦纹吉丁、杨窄吉丁、黄扁足树蜂、星天牛、曲牙锯天牛、中华薄翅天牛、四点象天牛、蒙古木蠹蛾、杨大透翅蛾14种害虫。其中杨园蚧、杨蛎蚧以刺吸的方式吸取树液，使树木逐渐干枯、死亡。其他均以幼虫钻蛀树干（或根部）的皮层、韧皮部，最后到达木质部。危害过程中形成不规则虫道,破坏树木的输导织织,影响养分的正常供应,造成树势衰弱,枯梢、干腐、枝枯、易风折,甚至整株死亡。一些种类危害后木材也失去利用价值。

二、十年发展情况及危害特点

自 1982 年起,我区杨树干部害虫迄今发生面积扩大了 6.3 倍〔由 2 834.62 hm²(42 498亩)增至 20 688.20 hm²(310 168 亩)〕,危害程度加重(成灾面积由发生面积的2.6%增至 10.1 %),并且种类有所增加,由 14 种(以采到标本为准)增至 19 种,净增 5 种,分布范围明显扩大(除 6 种未扩大或有所缩小外,其余种类都不同程度扩大),见下表。

我区的杨树干部害虫危害特点:

1.分布的区域性:这些害虫在我区杨林内发生,由于地理条件,寄主树种或气候因素等影响,呈现出有规律的区域性。在全区广布的有 5 种,子午岭林区(III 区)5 种,南部农田防护经济林区(II 区)和 III 区的也是 5 种;只在 II 区发生 3 种;既在 II 区发生,又在 I区(北部丘陵残源、水土保持薪炭林区)危害的仅 1 种。总之,在子午岭林区危害的种类占总体种类的 78.9%,在南部高原沟壑农田防护经济林区发生的种类占总数的 68.4%,北部丘陵残塬水土保持薪炭林区分布的种类是总体种类的 31.6%。即害虫种类由 III 区至I 区逐渐减少,III 区最多,I 区最少,II 区居中(详见庆阳地区林业区划)。

2.种类的多样性和不均衡性:我区杨树干部害虫并非单一发生,表现为多样性,其分类地位上,呈现出不均衡性。分属于 4 目 8 科,即同翅目的叶蝉科和盾蚧科,鳞翅目的木蠹蛾科、豹蠹蛾科和透翅蛾科,鞘翅目的天牛科和吉丁甲科及膜翅目的树蜂科。其中以鞘翅目最多,为 10 种,占 52.6%;鳞翅目次之,为 5 种,占 26.3%;同翅目 3 种,占 15.8%;膜翅目仅 1 种,占 5.3%。8 科中,以天牛科最多,为 8 种,占 42.1%;木蠹蛾科、吉丁甲科、透翅蛾科、盾蚧科各 2 种,各占 10.5%;而豹蠹蛾科、叶蝉科和树蜂科各 1 种,分别占5.3%。充分说明其种类的多样性和分类地位上的不均衡性。

3.k—对策害虫的主导性:杨树干部害虫从生态对策角度考虑可大致分为两大类:一类是 k—pests(k 一对策害虫)如天牛、木蠹蛾等,另一类是 r—pests(r 一对策害虫)如盾蚧、叶蝉等。两类害虫在对杨树危害程度上有显著差异:k—pests 种类多,有 16 种,危害严重;r—pests 种类少,有 3 种,其危害相对轻。故 k—pests 是本区的主导性害虫,而 r—pests 是从属性害虫。且 k—pests 和 r—pests 在我区往往相伴发生,其特点为 r—pests是先锋种,k—pests 是次生种(即次期性害虫)。一般 k—pests 受环境影响小,种群较稳定;r—pests 受环境影响较大,种群稳定性较差。因此,k—pests 较 r—pests 防治难度大。

4.危害程度及危害范围的迥异性:杨树干部害虫对杨树的危害,不仅程度迥然不同,而且范围也有差异。有的种类对杨林危害所造成的损失令人吃惊,如黄斑星天牛年直接经济损失达 39.88 万元;而有些种类象金绿天牛、四点象天牛等只在局部发现,危害较轻;有的种类如杨蛎蚧、杨大透翅蛾等危害孤立木、林缘木或四旁树木明显重于成片林;有的种类如杨窄吉丁主要危害成片林;而有些种类如黄斑星天牛、蒙古木蠹蛾和杨大透翅蛾在西峰肖金确能在一株树上共同危害;有的种类如杨窄吉丁在子午岭确系单独发生为害。

1982～1991年庆阳地区杨树干部害虫发生情况比较表（单位：苗）

种类	年份	黄斑星天牛	杨大透翅蛾	杨蛎盾蚧	杨圆蚧	杨窄吉丁	榆木蠹蛾	六星黑点蠹蛾	蒙古木蠹蛾	青杨天牛	大青叶蝉	星天牛	光肩星天牛	曲牙锯天牛	中华薄翅天牛	杨锦纹吉丁	白杨透翅蛾	黄翅足树蜂	四点象天牛	金缘天牛	面积合计
发生面积	1982	/	8785	14014	15013	/	/	/	/	3779	35	/	30	/	/	/	842	/	/	/	42498
发生面积	1991	36922	140838	20000	13200	8000	400	100	1000	500	80000	832	987	1020	1500	1004	600	1302	1000	963	310168
可能成灾面积	1982	/	131	2055	2183	/	/	/	/	727	/	/	/	/	/	/	27	/	/	/	5123
可能成灾面积	1991	24293	82979	10142	2522	3087	30	/	200	100	20000	/	/	/	/	/	/	/	/	/	143353
成灾面积	1982	/	16	335	664	/	/	/	/	80	30	/	/	/	/	/	/	/	/	/	1125
成灾面积	1991	8744	16373	2634	250	1352	/	/	/	50	2000	/	/	/	/	/	/	/	/	/	31403
分布	1982		环县 正宁	合水 正宁 环县 湘乐总场	合水 庆阳 正宁 华池 环县		正宁	子午岭	宁县	湘乐总场 正宁总场 合水 正宁	全区	全区	正宁总场 华池总场		全区		湘乐总场、正宁总场 正宁 华池	庆阳			/
分布	1991	正宁 西峰 宁县 镇原 子午岭	全区	庆阳 合水 环县 西峰 华池 镇原 子午岭	华池 西峰 环县 合水 镇原 正宁	子午岭	宁县 正宁 合水 华池	子午岭	西峰 宁县 镇原 正宁	合水 子午岭	全区	全区	子午岭	全区	全区	庆阳 镇原 子午岭	华池 合水 宁县 正宁 子午岭	庆阳 镇原 西峰 宁县	子午岭	子午岭	/
备注		1987年在西峰市发现成虫，发生面积300苗。				1989年发现，1990年定名								1990年采到成虫		1989年、1990年两次采到成虫			1989年、1990年两次采到成虫		

三、发展趋势分析

依据杨树干部害虫十年的发展变化、寄主树种的分布情况、害虫的发生特点等,对此类害虫在 90 年代的发展趋势进行探讨性分析如下:

由表中可以看出:除杨园蚧、白杨透翅蛾、青杨天牛 3 种害虫的发生面积十年内稳中有降外,其余种类的危害面积显著增加,其中黄斑星天牛、杨大透翅蛾、大青叶蝉增加幅度最为突出。黄斑星天牛 1991 年底的发生面积是最初发现成虫危害面积的 123.07 倍;杨大透翅蛾目前的发生面积也是最初发现时的 16.03 倍;大青叶蝉的增加倍数更大,为 2 200 多倍。杨窄吉丁虽然发现较晚,但危害却很严重,成灾面积已达发生面积的 16.9%以上。与此同时,大部分害虫的分布范围在迅速扩散。其中:杨大透翅蛾、光肩星天牛、黄斑星天牛的扩散速度更快;杨蛎蚧危害面积增加较快,分布范围也明显扩大。在我区天然分布和栽植的杨树有 18 种(根据庆阳地区林业处杨冰同志搜集的树种资源表),除河北杨、银白杨少数种类抗虫害以外,其余种类如:山杨、小叶杨、青杨、大官杨(小钻杨、合作杨、群众杨)、箭杆杨、北京杨、加拿大杨、健杨、波兰 15A,I—214 等不同程度受到杨树干部害虫的侵袭危害。

我区的杨树干部害虫是 k—pests 占主导地位,虽然自然扩散速度缓慢,但可随交通工具传播。如黄斑星天牛最初在肖金发现,在四年内已扩散到宁县、镇原、正宁县的 15 个乡(镇)及子午岭林缘。此类害虫的天敌种群又少,制约力差,对杨树林的存在和发展有着潜在的威胁。当外界条件适宜,加之人为传播,寄主树种连片,则可能酿成大灾。

根据本区杨树干部害虫十年来的变化、寄主树种或嗜食树种的分布和它的发生特点来看,90 年代在庆阳地区有严重危害的势态。由于我区检疫队伍基本健全,产地检疫和调运检疫逐渐加强,杨园蚧、杨蛎蚧、白杨透翅蛾、青杨天牛分属国内和省内检疫对象,将能得到控制。杨大透翅蛾危害范围趋于稳定,危害程度有加重之趋向。大青叶蝉的发生和危害受外界环境所左右,目前,处于加重危害阶段。天牛和吉丁甲类多数为毁灭性害虫,受外界影响极小,且食谱较宽,嗜食树种分布较广,个别种类(黄斑星天牛、杨窄吉丁)已在我区蔓延危害,局部成灾,大有猖獗之势,许多种类已在子午岭分布。若不加重视,预防措施不力,乡村造林成果将毁于一旦,对子午岭林业生产将造成严重威胁。因此,天牛和吉丁甲类害虫是我区今后杨林生长的大敌,是杨树害虫的防治重点,务必引起各级林业主管部门的高度警惕。

四、防止害虫扩散蔓延的几点建议

1.加强森林植物检疫:检疫是防止检疫性害虫,如:杨园蚧、杨蛎蚧、黄斑星天牛等扩散蔓延的决定性、关键性措施,务必抓紧抓好抓实。

2.重视林业防治措施:它是害虫防治的基础性措施,应加强采种、育苗、造林、抚育、采伐、贮运等各个生产环节的科学管理,大力营造混交林,造成一种有利于天敌、不利于害虫发生的生态环境。同时对零星发生的害虫,特别是危险性害虫,尽早采取砍伐虫害木、立即烧毁的办法,防患于未然。

3.切实做好虫情监测和预测预报:虫情监测和预测预报是了解害虫发展趋势和防治

害虫的基础工作,只有做好此项工作,才能"百战不殆"。

4.积极防除危险性虫害:对在个别或局部地方已经发生的危险性虫害,必须采取坚决措施进行防除,严禁扩散传播。

参 考 文 献

[1]　中国林业科学研究院主编.中国森林昆虫.北京:中国林业出版社,1983

[2]　北京林学院主编.森林昆虫学(第一版).北京:中国林业出版社,1985

[3]　甘肃省林业局.甘肃森林病虫普查成果汇编(第一、二辑)(油印本)兰州,1982

[4]　周嘉喜等.陕西经济昆虫志 鞘翅目天牛科.西安:陕西科技出版社,1988

[5]　陕西省农林科学院林业研究所.陕西林木病虫图志(第一辑)西安:陕西人民出版社,1977

【本文 1992 年发表在《甘肃林业科技》第 3 期第 43－47 页,获甘肃省林学会优秀论文三等奖】

鼢鼠灵防治中华鼢鼠试验研究

俞银大，席忠诚，赵机智，李亚绒

（庆阳地区森林病虫检疫防治站,甘肃 西峰 745000）

摘　要：本文报道了应用鼢鼠灵防治林区主要害鼠中华鼢鼠的试验结果:小区试验灭鼠效果不低于80％;不同时间、地点,效果无显著差异;推广试验效果不低于95.0％;同时对死鼠进行了解剖,证明中华鼢鼠是由于盗食了鼢鼠灵而中毒死亡。

关键词：中华鼢鼠;鼢鼠灵;防治试验

中华鼢鼠($Myospalax\ fontanierii$ Milne－Edwards)是啮齿目、仓鼠科、鼢鼠亚科的一种。别名:原鼢鼠、鼢鼠、瞎老鼠、瞎瞎、瞎狯、瞎老等,广布于西北、华北大部分省、区。在甘肃省主要分布于庆阳、平凉、天水、甘南、武威、陇南等地（州）。在庆阳的子午岭林区主要危害油松、华山松、华北落叶松、杨树、刺槐等树种的苗木及幼树,其中对油松的危害最甚,给人工油松林的营造和保存造成了严重威胁,致使许多宜林荒山年年造林不见林。如合水林业总场连家砭林场,1979年在场部对面山上栽植油松,在头三年,年年补植,但由于中华鼢鼠的危害,到1985年止,营造的油松所剩无几,损失达90％以上。因此我们于1989年初至1990年底对中华鼢鼠采取多种方法进行了防治试验,经过筛选确认鼢鼠灵有推广使用价值。现就鼢鼠灵防治中华鼢鼠试验研究情况报道如下。

一、试验区概况

试验共设样点5处,选样地19块,详见表1。

二、材料和方法

1.供试药剂鼢鼠灵诱饵,是用党参、当归为饵料调制而成,系甘肃省武山县洛门镇研制。

2.样地试验

2.1　小区试验:在相同的立地条件下,根据鼢鼠推出土丘情况,随机选取鼠洞,同时根据地形选5～58个有效洞为一样地。

2.2　推广试验:在相同的立地条件下,选择面积大小相近与周围有明显间隔带的地块作为试验地。一块样地投药,一块样地不投药采用人工捕打作对照。

3.投药方法及效果检查:投药及效果检查采用开洞封洞法,即探查洞道并挖开洞口,过24 h检查所封洞口数为有效洞数。在有效洞内距洞口60 cm处投药,每洞投6粒。药粒投入后用新土封好洞口,以作标志,便于检查。以不投药为对照。

投药后72 h,开洞检查药粒被盗情况,敞开洞口,过24 h再次检查封洞情况,以盗药

并未封洞记作盗药洞数,其余皆以未盗洞数计。根据检查情况对个别鼠洞进行洞道剖析。灭效采用下式计算:

$$灭鼠效果(\%) = \frac{盗药洞数}{投药洞数} \times 100\%$$

因空白对照灭鼠率为零,故校正灭鼠效率与上式计算结果相同。

4.死鼠解剖:对剖析鼠洞时找到的死鼠进行鼠体解剖,着重分析胃容物,从而进一步确定致死原因。

三、结果与分析

1.小区试验:通过对19块样地的投药试验,取得下述结果,详见各表。

由表2～表6可以看出,在不同地点用鼢鼠灵防治中华鼢鼠其灭效接近,各样点的平均灭效都在87.0%以上。19块样地中最低灭效为80%,最高灭效可达100%,平均灭效为88.6%。

5处样点的试验结果表明:随着投药洞数增加,鼢鼠灵对中华鼢鼠的灭效趋于稳定。投药洞数少于10个(包括10个)其灭效最大变幅为20个百分点,最小变幅也为10个百分点;而投药洞数大于10个其灭效最大变幅不到10个百分点,最小变幅只有0.5个百分点。因此在小面积试验性防治中应尽可能多投药鼠洞,以避免偶然性。

表1　样地情况表

样点	设置地点	样地号	样地状况	被害株率(%)
一	正宁林区中湾林科所种子园	890401 890402 890403	幼龄油松为主, 土壤疏松	60左右
二	合水林区连家砭林场	890501	油松林	90以上
		890502	油松林	90以上
		890503	侧柏苗圃地	20
		890504	林缘白瓜地	40
三	华池林区南梁林场	890901	油松幼林	55
		890902	油松幼林	55
		890903	油松幼林	55
		890904	果园	10
四	合水林区蒿嘴铺林场	900501	木瓜园	45
		900502	林缘白瓜地	50
		900503	林缘白瓜地	50
五	合水林区大山门林场	900901	油松幼林	60左右
		900902	油松幼林	60左右
		900903	林缘农田,土壤疏松	30以上
		900904	油松幼林	60左右
		900905	油松幼林	60左右

表 2　样点一试验结果　（地点:中湾 时间:1989 年 4 月）

样地号	有效洞数	投药洞数	盗药洞数	未盗洞数	灭效(%)
890401	10	10	8	2	80.0
890402	11	11	10	1	90.9
890403	10	10	9	1	90.0
合计	31	31	27	4	—

表 3　样点二试验结果　（地点:连家砭 时间:1989 年 5 月）

样地号	有效洞数	投药洞数	盗药洞数	未盗洞数	灭效(%)	洞道剖析情况	
						剖析洞数	死鼠编号
890501	10	10	9	1	90.0	2	A_{01}
890502	8	8	7	1	87.5	2	A_{02}
890503	5	5	4	1	80.0	2	0
890504	8	8	8	0	100.0	1	A_{03}
合计	31	31	28	3	——	7	3

表 4　样点三试验结果　（地点:南梁 时间:1989 年 9 月）

样地号	有效洞数	投药洞数	盗药洞数	未盗洞数	灭效(%)
890901	6	6	5	1	83.3
890902	7	7	7	0	100.0
890903	5	5	4	1	80.0
890904	8	8	7	1	87.5
合计	26	26	23	3	——

表 5　样点四试验结果　（地点:蒿咀铺 时间:1990 年 5 月）

样地号	有效洞数	投药洞数	盗药洞数	未盗洞数	灭效(%)
900501	58	58	50	8	86.2
900502	10	10	9	1	90.0
900503	15	15	14	1	93.3
合计	83	83	73	10	——

表 6   样点五试验结果 （地点：大山门 时间：1990 年 9 月）

样地号	有效洞数	投药洞数	盗药洞数	未盗洞数	灭效（%）	洞道剖析情况	
						剖析洞数	死鼠编号
900901	25	25	21	4	84.0	1	B_{01}
900902	32	32	30	2	93.8	2	B_{02}
900903	43	43	38	5	88.4	3	B_{03} B_{04}
900904	18	18	16	2	88.9	1	——
900905	10	10	9	1	90.0	1	B_{05}
合计	128	128	114	14	——	8	5

表 7   中华鼢鼠胃容物及致死原因分析

编号	采集环境	采集时间（年、月）	胃容物	致死原因分析
A01	油松林	1989、5	油松根及针叶、草根、党参、当归	食鼢鼠灵后致死
A02	油松林	1989、5	油松根、杂草、杂灌根、党参等	食药而死
A03	白瓜地	1989、5	白瓜根、落叶、油松根、杂草根、当归等	食药而死
B01	油松林	1990、9	油松根、杂草、其他树根、党参	食药而死
B02	油松林	1990、9	油松根、嫩枝叶、当归、党参	食药而死
B03	林缘农田	1990、9	农作物根、嫩叶、油松根、党参	食药后死亡
B04	林缘农田	1990、9	农作物根、叶、杂草根、树根、当归	食药后死亡
B05	油松林	1990、9	杂草根、油松根、当归、党参等	食药后死亡

通过对试验区内 15 条鼠洞进行剖析，共获取死鼠 8 只，其余 7 洞未见死鼠亦未见活鼠。经调查分析发现未见死鼠的原因是由于鼢鼠盗药后，药力发作而挣扎，拼命掘洞并堵住走过的洞道，最终将尸体埋在一个封闭的空间。这一点在我们获取 A_{01} 和 A_{03} 死鼠中得到验证。

通过对 8 只鼠尸解剖发现，死鼠胃中无论其他食物多少，鼢鼠灵的主要饵料成分，党参、当归必在其中。由此可知这 8 只中华鼢鼠的死亡主要是由于盗食了鼢鼠灵的缘故，详细情况参看表 7。由表 7 同时可以看出：无论是 1989 年的 5 月，还是 1990 年的 9 月，盗食了鼢鼠灵均可使鼢鼠死亡，无时间差异。

表 8   小区试验平均灭效及其总和计算

编号	灭鼠效果（%）					T_I	X_I
1	90.0	87.5	80.0		100.0	357.5	89.4
2	83.3	100.0	80.0		87.5	350.8	87.7
3	80.0	90.9	90.0			260.9	87.0
4	86.2	90.0	93.3			269.5	89.8
5	84.0	93.8	88.4	88.9	90.0	445.1	89.0
						$T=1683.8$	$\overline{X}=88.6$

表 9	蒿咀铺推广试验结果				(1990 年)
地点	有效灭鼠洞	防治方法	防治洞数	防治次数	防治效果(%)
木瓜园	72	施药	252	3～5	98.6
山楂园	50	人工捕打	190	3～5	32.7

表 10	连家砭推广试验结果				(1990 年)
地点	有效灭鼠洞	防治方法	防治洞数	防治次数	防治效果(%)
厂部对面山	78	施药	242	3～4	95.0
加工厂	60	人工捕打	210	3～4	33.3

中华鼢鼠生活有规律性,一年有两个活动高峰期,分别为 4～6 月和 9～10 月。我们根据这一特点,在 1989 年的 4、5、9 月和 1990 年的 5、9 月五个时期进行了鼢鼠灵的投放试验。通过试验获得 1989 年的平均灭效为 88.0%,1990 年的平均灭效为 89.4%。并对不同时期的灭效进行方差分析,结果为 $F=0.1147 < F_{0.05}=3.11$,说明所试验的各个时期防效没有明显差异,即无论在什么年份,只要抓住两个活动高峰期投施鼢鼠灵防治中华鼢鼠,都能达到预期目的。

2. 推广试验:在小区试验的基础上,我们在防治面积增大到 50 亩以上,投药次数增加的条件下,进行了小面积推广试验,其结果见表 8、9。

表 8、表 9 反映出在防治次数相同的前提下,危害严重的林地施药,危害较轻的林地人工捕打,其防治效果出现了较大的差异,施药明显高于人工捕打。施药防效最低也为 95.0%,而人工捕打最高防效只有 33.3%,仅为施药防效的 1/3 左右。

通过推广试验表明:在面积较大的林地防治中华鼢鼠,投施鼢鼠灵同样可以取得理想效果。只是为了巩固已取得的成果,还需过一定时期对漏掉的洞道进行复投,一般地一年只需重复三次即可达到预期目的。

四、结论及建议

1. 小区试验平均灭鼠效果为 88.6%,其中最低灭效为 80.0%,最高达 100%。在鼢鼠活动高峰期投药,不管在什么时间、地点其防治效果都在 80.0% 以上,试验的各时间、地点的防效无显著差异。

2. 通过对胃容物解剖分析发现中华鼢鼠嗜食鼢鼠灵诱饵,盗食毒饵即可死亡。因此建议在防治中可采用投放鼢鼠灵这种方法来进行。为了避免抗药性的产生,以投药为主结合其他方法进行综合防治,可以取得更好的效益。

3. 根据小面积推广试验的经验,在大面积使用鼢鼠灵防治中华鼢鼠时,依据林地鼢鼠危害程度,每年在鼠害高峰期投放药粒 3 次左右,可将鼢鼠控制在不成灾水平。

参 考 文 献

[1] 杨克栋.中华鼢鼠的洞系结构及其防治试验.林业科学,1983,19(4):422－425

【本文 1992 年发表在《甘肃林业科技》第 4 期第 6－9 页,获甘肃省林学会优秀论文三等奖】

松针小卷蛾生物学特性与防治技术初探

方应中[1]，席忠诚[2]，俞银大[2]，李亚绒[2]，夏　华[3]

(1.庆阳地区林业处，甘肃 西峰 745000；

2.庆阳地区森林病虫检疫防治站，甘肃 西峰 745000；

3.华池林管分局，甘肃 华池 745600)

摘　要　松针小卷蛾是油松幼林的一种隐蔽性食叶害虫，在子午岭林区一年发生一代，以老熟幼虫在地面结茧越冬。幼虫危害期长，明显分为单叶期和粘叶期；受害针叶叶长的 50%～60% 枯死。用 40% 氧化乐果、80% 敌敌畏 800 倍液，或 2.5% 溴氰菊酯 5 000～10 000 倍液林间大面积防治，均可取得 85% 以上的杀虫效果。

关键词　松针小卷蛾；生物学特性；防治

松针小卷蛾（ *Epinotia rubiginosana* Herrich－Schaffer）是甘肃子午岭林区油松（ *Pinus tablaeformis* Carr.）幼林内近几年发生的主要叶部害虫。因其危害隐蔽不易发现，给防治工作带来诸多不便，故此笔者自 1989 年开始在山庄林场、蒿嘴铺林场等地对该虫的生物、生态学特性进行了观察，并开展了大面积林间防治，现将结果整理于后。

一、分布与为害

松针小卷蛾主要分布于我国河北、河南、山西、陕西等省，在甘肃庆阳地区 1989 年首次发现于山庄林场，当时为害面积较小，未曾引起重视。从 1990 年开始连年发生并有扩散蔓延趋势。经调查，该虫由 1989 年的一个林场扩展到目前的 10 个林场，发生地域由 1 个县扩大到两县（华池、合水）一市（西峰市），为害面积已达 0.2 万 hm²(3.0 万余亩)；危害程度也显著增大，平均单株虫口达 2 500 头以上，被害针叶秋后或早春呈现一片枯焦。1990～1992 年多次调查了山庄林场油松受害情况，结果如表 1。

表 1　松针小卷蛾为害针叶调查表

调查时间 (年、月、日)	调查针叶 总数	粘叶为害		单叶为害	
		为害根数	为害率(%)	为害根数	为害率(%)
1990、8、28	1000	390	39.0	67	6.7
1991、8、2	23680	7104	30.0	2508	10.6
1992、7、23	5832	1574	27.0	750	12.9
合计	30512	9068	/	3325	/
平均	/	/	29.7	/	10.9

由表 1 可以看出松针小卷蛾平均为害针叶数占总针叶数的 40.6%。粘叶危害率和

单叶危害率随着时间的变化而变化,时间向后推迟粘叶为害率增大,而单叶为害率减少,总的为害率也随着时间的延伸而增大,这与该虫幼虫的生活习性是一致的。

二、生物学特性

1.生活史:在子午岭林区1年发生1代,以老熟幼虫在地面土茧内越冬。翌年3月中旬开始化蛹,蛹期20~40d。成虫羽化盛期为5月下旬至6月上旬。卵期较短,10~15 d。幼虫自5月上旬开始为害,10月下旬幼虫老熟后吐丝下垂,在地面吐丝将杂草、土粒或碎叶等连缀成茧越冬。幼虫为害期长达5个月之久。生活史详见图1。

2.生活习性:

①成虫期:成虫多在6~8时羽化,群体羽化不整齐,从4月中旬至6月下旬均可见到成虫。成虫白天静伏,受惊时围绕树冠飞翔,在傍晚前后活动最盛。具有极弱趋光性。

②卵期:卵产在2年生以上的两针叶之间近叶鞘处,每叶产卵2~3粒。

③幼虫期:初孵幼虫沿针叶爬向端部,除少数因风吹动吐丝转移到其他枝上外,大多数在针叶端部咬孔蛀入,进入表皮后沿一边向上蛀食直到叶尖,后又从另一边向下蛀食,叶肉被食后针叶成空筒,逐渐枯黄。针叶受害后出现叶长的50%~60%枯死现象。幼虫不取食时常静伏不动,遇惊即上下穿行,虫粪均由侵入孔排出。

表1　松针小卷蛾生活史图(华池山庄林场)

月	11—2			3			4			5			6			7			8—9			10		
旬	上	中	下	上	中	下	上	中	下	上	中	下	上	中	下	上	中	下	上	中	下	上	中	下
虫	⊖	⊖	⊖	⊖	⊖	⊖	⊖	⊖																
						△	△	△	△	△	△	△	△											
							+	+	+	+	+	+	+	+									
态																								
							—	—	—	—	—	—	—	—	—	—	—	—	—	—	⊖		

注:"十"成虫;","卵 ;"—"幼虫;"⊖"越冬幼虫 ;"△"蛹。

幼虫为害明显呈现为单叶期和粘叶期。单叶期主要为害两年生针叶,当年生针叶在7月中旬以后,有少数单叶被害。单叶为害盛期在7月中旬。粘叶为害盛期在9月上、中旬。

幼虫粘叶为害时形成虫苞,每个虫苞针叶数最少为2根,最多有10余根,平均为7根。对300个虫苞进行调查,苞内有1头幼虫的占96%,最多为3头;苞内无幼虫的占0.7%。

幼虫于10月初开始越冬,10月中旬为盛期,10月下旬为末期。

④蛹期:化蛹很不整齐。一般林地开始解冻幼虫化蛹即开始,到5月底整个化蛹过程才全部结束。

三、发生与环境的关系

松针小卷蛾的发生与外界环境关系密切。林分组成不同,松针小卷蛾为害程度不同,纯林重于混交林。5 年生以上的幼树均可受害,但以 10～15 年生最重。在其他条件相同的林分中,郁闭度越小,受害越重。山坡部位不同,受害状况也不一样,越是靠近上部的林分受害越重。靠近林缘或林中空地的树木受害重于林分内树木。随着针叶在树冠上的位置升高为害程度增大。

四、田间防治及效果分析

为了探索防治松针小卷蛾的有效措施,几年来,我们在山庄、太白等林场除采用烟雾剂外,主要进行了林间有机磷和菊酯类农药的喷洒防治。经抽样调查:烟雾剂平均防效为 3.5%,有机磷和菊酯类防效均在 85.4% 以上(详见表 2)。

表 2 说明,烟雾剂防治效果极差,有机磷和菊酯类的防效却很好。烟雾法由于存在下列具体问题:①受害油松多在山梁,傍晚逆温层形成较难,烟雾在林中停留时间极短,烟量少;②林区山高路陡,傍晚作业不便,烟雾剂施烟规程不能完全实施,因此防治效果不佳。

喷雾法较之烟雾法具有下列优点:①可使药液充分接触针叶,幼虫中毒的概率高;②喷雾的药剂作用途径多,不仅具有触杀作用而且还分别有胃毒、内吸、熏蒸等作用;③喷雾的药剂在叶面残留时间长;④喷雾的药剂由于加入附着剂,而使药液附着度增强,所以防治效果良好。

表 2 同样表明同一作业期(施药时间相距在 15 d 内)40% 氧化乐果效果优于 2.5% 溴氰菊酯。这是由于溴氰菊酯具有很强的触杀作用,但无内吸作用,而氧化乐果不仅具有良好的触杀作用,而且还有内吸及胃毒作用,其中内吸作用对隐蔽性害虫有着不允忽视的作用,因此氧化乐果的防治效果略高于溴氰菊酯。

表 2　松针小卷蛾药剂防治效果表

药　剂	用药倍数	施药时间 (年、月、日)	检查日期 (年、月、日)	作业 林场	检查虫 数(头)	死亡虫 数(头)	死亡率 (%)	备　注
林丹"六六六"烟剂		90、8、29	90、9、5	山庄	308	10	3.2	傍晚施药
"741"插管烟剂		90、8、28	90、9、5	山庄	312	12	3.8	傍晚施药
80% 敌敌畏	1:1:800	91、9、2	91、9、10	太白	206	176	85.5	人工背负式喷洒
40% 氧化乐果	1:1:800	91、7、16	91、7、28	山庄	281	244	85.9	人工背负式喷洒
	1:1:800	92、7、13	92、8、16	山庄	240	225	93.8	机动高压喷洒
2.5% 溴氰菊酯	1:5000	92、7、20	92、8、16	山庄	194	176	90.7	机动高压喷洒
	1:10000	92、7、22	92、8、16	山庄	236	212	89.8	机动高压喷洒
对　照		92、7、16	92、8、16	山庄	200	0	0	人工背负式喷洒

注:用药倍数中 1:1:800＝药:煤油:水;1:5 000＝药:水。

五、预防与防治

根据松针小卷蛾的发生规律和防治试验情况可得到这样一个结论,要搞好该虫的预防和防治工作,减少经济损失,控制扩散蔓延势头必须从以下几方面着手。

1. 加强营林措施:①营造混交林:松针小卷蛾食性单一,幼虫扩散借助风力,营造混交林特别是针阔混交林可以阻隔食料带,阻止其蔓延为害。

②加强抚育管理:松针小卷蛾的发生与外界环境密切相关,因此对已造油松林,应加强幼林抚育,促进林分尽快郁闭,增强树势,提高林分的抗虫能力。

2.进行药剂防治:当松针小卷蛾在林分中大面积为害,虫口密度较大时可采用药剂防治,降低虫口,减少损失。在幼虫单叶为害盛期出现前(7月上旬)用40％氧化乐果、80％敌敌畏乳油300倍液,2.5％溴氰菊酯5 000～10 000倍液喷雾,均可取得良好效果,生产上可以广泛应用。幼虫粘叶期(9月初)用80％敌敌畏乳油800倍液,50％久效磷乳剂1 000倍液树冠喷雾可以取得理想效果。

3.开展虫情监测及预测预报:松针小卷蛾发生在油松林中,这对开展监测工作十分有利,可利用护林员经常在林区巡视这一便利条件对该虫进行实地监测,并在已发生地段定期带回样枝进行观察,确定该虫生长为害进度,预测单叶为害盛期,为防治工作提供依据。同样根据巡视观察到的成虫羽化盛期采用期距法预测幼虫单叶为害盛期,一般幼虫单叶为害盛期出现在成虫羽化盛期后大约45 d左右。

4.保护利用天敌:松针小卷蛾幼虫和蛹期有长距茧蜂(*Macrocentrus spp.*)、甲腹茧蜂(*Ascgaster sp.*)、长须茧蜂(*Microdus sp.*)卫姬蜂(*Paraphyaz sp.*)、高缝姬蜂(*Campoplex sp.*)寄生;卵期有松毛虫赤眼蜂(*Trichogramma dendrolimi Matsumura*)寄生。这些天敌寄生率较高,对松针小卷蛾有一定的控制作用,应注意保护和利用;有条件的地方还可以人工繁育释放,增大天敌密度,提高天敌寄生率,有效地控制松针小卷蛾为害。

参 考 文 献

[1]　胡忠朗等.松针小卷蛾初步研究.林木病虫资料选集(四),1984,107—116

[2]　李后魂等.榆叶斑蛾的初步研究.西北林学院学报,1990,5(1):29—33

[3]　萧刚柔主编.中国森林昆虫(第2版)(增订本).北京:中国林业出版社,1992,818—819

【本文1993年发表在《甘肃林业科技》第3期第37—40页,获甘肃省林学会优秀论文三等奖】

松针小卷蛾幼虫空间分布型及应用

席忠诚[1]，李亚绒[1]，俞银大[1]，李孟楼[2]

（1.庆阳地区森林病虫检疫防治站，甘肃 西峰 745000；

2.西北林学院森林保护系，陕西 杨陵 712100）

松针小卷蛾（*Epinotia rubiginosana* Herrich-Schaffermuller）是危害油松的重要食叶害虫之一，近年来在甘肃子午岭林区部分林场大面积成灾，1989 年发生面积达万亩以上。为了进一步探讨松针小卷蛾幼虫种群的生态属性，笔者于 1990 年 8～9 月在子午岭林区山庄林场对其幼虫的空间分布型和抽样调查中的序贯抽样技术进行了研究。样地的油松平均高 2.5 m，树龄约 12 年，每样方查立木 50～232 株，对所调查的样木分东、西、南、北、上、中、下七个方位，随机抽取 50 cm 长的标准枝一枝，统计其幼虫数量。

以样地为组分别计算平均密度 $\overline{X}$、方差 V，平均拥挤度 X^*，然后利用 Iwao 回归式（$x^* - \overline{x}$）及聚集指数（$x^* / \overline{x}$）、Taylor 幂法则判断幼虫的空间分布型；采用 Iwao 序贯抽样技术建立序贯抽样式（计算和验证过程略），结果表明：

松针小卷蛾幼虫群体在油松幼林内服从负二项分布。分布的基本成分为个体群，个体间互相吸引。当 $\overline{x} < 3.50$ 头时，聚集特性是主要由环境条件（立地条件和块状纯林）等决定；$\overline{x} \geqslant 3.50$ 时，聚集强度的增强是由其行为（产卵习性和个体互相吸引）所促成的。

方差分析和多重比较表明，幼虫个体群以 $\overline{x} = 3.50$ 头为界限值，可区分为不同的生态型。I 型 $\overline{x} < 3.50$，防治阈值应为 2.19 头/标准枝；II 型 $\overline{x} \geqslant 3.50$，防治阈值应为 3.74 头/标准枝。虽然该两型形成的原因和生态属性有待进一步研究，但不难肯定 I 型为危害较重期的个体群，II 型为危害严重期的个体群。

据 Iwao 序贯抽样技术，编制的两类防治指标下的序贯抽样式为：

I 型 $\overline{x} < 3.50$，$m_{01} = 2.19$

$$T0/(N) = 2.19N + 7.7322 \sqrt{N}$$

$$T0//(N) = 2.19N - 7.7322 \sqrt{N}$$

II 型 $\geqslant 3.50$，$m_{02} = 3.74$

$$T0/(N) = 3.74N + 10.8424 \sqrt{N}$$

$$T0//(N) = 3.74N - 10.8424 \sqrt{N}$$

式中 N 为调查株树，m_0 为防治指标，T 为在给定显著水平下的 t 分布值。

【本文 1996 年发表在《森林病虫通讯》第 2 期第 46 页】

子午岭林区林虫区划初探

席忠诚，俞银大，李亚绒

(庆阳地区森林病虫防治检疫站,甘肃 西峰 745000)

摘　要:在对子午岭林区林虫区系结构及林虫进行水平划分论述的基础上,分别阐述了梁峁顶部群落区、干旱阳坡群落区、较湿润阴坡群落区、沟道群落区 4 区的主要林虫种类及其危害特征,提出了子午岭林区今后开展森林害虫防治工作的意见。

关键词:子午岭;森林昆虫;区划;防治

子午岭森林是国家和甘肃重要的水源涵养林,它不仅是"陇东粮仓"的绿色卫士,也是八百里秦川绿色屏障。因此,保护好森林,防止森林病虫危害蔓延,促进林业生产健康发展,不断扩大森林面积,对陕、甘两省农业的稳产高产都具有巨大作用。基于此,作者在几年来调查的基础上,结合庆阳地区第二次森林病虫普查和全区经济昆虫区系调查,对子午岭林区林虫做粗浅划分,以期达到指导防治、保护森林之目的。

1　自然概况

子午岭位于黄土高原中部,甘肃省东部,$107°59'\sim108°43'$E ,$35°18'\sim36°39'$N 之间,系乔山山脉支脉,为泾河东源马莲河与洛河的分水岭。它呈西北－东南走向,为黄土高原丘陵沟壑地貌。海拔 1 200～1 758 m,相对高差 200 ～400 m,平均坡度 15～35°,年平均气温 7～9℃,≥10℃的活动积温 2 700 ～2 900℃,无霜期 160 d 左右,年平均降水500～600 mm。土壤以黑壤土为主。植被以落叶阔叶林为主,树种有山杨、白桦、辽东栋、油松、侧柏等。

2　林虫区系组成

分布于子午岭林区的昆虫,目前采集到并鉴定到种的共 1 040 种。分析其区系归属可知(表1),子午岭林区昆虫的区系是处于古北界和东洋界的过渡带,虽然古北界较之东洋界种类显著偏多,但总体上仍以古北界和东洋界两跨种占主导地位。因此,在子午岭林区森林害虫防治和天敌昆虫利用方面应以古北界和东洋界两跨种为主要对象,同时兼顾古北界。

表1　子午岭林区昆虫区系成分

项目	古北界	古北－东洋界	东洋界	广跨种
种数	317	561	70	92
比例(%)	30.5	53.9	6.7	8.9

3 森林昆虫区划

子午岭森林是以落叶阔叶林为主的残败次生林。森林植被垂直分布不明显,但水平分布显著,因此与之相适应的林虫也呈现典型的水平分布。

3.1 梁峁顶部群落区

植被以沙棘、黄蔷薇、胡枝子等灌木为主,混生以辽东栎、山杨、杜梨等阔叶树种。害虫种类较少,主要害虫见表2。多为地下或食叶害虫,危害轻微,极难暴发成灾。

3.2 干旱阳坡群落区

主要树种有侧柏、杜梨、榆、山杏等,灌木以文冠果、狼牙刺为主。常见的森林害虫可见表3。

由于该区温度稍高,湿度条件相对较差,树种分布零散,相互穿插混交类型较多,林木生长缓慢,人类活动影响较小,虽分布的昆虫种类较多,但无突出危害的种类。地下害虫和食叶害虫为主要种群,是今后预防的主要对象。

表2　梁峁顶部群落主要森林害虫

害虫名	拉丁学名
刺槐眉尺蠖	*Meichichuo cihuai* Yang
油葫芦	*Gryllus testaceus* Walker
洋槐天蛾	*Clanis deucalion*（Walker）
客来夜蛾	*Chrysorithrum amata* Bremer
榆黄黑蛱蝶	*Nymphalis xanthomelas* L.
国槐羽舟蛾	*Pterostoma sinicum* Moore
东方蝼蛄	*Gryllotalpa orientalis* Burmeister
华北蝼蛄	*Gryllotalpa unispina* Saussure
赤翅蝗	*Celes skalozubovi* Adel
黑胸背虎天牛	*Xylotrechus robusticolis*（Pic）
琉璃蛱蝶	*Celastina argiolus* Linnaeus

3.3 较湿润阴坡群落区

主要树种有山杨、白桦、辽东栎、油松等,灌木以虎榛子、四季青、二色胡枝子为主。该群落物种最丰富,常见的森林害虫见表4。

此区害虫种类众多,种实害虫和食叶害虫占重要地位。其中松针小卷蛾近几年在油松人工林迅速蔓延,危害严重,虽经连年防治,但危害仍在继续,是今后防治重点。其他食叶害虫虽然种类较多,但由于寄主林分林龄不整齐,且多混交,因此,自新中国成立以来,未出现成灾危害的现象。同时,食叶害虫中单食性种类居多,多食性种类虽然食料充足,生境适宜,但由于种群间强烈的竞争作用,在一定程度上限制了其生存范围。再加之天敌昆虫和有益动物的共同影响,必然形成有虫不成灾的良性循环。种实害虫当属球果害虫危害突出,由于球果尺蛾、油松球果小卷蛾、松果梢斑螟的危害,致使每年油松母树林内球果受害率在40%以上,严重影响产量和效益。因此,种实害虫的防治已成为母树林维持正常生产必须攻克的课题。

3.4　沟道群落区

沟谷底部生长着丝藻、香蒲、芦苇等,沟谷两岸丛生着沙棘、筐柳、杞柳、丁香、柔毛绣线菊、胡颓子、虎榛子等灌木及小叶杨、河柳、引进杨等乔木。常见森林害虫见表5。

该区交通方便,人类活动频繁,树种以杨柳科为主,害虫数量与较湿润阴坡群落区相当,其中食叶害虫数量较大,但目前枝干害虫危害最重。此区经常乱砍滥伐、毁林开荒,生态环境屡遭破坏,致使杨、柳毒蛾曾一度猖獗危害,波及整个子午岭林区,唯该区危害最烈。后来,通过飞防控制了猖獗势头,压低了虫口。其后随着林政建设的加强和人工造林树种的改变,生态环境逐步向良性化方向发展,食叶害虫猖獗的势头随之削弱。然而由于人工纯林面积的增大及检疫措施未能及时跟上,造成了枝干害虫的危害有所抬头,出现了检疫对象。因此,对食叶害虫的防治重点应放在监测预防方面,对枝干害虫和检疫对象不仅要做好监测工作,更要拔点除源,防止其继续扩散蔓延。

4　今后工作的几点建议

4.1　林虫种类繁多,急待摸清虫源

子午岭林区南北狭长,东西较窄,横穿陇东东部4个县,由北向南气候逐渐温暖湿润,森林生态结构亦随之复杂化,滋生或栖息于森林的昆虫种类更加繁多。据此,建议子午岭有关林场特别是地处南段的林场,每年用一段时间进行本辖区昆虫调查工作,并随时采集标本,力争3、5年内基本摸清子午岭林区昆虫种类、分布、危害情况,并适当开展防治试验。在调查采集标本过程中,要特别注意加强人工幼林害虫、微小昆虫及天敌昆虫资源的调查研究。

表3　干旱阳坡群落区主要森林害虫

害虫名	拉丁学名
梨二叉蚜	*Toxoptera piricola* Mats.
梨蝽象	*Urochela luteovaria* Distant
红足真蝽	*Pentatoma rufipes*（Linnaeus）
赤条蝽	*Graphosoma rubrolineata* Westwood
黑绒鳃金龟	*Maladera orientalis* Motschulsky
铜绿丽金龟	*Anomala corpulenta* Motschulsky
黄褐丽金龟	*Anomala exoleta* Faldermann
四纹丽金龟	*Popillia quadriguttata* Fabricius
暗黑鳃金龟	*Holotrichia parallela* Motschulsky
东北大黑鳃金龟	*Holotrichia diomphatia* Bates
大牙土天牛	*Dorysthenes paradoxus* Faldermann
褐幽天牛	*Arhopalus rusticus* L.

续表 3

榆毛胸莹叶甲	*Pyrrhalta aenescens* (Fairmaire)
芳香木蠹蛾东方亚种	*Cossus cossus orientalis* (Gaede)
桃蛀果蛾	*Carposina niponensis* Walsingham
山楂粉蝶	*Aporia crataegi* Linnaeus
梨眼天牛	*Chreonoma fortunei* Thomson
隆胸球胸象	*Piazomias globulicollis* Faldermann
黄刺蛾	*Cnidocampa flavescen* (Walker)
丝棉木金星尺蛾	*Calospilos suspecta* Warren
榆津尺蛾	*Jinchihuo honesta* (Prount)
杨枯叶蛾	*Gastropacha populifolia* Esper
栎毛虫	*Paralebeda plagifera* Walker
绿尾大蚕蛾	*Actias selene ningpoana* Felder
榆绿天蛾	*Callambulyx tatarinovi* (Bremer)
枣桃六点天蛾	*Marumba gaschkewitschi gaschkewitschi* (Bremer et Grey)
榆白边舟蛾	*Nricoides davidi* (Oberthiir)
桃剑纹夜蛾	*Acronicta incretata* Hampson
榆剑纹夜蛾	*Acronicta hercules* Felder
小地老虎	*Agrotis ypsilon* Rottemberg
点眉夜蛾	*Pangrapta vasava* Butler
舞毒蛾	*Lymantria dispar* (Linnaeus)
黄毒蛾	*Euproctis chrysorrhoea* (Linnaeus)
折带黄毒蛾	*Euproctis flava* (Bremer)
大红蛱蝶	*Vanessa indica* Linnaeus
黄钩蛱蝶	*Polgonia caureum* (Linnaeus)

表 4　较湿润阴坡群落区主要森林害虫

害虫名	拉丁学名
东方蝼蛄、华北蝼蛄、赤条蝽、铜绿丽金龟、四纹丽金龟、折带黄毒蛾、褐幽天牛	
茶褐丽金龟	*Adoretus tenuimaculatus* Waterhouse
日铜罗花金龟	*Rhomborrnina japonica* Hope
小云斑鳃金龟	*Polyphylla gracilicornis* Blanchard
大云斑鳃金龟	*Polyphylla laticollis* Lewis
白水江瘦枝	*Macellina baishuijiangia* Chen
松幽天牛	*Asemum amurense* Kraatz
丽虎天牛	*Plagionotus pulcher* Blessig
中华八星粉天牛	*Olenecamptus octopustulatus chinensis* Dillon et Dillon
柞栎象	*Curculio arakawai* Matsunmra et Kono
山杨卷叶象	*Byctiscus omissus* Voss
杨干透翅蛾	*Sphecia siningensis* Hsu
双云尺蛾	*Biston comitata* Warren
雪尾尺蛾	*Ourapteryx nivea* Butler

续表 4

直脉青尺蛾	*Hipparchus valida* Felder
波尾尺蛾	*Ourapteryx sambucaria* Linnaeus
枞灰尺蛾	*Deileptenian ribeata* Clerck
桦尺蠖	*Biston betularia* Linnaeus
蝶青尺蛾	*Hipparchus papilionaria* Linnaeus
尘尺蛾	*Serraca punctinalis conferenda* Butler
栓皮栎尺蛾	*Erannis dira* Butler
球果尺蛾	*Eupithecia abietaria gigantea* Staudinger
油松毛虫	*Dendrolimus tabulaeformis* Tsai et Liu
宁陕松毛虫	*Dendrolimus ningshanensis* Tsai et Hou
栎毛虫	*Paralebeda plagifera* Walker
黄波花蚕蛾	*Oberthuria caeca* Oberther
暇玉钩蛾	*Yucilix xia* Yang
栗六点天蛾	*Marumba sperchius* Menentries
松黑天蛾	*Hyloicus caligineus sinicus* Rothschild et Jordan
银二星舟蛾	*Lampronadata splendida* Coberthur
黄二星舟蛾	*Lampronadata cristata*（Butler）
栎掌舟蛾	*Phalera assimilis*（Bremer et grey）
布光裳夜蛾	*Ephesia butleri* Leech
珀光裳夜蛾	*Ephesia helena* Eversmann
柞光裳夜蛾	*Ephesia streckeri* Staudinger
意光裳夜蛾	*Ephesia ella* Butler
栎光裳夜蛾	*Ephesia dissimilis* Bremer
松大蚜	*Cinara pinitabulae formis* Zhang et Zhang
小灰长角天牛	*Acanthocinus griseus*（Fabricius）
松针小卷蛾	*Epinotia rubiginosana* Herrichschaffermuller
油松球果小卷蛾	*Gravitarmata margarotana*（Hein）
松果梢斑螟	*Dioryctria pryeri* Ragonot
黄褐天幕毛虫	*Malacosoma neustria testacea* Motschulsky
栗黄枯叶蛾	*Trabala vishnou* Lefebure

表 5 **沟道群落区主要森林害虫**

害虫名	拉丁学名
铜绿丽金龟、黑绒鳃金龟、暗黑鳃金龟、东北大黑鳃金龟、大云斑鳃金龟、大牙土天牛、杨干透翅蛾、芳香木蠹蛾东方亚种、黄刺蛾、丝棉木金星尺蛾、桦尺蠖、榆绿天蛾、绿尾大蚕蛾、国槐羽舟蛾、舞毒蛾、黄毒蛾	
鸣鸣蝉	*Oncotympana maculicollis* Motsch
大青叶蝉	*Cicadella viridis*（Linnaeus）
毛喙丽金龟	*Adoretus hirsutus* Ohaus
褐锈花金龟	*Poegilophilides rusticola* Burmeister
棕色鳃金龟	*Holotrichia titanis* Reitter

续表 5

柳蛎盾蚧	*Lepidosaphes salicina* Borchs.
黄斑星天牛	*Anoplophora nobilis* Ganglbauer
中华薄翅天牛	*Megopis sinica* White
杨红颈天牛	*Aromia moschata* (Linnaeus)
四点象天牛	*Mesosa myops* (Dalman)
双带粒翅天牛	*Lamiomimus gottschei* Kolbe
杨锦纹吉丁	*Poecilonota variolosa* Paykull
白杨叶甲	*Chrysomela populi* Linnaeus
杨梢叶甲	*Parnops glasunowi* Jacobson
核桃星天蛾	*Ophthalmodes albosignaria* Juglandaria
白杨毛虫	*Bhima idiota* Graeser
杨枯叶蛾	*Gastropacha populifolia* Esper
旱柳原野螟	*Proteuclasta stotzneri* (Caradja)
蓝目天蛾	*Smerithus planus planus* Walker
杨剑舟蛾	*Pheocia fusiformis* Matsumura
分月扇舟蛾	*Clostera anastomosis* (Linnaeus)
杨二尾舟蛾	*Cerura menciana* Moore
杨小舟蛾	*Micromelalopha troglodyta* (Graeser)
短扇舟蛾	*Clostera curtuloiaes* Erschoff
黄臀黑污舟蛾	*Spilarctia caesarea* (Goeza)
缟裳夜蛾	*Catocala fraxini* Linnaeus
柳裳夜蛾	*Catocala electa* (Borkhauson)
裳夜蛾	*Catocala nupta* Linnaeus
白肾灰夜蛾	*Polia persicariae* Linnaeus
三角鲁夜蛾	*Amathes trianguium* Hufnagel
欧泊波纹蛾	*Bombycia ocularis* Linnaeus
杨毒蛾	*Stilpnotia candida* Staudinger
柳毒蛾	*Stilpnotia salicis* (Linnaeus)
柳紫闪蛱蝶	*Apatura metis* Freyer
深色紫蛱蝶黄色亚种	*Apatura iris bieti* Oberth
山楂粉蝶	*Aporia crataegi* Linnaeus
青杨楔天牛	*Saperda populnea* Linnaeus
杨干象	*Cryptorrhynchus lapathi* Linnaeus
六星黑点蠹蛾	*Zeuzera leuconotum* Butler

4.2 外来害虫不断侵入,强化检疫刻不容缓

近年来,随着三北防护林工程的实施,马莲河流域治理工程的上马,苗木调运愈来愈频繁,因此,必须强化已有的森检机构,加强检疫措施,切断入侵途径,禁止危险性害虫侵入传出。

4.3 食叶害虫危机潜在,重视监测任重道远

子午岭林区食叶害虫种类较多,约占已知害虫的 50％以上,且广布性、杂食性种类有

相当的比例,若外界条件适宜,经营管理不当,将可能大面积暴发成灾,造成巨大损失,给正常的林业生产形成障碍。为了防患于未然,必须从重视监测入手,广泛发动林区职工和森保人员,积极投身这项活动,发现情况及时汇报,出现问题立即处理,使潜在的危机存在而无机会成灾,最终被控制。

4.4　钻蛀害虫危害严重,防治技术急需更新

钻蛀性害虫包括蛀干害虫和种实害虫两大类。危险性蛀干害虫有四点象天牛、黄斑星天牛、青杨楔天牛等;种实害虫有油松球果小卷蛾、松果梢斑螟、球果尺蛾、柞栎象、桃蛀果蛾等。它们的危害相当严重,如黄斑星天牛的危害可以使成片的杨树林毁灭,松果梢斑螟、油松球果小卷蛾的危害使油松母树林的产量连年下降,而经济林如山楂、苹果、桃等果实害虫所造成的损失就更大,更直观了。因此,防治钻蛀性害虫应花费更大的气力,广泛收集技术资料,积极引进先进的防治方法,研究探讨适合于子午岭林区实际的防治技术措施,进一步探讨综合防治新技术、新途径,为彻底改变林区生态环境,实现有虫不成灾的战略目标而深入研究,做出贡献!

参 考 文 献

[1]　甘肃省林业区划办公室,甘肃省林业勘察设计研究院编著.甘肃林业区划.兰州:甘肃科学技术出版社,1993,142—153

[2]　李孟楼等.关中地区危害杨树叶部的蛾类区系及其防治适期的模糊预测.陕西林业科技,1991,(3):51—56

[3]　程同浩,李秀山.杨树速生丰产林病虫害发生规律及综合防治的研究.甘肃林业科技,1992,(2):34—39

[4]　候陶谦主编.森林昆虫研究进展,陕西杨陵:天则出版社,1990,39—65

[5]　席忠诚等.庆阳地区杨树干部害虫发展趋势浅析.甘肃林业科技,1992,(2):43—47

【本文 1997 年发表在《甘肃林业科技》第 3 期第 56—59 页】

庆阳森林昆虫种类研究进展

脱万生[1]，席忠诚[2]，李亚绒[3]

（1. 合水林业总场拓儿塬林场，甘肃 合水 745400；

2. 庆阳市林木种苗管理站，甘肃 庆阳 745000；

3. 庆阳市林木病虫检疫防治站，甘肃 庆阳 745000）

摘　要：综述庆阳地区农林昆虫种类研究概况；介绍庆阳地区 1980 年森林病虫普查省内新纪录 39 种，1991 年森林病虫普查省内新纪录 53 种，甘肃省仅在庆阳有分布的森林昆虫 70 种，生物学等研究的种类 57 种以及杨树、经济林、杏树害虫种类研究进展情况；简述昆虫区系研究情况；展望森林昆虫种类研究的方向。

关键词：森林昆虫；种类研究；进展；方向

中图分类号：Q 968. 2－101(242QY) ：S 718. 7 文献标识码：A

Research Advancement on Species of Forest Insects in Qingyang Areas

TUO Wang－sheng[1]，XI Zhong－cheng[2]，LI Ya－rong[3]

（1. *Heshui General Farmland of Forestry，Heshui 745400，Gansu；*

2. *Forest Seed and Seedling Management Station of Qingyang City，Qingyang 745000，Gansu；*

3. *Forest Pest and Disease Management & Quarantine Station of Qingyang City，Qingyang 745000，Gansu)*

Abstract：Reviewed the research status of agriculture forest insects species ; introduced 39 provincial new records surveyed in 1980 of Qingyang areas ,53 provincial new records surveyed in 1991 ,there are 70 species of forest insects only in Qingyang areas of Gansu province , there are 57 species of insects for biological character study ;reported the insects on Populus , economic forest and apricot ; summarized the research state of insects population ;viewing the research orientation of forest insects species .

Key word：forest insects ; research of insects species ; advancement ; orientation

准确确定森林昆虫的分类地位是森林昆虫研究的基础性工作。庆阳森林昆虫种类的研究最早可以追溯到 1956 年，当时在全区范围进行的农作物病、虫、杂草首次普查中，虽涉及了森林昆虫，但因种类鉴定未能跟上，收效甚微[1]。森林昆虫研究尤其是昆虫种类和区系调查直到 20 世纪 70 年代后期才算真正开展起来，随后的 20 余年研究工作有了长足的发展。

1　农林昆虫种类研究

庆阳森林昆虫种类和区系研究最早包含于农业昆虫调查研究之中,虽有涉及但并无单列。从李德茂《庆阳地区贮粮害虫初步调查》(记载害虫 54 种、天敌昆虫 4 种)、王金川等《甘肃庆阳地区农业昆虫区系调查名录(一)》(记载昆虫 15 目 136 科 856 种(包括蜘蛛纲 1 目 2 科 4 种))以及曹巍《镇原县瓢虫调查初报》、《镇原县鳞翅目害虫名录(一)》、《镇原县褐蛉及其识别》、《镇原县昆虫常见天敌 100 种》、《镇原县仓储种类调查》、《镇原县主要金龟种类及其发生规律的调查》、《镇原县地下害虫种类、分布、密度 调查及今后防治意见》等文章中略见一斑。于世明等《庆阳地区经济昆虫名录》(记载昆虫 24 目 221 科 1 733 种)以及曹巍、蒲崇建编著的《甘肃东部农林昆虫种类与鉴别》最有代表性,书中介绍了 1 350 种昆虫的鉴别特征,其中果树、林木害虫 390 种,占害虫总数 1 097 种的 35.6%,农林伴生性害虫 275 种,占害虫总数的 25.1%,地下和仓储(种实)害虫 125 种,占害虫总数的 11.4%,而农作物害虫仅有 307 种,占害虫总数的 28.0%;寄生和捕食性天敌昆虫 224 种,传授花粉益虫 31 种。

2　初次森林昆虫种类研究

专项森林昆虫种类研究始于 1980 年,当时在全区范围开展了为期 21 个月的第 1 次森林病虫普查,共查出森林害虫昆虫纲 9 目 50 科 209 种,蜘蛛纲 1 目 1 科 2 种,天敌昆虫 6 目 20 科 51 种,蜘蛛纲 1 目 1 科 1 种[①]。其中省内新纪录 39 种[①]分别是:

二星蝽 *Stollia guttiger* (Thunberg),栎实象 *Curculio arakawai* Matsumura et Kono、六星黑点蠹蛾 *Zeuzera leuconotum* Butler、桑褐刺蛾 *Setora postornata* (Hampson)、苹卷叶蛾 *Adoxophyes orana* Fisher von Roslerstamm、梨黄卷蛾 *Archips breviplicana* Walsingham、桦尺蠖 *Buzura thzbetanona* Oberthur,黄龙黑尺蠖 *Brephos notha suifunensis* Kardakoff、弧目大蚕蛾 *Neoris haraldi* Schawerda、樟蚕 *Eriogyna pyretorum* Westwood、水蜡蛾 *Brahmaea* sp.、栗六点天蛾 *Marumba sperchius* (Menen－tries)、斜纹天蛾 *Theretra clotho clotho* (Drury)、灰天蛾 *Acosmerycoides leucoucraspis* (Hampson)、腰带燕尾舟蛾 *Harpyia lanigera* (Butler)、黑蕊尾舟蛾 *Dudusa sphirgif or mis* Moore、杨白剑舟蛾 *Pheosia tremula* (Clerck)、栎褐舟蛾 *Ochrostigrma albibasis* Chiang、黑鹿蛾 *Amata ganssuensis* (Grum － Grshimailo)、黑带污灯蛾 *Spilartia quercii* (Oberthur)、猩红苔蛾 *Chionaema coccinea* (Mooe)、乌闪苔蛾 *Paraona staudingeri* Alpheraky、缟裳夜蛾 *Catocala fraxini* (Linnaeus)、鹅裳夜蛾 *C. patala* Feldler、栎刺裳夜蛾 *Mormonia dula* (Bremer)、栎光裳夜蛾 *Ephesia dissimilis* (Bremer)、连纹夜蛾 *Plasia crassisigna* (Warren)、角斑古毒蛾 *Orgyia gonostigma* (Linnaeus)、黄斜带毒蛾 *Numenes disparilis* Staudinger、孔雀蛱蝶 *Inachus io* Linnaeus、珍眼蝶 *Coenonympha amaryllis* Cramer、绿螅 *Calopteryx aerate* Selys、褐菱猎蝽 *Isyndus obscurus* Dallas、细颈猎蝽 *Sphedano lestes impressicollis* (Stal.)、四斑月瓢虫 *Chilomenes quadriplagiata* (Swartz)、存疑豆芫菁 *Epicauta dubia* Fabricius、长角须寄蝇 *Peleteria rubescens* Robineau－

Desvoidy、稻苞虫黑瘤寄蜂 *Coaygomirnus parnarae*（Viereck）、大螟瘿寄蜂 *Eriborus terebrans*（Gravenhorst）。

3 再次森林昆虫种类研究

3.1 庆阳地区省内新纪录种

1991 年根据变化了的森林环境进行了历时 3 年的第 2 次森林病虫鼠普查,共查出林木害虫昆虫纲 9 目 58 科 536 种,蛛形纲 1 目 1 科 2 种;天敌昆虫 8 目 20 科 70 种。较第 1 次普查森林害虫种类净增 288 种,天敌昆虫种类净增 18 种[③]。其中森林昆虫省内新记录 53 种[④],分别是:

咖啡豹蠹蛾 *Zeuzera coffeae* Nietner、梨豹蠹蛾 *Z. pyrina* Linnaeus、松果梢斑螟 *Dioryctria rnendacella* Staudinger、红云翅斑螟 *Nephopteryx sernirubella* Scopoli、赤双纹螟 *Herculia pelasgalis* Walker、夏枯草展须野螟 *Eurrhyparodes hortulata* Linnaeus、豆荚野螟 *Maruca testulalis* Geyer、葡萄卷叶螟 *Sylepta luctuoseclis*（Guenee）、交让木小钩蛾 *Oreta insignis*（Butler）、荞麦波纹蛾 *Spica parallelangula* Alpheraky、白杨毛虫 *Bhina idiota* Graeser、苹毛虫 *Odonenstis pruni* Linnaeus、栎毛虫 *Paralebeda plagifera* Walker、多齿翅蚕蛾 *Oberthueria caeca*（Oberthiir）、钩翅舟蛾 *Gangarides dharma* Moore、黄二星舟蛾 *Lampronadata cristata*（Butler）、银二星舟蛾 *L. splendida*（Oberthiir）、新奇舟蛾 *Ndeophyta sikkima*（Moore）、榆白边舟蛾 *Nerice davidi*（Oberthiir）、双翅白边舟蛾 *N. leechi*（Staudinger）、仿白边舟蛾 *Paranerice hoenei* Kiriakoff、赫小内斑舟蛾 *Peridea graeseri*（Staudinger）、侧带内斑舟蛾 *P. lativitta*（Wileman）、糙内斑舟蛾 *P. trachitso*（Oberthiir）、栎掌舟蛾 *Phalera assimilis*（Brewer et Grey）、苹掌舟蛾 *P. flavescens*（Bremer et Grey、杨剑舟蛾 *Pheosia fusif or mis* Matsumura、槐羽舟蛾 *Pterostoma sinicum* Moore、黄臀灯蛾 *Epatolmis caesarea*（Goeze）、星白雪灯 *Spilarctia menthastri*（Esper）、全黄荷苔蛾 *Ghoria holochrea* Hampson、黄痣苔蛾 *Stigmatophora flava*（Bremer et Grey）、明痣苔蛾 *S. micans*（Bremer）、警纹地老虎 *Agrotis exlamationis* Linnaeus、三叉地老虎 *A. trifurca* Eversmann、点实夜蛾 *Heliothis peltigera* Schiffermiiller、柔粘夜蛾 *Leucania placida* Butler、紫黑杂夜蛾 *Amphipyra livida* Schiffermiiller、胖夜蛾 *Orthogonia sera* Felder、三斑蕊夜蛾 *Cymatophoropsis trimaculata* Bremer、银锭夜蛾 *Macdunnoughia crassisigna* Warren、柳裳夜蛾 *Catocala elecata* Borkhausen、绿鲁夜蛾 *Amathes semiherbida* Walker、三角鲁夜蛾 *A. triangulum* Hiifnagel、黄绿组夜蛾 *Anaplectoides virens* Butler、黄毒蛾 *Euproctis chrysorrhoea*（Linnaeus）、西光胫楸甲 *Odontolabis siva* Hope et Westwood、毛喙丽金龟 *Adoretus hirsutus* Ohaus、斑喙丽金龟 *A. tenuimaculatus* Waterhouse、粗绿彩丽金龟 *Mimela holosericea* Fabricius、鲜黄鳃金龟 *Metabolus tumidif rons* Fairmaire、黑顶扁角树蜂 *Tremex apicalis* Matsumura、烟扁角树蜂 *T. fusciconis*（Fabricius）。

3.2 仅庆阳地区有分布的种类

甘肃省第 2 次森林病虫普查森林昆虫分类鉴定结果表明仅在庆阳有分布的种类就达

70 种④,分别是:

绿丛螽蜥 *Tettigonia viridissima* Linnaeus、花生大蟀 *Tarbinskiellus portentosus*(Lichtenstern)、棱蝽 *Rhynchocoris humeralis*(Thunbeg)、双刺胸猎蝽 *Pygolampis bidentata* Goeze、双齿绿刺蛾 *Latoia hilarata* (Staudinge)、桑褐刺蛾、枣镰翅小卷蛾 *Ancylis sativa* Liu.、女贞细卷蛾 *Eupoecilia ambiguella* Hiibner、纹歧角螟 *Eudotricha icelusalis* Walker、伞锥额野螟 *Loxostege palealis* Schiffermiiller et Denis、瑕玉钩蛾 *Yucilis xia* Yang、黄龙黑尺蛾(蠖)、云纹绿尺蛾 *Comibaena pictipennis* Butler、四点波翅青尺蛾 *Thalera lacerataria* Grdeser,黑条大白姬尺蛾 *Problepsis diazorna* Prout、黑缘岩尺蛾 *Scopula virgulata albicans* (Prout)、颐和岩尺蛾 *S. yihe* Yang、散花波尺蛾 *Eupithecia centaureata* Schiffermiiller、云尺蛾 *Buzura thibetaria* Oberthiir,榆津尺蛾 *Jinchihuo honesta* (Prout)、白缘洒波纹蛾 *Saronaga albicostata* Bremer、月斑枯叶蛾 *Sornadasys lunatus* Lajonquiere、樟蚕、灰天蛾、歧怪舟蛾 *Hagap teryx kishidai* Nakamura、云舟蛾 *Neopheosia fasciata* (Moore)、艳金舟蛾 *Spatalia doerriesi* Graeser、富金舟蛾 *S. plusiotis* (Oberthiir)、土舟蛾 *Togepteryx velutina* (Oberthiir)、花布灯蛾 *Camptoloma interiorata* (Walk er)、头褐荷苔蛾 *Ghoria collitoides* (Butler)、焰实夜蛾 *Heliothis fervens* Butler、歧梳跗夜蛾 *Anepia aberrans* Eversmann、翎夜蛾 *Cerapteryx graminis* Linnaeus、暗杂夜蛾 *Amphipyra erebina* Butler、沟散纹夜蛾 *Callopistria rivularis* Walker、标俚夜蛾 *Lithacodia signifera* Walker、白条银纹夜蛾 *Argyrogramma albostriata* Bremer et Grey、银辉夜蛾 *Chrysoderixis chalcytes* Esper、意光裳夜蛾 *Ephesia ella* Butler、点眉夜蛾 *Pangrapta vasava* Butler、马蹄两色夜蛾 *Dichromia sagitta* Fabricius、绿鲁夜蛾、涡台毒蛾 *Teia turbata* Butler、细带闪蛱蝶 *Apatura metis* Freyer、霓纱燕灰蝶平山亚种 *Rapala nissa hirayamana* Matsumura、黄纹长标弄蝶 *Telicota ohara*(Plotz)、日罗花金龟 *Rhomborrhina japonica* Hope、中华喙丽金龟 *Adroetus sinicas* Burmeister、异斑丽金龟 *Cyriopertha arcudata* Gebler、毛尾弧丽金龟 *Popillia hirtipyga* Lin、角婆鳃金龟 *Brahmina agnella* Faldermann、塔里木鳃金龟 *Melolontha tarirnensis* Semenov、黑背毛瓢虫 *Scymnus* (*Neopullus*) *babai* Sasaji、陕西食螨瓢虫 *Stethorus* (*Allostethoruse*) *shaanxiensis* Pang et Mao、存疑豆芫菁、黄桑尼天牛 *Nida flavovittata* Pascoe、栎丽虎天牛 *Plagionotus pulcher* Blessig、肩斑隐头叶甲 *Cryptocephalus bipunctatus cautus* Weise、大猿叶虫 *Colaphellus bowringi* Baly、黑纹细颚姬蜂 *Enicospilus nigropectus* Cameron、大螟钝唇姬蜂 *Eriborus terebrans* (Gravenhorst)、梢蛾壕姬蜂 *Lycorina spilonotac* Chdo、褐斑马尾姬蜂 *Megarhyssa pracellus* Tosquunet、细黄胡蜂 *Vespula flaviceps flaviceps* (Smith)、黄带狭腹食蚜蝇 *Meliscaeva cinctella* (Zetterstedt)、火红茸毛寄蝇 *Tachina ardens* (Zimin)。

4　生物学等综合性研究的种类

4.1　首次综合性研究

森林昆虫生物学等综合性研究,首推 1989 年王树楠等编著出版的《甘肃省林木病虫图志(第一集)》。其中介绍了涉及庆阳有分布的林木害虫 35 种[2]，占全书林木害虫 65 种的 53.8%。他们分别是：杨白潜蛾 *Leucoptera susinella* Herrich－Schaffer、杨扇舟蛾 *Clostera anachoreta* (Fabricius)、杨二尾舟蛾 *Cerura menciana* Moore、杨雪毒蛾 *Stilp notia candida* Staudinger、雪毒蛾 *S. salicis* (Linnaeus)、榆毒蛾 *Ivela ochropoda* (Eversmann)、舞毒蛾 *Lymantriu dispar* (Linnaeus)、臭椿皮蛾 *Eligma narcissus* (Gramer)、黄褐天幕毛虫 *Malacosoma neustria testacea* Motschulsky、绿尾大蚕蛾 *Actias setlene ningpoana* Felder、蓝目天蛾 *Srnerinthus planus planus* Walker、榆绿天蛾 *Callambulyx tatarinovi* (Bremerr et Grey)、山楂粉蝶 *Aporia crataegi* Linnaeus、柑橘凤蝶 *Papilio xuthus* Linnaeus、白杨叶甲 *Chrysomela populi* Linnaeus、柳蓝叶甲 *Plagiodera versicolora* Laichart、杨梢叶甲 *Parnops glasunowi* Jacobson、微红梢斑螟 *Dioryctria rubella* Hampson、柳蛎盾蚧 *Lepidosaphes salicina* Borchsenius、柳瘤大蚜 *Tuberolachnus salignus* (Gmelin)、斑衣蜡蝉 *Lycorma delicatula* White、大青叶蝉 *Tettigoniella viridis* (Linnaeus)、青杨天牛 *Saperda populnea* Linnaeus、白杨透翅蛾 *Parathrene tabanif orrnis* Rottemberg、榆木蠹蛾 *Holcocerus vicarious* Walker、黄斑星天 *Anoplophora nobilis* Gangibauer、桃蛀果蛾 *Carposina niponensis* Walsingham、柠条豆象 *Kytorrhinus irnrnixtus* Motschulsky、非洲蝼蛄 *Gryllotalpa africana* Palisot de Beauvois、小云斑鳃金龟 *Polyphylla gracilicornis* Blanch、棕色鳃金龟 *Holotrichia titanic* Renter、黑绒鳃金龟 *Maladera orientulis* Motschulsky、白星花金龟 *Potosia (Liocola) brevitarsis* (Lewis)、小地老虎 *Agrotis ypsilon* Rottemberg、黄地老虎 *Euxoa segetum* (Schiff)。

4.2 再次综合性研究

1995 年王树楠等编著的《甘肃省林木病虫图志 (第二集)》共编入林木、果树害虫及天敌昆虫 109 种，其中编入甘肃省新近发生和经立项研究的森林害虫及天敌昆虫 43 种（唯庆阳有分布的 4 种：即泡桐叶甲、枣芽象甲、近日污灯蛾和杨干象），涉及庆阳市有分布的害虫 22 种，天敌昆虫 1 种[3]，占全书害虫的 21.8%，天敌昆虫的 12.5%。他们分别是：泡桐叶甲 *Basiprionota bisignata* (Boheman)、枣芽象甲 *Scythropus yasumatsui* Kone et Morimoto、苹果巢蛾 *Yponomellta padella* Linnaeus、梨星毛虫 *Illiberis pruni* Dyar、黄刺蛾 *Cnidocampa flavescens* (Walker)、枣镰翅小卷蛾、苹褐卷蛾 *Pandemis heparana* (Schilffermiiller)、樟蚕、霜天蛾 *Psilogramma rnenephron* (Cramer)、桃六点天蛾 *Marurnba gaschkew itschi* Bremer et Grey、近日污灯蛾 *Spilarctia rnelli* Daniel、柳裳夜蛾、杨裳夜蛾 *Catocala nupta* (Linnaeus)、榆全爪螨 *Panonychus ulrni* Koch、朝鲜毛球蚧 *Didesmococcus koreanus* Borchsnius、杨笠圆盾蚧 *Quadraspidiotus gigas* (Thiem et Gerneck)、金缘吉丁 *Larnpra lirnbata* Gebler、桃红颈天牛 *Arornia bungii* Faldermann、杨干象 *Cryptorrhynchus lapathi* Linnaeus、梨小食心虫 *Grapholitha rnolesta* Busch、刺槐种子小蜂 *Bruchorophagus philorobiniae* Lido、铜绿丽金龟 *Anornala corpulenta* Motschulsky；天敌是：中华金星步甲 *Calosorna chinense* Kirby。

5　主要树种害虫种类研究

5.1　杨树虫害研究

《甘肃杨树病虫害及其防治》记载了杨树害虫 221 种,其中对危害普遍的 89 种(庆阳有分布的 75 种)害虫按危害部位分别描述[4]。其中苗圃害虫按蝼蛄类、蛴螬类、地老虎类、金针虫类共记载 11 种;食叶害虫按叶甲、象甲类、刺蛾、灯蛾、潜蛾、麦蛾、卷蛾、大蚕蛾类、尺蛾类、枯叶蛾、天蛾类、舟蛾类、夜蛾类、毒蛾类、蛱蝶类共记载 51 种;枝干害虫按蚧类、蝉类、蚜虫、网蝽类、天牛类、吉丁甲、象甲类、透翅蛾、木蠹蛾、树蜂类共记载 27 种。

5.2　经济林虫害研究

吴健君等对危害苹果属(Malur Mill.)、梨属(Pyrus Linn.)、杏属(Armeniaca Miller.)、桃属(Amygdalus L.)、核桃属(Juglans Linn.)、枣属(Zizyphus Mill)、樱桃属(Ceraus Juss.)、桑属(Morus Linn)等经济林木的主要害虫进行了记述⑤。对分布较广、危害严重的种类介绍较为详细,如梨二叉蚜、桃小食心虫等。然而对多数害虫种类以中文名称或俗名甚至有的以大类介绍,虽对生产一线的果农有一定的指导意义,但在研究森林昆虫方面有待斟酌。

5.3　杏树虫害研究

曹巍将 65 种杏树主要害虫(螨)分成:食心虫类(3 种)、吸果夜蛾类(9 种)、蚧壳虫类(2 种)、蝽象类(4 种)、蚜虫类(5 种)、叶蝉类(7 种)、知蟟与蚱蝉、六星吉丁甲 *Chrysobothris affinis* Fabricius、天牛类(2 种)、苹果透翅蛾 *Conopia hector* Butler、柳木蠹蛾与蒙古木蠹蛾、苹果鞘蛾 *Coleophora nigricella* Stephens、桃潜蛾 *Lyonetia clerkella* Linnaeus、苹果巢蛾、卷叶蛾类(3 种)、苹掌舟蛾、枯叶蛾类(3 种)、黄刺蛾、桃六点天蛾、绿尾大蚕蛾、金龟甲类(13 种)、山楂叶螨 *Tetranychus viennensis* Zacher 等 23 大类,对其中 3 种以上的大类分别列检索表予以区别⑥。

6　昆虫区系研究简述

庆阳昆虫区系研究最早见于 1981 年王金川等对 852 种农林昆虫区系特征的研究⑦,其着力列举种类,研究相对简略。1989 年于世明等在对庆阳经济昆虫充分调查的基础上,对 1733 种昆虫区系特征进行了分析,结果是:古北界 584 种占 33.77% ,东洋界 110 种占 6.35%,广布种(分布两界以上)911 种占 52.57%,世界性种 125 种占 7.21%,本地特有种 3 种占 0.01%⑧。1997 年席忠诚等对分布于子午岭林区的 1040 种昆虫区系成分研究结论是:古北界 317 种占 30.5%,古北一东洋界 561 种占 53.9%,东洋界 70 种占 6.7%,广布种 92 种占 8.9%[5]。此结论与于世明等的研究结果基本接近,表明庆阳无论是农业昆虫还是森林昆虫其区系特征是基本一致的,都以古北界和古北一东洋界为主要成分占到 80% 以上,东洋界和广布种占到不足 20%。席忠诚等在区系研究的基础上又对陇东唯一的绿色屏障子午岭的森林昆虫进行了初步划分,从森林植被水平分布的显著性将林虫划分为 4 大区:梁峁顶部群落区(常见害虫 11 种)、干旱阳坡群落区(常见森林害虫 36 种)、较湿润阴坡群落区(常见森林害虫 50 余种)和沟道群落区(常见森林害虫

55 种)。

综上所述,庆阳森林昆虫种类研究虽有一定的进展,但与实际存在的种类相差较远。由于庆阳处于关中平原西北边缘,无论从地理位置、气候、降水还是植被都较甘肃西部更适宜森林昆虫生息和繁衍,因此森林昆虫种群多样性应该相当丰富。做好森林昆虫日出型、无趋光夜出型、趋光向暗型和微小型种类,特别是寄生性天敌种类的进一步调查和深入研究是今后一段时期森林昆虫研究的首要任务。

参 考 文 献

[1] 曹 巍,蒲崇建.甘肃东部农林昆虫种类与鉴别[M].西宁:青海人民出版社,1999.1-3
[2] 王树楠,张威铭,余吉河,等.甘肃林木病虫图志(第一集)[M].兰州:甘肃科学技术出版社,1989. 34-159
[3] 王树楠,刘启雄,李卫芳,等.甘肃林木病虫图志(第二集)[M].杨凌:天则出版社,1995.38-158
[4] 俞银大,席忠诚,李亚绒.甘肃杨树病虫害及其防治[M].兰州:日肃文化出版社,1997.117-319
[5] 席忠诚,俞银大,李亚绒.子午岭林区林虫区划初探[J].甘肃林业科技,1997,(3):56-59

参考资料:(原期刊在页脚处作注,此处单独列出,便于参考对照)
①庆阳地区主要林木害虫、病害、天敌昆虫名录.庆阳地区林业局.1982.
②甘肃省林术病虫普查成果汇编(1981-1982)第一、二辑.甘肃省林业局.1982.
③庆阳地区第二次森林病虫鼠普查成果集(1991-1993).庆阳地区森防站.1993.
④甘肃省第二次森林病虫普查成果汇编,甘肃省第二次森林病虫普查名录.甘肃省森林病虫害防治检疫站.1999.
⑤庆阳地区林业处.庆阳农校.庆阳地区果树志.1989.
⑥)庆阳文化局.杏树病虫害及其防治.1999.
⑦)庆阳地区农科所.甘肃省庆阳地区农业昆虫区系调查名录.1981
⑧)庆阳地区农校.庆阳地区经济昆虫名录.1989.

【本文 2005 年 9 月发表在《甘肃林业科技》第 31 卷第 3 期第 20-24 页】

陇东森林害虫防治研究综述

席忠诚[1]，何天龙[1]，李亚绒[2]

(1. 庆阳市林木种苗管理站，甘肃 庆阳 745000；

2. 庆阳市森林病虫检疫防治站，甘肃 庆阳 745000)

摘 要：从种类、区系、生物学特性、生态学和防治技术及对策 4 个方面综述了陇东尤其是庆阳市 1980 年以来森林害虫防治研究取得的主要成果。

关键词：陇东；森林害虫；生物学；生态学；防治技术

中图分类号：TS653.3 文献标识码：A 文章编号：1001－7461(2006) 06－0151－03

A Review on Forest Pest Management in Longdong

XI Zhong-cheng[1]，HE Tian-long[1]，LI Ya-rong[2]

(1. *Forest Seed and Seedling Management Station of Qingyang City，Qingyang，Gansu* 745000，*China*；

2. *Qingyang Station of Forest Pest Control and Quarantine，Qingyang，Gansu* 745000，*China*)

Abstract：The paper presents some main achievements made in the research of preventing the forest pest in Longdong，especially in Qingyang since 1980 from the aspects of insect variety and fauna，bionomics，ecology and control techniques.

Key words：Longdong；forest pest；biology；ecology；control technique

森林昆虫是森林生态系统重要的组成部分。研究森林昆虫的形态特征、分类地位、个体发育特点及其群体消长规律，制定合理的害虫防治策略和益虫利用措施[1]，对于维持生态平衡，实现人与自然以及物种之间的相互和谐具有十分重要的意义。陇东森林害虫防治研究最早始于 20 世纪 70 年代后期，本文通过对该区森林害虫防治的评述，为其今后进一步防治提供参考。

1 种类和区系研究

专项森林昆虫种类研究始于 1980 年，当时开展的第 1 次森林病虫普查，共查出森林害虫昆虫纲常见种 9 目 50 科 209 种，省内新纪录 39 种，蜘蛛纲 1 目 1 科 2 种；天敌昆虫 6 目 20 科 51 种，蜘蛛纲 1 目 1 科 1 种。1991 年第 2 次普查，共查出林木害虫昆虫纲 9 目 58 科 536 种，蛛形纲 1 目 1 科 2 种；天敌昆虫 8 目 20 科 70 种。其中甘肃省内仅在庆阳分布的种类达 70 种，省内新纪录 53 种。较第 1 次普查森林害虫种类增加 288 种，天敌增加 18 种[2]。

1989年，于世明等*对陇东昆虫区系特征研究表明，古北界584种，占33.77%，东洋界110种，占6.35%，广布种（分布两界以上）911种，占52.57%，世界性种类125种，占7.21%，本地特有种3种，占0.01%。1997年席忠诚等研究了子午岭林区1 040种昆虫区系成分，古北界317种，占30.5%，古北一东洋跨界种561种，占53.9%，东洋界70种，占6.7%，广跨种92种，占8.9%。研究表明，庆阳无论是农业还是森林昆虫其区系特征是基本一致的，都以古北界和古北一东洋跨界种为主要成分，占80%以上，东洋界和广跨种不足20%。席忠诚等在区系研究的基础上又从森林植被水平分布的显著性将森林害虫划分为4个大区：梁峁顶部群落区（常见害虫11种）、干旱阳坡群落区（常见森林害虫36种）、较湿润阴坡群落区（常见森林害虫50余种）和沟道群落区（常见森林害虫55种）[3]。

2 生物学特性

2.1 综合性研究

最具代表性的森林昆虫生物学特性综合性研究的是王树楠等编著出版的《甘肃省林木病虫图志》第一集和第二集。书中介绍了该地种类的分类地位、分布、寄主、危害情况、形态特征、生活习性、防治方法等方面内容。其中，第二集编入甘肃省新近发生和经立项研究的林木病虫害及天敌昆虫43种，占总数的39.4%；唯庆阳分布有4种[5]，为泡桐叶甲（Basiprionota bisignata）、枣芽象甲（Scythropus yasuma）、近日污灯蛾（Spilarctia melli）和杨干象（Cryptorrhynchus lapathi）[5]，涉及庆阳市的害虫22种，天敌昆虫1种，占害虫的21.8%。

2.2 杨树害虫研究

俞银大等对甘肃221种杨树害虫及危害普遍的89种（庆阳有分布的75种）害虫分别按分布、寄主及危害、形态特征、生活史及习性、防治方法等进行了系统的介绍，阐述了检疫性害虫的诊断和除害处理方法[6]。包括地下害虫11种，食叶害虫37种，枝干害虫27种。

2.3 经济林害虫研究

吴健君等（1989年）对危害苹果属（Malus）、梨属（Pyrus）、杏属（Armeniaca）、桃属（Amygdalus），核桃属（Juglans）、枣属（Zizyphus）、樱桃属（Cerasus）、桑属（Morus）等经济林木的主要害虫从种类、危害状、生活史、防治方法等方面进行了记述。对分布较广、危害严重的种类介绍较为详细，如梨二叉蚜、桃小食心虫等①。对多数害虫种类以中文名称或俗名甚至有的以大类介绍，在生产上有一定的指导意义。

曹巍（1999年）将65种杏树主要害虫（螨）分为食心虫类（3种）、吸果夜蛾类（9种）、蚧壳虫类（2种）、蟓象类（4种）、蚜虫类（5种）、叶蝉类（7种）等23类，对其中3种以上的大类分别列检索表予以区别，并分别阐述了害虫的形态特征和生活习性②。

3 生态学研究

3.1 黄斑星天牛（Anoplophora nobalas）

研究表明[7]，不同杨树混交林比纯林对黄斑星天牛抗性强，杨树与其他树种的混交林抗虫性存在明显的差异。混交林中,株间混交感虫率<行间混交 <带状混交<块状混交[8]。杨树蛀干害虫的平均虫口密度与有虫株率之间的关系可用指数曲线 y= aebx (b>0)来描述[9]。

3.2 油松种实害虫

对油松(*Pinus tabulaef ormis*)球果生命表的研究结果表明[10],从雌球花开放到球果成熟过程中,导致球果死亡的主要因子是油松球果小卷蛾(*Gravitarmata margarotana*)和松果梢斑螟(*Dioryctria pryeri*)。该类害虫发生在雌球花开放、1a 生球果生长和 2a 生球果迅速膨大的 5、6 月份。每个球果内松果梢斑螟与油松树龄和雄花率呈正相关;在以油松球果小卷蛾占优势的种子园、母树林内防治指标为 0.0797 粒/果卵。油松球果小卷蛾卵在林间属聚集型分布,个体间相互排斥,幼虫在林间树冠的不同层次方位间都属聚集型分布,其聚集型随密度的增加而增加。

3.3 松针小卷蛾(*Epinotia rubiginosana*)

松针小卷蛾的发生与外界环境关系密切。林分组成不同,松针小卷蛾危害程度不同,纯林重于混交林。5a 生以上的幼树均可受害,但以 10～15a 生最重。在其他条件相同的林分中,郁闭度越小,受害越重。山坡部位不同,林木生长状况也不一样,越是靠近上部的林分受害越重。靠近林缘或林中空地的树木受害重于林分内树木。树冠上部的针叶危害程度较大[11]。松针小卷蛾幼虫群体在油松幼林内服从负二项分布。分布的基本成分为个体群,个体间相互吸引。当 $\overline{X}$(50 cm 标准枝上平均虫口数)<3.5 头时,聚集特性主要由环境条件(立地条件和块状纯林)等决定;当 $\overline{X}$≥3.5 时,聚集强度是由于其行为(产卵习性和个体相互吸引)所造成的[12]。

4 防治技术及对策研究

庆阳森林害虫防治技术研究与森林昆虫种类研究几乎同步进行。20 世纪 70 年代后期至 80 年代初期,由于气候和人为因素的影响,致使子午岭林区发生了大面积的杨、柳毒蛾的猖獗危害,为了迅速压低虫口密度,保护天然次生林的安全,当时庆阳采取了飞机喷洒农药连续防治 3 a,取得了预期效果。

80 年代子午岭林区危害人工松林的优势种群是球果害虫和枝梢害虫,90 年代危害油松的优势种群以松针小卷蛾、松大蚜(*Cinara pinitabulaeformis*)、蓝木蠹象(*Pissodes sp.*)、六齿小蠹(*Ips acuminatus*)为主,对落叶松的危害以落叶松球蚜指名亚种(*Adelges laricis laricis*)、落叶松枯叶蛾(*Dendrolimus superans*)、紫蓝曼蝽(*Menida viplacea*)、松果梢斑螟为主[13]。1989 年,华池山庄林场发生了松针小卷蛾,通过几年的研究表明,营造针阔混交林可以阻隔食料带,阻止其蔓延危害;加强抚育管理,增强树势,能提高林分抗虫能力;在幼虫单叶期用 40%氧化乐果、80%敌敌畏乳油、2.5%溴氰菊酯喷雾,幼虫粘叶期用 80%敌敌畏乳油和 50%久效磷乳剂树冠喷雾可以取得理想效果[11]。

1982 年发生黄斑星天牛危害,到 1993 年,危害面积约 5 000 hm²,庆阳各级林业部门组织森防人员研究出了"清除虫害木+熏蒸虫害木+树种更新+虫情监测"、"人工除卵和皮下小幼虫+生物化学防治"、"加强虫情监测+拔点除源+萌芽更新+人工除卵和皮下小幼虫＋选用抗性树种填空补缺"以及"加强检疫＋虫情监测＋栽植抗性强的树种"等 4 种综合防治模式[6,14]，具体防治措施有 7 个。

20 世纪 90 年代在庆阳发生了近日污灯蛾和花布灯蛾（*Camptoloma interiorata*）。近日污灯蛾在正宁县几乎将大叶阔叶树（如泡桐、楸树）的叶片食光，花布灯蛾在庆城县（原庆阳县）也几乎将刺柏新生叶芽吃尽。对这两种灯蛾采取了提倡营造针阔混交林阻隔食物带，人工清除落叶、摘除卵块或网幕[4]，刮除带虫苞的老树皮[15]，成虫发生期利用黑光灯诱杀，利用化学药剂喷施，严格检疫，保护和利用天敌等防治手段。

杏树虫害的防治则按照品种良种化、栽植规格化、管理规范化的要求，对杏园进行科学管理，冬季涂白、清除枯枝落叶、僵杏、铲除杂草，剪除枯枝、病枝、卵块、网幕等；早春结合修剪清园，虫害初发期喷涂化学药剂，虫害出蛰后及时清除卷叶、卷梢和网幕，阻止虫害扩散蔓延；夏季地面施药防治桃小食心虫，树冠喷药防治蚜虫、蟓象、叶蝉、叶螨和卷蛾类害虫，药泥堵洞法防治蛀干害虫。

参 考 文 献

[1] 北京林学院.森林昆虫学[M].北京:中国林业出版社,1980
[2] 脱万生,席忠诚,李亚绒.庆阳森林昆虫种类研究进展[J].甘肃林业科技,2005(3):20—24
[3] 席忠诚,俞银大,李亚绒.子午岭林区林虫区划初探[J].甘肃林业业科技,1997(3):56—59
[4] 王树楠,张咸铭,佘吉河,等.甘肃林木病虫图志(第一集)[M].兰州:甘肃科学技术出版社,1989
[5] 王树楠,刘启雄,李卫芳,等.甘肃林木病虫图志(第二集)[M].陕西杨陵:天则出版社,1995
[6] 俞银大,席忠诚,李亚绒.甘肃杨树病虫害及其防治[M].兰州:甘肃文化出版社,1997
[7] 周嘉熹,杨雪彦,周晓彬,等.混交林对黄斑星天牛抗性的研究[J].西北林学院学报,1992,7(3):44—49
[8] 孙饮航,杨雪彦,周嘉熹.抗杨树蛀干害虫林分的设计雏议[J].西北林学院学报,1992,7(3):56—60
[9] 邵崇斌,周嘉喜,陈辉,等.杨树天牛有虫株率与平均虫口密度关系的研究[J].西北林学院学报,1995,10(2):32—35
[10] 李宽胜.油松种实害虫防治技术研究[M].西安:陕西科学技术出版社,1992
[11] 方应中,席忠诚,俞银大,等.松针小卷蛾生物学特性与防治技术术初探[J].甘肃林业科技,1993,(3):37—40
[12] 席忠诚,李亚绒,俞银大,等.松叶小卷蛾幼虫空间分布型及应用[J].森林病虫通讯,1996(2):46
[13] 席忠诚.子午岭人工松林病虫害发生动态及防治对策[J].甘肃农村科技,1998(6):36—37
[14] 席忠诚.黄斑星天牛识别与防治[J].甘肃农村科技.2000(1—2合刊):72—74
[15] 席忠诚.花布灯蛾生物学特性及综合防治技术[J].甘肃林业科技,1999(2):35—37

参考资料
*于世明,马建仁,王佛生,等.庆阳地区经济昆虫区系调查.庆阳地区农业学校,1989年.
①吴健君.庆阳地区果树志.庆阳地区林业处.1989年.
②曹巍.杏树病虫害及其防治.庆阳:庆阳文化局.1999年.

【本文 2006 年 12 月发表在《西北林学院学报》第 21 卷第 6 期第 151—153 页】

欧美杨 107 号和 108 号引种育苗试验研究

席忠诚，何天龙，乔小花

（庆阳市林木种苗管理站，甘肃 庆阳 745000）

摘　要：在庆阳地区经过 5 年的育苗引种试验，成功实现了欧美杨 107 号和 108 号的跨区域引种，结果表明：欧美杨 107 号、108 号引种扦插当年成苗率达到 96％以上；三年苗高 107 号在 5.37 m 以上、108 号在 5.36 m 以上，成苗率在 95％以上。杨黑斑病和叶锈病发病率只有 2％，表现出很强的适应性。生长期为 163 d，生长高峰期出现在 6、7、8 三个月或 7、8、9 三个月；喷灌加普通漫灌比单纯漫灌苗高和地径生长分别提高了 15.0％和 21.1％；叶面喷 6 000 倍喷施宝液肥苗高和地径分别提高 19.8％和 22.2％；采用高床、地膜覆盖、流水浸泡插穗、加强生长旺盛期叶面喷肥和适时灌溉喷水等作业方式是培育欧美杨优质苗木的必要条件。欧美杨 2 根 1 干平茬苗生长稳定，苗期生长量欧美杨 107＞欧美杨 108＞新疆杨，具有大面积推广的潜力。

关键词：欧美杨 107；欧美杨 108；庆阳；引种育苗

中图分类号：S 722.7 文献标识码：A 文章编号：1003－4315（2008）03－011－05

Introduction and breeding experiment of *Populus*× *euramericana* 'Neva' and *Populus*× *euramericana* 'Guarienta' in Qingyang City，Gansu Province

XI Zhong-cheng，HE Tian-long，QIAO Xiao-hua

（*Forest Seed and Seedling Management Station of Qingyang City，Qingyang，Gansu* 745000，*China*）

Abstract：Through seedling breeding experiment for five years，cross regional introduction of two poplar hybred cultivars，Populus× euramericana 'Neva'（Num. 107）and Populus× euramericana 'Guarienta'（Num. 108）to Qingyang City of Gansu Province was realized. The results showed that the seedling rate of the cuttings of two poplar cultivars in the same year of introduction reached above 96％，the heights of three years old seedlings of both cultivars N. 107 and N. 108 were above 5.37 m and above 5.36 m respeetively，and the survival ratio of seedlings reached above 95％. In addition，the seedlings had a lower disease incidence rates（only 2％）of Marssonina brunnea（Ell. Et EV.）Sacc. and Melampsor larici-populina Kleb.，and exhibited a very strong adaptability . The growth period lasted 163 d ,and the growth peak periods appeared in three months of June , July and August , or July August and September . The growth in both heights and basal diameters of seedlings under combined irrigation of sprinkler with flood increased separately by 15.0% and 21.1% compared to that under pure flood irrigation . The growth in both heights and basal diameters of seedlings sprayed on its leaf surface with the foliar fertilizer Penshibao diluted by 6000 times of water increased separately by 19.8% and 22.2% . Some operation modes were essential conditions for producing the high quality seedlings of Populus×euramericana , such as high bed , plastic film mulching , cutting soaking in the running water , fertilizer spraying on the leaf surface in the vigorous growth period , irrigating or spraying with water at the right moments and so on . The stubble seedlings with two main roots and one stem of two poplar cultivars displayed a certain stable growth state . The growth increment of the cultivar Populus×euramericana 'Neva' (Num. 107) in seedlings period was more than Populus×euramericana 'Guarienta'(Num. 108) , and Populus alba var. pyramidalis was the last . Two introduced cultvars would have the popularization potential in large area .

Key word：*Populus× euramericana 'Neva'* ；*Populus× euramericana 'Guarienta'*；Qingyang ；Introduction and breeding experiment

欧美杨 107（ *Populus× eurameracana'Neva'* ）和 108（ *Populus × eurameracana' Guariento'*）是欧洲黑杨和美洲黑杨的杂交品种,由中国林科院科技人员经过十几年研究培育出的,在耐旱、耐寒、速生以及抗病虫等方面都堪称优良的品系,也是国家 2002 年认定的林木良种(编号为国 R－SC－PE－028－ 2002 和国 R－SC－PE－029－2002)[1]。欧美杨新品种研发成功后,在黄淮以北、辽河以南广泛种植,区域包括山东、安徽、河北、辽宁等省,繁育苗木约 300 万株,定植人工林 330 hm² 以上,无冻害、无病虫害,造林成活率在 90% 以上[2,3]。欧美杨扦插繁育和壮苗技术报道较多[4,5],在河南、内蒙古、陕西、山西等地研究结果表明欧美杨 107,108 号在这些地区同样具有速生、抗性强、生长期长等特点[6-12]。目前有关欧美杨在甘肃引种情况仅见马德辉对欧美杨 107 号引种栽培情况的报道[13]。为了丰富甘肃省,特别是陇东庆阳地区的树种资源,2001 年欧美杨 107 号和 108 号被引入甘肃庆阳。本文通过对欧美杨在庆阳地区生长状况的研究,为该品种在陇东地区推广应用提供依据。

1　材料和方法

1.1　试验材料

欧美杨 107 号和 108 号引自具有独家经营权的北京时空通用生物技术有限公司,插穗每段长 12 cm,蜡封顶并扎成捆,每捆 10 段,专用透气纸箱包装。引进欧美杨 107 插穗 4 万段,欧美杨 108 插穗 2 100 段,参试插穗 600 段。

1.2　育苗试验方法

1.2.1　试验地点选择与设计:庆阳林业可划分为北部丘陵残塬沟壑区、南部高原沟壑区和东部子午岭林区 3 大区。北部区地貌以丘陵和残塬沟壑为主,年均温 7～9℃,年降水量 350～500 mm,无霜期 100～150 d,土壤以黄绵土、黑垆土和砂土为主;南部地貌以塬面为主,年均温 8～9℃,年降水量 500～620 mm,无霜期 160～170 d,土壤以黑垆土和黄绵土为主;东部地貌以子午岭斜梁横贯南北,梁峁高低起伏、沟壑纵横交错,山势平缓,年均温 6.5～8.5 ℃,年均降雨量 590 mm,无霜期 110～150 d,土壤以灰褐土为主。本次试验将圃地选在北部的华池县柔远镇苗圃、南部的西峰区肖金镇市中心苗圃、合水县西华池镇师家庄示范区和子午岭林区刘家店、西坡、大山门、太白、平定川及东华池林场苗圃。市中心苗圃用于试验欧美杨在不同形式苗床、插穗不同处理方式、扦插苗当年和平茬后的生长状况;刘家店、师家庄和柔远苗圃用于测定不同立地条件下欧美杨生长规律;大山门林场苗圃用于比较欧美杨与新疆杨的生长状况;西坡林场苗圃用于测试灌溉和叶面喷肥对欧美杨生长的影响;所有参试苗圃都用于测试欧美杨的适生性。

1.2.2　苗床处理:试验分高床(宽、高各 20 cm),平床和覆膜高床(宽 60 cm、高 20 cm)3 种形式。圃地深翻 25～30cm,施足基肥,每 667 m² 施羊粪 1000 kg[13],整平耙磨好,并撒施 20 kg 硫酸亚铁消毒。清明至谷雨时节扦插。

1.2.3　扦插:扦插密度 4 000～5 000 株/667 m²。扦插前地膜打孔,然后垂直插入,深度与床面平齐。扦插后及时灌足、灌透头水。苗木成活后,加强水肥除草等管理,待苗高 20 cm 左右及时打杈抹芽,去掉主枝以外的分枝。

1.2.4　试验育苗:插条处理、生长状况试验,每种形式随机固定样株 50 棵,测定成活率、生长量和感病情况。灌溉施肥、品种对比、苗龄比较试验,固定样地 3 块,每块测定 50 株。欧美杨两品种比较,以新疆杨为对照,以 2 根 1 杆平茬苗为研究对象。叶面喷肥做 L_9 (3^4)正交试验,以赤霉素、喷施宝和爱多收叶肥的不同浓度和喷施次数测试对苗高和地径的影响。

1.3　数据来源

适时观察欧美杨物候及生长历期;苗木生长过程从 5 月 15 日开始,半月观测记载 1 次,至 10 月底结束[14]。其他试验在欧美杨生长结束时实地观测记载苗高和地径。

1.4　数据处理

试验数据采用 SPSS 13.0 处理[15]。

2　结果与分析

2.1　物候及苗木历期

欧美杨在陇东地区物候表现:107 号和 108 号物候表现及其历期一致,萌动期在 4 月中下旬至 5 月中下旬,展叶期在 5 月初至 6 月底,叶变色期在 9 月下旬至 10 月底,落叶期在 9 月底至 10 月底,封顶期与落叶期基本相同。

苗木生长历期:扦插后 15 d 芽开始膨胀,展叶在 5 月上旬,旺盛生长期在 6、7、8、9

月,叶变色期在 9 月底,落叶盛期在 10 月中下旬,10 月底停止生长,总历期 204 d,生长期为 163 d。

2.2 作床方式

欧美杨在苗圃培育不能超过 3 a. 欧美 107、108 号杨引进当年扦插结果(表 1)表明:高床覆膜生长显著快于平床和高床,覆膜高床欧美杨 107 号平均苗高达到 237.7 cm,平床和高床分别为 197.2 cm 和 176.2 cm,成苗率(成苗株数/扦插株数)均在 96% 以上,较张绮文结果[3] 成苗率高 6% 以上。欧美杨 108 号由于引种插穗比较细弱,致使苗高生长低于 107 号,只达到 162.1 cm,但成苗率也在 96%。以后 2 a 高床和平床高生长量相当,年均增高 217.0 cm 以上,覆膜高床苗高生长量显著高于高床和平床,分别高出 2.4% 和 5.2%、2.8% 和 3.5%,均高于 95%。3 a 108 号和 107 号苗高达 536.10 cm 和537.16 cm 以上。

表 1 不同育苗方式下欧美杨 107、108 平均高生长
Tab. 1 Different breed methods Populus×euramericana 'Neva'Populus×euramericana 'Guarienta'average height growth

项 目	108 高床	高床	平床	高床覆膜	对照
当年苗(cm)	162.10	176.20	197.20	237.70	
成苗率(%)	96	98	97	98	90
第二年平茬苗(cm)	318.50	328.50	319.80	336.30	
成苗率(%)	95	97	96	98	
第三年苗(cm)	536.10	540.88	537.16	556.20	
成苗率(%)	95	97	96	98	

2.3 气候适应性

欧美杨 107 在不同的立地条件下一年生苗木生长差异极其显著,师家庄示范园培育的欧美杨 107 号,无论是苗高还是地径都高于其它 8 处。平均苗高最高值(287.22 cm)是最低值(151.14 cm)的 190.04%;平均地径最大值(2.94cm)是最小值(1.44cm)的 204.2%。这可能与局地小气候有关。同时说明,欧美杨在庆阳不同地区均能正常生长。欧美杨 107、108 号在 9 个试验苗圃杨黑斑病[Marssonina brunnea (Ell. et EV.) Sacc.]和叶锈病[Melampsor laricipopulina Kleb.]感病率(感病株数/试验株数)只有 2%,说明其在庆阳地区适生性较好。

2.4 苗木生长过程

不同地点、不同扦插时间欧美杨苗高(H)和地径(D)生长高峰期也不尽相同(表 3),东部子午岭林区(刘家店)较南部和北部(师家庄和柔远)生长高峰推迟;地径生长较高生长高峰推迟,但从总的趋势看,其高峰期总是出现在 6、7、8 三个月或 7、8、9 三个月,这可能与当地的月均温和降雨量有关。

表2　2003年不同圃地欧美杨107号苗木生长情况

Tab. 2　Different garden in Populus×euramericana 'Neva' of seedling growth situation in 2003 year

序号	地点	土壤	肥力	前茬	作床	覆盖	插前处理	平均苗高 （cm）	平均地径 （cm）
1	刘家店	黄绵土	良好	山杏	带状高床	地膜	流水	174.40	1.44
2	西坡	红壤	中等	麻茬	高床	无	流水	151.14	1.47
3	大山门	黄绵土	良好	刺槐	高床	地膜	流水	209.91	1.83
4	太白	黑垆土	中等	玉米	高床	地膜	流水	170.92	1.40
5	平顶川	农田	较好	侧柏	高床	地膜	流水	209.96	1.75
6	师家庄	黄绵土	良好	农作物	高床	地膜	流水	287.22	2.94
7	东华池	黄绵土	良好	蒿类	高床	双地膜	沙藏	187.39	1.68
8	中心苗圃	黄绵土	中等	烤烟	高床	地膜	池水	237.70	2.30
9	柔远	黄绵土	良好	农作物	平床	地膜	流水	224.00	2.10

表3　2002年欧美杨107苗木生长速率表

Tab. 3　Populus × euramericana 'Neva' seedling growth rate in 2002 year

地点	扦插时间	项目	15/5	30/5	30/6	30/7	30/8	30/9	15/10
			初测值	增长值	增长值	增长值	增长值	增长值	终值
刘家店	25/3	H	14.10	11.48	22.92	62.60	90.02	24.80	226.00
		D	0.20	/	0.10	0.50	0.70	0.30	1.80
师家庄	21/4	H	12.90	8.40	84.10	134.10	36.90	32.70	311.40
		D	0.24	0.12	0.19	0.86	0.62	0.38	2.47
柔远	31/3	H	14.90	14.30	37.16	110.74	42.90	11.60	232.00
		D	0.20	0.20	0.30	1.00	0.50	0.10	2.30

2.5　插条处理比较

育苗前从生长健壮、木质化程度高的一年生苗木上截取长度为12 cm或15 cm（15 cm较12 cm出穗率减少18.2%）并带有3个以上饱满芽的枝段作插穗。试验表明（表4）：位于枝条基部和梢部的插穗成苗率较差，基部大于梢部，中部最好，这与不同部位先成原基的数量有关；插穗蜡封顶成苗率明显高于不封顶的。流水和池水浸泡插穗与ABT生根粉浸泡差异不大，生根粉比流水浸泡高生长高3.2%（生根粉处理苗高229cm），流水比池水浸泡高生长高0.9%（流水处理苗高222cm）；生根粉、流水和池水浸泡地径生长差异不明显；这说明欧美杨在庆阳大面积扦插育苗，仅水浸而无需添加任何激素就可满足扩繁需要。

表 4　不同处理插穗成苗率比较表

Tab. 4　Different treatment seedling rate of cuttings

部位	穗长(cm)	封顶方式	成苗率(%)	排序
梢部	12	蜡封顶	50	4
		不封顶	40	6
	15	蜡封顶	50	4
		不封顶	40	6
中部	12	蜡封顶	98	1
		不封顶	80	2
	15	蜡封顶	98	1
		不封顶	80	2
基部	12	蜡封顶	65	3
		不封顶	45	5
	15	蜡封顶	65	3
		不封顶	45	5

2.6　灌溉和叶面喷肥对苗木生长的影响

灌溉方式不同苗木生长差异明显(表 6),喷灌加普通漫灌比单纯漫灌苗高(H)和地径(D)生长分别提高 15.0%和 21.1%。在 7、8 月份叶面喷 6 000 倍喷施宝液肥可促进苗高(提高 19.8%)和地径(提高 22.2%)快速生长(表 7)。

表 5　不同浸泡方法插穗生长情况

Tab. 5　Seedling growth with different immersion method

育苗地点	浸泡方法	地径(cm)	苗高(cm)	排序	备注
西坡林场	流水浸泡	2.0	220	6	肥力一般
刘家店林场	流水浸泡	2.1	226	3	肥力良好
大山门林场	生根粉浸泡	2.1	228	2	肥力良好
太白林场	流水浸泡	2.0	222	5	肥力一般
东华池林场	生根粉浸泡	2.1	230	1	土壤肥沃
平定川林场	流水浸泡	2.0	220	6	肥力一般
市中心苗圃	池水浸泡	2.0	210	7	肥力较差
柔远苗圃	池水浸泡	2.1	224	4	肥力良好
师家庄苗圃	池水浸泡	2.1	226	3	肥力良好

表 6　灌溉对欧美杨 107 生长的影响

Tab. 6　Irrigation influence growth on Populus×euramericana 'Neva'

日期方式	15/5		15/6		15/7		15/8		15/9		15/10	
	H	D	H	D	H	D	H	D	H	D	H	D
喷灌+漫灌	9.8	0.3	45.3	0.6	113.8	1.2	169.7	1.7	208.6	2.1	235.1	2.3
漫灌	7.8	0.2	37.0	0.4	89.0	0.7	145.0	1.2	188.7	1.7	204.4	1.9

注:2004 年西坡林场苗圃欧美杨 107 一年生苗,土壤肥力较好。

表 7　叶面喷肥 $L_9(3^4)$ 正交试验结果表[16]

Tab. 7　Blade surface spraying fertilizer $L_9(3^4)$ orthogonal test results

处理号	叶肥种类	稀释倍数	喷肥次数	平均苗高（cm）	平均地径（cm）	排序
1	赤霉素	4000	3	201	1.8	6
2	赤霉素	6000	2	216	2.0	3
3	赤霉素	8000	1	194	1.7	8
4	喷施宝	4000	2	209	1.9	4
5	喷施宝	6000	3	230	2.2	1
6	喷施宝	8000	1	205	1.9	5
7	爱多收	4000	2	197	1.8	7
8	爱多收	6000	1	190	1.8	9
9	爱多收	8000	3	218	2.2	2
对照	清水		3	192	1.8	/

注:2004 年西坡林场苗圃欧美杨 107 一年生苗,土壤肥力较好。

2.7　苗木生长比较研究

2.7.1　欧美杨品种及苗龄比较:欧美杨 107 和 108 号引种当年在庆阳市中心苗圃相同培育条件下,其生长差异极显著,欧美杨 107 明显比 108 表现好(表 8),其中平均苗高 107 为 2.39 m,比 108 高 81 cm;地径 107 为 2.30 cm;比 108 粗 0.80 cm,这可能与欧美杨 107、108 引进时种条质量有关。翌年平茬苗生长无多大差异,107 苗高 3.36 m、地径 2.73 cm;108 苗高 3.19 m,地径 2.48 cm。平茬苗和一年生苗生长量差异极显著,其中,107 平茬苗高和地径分别是一年生苗的 140.6% 和 118.7%;108 平茬苗高和地径是一年生的 201.9% 和 165.3%。

2.7.2　欧美杨与新疆杨比较:试验表明欧美杨 107、108 和新疆杨差异极显著,生长量由大到小依次为:欧美杨 107(苗高 3.955 m,地径 3.22 cm)>欧美杨 108(苗高 3.820 m,地径 3.17 cm)>新疆杨(苗高 2.850 m,地径 2.07 cm)。多重比较(表 9)表明:欧美杨 107 与 108 差异不明显,但 2 个品种均与新疆杨差异极显著,即欧美杨优于新疆杨。

表 8　欧美杨一年生和平茬苗方差分析

Tab. 8　Variation analysis of 1-year seedlings and stable seedlings

品系	1a 苗高（m）	2a 苗高（m）	均方比	1a 地径（cm）	2a 地径（cm）	均方比	Fa
107 号	2.39	3.36	50.784*	2.30	2.73	10.606*	$F_{0.01}=7.3$
108 号	1.58	3.19	117.690*	1.50	2.48	42.450*	

3　讨论与结论

(1)试验表明欧美杨 107 和 108 在庆阳地区的跨区域引种获得成功,使其适生范围由华北拓展到西北腹地。引种试验表明,欧美杨 107 和 108 在甘肃庆阳物候历期一致,总历期 204 d,生长期为 163 d。引种扦插,当年欧美杨 107、108 号成苗率在 96%以上,三年生 108 号和 107 号苗高分别达到 536.10 cm 和 537.16 cm,成苗率也在 95%以上。杨黑斑病和叶锈病感病率只有 2%,表现出很强的适应性,生长高峰期出现在 6、7、8 三个月或 7、8、9 三个月,这可能与当地的月均温和降雨量有关。

(2)扦插试验表明,插条中部截取插穗,蜡封插穗顶部,扦插前用水浸泡插穗 24 h,扦插后适时灌溉、追肥可明显促进苗木迅速生长。喷灌加普通漫灌比单纯漫灌苗高和地径生长分别提高 15.0%和 21.1%,叶面喷 6 000 倍喷施宝液肥苗高可提高 19.8%和地径可提高 22.2%。

表 9　欧美杨新疆杨苗木生长 q 法多重比较

Tab. 9　Multiple comparisons q of Europe the United States and Xingjiang poplar seedling growth

品系	苗高(m)	i−3	i−2	D 值	地径(cm)	i−3	i−2	D 值
107 号	3.955	1.105**	0.135	$D_{0.05}=0.192$	3.220	1.150**	0.05	$D_{0.05}=0.156$
108 号	3.820	0.97**		$D_{0.01}=0.242$	3.170	1.10**		$D_{0.01}=0.196$
新疆杨	2.850				2.070			

(3)生长研究表明,要培育优良的欧美杨苗木必须采用高床、地膜覆盖、流水浸泡插穗,加强生长旺盛期的叶面喷肥和适时灌溉喷水等作业方式;苗期生长量欧美杨 107>欧美杨 108>新疆杨;欧美杨 2 根 1 干平茬苗生长稳定,建议在造林时广泛应用。

致谢:西北农林科技大学张文辉教授审阅并修改文稿谨此致谢。

参 考 文 献

[1]　王维正,刘　红.林木良种指南[M].北京:中国林业出版社,2003,88—96

[2]　中国林业科学研究院林业研究所杨树遗传改良组.杨树优良纸浆材和生态防护林新品种欧关杨 107 号[J].林业科技通讯,1999,(4):46

[3]　张绮纹.杨树优良纸浆材和生态防护林新品种欧美杨 107 号[J].林业科学研究,1999,12(3):332

[4]　邢丽霞.欧美杨扦插繁育技术要点[J].绿化与生活,2000,(6):27

[5]　刘士民.欧美杨 107 当年出圃壮苗繁育技术[J].安徽林业,2002,(5):20

[6]　徐保国,郭玉生,石志红,等.欧美杨 107 号引种试验初报[J].河南林业科技,2001,(1):4—6

[7]　韩 杰,季 蒙,高卫华.欧美杨 107 号杨引种及繁育技术研究[J].内蒙古林业科技,2002,(增):35—37

[8]　周永学,樊军锋.欧美杨 107 号引种试验初报[J].河北林果研究,2003,(3):217—220

[9]　蔡 莉,崔素英,方 金,等.欧美杨的引种栽培及推广[J].中国林副特产,2003,(3):44—45

[10]　周永学,樊军锋,高建社.几种杨树无性系扦插苗苗高年生长规律的研究[J].西南林学院学报,2004,24(20):23—26

[11]　周永学,樊军锋,蔺林田,等.杨树杂种无性系苗木生长性状比较研究[J].西北林学院学报,2004,29(4):47—49

[12]　周永学,苏晓华,樊军锋,等.引种欧洲黑杨无性系苗期生长测定与选择[J].西北农林科技大学学

报(自然科学版),2004,32(10):102－106

[13]　马德辉.欧美杨107号引种栽培技术试验初报[J].农业科技与信息,2006,(8):22

[14]　赵天锡,陈章水.中国杨树集约栽培[M].北京:中国科学技术出版社,1994,517－519

[15]　林杰斌,刘明德.Spssll.0与统计模型构建[M].北京:清华大学出版社,2004,218－265

[16]　北京林学院.数理统计[M].北京:中国林业出版社,1980,295－299

【本文 2008 年 6 月发表在《甘肃农业大学学报》第 43 卷第 3 期第 111－116 页】

论文篇

树种培育

常见砧木苗繁育技术要点

席忠诚

(庆阳地区林木种苗管理站,甘肃 西峰 745000)

经济林树种育苗常采用嫁接繁育的方法,其砧木往往由苗木繁育者通过播种裸根苗的方式进行培育。本文就常见砧木苗繁育中的种子处理、播种及嫁接等关键技术环节做一简要介绍,以期为广大苗圃和育苗户提供参考。

一、山荆子、海棠

是苹果优良品种(系)的重要砧木。

1.种子处理:于 12 月中旬至次年 3 月中下旬对种子进行沙藏层积。层积前可先用清水漂去杂质及秕粒,并用 0.5％的高锰酸钾(PP 粉)浸种 2 h,取出后密封 0.5 h 再用清水洗干净;层积时种沙体积比为 1:5,沙的湿度为其饱和含水量的 60％(即手握成团不滴水),温度应在 0℃～5℃且保持相对恒定,种子放入时每隔 1m 左右插一把草便于通气;应严防积水、鼠害和保持相对恒定的温度;层积时间一般需 60～70d,层积开始时间应据种子特性和播种时间而定。

3 月上中旬浸种催芽。在播前 5～7 d 将层积过的种子倒入盛有 45℃左右的温水容器中,搅拌后再浸泡 2～4 h,然后取出晾干混沙,放在 20～25℃的室内或温室,待 60％左右的种子"露白"发芽时即可播种。若层积的种子在播种时已有部分"露白"则不需要催芽。

2.播种:于 3 月中下旬至 4 月上中旬采用塑料温床播种育苗,然后移栽的育苗方法。苗床可在播前 5～7d 喷洒 2％～3％的硫酸亚铁水溶液,每用药液 4～5 kg/m² 进行土壤消毒,床上可加少量土杂质和锯末配制而成(便于移栽),覆土厚度 0.5～1 cm,最上面再撒 2～3 mm 的细沙。用种量大粒种子 1～1.5 kg/667 m²、山荆子 0.5～1 kg/667 m²。

3.嫁接:于 7～9 月采用"T"字形芽接。对芽接未成活而又没有及时补接的可在下年度芽萌动前枝接。

二、杜梨、褐梨

是砀山梨、雪花梨等品种的重要砧木。

1.种子处理:12 月中下旬至翌年 3 月中下旬沙藏层积,温度要求 2℃～5℃并保持恒定,贮藏时间在 50～70 d。提前 1 周取出并用 45℃温水催芽。

2.播种:3 月中下旬至 4 月上旬可采用大田直接与苗床移栽两种播种方式。苗床移栽时应采用薄膜温床育苗,待苗长到 3～4 片真叶时进行移栽,移栽同时将主根适当剪截。播种采用 10～12 cm 的株距,30～40 cm 的行距,播种量一般为 1～1.5 kg/667 m²,覆土厚度 1～2 cm。

3.嫁接:于 7～9 月采用"T"字形芽接、带木质部芽接、劈接等。

三、毛桃、山桃

是优良桃树、李树等的良好砧木。

1.种子处理:为了打破休眠在 1～3 月对种子进行混沙湿藏层积处理。3 月中下旬浸种催芽:一是用冷水浸种催芽,适于进行过层积处理,但在播种时仍未萌动的种子,播前用水浸种 3～5 d,每天换水一次,浸种后每天在向阳处曝晒 2～3 h 之后堆起来,加覆盖物保温保湿反复数次,直至种子萌动即可播种;二是温水浸种,适于未进行层积处理的种子,可在播前 1 个月左右用"两开一凉"的温水浸种,不断搅拌至冷凉,随即用冷水浸种 2～3 d(每天换水一次),再混湿沙进行短期层积处理,播前再在 20 ℃～25 ℃的环境中进行催芽,直至芽萌动前进行播种。

2.播种:3 月下旬至 4 月上中旬采用点播方式,播种深度 3～5 cm,密度为株距 10～15 cm、行距 40～50 cm,播种量 20～40 kg/667 m²。

3.嫁接:6～9 月采用"T"字形芽接、嵌芽接,若芽接未活可在第二年春切接、劈接等。

四、山杏

是各种鲜食杏、仁用杏等品种的优良砧木。

1.种子处理:每年 1 至 3 月采取混沙堆藏或埋藏的方式进行种子贮藏,一般要经历 60～90 d。3 月上中旬催芽:播前 5～10 d 将层积过的种子与沙子分离后,再把种子与湿沙依 1:1 的比例混合堆积在 20℃～25℃环境中,经常翻动,干时洒水,待 70%～80% 的种子裂嘴时,即可播种。

2.播种:3 月中下旬至 4 月上旬多采用开沟点播方式,密度为株距 15 cm,行距为 40 cm 左右,每 667 m² 用种量小粒山杏种子 20～30 kg,大粒需 50～60 kg,开沟深 4～5 cm,覆土 3～4 cm,有条件的可用地膜覆盖。

山杏亦可秋播育苗,在土壤冻结前,种子无需处理直接播到苗床上覆土 10 cm,踏实后浇水。风大的地区上覆草帘子。

3.嫁接:于 6～9 月当苗高达到 60～70 cm,地径在 1 cm 左右时,春季劈接、夏季芽接,以带木质部 30 cm 高位芽接成活率最高。

五、君迁子(软枣)

是甜柿、火晶柿等品种的良好砧木。

1.种子处理:每年 10 月至次年 3 月上旬,混沙干藏或混沙湿堆放室外。次年 3 月上旬催芽,经过沙藏的种子可直接播种,否则在播前将去果肉的种子入 50℃ 的热水中(不超过 60℃)不断搅拌待水冷却后继续浸种 1 昼夜。捞出,再混入湿沙放在温暖的地方,上覆杂草或麻袋,4～5 d 后,当有 1/3 种子裂嘴时即可播种。

2.播种:3 月中旬至 4 月上旬采用大田育苗,可秋播亦可春播。秋播无需催芽,在土壤封冻前浇透水一次。春播可在 3 月下旬至 4 月上旬进行。开沟条播,沟深 3～4 cm,可根据嫁接方式采取不同的行距:若仅育砧木苗,移栽到地里后再嫁接的,可用 20～25 cm 的行距;若直接培育嫁接苗可采用宽窄行,宽行 35 cm,窄行 15 cm。播种量 8～10 kg/667 m²。播前一定要灌足底水,播后覆土 3 cm,用脚踏实。

3.嫁接:于 9 月或次年 4～9 月苗高 80 cm 以上,地径 1 cm 以上时进行枝接或芽接。枝芽接接穗采后按 10～15 cm 长带 1～2 个饱满芽剪断,蘸石蜡保持水分,不蘸石蜡的接穗,嫁接后用湿土培严,确保接口愈合前不干燥。枝接接穗在萌动前采集,放置在冷湿处保存,当砧木苗开始萌动后再行嫁接,嫁接苗萌发后设立支柱,解除绑缚物,除砧萌。

六、酸枣

是晋枣、梨枣等优良枣的良好砧木。

1.种子处理:在 10 月至次年 3 月份,混 3 倍的湿沙层积贮藏,放置在室内阴凉处或室外背阴干燥处的坑内,并经常检查和翻动,保证沙内湿润程度,防过干或过湿。沙藏催芽 4～5 个月后,种子便可萌发。

2.播种:用湿床育苗比常规育苗播种时间可早 1 个月左右,约在 2 月中下旬播种,撒播,播深 1～2 cm,上覆土和沙。直接向苗床上播种的于 3 月下旬开始,条播,行距 30～35 cm,播后覆土 2～3 cm,有条件时最好用草覆盖,保持土壤水分。

3.嫁接:于 3 月中下旬开始对苗木生长到嫁接要求标准时采用劈接、切接和芽接的方法进行。劈接和切接或皮下接以春季树液开始流动到发芽前后的时间内嫁接成活率最高,嵌芽接是在盛花期后的一个月内进行为好。

七、山核桃、核桃

可作为美国黑核桃、薄皮核桃等优良品种的首选砧木。

1.种子处理:当年秋季播种可临时干藏,第二年春播宜混沙埋藏。干藏置于阴凉通风干燥的室内,温度一般不宜超过 10℃;沙藏时将种子和沙以 1∶3 的比例贮藏于 1 m 深的坑中,温度控制在 0℃～5℃。(在 11 月前种子暂不要沙藏,先干藏起来)。注意勤检查内部种子防止发热。

2.播种:秋播种子未做处理时,可用冷水浸种 5～7 d,每天换水一次(或 10% 的石灰水,不换水),然后播种;春播在种子进行层积处理后可直接播种。点播播种时种子缝合线要与地面垂直,种尖朝向同一侧,株距 15～20 cm,播种量 125～160 kg/667 m²。秋播覆土 5～8 cm,春播覆土 3～5 cm。

3.嫁接:在 8～9 月进行芽接或在次年春季萌芽后进行枝接(即从展叶到雄花开放末期进行)。

【本文 2001 年 2 月发表在《甘肃农村科技》第 1 期第 27—28 页】

松柏容器育苗技术

席忠诚

（庆阳地区林木种苗管理站，甘肃 西峰 745000）

随着西部大开发战略的全面实施，以退耕还林（草）、天然林保护及"三北"防护林 4 期建设等生态林业工程的逐步开展，油松、侧柏等针叶树种得到普遍重视，广泛用于工程造林。为了显著提高育苗质量和造林成活率，缩短育苗周期，发挥容器育苗在林业生产中的科技优势，笔者就油松、侧柏容器育苗技术简要介绍如下，供大家参考。

1. 育苗地选择

育苗地选在距造林地近、运输方便，有水源或浇灌条件便于管理的地方。不能在种过番茄、薯类等菜地，以及低洼积水、易被水冲、沙埋的地段和风口处育苗。

2. 营养土配制

营养土可按① 生黄土 50%～70%，森林腐殖质土 30%～50%，外加复合肥 2%，黏性土再加沙 5%～10%；② 圃地土 80%、土杂肥 20%，外加复合肥 2%；两种配方进行配制。配制前各种成分最好进行过筛处理，在基质搅拌时，每立方米可再加硫酸亚铁（3%工业用）25 kg 拌匀，进行营养土消毒。

3. 作床

在平整的圃地上，划分苗床与步道，苗床整成宽 1 m，深 15 cm 的畦，床面整平并镇压踩实，以防灌水塌陷和苗根下扎，上铺 2～3 cm 细沙；床长依地形而定，步道宽 40 cm。

4. 装袋

选用高 12～15 cm，宽 8～10 cm 带孔的塑料容器袋，把已配好的营养土装满。把已装好的营养袋码放在做好的畦内，要求排袋要平，袋间要紧。袋间有空隙时，用沙土填充实，周围用土、石块、砖等固定，以防风干和营养袋倒塌。

5. 灌水

在播种前，营养袋码放后灌水，把营养土浇透，待水沉下后，再填补一些营养土到距袋口 1 cm 处。

6.种子处理和播种

将油松、侧柏种子用凉水浸泡 2～4 h,捞出空粒,留下沉者(好种),倒掉多余凉水进行催芽处理。

(1)油松催芽:

方法一:用 0.5%福尔马林或 0.5%高锰酸钾进行种子消毒,然后用 45～60℃ 温水浸种催芽。

方法二:将消毒种子,在播前一个月混 3 倍湿沙进行层积催芽。

(2)侧柏催芽:

方法一:将好种装人蛇皮袋子,每天用清水淘洗一次,等 50%种子裂嘴后即可播种。

方法二:播前用 45℃温水浸种 1 d,然后放在暖炕上或室外向阳处进行催芽,待种子有 20%以上的萌动裂口时即可播种。营养袋浇水后第 2 d 可把已催好芽的种子下播,每袋放入 2～4 粒,用手将营养土覆上,厚度以盖住种子为宜,不可过厚,以免影响出苗率。

7.抚育管理

为了保温、保墒,可在苗床上搭设塑料弓棚,待 70%～80%的种子发芽出苗后,逐渐撤去弓棚。同时根据土壤湿润程度每 3～5 d 洒水 1 次(严禁大水冲刷漫灌)。等长出 2～3 片真叶后每 10 d 左右结合洒水喷洒硫酸亚铁,注意苗木立枯病,发现病苗立即销毁。喷药后 0.5h 用清水清洗,以免产生药害。苗期要早拔草,务求除早、除了、除尽。

8.定苗

适时间苗,每袋最终留健壮苗 1 株。如有缺苗现象,可于 6 月下旬至 7 月上中旬,逢阴雨连绵天气进行小苗移栽。成活率可达80% 以上。

油松、侧柏容器苗一般可育 25～30 万袋/667 m²,当年高生长可达 10～20 cm。

【本文 2002 年 6 月发表在《甘肃农村科技》第 3 期第 31 页,获省科协组织的第四届甘肃优秀科普作品三等奖】

刺槐育苗技术

席忠诚

（庆阳市林木种苗管理站，甘肃 庆阳 745000）

刺槐因其对土壤适应性强，耐干瘠及轻度盐碱，是保持水土、四旁绿化、改良土壤的好树种，常被选为退耕还林的"先锋"和主栽树种，每年用量达几千万株。现就刺槐育苗技术简要作一介绍。

1.种子准备

时间从先一年的 10 月至翌年播种前，选购或自己采集健康饱满种子放在干燥通风处。

2.整地

选择排水良好的地块，秋冬季深耕并施足农家肥，同时施硫酸亚铁 15 kg/亩，但不需要做床。

3.种子处理

播前一周把种子放在水缸或瓦缸内，用 80℃ 的水倒入其中，边倒边搅直到不烫手为止。浸泡一昼夜，用筛子捞出已膨胀的种子，余下的未膨胀种子再用 80℃ 的水浸种。将膨胀的种子与 2～3 倍湿沙混拌均匀放在温暖处，过 4～5 d 后，当有 1/3 的种子咧嘴时便可取出播种。

4.播种

时间以 3 月下旬至 4 月上旬为宜。采用条播育苗的方式，条幅 5 cm、行距 25 cm，每米播种沟播种 100 粒左右，覆土 1 cm。播种量以 10～15 kg 为好。

5.浇水

有条件的地块在幼苗出齐后每隔半月浇水一次，汛期停止。

6.病虫害防治

常见病有立枯病，害虫有象鼻虫、金龟子、芫菁、蚜虫等。立枯病防治是在幼苗出齐后每 15 d 喷洒一次 1%～2% 的硫酸亚铁溶液或 0.5%～1% 等量式波尔多液连续 2～3 次，每次 7～8 kg/亩。象鼻虫、金龟子等用 200 倍辛硫磷或 800 倍敌百虫或 300 倍甲基异硫磷灌根防治。芫菁、蚜虫等虫害喷 40% 乐果 2 000 倍液或喷 1 000 倍久效磷，于发生初期控制。

7. 松土锄草及追肥

幼苗出齐后每半月松土锄草一次,7 月中旬逐渐减少,8 月中旬以后停止。一般 5 月下旬至 7 月上旬追肥两次,每次每亩 5 kg 尿素或硫酸铵 7.5 kg 或碳酸铵 10～15 kg;追肥后灌水或降雨后及时追肥。

8. 起苗

截干栽植的苗木出圃前在距地面 18～20 cm 处割秆。起苗时注意不要伤根,起苗后,将超过 20cm 的主侧根剪掉。出圃时间在 10 月下旬落叶后或翌年 3 月发芽前。

【本文 2003 年 3 月 24 日发表在《陇东报》第二版致富桥栏目】

速生杨扦插育苗技术

席忠诚，彭小琴

（庆阳市林木种苗管理站，甘肃 庆阳 745000）

杨树是重要的树种资源,曾在林业建设上发挥过巨大作用,后来由于以黄斑星天牛为主的杨树蛀干害虫的一度猖獗,致使杨树的栽植基本处于停滞状态。随着先进科技在林业新品种培育上的广泛应用,以欧美杨 107 号、108 号 、109 号、110 号、天演杨、中林2001、2025、廊坊杨等为代表的系列速生杨树新品种,克服了抗病虫能力差、生长缓慢等弱点,在全国杨树适生地推广面积出现迅猛增长的态势。为了更快更好地繁育速生杨树新品种,现将其扦插育苗技术介绍如下:

一、圃地选择

育苗应选择在交通方便、地势开阔平坦、背风向阳、地下水位低、排水良好,土壤质地疏松、肥沃、保水保肥,pH 值在 7～8.5 之间,有灌溉条件的地方。

二、整地作床

前茬作物一般没有特殊要求(除刺槐、烤烟外)。选好的圃地应于冬初施足基肥(约4 000－5 000 kg/667 m²)全面翻耕,深度 20～25 cm。亦春土壤解冻后苗木扦插前作床,苗床宽 70～80 cm,两床间距 20 cm 左右,床高 20～25 cm,走向南北。为了增温保水床面应覆薄地膜一层。

三、插穗准备

1.采条:可在秋季苗木落叶后将 1 年生苗平茬做种条,但必须每 50 根条一捆,整条贮藏;亦可采用春季随采随插的方法,这样既减少了冬季贮藏环节,又降低了苗木培育成本。

2.截条:用锋利的枝剪或者切刀将种条截成具有三个芽(要求发育正常、芽体饱满)、长度 12～15 cm 的插穗,上下切口均需平截。在种条充足的情况下,只需截取苗干中、下部做插穗;在种条缺乏的条件下,也可使用基部、下部,甚至梢部截条育苗。但应严格分选、分别扦插,确保苗木数量和质量。

3.封腊:将截好的插穗 10 个一捆,顶端(即芽尖一端)蘸熔化的石蜡封住截面约 1～1.5 cm 高,严禁两头都封蜡。

四、实施扦插

速生杨扦插时间在陇东应于每年清明节前后,林区可适当推迟 7～10 d,但必须在叶芽萌动前插入。实施扦插前要将蜡封的插穗在活水中浸泡 12～24 h,使插穗吸足水分确保成活。扦插株距 25 cm、行距 60 cm,667 m^2 可扦插 4 000 株以上。在覆膜的苗床上扦插时,应先将地膜用器械戳一个与插穗粗细相当的孔,然后再从孔中垂直插入插穗(注意插穗极向,要求芽尖向上)。可避免因直接插入时,地膜封住插穗底端而不能生根的现象出现。

插完后在其上端覆土 1 cm 左右,以保持水分。对取自于基部和梢部的插穗在扦插时可蘸取少量 ABT 生根粉,能显著提高出苗率和苗木质量。

五、适时浇灌

扦插完成后,对所有扦插地段浇透水一次。此后至新梢长出时,为了保持土壤湿度促进插穗快速发根,若土壤不缺水可以不浇水,新梢长出后可根据土壤墒情适时浇灌。

六、加强管理

当新梢长到 50～80 cm 时可以追肥一次,其后在苗木速生期,根据土壤肥力状况再追肥 2～3 次。

由于多芽插穗能生长多个新梢,应在苗高 30～50 cm 时抹去细弱的新梢,最后只留一个较壮实的新梢。在后期生长过程中对长出的侧芽也应随时抹去,确保苗木的正常生长。

苗木生长过程中没有覆膜的空地常有杂草滋生,应及时中耕除草,促进苗木生长,提高苗木质量。

苗期常有白杨叶甲、白杨透翅蛾、青杨天牛、大青叶蝉等害虫危害,应酌情及时予以除治。

速生杨多用 2 年根 1 年干苗木造林,因此要培育这样的苗木,就要在冬春平茬后用土覆盖好茬口;在春季苗木萌动期浇灌一次透水,其后的管理如前述即可。

【本文 2004 年 2 月发表在《庆阳科技》第 1 期第 22—23 页】

适宜庆阳栽植的林木良种栽培技术要点

彭小琴，席忠诚

（庆阳市林木种苗管理站，甘肃 庆阳 745000）

林木良种是生态林业建设全面提速发展重要的物质基础,而林木良种的引进和推广则是提高造林成活率,实现用材林材积迅速增长、经济林效益显著提高的重要环节。因此,把国家林业局自 2002 年以来审定的适宜庆阳栽植的 18 种林木良种的特性和栽培技术做简要介绍,以期为我市林木良种引进和推广提供重要依据。

1. 毛白杨 CFG37

树种:毛白杨　学名:*populus tomentosa*

品种特性:全优型毛白杨新品种,绿化树形态指数提高 15.1%。13 年生,单株材积 0.536 m³,木材平均密度 0.5038 g/cm³,纤维平均长 1 058 μm。抗病虫指数提高 8.2%。适宜用于工业用材林和城乡园林绿化林。但初期生长不突出。

栽培技术要点:多采用 25×30 cm 的株行距扦插育苗,培育大径材造林密度以 6×6m 为宜,可和多种乔木带状混交。

2. 白杨 CFG1012

树种:毛白杨 学名:*populus tomentosa*

品种特性:绿化树形态指数提高 12.8%。13 年生,单株材积 0.468 m³,木材平均密度 0.4953 g/cm³,纤维平均长 1 017 μm。抗病虫指数提高 8.4%。适宜用工业用材林和城乡园林绿化林。速生材质好。

栽培技术要点:同毛白杨 CFG37 栽培技术。

3. 昭林 6 号杨

树种:杨树(赤峰杨×欧美杨×钻天杨+青杨)学名:P. × *xiaozhuanica* W. Y. HsuetLiang

品种特性:速生,单株材积生长比北京杨、少先队杨、小黑杨等都快,平均材积是小黑杨的 180%。抗寒(抗−31℃低温),大树和幼苗无冻害,抗旱,抗病虫,材质优良。

栽培技术要点:培育中径材,密度 4×4～5 m 为宜。培育大径材,密度 5～6×5～6 m 为宜。

4. 世纪杨(抗虫杨 12 号)

树种:欧洲黑杨 学名:*Populus nigra*

品种特性:速生,年均胸径生长量在 3～4 cm。抗虫,试验害虫对世纪杨的林分危害低于 50%,使林分达到有虫无害。可与其他品种混交,具有降低虫害的作用,可做杀虫剂使用。

栽培技术要点:壮苗适当深栽,栽后及时灌水、封土,春季施肥一次。

5.惠民蜜桃

树种:桃 学名:*Prunus persica*

品种特性:早果,丰产,果实大,含糖量高,汁多味浓,着色鲜艳,较耐贮运,优良的中早熟品种。果实平均重 257g,可溶性固形物 11～14%,果实生育期 115～135 d。当年定植或高接,第二年结果,第三年盛果。抗旱,抗寒性强,但不耐涝,对细菌性穿孔病抗性较差。

栽培技术要点:起垄栽培,垄宽 1～1.2 m,高 20～25 cm,防涝。采用纺锤形或延迟开心形整形修剪。配好授粉树采用人工授粉,水肥管理同常规桃树管理。主要防治蚜虫、潜叶蛾、桃小食心虫及疮咖病等。

6.天汪一号苹果

树种:苹果 学名:*Malus pumila*

品种特性:树体矮小,生长健壮,早果丰产,三年生开花株率 54%～83%,四年生为 100%,亩产 622 kg,6～8 年生亩产 2 000 kg 以上,果实五棱突起,着色早,平均单果重 210 g,肉细多汁,质地致密,可溶性固形物含量 11.9～14.1%。品质优良,抗病。

栽培技术要点:采用 0.8～1.0 m³ 大坑定植,以 2～2.5×4 m 株行距亩栽 66～83 株,细长纺锤形或自由纺锤形整形。幼树宜轻剪、接枝、开角、缓势促花。盛果期在加强肥水及病虫综合防治的基础上,细致修剪,更新复壮结果基枝,疏花疏果,亩留果 1.0～1.3 万个,防止大小年。

7.四倍体刺槐 K4

树种:刺槐 学名:*Robinia pseudoacacia*

品种特性:抗旱及抗寒能力强,无刺或少刺,生物量大,叶片及嫩枝条中营养成分含量高,是优质的木本饲料。

栽培技术要点:以根插繁殖;栽种前截干,在浇水困难的地区,采用沾泥浆法。

8.大孤家日本落叶松种子园种子

树种:日本落叶松 学名:*Larix Kaempferi*

品种特性:速生,丰产,耐寒,抗病;材积生长量提高 105%～204%,综合抗逆性提高 46%～105%,遗传增益 13%～59%;材质优良,干形好,可作为民用、工业建筑用材的优良栽培品种。

栽培技术要点:秋季或春季进行造林,栽后及时浇水,除草,进行抚育管理。

9. 金富

树种:苹果 学名:*Malus pumila* Mill

品种特性:果大,外观美,肉质致密硬脆,风味甘甜浓香,汁多,品质上等;极耐贮藏;抗寒、抗旱、抗早期落叶病和腐烂病。

栽培技术要点:株行距 3.5 m×4.5 m,3 m×4 m 或 4 m×5 m,树形为疏散分层形和自由纺锤形;修剪时注意开张角度,幼树以缓放为主,促其形成短枝,切忌连年重剪;配合夏季修剪,促进早开花,早结果。结果枝组应及时更新。该品种座果率极高,要严格疏花疏果、控制座果量,提高质量。

10. 晋龙一号

树种:核桃 学名:*Juglans regia*

品种特性:果个大,色浅、味香,质优良;树体抗寒、耐旱、抗病性强;晚实,平均单果重 14.85 g,平均单仁重 9.1 g,出仁率 61.34%;嫁接苗 2～3 年挂果,8 年生树单株产 5.2 kg,13 年生树单株产 10 kg 以上。

栽培技术要点:嫁接繁殖。大坑定植,施足底肥,严格幼期综合管理,越冬埋土防寒保护;栽植密度 6～8 m×8～10 m。

11. 晋龙二号

树种:核桃 学名:*Juglans regia*

品种特性:果个大,色浅、味香,品质优良;树体抗寒、耐旱、抗病性和抗晚霜能力强,晚实,平均单果重 15.92 g,平均单仁重 9.02 g,出仁率 56.7%;嫁接苗 3 年挂果,8 年生树单株产 8～10 kg,13 年生树单株产 15 kg 以上。

栽培技术要点:嫁接繁殖。大坑定植,施足底肥,严格幼期综合管理,越冬埋土防寒保护;栽植密度 6～8 m×8～10 m。

12. 孟滦华北落叶松种子园种子

树种:华北落叶松 学名:*Larix principis－rupprechtii*

品种特性:遗传性状稳定,树干通直,材积遗传增益为 19.36%～23%;种子千粒重 5.8 g。

栽培技术要点:不窝根,挤紧苗,深浅适宜,不露红皮,初植密度每亩 330 株为宜。

13. 廊坊杨 1 号

树种:美洲黑杨×[美洲黑杨＋钻天杨] 学名:*Populus deltoides*×[*P. deltoides*[*P. nigravar. intalica*]CV. *langfang*1]

品种特性:有水肥条件的沙壤土生长,株行距 4 m×4 m,6 年生林木年均胸径生长量为 4.4 cm,年均高生长量 3.0 m,年均材积生长量 0.0565 m³;木材基本密度 0.379 g/cm³,纤维长度 1.0638 mm;胶合强度为 83%,含水率 6%。

栽培技术要点:造林前苗木根系要保湿,根部浸泡(根基以上 20～30 cm)48～72 h。栽植时间 3 月下旬至 4 月上旬,栽植时苗木放正,根系舒展,不窝根,成活前保证水分供应。

14.廊坊杨 2 号

树种:美洲黑杨 学名:*Populas deltoides CV. langfang2*

品种特性:无严重病虫害,抗光肩星天牛危害。有水肥条件的沙壤土,株行距 4×4 m,6 年生林木年均胸径生长量为 4.5 cm,年均高生长量 3.0 m,年均材积生长量 0.0585 m^3;木材基本密度 0.410g/cm^3,纤维长度 1.0875 mm;胶合板测试,胶合强度为 83%,含水率 6%,达到 GB9846－88 的标准要求。

栽培技术要点:造林前苗木根系要保湿,根部浸泡(根基以上 20～30 cm)48～72 h。栽植时间 3 月下旬至 4 月上旬,栽植时苗木放正,根系舒展,不窝根,成活前保证水分供应。

15.廊坊杨 3 号

树种:美洲黑杨×[小叶杨×钻天杨＋白榆] 学名:*Populus deltoides*×[*P. simoni*]× *P. nigravar. intalica*＋*Ulmus. pumila*]*CV. langfang3*

品种特性:无严重病虫害,抗光肩星天牛危害。有水肥条件的沙壤土,株行距 4m×4m,6 年生林木年均胸径生长量为 4.3 cm,年均高生长量 3.0 m,年均材积生长量 0.0544 m^3;木材基本密度 0.344 g/cm^3,纤维长度 1.2292 mm,在三个品系中为最长,纤维长度变幅 1.0628～1.3956 mm;一年生苗木纤维长度:皮 1.57 mm,干 0.88 mm,长宽比 62.85。是优质的造纸原料。幼龄廊坊杨 3 号不经剥皮全干(KP＋AQ 法)制浆,浆的白度和强度都达到行业标准(QB/T1678－93)By－A 级。

栽培技术要点:造林前苗木根系要保湿,根部浸泡(根基以上 20～30 cm)48～72 h。栽植时间 3 月下旬至 4 月上旬,栽植时苗木放正,根系舒展,不窝根,成活前保证水分供应。

16.红脉扶芳藤

树种:扶芳滕 学名:*Euonvmas fortunei CV. Hongmai*

品种特性:匍匐生长,叶椭圆形,夏季叶色为深绿色,嫩枝及新叶在秋季为淡黄色,10 月中下旬开始变红,随温度的降低,颜色逐渐加深,冬季叶脉鲜红色,明显清晰。次年 3 月初开始萌芽,老叶于 2 月开始返青,持续到 5 月上旬,叶片最长保留时间可达 3 年。

栽培技术要点:土壤化冻后至土壤封冻前均可栽植;在水土流失严重的地段或斜坡面栽植密度以株行距 50×50 cm 为宜,其他情况可适当调整;裸根栽植后应适当浇水;主要害虫为蚜虫。

17.宽瓣扶芳藤

树种:扶芳滕 学名:*Euonvmas fotunei CV. kuanban*

品种特性:直立攀援生长,叶椭圆形,夏季叶色为深绿色,10月下旬叶片逐渐变灰绿,随温度的降低,颜色逐渐加深,全冬季为灰绿色。次年2月下旬开始萌芽,老叶开始返青,到3月上旬,老叶片恢复绿色;有些叶片最长保留时间可达3年。

栽培技术要点:土壤化冻后至土壤封冻前均可栽植;在水土流失严重的地段或斜坡面栽植密度以株行距50×50 cm为宜,其他情况可适当调整;裸根栽植后应适当浇水;主要害虫为蚜虫。

18. 七月酥

树种:梨 学名:*P. pyrifolia nakai CV. Qiyuesu*

品种特性:树势强健,幼树生长旺盛,直立性强,分枝少,成枝力较弱为1.35,萌芽率高达73.0%;2~3年始果,盛果树势渐缓,大量形成中短枝,以短枝结果为主;花量大,坐果率高,较丰产稳产,没有大小年结果现象;果实黄绿色,卵圆形,大小整齐,商品性好,室温下可储放10~15 d。果实七月初成熟,单果重220 g,可溶性固形物含最12.5%,总含糖量9.08%,总酸0.10%,Vc含量5.22mg/100 g。品质极上。2年始果,3年见产,6年生树产量达2 100 kg/667 m²,累计产量为3 400 kg/667 m²。分别为对照早酥、幸水和新世纪产量的97.1%、130.3%和149.8%。

栽培技术要点:栽植密度为55~111株/667 m²,株行距2~3m×3~4m;幼树期拉枝、短截和刻芽,必要时环割,增加分枝,缓和生长势,促进早结果;盛果期要加施磷、钾肥和喷肥,还要疏花疏果,每花序留1~2个果。注意适时采收,防治鸟害。授粉品种有早酥、新世纪、早美酥和绿宝石等。

【本文2005年8月发表在《庆阳科技》第3期第20-22页】

庆阳市主要优良乡土树种

席忠诚

（庆阳市林木种苗管理站，甘肃 庆阳 745000）

优良乡土树种具有生长快、抗干旱、耐瘠薄、易成活、生物学特性稳定、经济价值高等特点，是造林绿化的首选树种。为努力实现我市天然林保护、退耕还林、三北四期等工程和绿色生态和谐家园建设种苗供需的总量平衡以及树种、品种的结构平衡，给造林育苗提供更多的树种选择机会，现将我市主要优良乡土树种作简要介绍，以便在生产中参考应用。

1. 刺槐

又名洋槐，落叶乔木，是豆科刺槐属的一种植物。耐寒抗旱喜温暖，不耐积水，对土壤要求不严，适应性强，在庆阳普遍生长良好。是重要的荒山造林树种，亦可作为行道树和观赏树，还是优良的蜜源植物。刺槐萌芽力和根蘖性很强，砍伐后可萌蘖更新；侧根分布广而浅，呈网络状分布，具有强大的保水力。

2. 山杏

又名野杏，落叶乔木，是蔷薇科杏属的一种植物。喜光、抗旱、耐寒、耐瘠薄，具有很强的适应性，在庆阳普遍生长良好。是干旱荒山造林的先锋树种，并能耐烟尘毒气，亦可作为工矿区的绿化树种。山杏根系发达，根株萌芽力强，砍伐或受伤后隐芽萌发，形成新株。山杏还是优良鲜食杏的重要砧木。

3. 国槐

又名家槐、老槐树、白槐等，落叶乔木，是豆科槐属的一种植物。喜光、稍耐荫、较抗旱耐寒。在深厚、湿润、肥沃的沙质土上生长良好。国槐萌芽力强，寿命长，抗大气污染能力强，是重要的城乡环境绿化树种及优良行道树，也是很好的蜜源植物。

4. 稍白杨

又名串根杨、河北杨，落叶乔木，是杨柳科杨属的一种植物。喜光、不耐阴、耐干旱瘠薄，是杨树中最耐干旱的树种，对土壤要求不严，喜湿润土壤，不耐水涝。稍白杨侧根发达，沿地表水平方向延伸，在根系受伤或砍伐后，能自繁成片。稍白杨是干旱地区重要的造林树种。

5. 楸树

又名灰楸,落叶乔木,是紫葳科梓树属的一种植物,喜光,幼苗稍耐庇荫,不耐干旱和水湿,在深厚肥沃、疏松的中性土、微酸性土和钙质土上生长迅速。楸树对毒气二氧化硫、氯气等有较强的抗性。楸树是优良用材和"四旁"绿化树种。

6. 臭椿

又名椿树、白椿、樗树,落叶乔木,是苦木科臭椿属的一种植物。最喜光照,不耐庇荫,很耐干旱瘠薄,但不耐水湿,能耐一定低温,对土壤要求不严,微酸性、中性和石灰性土壤都能适应,在瘠薄山地或沙滩亦能生长。臭椿对烟尘和二氧化硫抗性强。臭椿是干旱地区和城市矿区重要的造林绿化树种。

7. 文冠果

又名文官树、崖木瓜,落叶乔木,是无患子科文冠果属的一种植物。为强阳性树种,不耐庇荫,抗寒性强,耐干旱瘠薄,不耐水湿,对土壤的适应性大,中性、微酸性或微碱性土壤上均能生长。文冠果萌蘖力很强,是深根性树种,根系发达,但根遇损伤后极易造成烂根。文冠果是很有发展前途的木本油料和水土保持树种,亦是良好的观赏树种。

8. 沙棘

又名酸刺、醋柳、黑刺、黑酸刺,落叶灌木,是胡颓子科沙棘属的一种植物。喜光,也耐庇荫,耐水湿、盐碱和干旱瘠薄,对土壤要求不严,对降雨量有一定要求,在年降雨量在400 mm 以上地区生长正常。沙棘根株萌生能力很强,又易于根蘖;根上有根瘤菌,能固氮、肥田,改良土壤,促进生长。沙棘是干旱地区主要造林树种,也是优良的薪炭林和水土保持林树种。

9. 油松

又名短叶松、松树,常绿乔木,是松科松属的一种植物。喜光,幼年耐庇荫,抗寒力强,适于冷气候,耐干旱瘠薄,但不耐盐碱,在深厚肥沃的中性至微酸性土壤中生长良好。油松主根明显,侧根发达,是深根性树种。油松是降雨量 400 mm 以上地区的造林先锋树种,是重要的用材林、薪炭林和风景树种。

10. 侧柏

又名扁柏、香柏、黄柏、扁桧,常绿乔木,是柏科侧柏属的一种植物。喜光,干冷及暖湿气候均能适应,不耐水涝,但耐轻度盐碱和干旱瘠薄,对土壤要求不严,酸性土、中性土、钙质土上均能生长,但喜深厚、肥沃、排水性好的土壤。侧柏是浅根性树种,主根不显,侧根发达;萌芽能力强,耐修剪。侧柏是干旱荒山阳坡主要的造林树种,也是庭院绿化美化树种,因其较抗大气污染,故可作为工业区的绿化树种。

11.小叶杨

又名白达木、水桐、山白杨、柴白杨,落叶乔木,是杨柳科杨属的一种植物。喜光,不耐庇荫,对气候适应性强,耐旱、耐寒,对土壤要求不严,沙壤土、黄土、冲击土、灰钙土上均能生长。小叶杨根系发达,主侧根均明显,须根密集。小叶杨是保持水土、防风固沙、"四旁"绿化的主要树种。

12.华北落叶松

又名落叶松、红杉,落叶乔木,是松科落叶松属的一种植物。喜光,为强阳性树种,不耐阴,耐寒性强,喜湿怕涝。在土壤肥沃湿润、排水良好的地方生长特别旺盛。落叶松是甘肃主要的速生用材林和绿化树种。

【本文 2006 年 8 月 17 日发表在《陇东报》第三版致富桥栏目】

文冠果栽培技术

席忠诚

（庆阳市林木种苗管理站，甘肃 庆阳 745000）

文冠果（*Xanthoceras sorbifolia* Bunge）又名文官果、木瓜、崖木瓜、文光果、僧灯道木等，属无患子科文冠果属的一种植物。文冠果是原产我国的传统树种，自然分布于陕西、山西、河北、内蒙古、吉林、宁夏、甘肃、河南等地，其中以陕西、山西、河北、内蒙古比较集中。甘肃的庆阳、平凉、天水、临夏、定西等地都有分布，尤以子午岭林区为多。文冠果种子含油率高，油质好，可供食用和医药、化工用。结果早，收益期长，材质坚硬。文冠果有"北方油茶"之称，是我国北方地区很有发展前途的木本油料和水土保持树种，亦是良好的园林观赏树种。

一、形态特征

文冠果为落叶灌木或小乔木，在城市园林绿地中培育成乔木状，一般高约 8 m。文冠果树皮灰褐色；一回奇数羽状复叶互生，小叶披针形，缘有锐锯齿；总状花序，花杂性，整齐。一朵花径约 2 cm，花瓣 5，白色，基部有由黄变红之斑晕。蒴果三角状球形，直径大约 3～5 cm。种子近球形，黑色。花期 4～5 月，果熟期 7～8 月。文冠果株形优美，花叶俱佳，其花序大而花朵密，春天白花满树且有光洁秀丽的绿叶相衬，花期可持续 20 d 左右，并有紫红色的品种，具有较高的观赏价值。同时，文冠果的经济价值亦不可低估，其枝、叶、花、果的用途广泛。文冠果的种仁含油 50%～70%，油质好，可供食用和医药、化工用。种子嫩时白色，香甜可食，味如莲子。文冠果的木材坚实致密，褐色，可制作家具等。其花为蜜源，嫩叶可代茶。

二、生物学特性

文冠果根系发达，萌蘖性强，生长较快；喜光，耐半阴，对土壤的适应性极强，在 41℃ 的高温和－37℃ 的低温条件下都能生长；还具有耐干旱、瘠薄、盐碱等特点。文冠果树根系发达，根深皮厚，生命力强，是防风固沙、水土保持的理想树种。文冠果种仁开发潜力很大，文冠果种仁营养成分非常丰富，含人体所需的 19 种氨基酸，含钾、钠、钙、镁、铁、锌等 9 种微量元素和维生素 B1、B2、维生素 C、E、A、胡萝卜素。蛋白质含量高达 23.99%，粗脂肪含量可达 62.14%。树叶、树枝、树干、树根是常用中药材；果皮可提取工业用途广泛的糖醛；种皮可制活性炭。此外，文冠果种仁还可制作工业润滑油。

三、繁育技术

文冠果可用播种、嫁接、插根等方法繁殖，一般用播种育苗。采种应选择树势健旺、丰产性强、种子含油率高的植株作为采种母树。7、8 月间即可采收。采下种子不要曝晒，宜摊放在室内荫干。随采随播时，种子无需处理；如需春播，播前应进行催芽。

催芽方法有两种:

1.混沙埋藏:冬季土壤结冻前,选背风、向阳、排水良好的地方,挖深 0.3～1 m,宽度和长度随种子量而定的平底坑。坑内竖几束草把,以利通气。将种子与 2～3 倍湿沙拌匀,放入坑内。距地面 10～15 cm 时,用沙填满,再培土略高于地面,翌春取出,即可播种。

2.温水浸种:春播前 30～40 d,将种子用始温 45℃左右的温水浸泡 3 d,每天换水一次,捞出放入筐内,上盖湿草帘,放在 20～25℃的温暖室内催芽,每天用清水淋洗、翻动 1～2 次,待种子三分之二裂嘴露白时播种。

育苗应选地势平坦、土壤深厚肥沃、排灌方便的沙壤土育苗。育苗前一年秋将圃地深翻 25 cm,早春浅翻,并碎土、耙平,最好做成高床,然后进行土壤消毒,每 hm² 施农家肥料 32 500～45 000 kg。春播在 3 月下旬至 4 月中旬。播前应灌足底水,开深 3～5 cm 的沟,沟距 20～30 cm,将种子均匀撒入沟内,覆土厚 3～4 cm。播种量 225～300 kg/hm²。播后床面覆草,待苗出齐后揭去覆草。苗木生长期间要及时松土、除草、追肥、灌水、间苗、定苗,并进行病虫害防治。定苗后保持苗距 9～12 cm,1 a 生苗高可达 40～60 cm,产苗达 22.5～30 万株/hm²。1～2 a 生苗均可出圃造林。

四、栽培技术

园地应选择土壤深厚,湿润肥沃,通气性好,无积水,排水灌溉条件良好,pH 值 7.5～8.0 的微碱性土壤,按经济林标准,进行集约经营管理。栽植时株行距为 2 m×3 m,深挖 60～80 cm 见方的穴,同时每穴施入土杂肥 70 kg 左右,碳铵、过磷酸钙 0.5～1.0 kg。栽植分春栽和秋栽,春栽在土壤解冻后萌芽前,秋栽在苗木落叶后上冻前。栽植深度适当浅栽 1～2 cm,可减少根茎腐烂,提高成活率和新梢生长量。萌芽前及时定干,定干高度 80 cm 左右,选留顶部生长健壮、分布均匀的 3～4 个主枝,其余摘心或剪除。夏季修剪主要包括抹芽、除萌、摘心、剪枝、扭枝。冬季修剪主要是修剪骨干枝和各类结果枝,疏去过密枝、重叠枝、交叉枝、纤弱枝和病虫枝等,促使林木早结果,丰产稳产。追肥一般为 1 a 进行 3～4 次,时间分别为萌芽前、花后和果实膨大期。每年秋季结合深翻改土施基肥,一般在 10 月中上旬进行,667 m² 施土杂肥 2 000～3 000 kg,配合施入复合肥和微量元素肥料,复合肥视树龄每株 0.5～1.5 kg。结合施肥灌水,并注意防涝、排涝。对有培养前途的野生资源,进行去杂和垦复,采用平茬、重截和高接换种等途径进行改造,并逐步引进和补植良种苗木,提高文冠果林的产量和质量。

五、有害生物防治

黄化病是由线虫寄生根部引起的,应加强苗期管理,及时进行中耕松土;铲除病株;实行换茬轮作;林地实行翻耕凉土,以减轻危害。木虱危害常引起煤污病,防治多采用早春喷洒 50%乐果乳油 2 000 倍液毒杀越冬木虱,以后每隔 7 d 喷洒一次,连续喷洒三次就可控制木虱发生。对于黑绒金龟子可用 50%敌敌畏乳剂 800～1 000 倍液喷杀成虫。

【本文 2006 年 10 月首次以《文冠果》发表在《庆阳科技》第 4 期第 4－5 页;2009 年 11 月 16 日又以《文冠果繁育栽培技术简介》在《中国庆阳综合门户网站》服务三农之科技知识栏目中载出】

雪松栽培技术

席忠诚

（庆阳市林木种苗管理站，甘肃 庆阳 745000）

雪松［*Cedrus deodara* (Roxb). G. Don.］又名香柏、喜马拉雅杉、喜玛拉雅雪松，属松科雪松属的一种植物。雪松原产地为阿富汗、巴基斯坦、印度北部以及我国西藏，分布于海拔 1 200～3 000 m 处。我国 1920 年开始从国外引种雪松，首植于南京、上海、青岛、北京等城市，迄今有 80 多年历史，目前几乎全国各地均有栽培。甘肃省栽培以东南部为多。雪松为常绿大乔木，树干通直粗壮，枝叶繁密，层层伸展，构成塔状树冠，木质坚韧细密，是良好的园林绿化观赏树种和用材树种。雪松与金钱松、日本金松、南洋杉、巨杉（世界爷）合称为世界著名五大观赏树种。也是我国城市园林绿化中栽种最多的骨干树种。

一、形态特征

雪松为常绿乔木，树冠圆锥形。寿命较长，原产地可达 600～700 a，树高达 60～80 m，胸径 3～4.5 m。树皮灰褐色，鳞片状裂；大枝不规则轮生，平展；1a 生长枝淡黄褐色，有毛，短枝灰色。叶针状，灰绿色，宽与厚相等，各面有数条气孔线，雌雄异株，少数同株，雄球花椭圆状卵形，长 2～3 cm；雌球花卵圆形，长约 0.8 cm。球果椭圆状卵形，顶端圆钝，成熟时红褐色；种鳞阔扇状倒三角形，背面密被锈色短绒毛；种子三角形，种翅宽大。花期 10～11 月；球果次年 9、10 月成熟。雪松材质优良，纹理致密，少翘裂折裂，有油脂和强烈芳香，耐久性强，抗腐性强，可供建筑、桥梁、铁道枕木和其他家具用良材，油脂可提炼为轻工业原料。

二、生物学特性

雪松为阳性树种，喜阳光充足、湿润凉爽、土层深厚而排水良好的环境，也能在黏重黄土、瘠薄地、多石砾地、岩石裸露地生长。酸性土、微碱性土均能适应。雪松对气候的适应范围较广，从亚热带到寒带南部都能生长，在年降雨量为 500～1 000 mm 的地区，生长较好。雪松耐寒能力较强，在最低温度达－15.9℃，一般不会出现冻害现象，但对湿热气候适应较差，往往生长不良。雪松怕水，在积水洼地或地下水位过高之处生长不良甚至死亡。在幼龄阶段能耐一定的蔽荫，大树则要求较充足的光照。雪松为浅根性树种，气根不发达，抗风能力较弱，易遭风害。雪松抗烟害能力较差，对二氧化硫有害气体比较敏感，可作为大气监测树植。在嫩叶展开期如空气湿度高，嫩叶易受二氧化硫危害，遇害时嫩叶迅速枯萎，甚至全株死亡。

三、繁育技术

繁殖可用种子播种和扦插育苗。雪松扦插育苗，成活率低，现多采用种子播种育苗：圃地要选建在排灌便利、土壤微酸、土层深厚肥沃的沙质土壤地方。圃地在翻耕时应施足基肥，施钙镁磷肥 50 kg/667 m²；土壤消毒时撒施敌克松 1～1.5 kg/667 m² 或硫酸亚铁 10～15 kg/667 m²，高床育苗，床面再铺上一层 3～5 cm 厚的腐殖质土。播前要以冷水浸种 96 h 催芽效果最佳；也可用 45～50℃温水浸种 24 h，浸后用 0.1% 高锰酸钾消毒 30 min，然后用清水冲净晾干播种。播种时间一般在"春分"前进行，宜早不宜迟，以条播为好，行距 10～15 cm，株距 5～5 cm；播种量 7.5～10 kg/667 m²，播后覆土 0.5～1 cm，并要上一层薄的麦草，及时洒水保持床面湿润，当出苗 70% 以上时揭去覆草，在覆草后立即搭设矮层薄膜棚，控制好棚内温度，做好通风透气等管理。待幼苗长出真叶时拆除矮棚，再搭高架荫棚。繁殖苗留床 1～2 a 后可移植。移植多于 2～3 月进行，植株需带土球，并立支竿。初次移植的株行距约为 50 cm，第二次移植的株行距应扩大到 1～2 m。生长期应施 2～3 次追肥。一般不必整形修枝，只需疏除病枯枝和树冠紧密处的阴生弱枝即可。苗期要及时除草，以"除早、除小、除了"为原则；合理施肥，整个幼苗期施肥 2～3 次，以清粪水浇施为好，也可叶面喷施 0.3% 的尿素和磷酸二氢钾。

四、栽植技术

宜孤植于草坪花坛中央，建筑物前、庭园中心、广场中心。丛植草坪边缘，对植于建筑物两侧及园门入口处，列植于干道、通道两侧，株距应在 4 m 以上。雪松大树宜于早春移植，注意带好土坨，保护好中央领导枝。栽后土坨四周土壤应捣实，立支柱，然后浇透水。雪松壮年树生长迅速，质地柔软，常呈弯曲状，易风折，应及时用细竹竿捆缚之。庭园观赏树其下部大枝、小枝都应保留，以保持其优美树形。

五、有害生物防治

幼苗期易受病虫危害，尤以猝倒病和地老虎危害最烈，其它害虫有蛴螬、大袋蛾、松毒蛾、松梢螟、红蜡蚧、白蚁等，要及时防治。根腐病和猝倒病发生时，可用多菌灵、菌核净等喷施。地老虎和其他虫害可用 40% 的氧化乐果 4 000 倍液或 80% 的敌百虫 400 倍液喷杀。

【本文 2006 年 10 月首次以《雪松》发表在《庆阳科技》第 4 期第 17 页，2009 年 10 月 14 日又以《雪松繁育栽培管理技术》在《中国庆阳综合门户网站》服务三农之科技知识栏目中载出】

樟子松栽培技术

席忠诚

（庆阳市林木种苗管理站，甘肃 庆阳 745000）

樟子松（*Pinus syivestnis var. mongolica* Litv.）又名海拉尔松、蒙古赤松、西伯利亚松、黑河赤松，为松科松属植物。樟子松是我国三北地区主要优良造林树种之一。树干通直，生长迅速，适应性强。嗜阳光，喜酸性土壤。大兴安岭林区和呼伦贝尔草原固定沙丘上有樟子松天然林。东北和西北等地区引进栽培的樟子松，长势良好，防风固沙效果明显。此外河北，陕西榆林，内蒙古，新疆等地亦有引种栽培。樟子松材质良好，为山区、半山区，荒山荒地、沙丘、"四旁"绿化重要的造林树种。

一、形态特征

常绿乔木，树高 15～20 m，最高 30 m。最大胸径 1 m 左右。树冠卵形至广卵形，老树皮较厚有纵裂，黑褐色，常鳞片状开裂；树干上部树皮很薄，褐黄色或淡黄色，易脱落。轮枝明显，20 a 生前大枝斜上或平展，1 a 生枝条淡黄色，2～3 a 后变为灰褐色，大枝基部与树干上部的皮色相同。芽圆柱状椭圆形或长圆卵状不等，尖端钝或尖，黄褐色或棕黄色，表面有树脂。叶两针一束，稀有三针，粗硬，稍扁扭曲，长 5～8 cm，树脂道 7～11 条，维管间距较大。冬季叶变为黄绿色，花期 5 月中旬至 6 月中旬，属于风媒花，雌花生于新枝尖端，雄花生于新枝下部。1a 生小球果下垂，绿色，翌年 9、10 月成熟，球果长卵形，黄绿色或灰黄色；第三年春球果开裂，鳞脐小，疣状凸起，有短刺，易脱落，每鳞片上生两枚种子，种翅为种子的 3～5 倍长，种子大小不等，扁卵形，黑褐色，灰黑色，黑色不等，先端尖。

二、生物学特性

樟子松耐寒性强，能忍受－40℃～－50℃低温，旱生，不苛求土壤水分。树冠稀疏，针叶稀少，短小，针叶表皮层角质化，同时在干燥的沙丘上，主根一般深 1～2 m，最深达 4 m以下，侧根多分布到距地表 10～0 cm 沙层内，根系向四周伸展，能充分吸收土壤中的水分。樟子松是阳性树种，幼树在树冠下生长不良。樟子松适应性强。在养分贫瘠的风沙土上及土层很薄的山地石砾土上均能生长良好。过度水湿或积水地方，对其生长不利，喜酸性或微酸性土壤。樟子松抗逆性强。对松针锈病、松梢螟、松干蚧等危害有较强抗性。樟子松寿命长，一般年龄达 150～200 a，有的多达 250 a，幼树生长缓慢，6～7 a 以后即可进入高生长旺盛期。

三、繁育技术

应选 15～20 a 以上天然樟子松林健康植株为母树，春秋两季均可采种，秋季在 9 月中、下旬～11月上、中旬,春季3月上旬～4月中、下旬。种子调制最好采用室内烘干法。育苗地应选土壤疏松、排水良好、地下水位低、土质比较肥沃的沙壤土作圃地。施基肥1～1.5万 kg/667 m²。常用的种子催芽方法有:(1)雪藏:在1～3月间选择背阴处,降雪后把雪收集起来,放在事先准备好的坑中或地面上,厚度30～50 cm,然后将种子用3倍雪拌匀盛入麻袋或木箱等容器中,置于雪上,再用雪将上部及四周盖严。并在雪上覆40～50 cm的杂草。播种前可将种子置于温暖处进行短期催芽,当有50%的种子裂口时,即可播种。(2)沙藏:播种前10～20 d,选择地势高燥,排水良好,背风向阳的地方挖埋藏坑,坑深宽各50 cm,长度依种子数量而定。在坑底铺上席子,然后将消毒的种子混两倍的湿沙放入坑内,夜间盖上草帘,白天将草帘掀起,上下翻动,并适量浇水,经15～20 d大部分种子即裂嘴,就可进行播种。(3)温水浸种:播种前5～7 d,先将种子消毒后,再用40～60℃水浸种一昼夜,捞出后放在室内温暖处,每天用清水淘洗一次,到种子有50%裂口时播种。一般采用高床作业,床高10～15 cm,床面1m,长10m。播期一般在四月中、下旬,播幅宽3～4 cm,行距8～10 cm,播后及时镇压,覆土约0.5 cm。通常播4～5kg/667m²。在苗木生长期表土必须保持湿润(含水率6%左右),浇水宜少量多次,一般在上午10～12h进行。苗木生长旺盛期应及时施肥,数量可根据苗木生长情况酌情而定,到8月中旬停止追肥。培育2a生苗木的方法有:移植、截根留植、留床等方法,以移植苗为最好。冬季覆土防寒确保幼苗安全越冬。埋土时间和方法:在11月中旬左右,土覆于苗床上,厚度15～20 cm,到翌春4月上旬,分2、3次把土撤除,并及时灌水。

四、栽植技术

(1)小坑靠壁(垂直壁)法,小坑垂直之一壁,与挖坑人相对,坑深35～40 cm,坑的上口宽30～35 cm。(2)隙植树法,用植树锹做成深50～60 cm,上口宽10 cm或更宽一些缝隙。(3)明穴栽植法,用锹挖成深35～40 cm,长宽30 cm的方形坑,将苗木扶立于坑中央,覆土踏实。(4)簇植法,是在50×50 cm小块地上,用植树锹呈梅花三角形栽植3～5株苗木,株间距25～30 cm,造林密度为3 300～5 000株/hm²,规格1 m×3 m、1 m×2 m。簇植造林常采用3 m×3 m、4 m×4 m,每簇3株者为3 333株/hm²和1 750株/hm²,5株者相应为5 555株/hm²和3 125株/hm²。

五、有害生物防治

(一)松苗立枯病 用30%苏化911粉,用药量0.75 kg/667 m²作药土,撒在苗床面上防治,或每667 m²用30%苏化911乳油720 mL加水250～500 kg,或新吉尔灭1:5 000倍也行。每次施药10～30 min后,喷清水一次,洗掉叶上药液,免去药害。(二)油松球果螟和松梢螟 幼虫转移危害期间喷40%乐果乳油400倍液,或50%敌百虫乳油100倍液或90%晶体敌百虫300倍液或80%敌敌畏乳油1 500倍液或20%蔬果磷乳油500倍液。也可在成虫产卵期间施放赤眼蜂,放蜂15万头/hm²左右。(三)松纵坑切梢小蠹虫 保持林地卫生和喷洒内吸剂。(四)落叶松毛虫 搞好虫情测报,幼虫食叶期喷松毛虫杆菌,成虫期设黑光灯诱杀。

【本文2006年10月首次以《樟子松》发表在《庆阳科技》第4期第18页,这个题目是作者另加的】

梨树栽培技术

席忠诚

（庆阳市林木种苗管理站，甘肃 庆阳 745000）

梨树(Pyrus Linn.)为蔷薇科梨属植物。梨树栽培历史悠久，分布遍及全国。我国是梨的最大起源中心，至少有 3000 多年的栽培历史。梨树多为果树、野生砧木及城乡"四旁"绿化树种，木材多坚硬、细致，为优质细硬木雕刻材料。由于梨树适应性强，分布广，我国从南到北，从东到西均可栽培。

一、形态特征

梨树通常是一种落叶乔木或灌木，极少数品种为常绿。叶片多呈卵形，大小因品种不同而各异。花为白色，或略带黄色或粉红色，有五瓣。果实形状有圆形的，也有基部较细或尾部较粗的，即俗称的"梨形"；不同品种的果皮颜色大相径庭，有黄色、绿色、黄中带绿、绿中带黄、黄褐色、绿褐色、红褐色、褐色，个别品种亦有紫红色；野生梨的果径较小，在 1～4 cm 之间，而人工培植的品种果径可达 8 cm，长度可达 18 cm。梨的果实通常用来食用，不仅味美汁多，甜中带酸，而且营养丰富，含有多种维生素和纤维素，在古代有"百果之宗"的美誉。梨既可生食，也可蒸煮后食用。在医疗功效上，梨可以润肺，祛痰化咳，通便秘，利消化，对心血管也有好处。除了作为水果食用以外，梨还可以作观赏之用。梨属共有 25 种，我国产 14 种，是世界梨树种类最多的国家。我国栽培的梨树品种有 6 个系统：秋子梨、白梨、砂梨、新疆梨、川梨和西洋梨，共 3 000 多个品种。著名品种主要有，华北地区的鸭梨，安徽砀山的酥梨，山东的莱阳梨，贵州的大黄梨等。

二、生物学特性

梨为深根性树种。根系分布的深广度和稀密状况，受砧木、种类、品种、土质、土层深浅和结构、地下水位、地势、栽培管理等的影响很大。梨树喜水耐湿，需水量较多。梨树是喜光性的果树，对光的要求较高。梨树对土壤适应性较广，在砂土、壤土和黏土等多种类型的土壤上均可栽培。梨树主枝逐渐开张，树冠呈自然半圆形。梨树干性强，生长旺盛，顶端优势明显，枝叶生长量大。梨树花芽以短果枝为主，顶花芽占较大比重。梨的花序为伞房花序。每花序平均有花 5 朵，向心开放。梨树开始结果年龄因树种而异。一般沙梨系统品种较早；而白梨、秋子梨品种系统较迟；洋梨系统品种有早有迟。梨树自花结实率很低，大部分品种需要异品种授粉才能结果，所以梨园应注意配置授粉树。

三、繁育技术

种子经过层积后(40～60d)，于 3 月中、下旬进行播种。秋子梨播种量为 1.5～2 kg/

667 m²，杜梨播种量大粒种子为 1.5～2 kg/667 m²，小粒种子为 1～1.5 kg/667 m²，豆梨为 0.75～1 kg/667 m²；在较干旱的情况下，可覆土 2～2.5 cm，易板结的土壤覆土要薄一些，上面可用草覆盖。播种后的管理基本上与苹果树的育苗相同。嫁接用芽接或枝接均易成活。因为梨树的形成层活动停止较苹果早，所以芽接时期须安排在苹果之前。有些品种春季萌芽较早如鸭梨、慈梨，枝接时期也应提早。梨的芽和叶枕都较大。芽接时要求砧木较粗，一般在 0.6 cm 左右时，留大叶片的 7～8 片处进行摘心促进增粗。为了多出苗、出好苗，还可以在 1 a 中于不同季节来用不同的方法进行嫁接。梨苗只有达到接合部良好，主、侧根完整、须根较多，苗木粗壮、整形带内芽子饱满，无病虫检疫对象等标准才能出圃。

四、栽培技术

在梨园的园址确定后，可根据面积大小、地形、地势等进行测量区划。主路宽 7m 左右，作业道 1m，可按每 8 行梨树设一条作业道。栽植密度，平地和树冠大的品种，株行距一般为 4×6 m；山坡地和树冠小的品种株行距一般为 3×5 m。栽植时期，温暖地区以秋植为好，寒冷地区常采用早春定植。梨园中基肥以秋施为好，肥料以迟效性或半迟效性的有机肥料为主（如圈粪、人粪尿等），若能配合一部分速效性肥料如过磷酸钙、骨粉、少量氮素化肥则效果更好。施肥方法可采用放射状、环状或条状沟施，全园撒施亦可。追肥应根据梨树开花、座果、新梢生长、果实肥大及花芽分化对养分的需要分期进行。梨树还可以进行根外追肥。生长后期喷肥效果较好。一般在 7～8 月份喷 2～3 次。肥料种类及浓度是：尿素为 0.5%，过磷酸钙为 1%，磷酸二氢钾为 0.5%。根据树势、结果量和干旱情况，可分别在花前与花后，果实肥大期，结合追肥同时进行灌水。梨树的整形修剪是梨园丰产的关键措施，可根据不同品种和时期采取不同的方法。

五、有害生物防治

危害梨树的主要病害有：梨腐烂病、梨黑星病、梨黑胫病等，主要害虫有：梨大食心虫、梨小食心虫、梨茎蜂、梨实蜂等。防治有害生物除因虫（病）施策外，还应在梨树采果后，必须及时清除园内的各种杂草和枯枝落叶落果，并剪除树冠内部的阴枝，树冠外部的病虫枝、纤弱枝、干枯枝、重叠枝、过密枝，集中园外进行烧毁，以减少病虫源。清园修剪后，树冠内外喷洒一次 0.8～1 波美度的石硫合剂水溶液，消灭吸附在枝叶上的各种病虫。在新梢抽生期间，喷洒一次 800 倍敌百虫、1 000 倍敌敌畏、800 倍甲基托布津混合液，消灭危害新梢的各种病虫，以保护嫩梢。

【本文 2007 年 4 月首次以《梨》发表在《庆阳科技》第 2 期第 22－23 页；2009 年 9 月 16 日又以《梨树繁育栽培技术简介》在中国庆阳综合门户网站服务三农之科技知识栏目中载出】

子午岭黄刺梅驯化栽培技术

贾随太[1]，席忠诚[2]

(1.罗山府林场,甘肃 宁县 745300；2.庆阳市林木种苗管理站,甘肃 庆阳 745000)

摘　要：从圃地选择、驯化繁殖、田间管理、绿化造林等方面介绍了黄刺梅在子午岭林区罗山府林场试验成功的驯化栽培技术和驯化栽培结果。试验证明：黄刺梅驯化栽培技术在子午岭林区应用效果良好,造林成功率在 97％以上,苗木保存率也在 90％以上,高于保存率 85％的国家标准,具有广泛的推广价值,可大面积应用推广。

关键词：黄刺梅；驯化；栽培技术；子午岭

中图分类号：S682

黄刺梅(*Rosa xanthina* Lindl.),属蔷薇科蔷薇属,落叶灌木,高约 1.5 m 左右,植株颜色为深褐色,枝端长满皮刺,奇数羽状复叶,小叶通常 9 枚,椭圆形至广卵圆形[1],有线性托叶,花单生于小枝顶端,黄色,单瓣或重瓣,花色鲜艳如玫瑰,俗称刺玫花或黄刺梅。花期为 4 月下旬至 5 月上中旬,单瓣果实深红色,8～10 月成熟,仁果种子 5～8 粒,种壳坚硬,重瓣多不结果。自然分布于我国华北、东北及西北各省的天然林区,在甘肃子午岭林区天然分布较多的为单瓣黄刺梅(*Rosa xanthina* Lindl. *f. normalis* Rehd et Wlis.)主要分布于阳坡和梁峁[2]。黄刺梅花叶同放,盛花时一朵朵金黄色的花镶嵌在秀丽的叶丛中,显得格外灿烂,令人赏心悦目,是春末夏初的重要花木。可路边丛植,也可房前孤植,还是做花篱的良好材料。为了充分发掘野生植物资源,实现黄刺梅快速繁育和规模化生产,满足园林绿化的市场需求,从 2003 年开始至今,在子午岭林区罗山府林场进行了野生黄刺梅人工驯化栽培试验并取得了成功。现将结果报道如下,供参考。

1　试验地概况

罗山府林场位于子午岭中段西侧,宁县盘克镇境内东部,东经 108°21′36″～108°31′58″,北纬 35°43′39″～35°52′05″之间。东西长 16 km,南北宽 15.25 km,总面积 15 414 hm²(折合 231 210 亩)。该林区呈东西走向的狭长地带,沟壑纵横,属黄土高原丘陵沟壑区,海拔高度在 1 200～1 600 m 之间,平均坡度在 25°。土壤主要以褐色森林土、黄绵土、黑垆土为主。年均温 8.1℃,大于等于 10℃的积温 2 500℃左右,年均降雨量 664 mm,年无霜期 135 d,年日照 2 187～2 556 h。黄刺梅、杜梨、狼牙刺、沙棘、等木本植物及冰草、篙类等草本植物多野生在阳坡和梁峁,阴坡主要分布有辽东栎、山杨、桦类、紫丁香、胡枝子、绣线菊等木本植物。

2　圃地的选择

2.1　圃地选择

圃地选在地势平坦,排水良好、土壤较肥沃、有灌溉条件且交通方便的地块。

2.2　整地作床

育苗地结合秋季深翻,基肥施腐熟羊粪 2 000～3 000 kg/ 667 m²,适量加入复合肥,每 667 m² 施入碳酸氢铵 70 kg,播种前细致整地,用硫酸亚铁进行土壤消毒,做好苗床,整平床面。播种畦规格一般为 2×6 m,分株繁殖和压条繁殖地应按母树林建设基地方式整地,即以长期林木种植地雷同。

3　驯化繁殖

黄刺梅人工驯化繁殖主要有播种繁殖、分株栽植、压条繁殖和扦插繁殖四种类型[3,4],因扦插繁殖只用于特定条件下优良品种的人工繁育,故生产上多采用前三类方法。

3.1　播种繁殖

常用于天然分布较少的少林区。

3.1.1　种子催芽

黄刺梅种皮厚而坚硬,通气透水慢,发芽困难,属深休眠种子,播种育苗前必须进行种子处理,黄刺梅种子催芽时间较长,从 8 月下旬至 10 月中旬种子成熟开始处理至翌年春季。具体方法:选择地势较高排水良好,地下水位较低的地方挖坑,深度 120～150 cm,宽度一般以 1 m 左右为宜,长度随种子数量而定,坑底铺 20 cm 的湿沙。将种子用 60～70℃的温水浸泡,浸种后用 0.5％硫酸铜(或 0.5％高锰酸钾)溶液浸泡 2～3 h,用清水冲洗后捞出。将种子与干净的河沙按 1:3 混合(沙能握成团而不出水),在低温的清晨倒入坑内,放至坑沿 20～25 cm 时为止,同时要在坑内每隔 0.7～1 m 插一个通气把,然后在种沙上覆盖 20～30 cm 湿沙,顶部形成脊状,沙上覆草帘,草帘上覆 20 cm 锯末或碎草,四周距坑沿 50 cm 处挖排水沟。埋藏后的初期要经常检查坑内温、湿度的变化,如升温很快,应检查种子是否霉烂,到春季气温升高时,每隔几天要测一次温度和催芽的程度。如未达到要求,可在播种前 5～10 d 把种子取出进行高温催芽,当种子有 30％裂嘴即可播种。

3.1.2　播种

秋播在 10 月下旬或 11 月上旬封冻前,将当年层积处理过的种子取出直接播入湿润的苗床内,播幅宽 5～7 cm,行距 20～25 cm,覆土 1～1.5 cm 左右,覆土后镇压,播种量 15～20 kg/667 m²。播后灌好底水,播后覆地膜。春播一般在 4 月下旬进行,播前 2～3 d 灌足底水,待土壤松散时播种,具体做法同秋播。

3.2　分株栽植

常用于自然分布较丰富的林区。多在早春萌动前进行,因枝条多刺,最好先将植株的地上部分在离地 30 cm 处全部剪掉,再连根挖起,用利刀将根劈开分栽即可。由于黄刺梅根系发达,萌蘖力强,对生长多年的母株挖出后,将带有良好根系的茎生枝逐一分开。每一带根的枝即是一新植株。分开后修根系和短截枝条,短截栽植顶部要涂蜡或包塑料薄膜,防止水分散失,分株栽植春、秋季均可,春季分株栽植较好。

3.3 压条繁殖

常用于枝条相对疯长的圃地。选用1～2年生的枝条,用堆土法和水平埋条法繁殖。

3.3.1 堆土法

春秋季在母株旁挖小沟或将枝条压弯堆土7～10 cm,至秋季可长出良好根系,且腋芽生发新梢,与母株分离后成一独立植株。

3.3.2 水平埋条法

在茎生枝伸展方向挖5～6 cm深的小沟,将枝条压弯并在沟内固定,新梢发生小根时轻压土,叶腋发出新梢,秋季与母株分离成为几个新植株。

4 田间管理

4.1 追肥

追肥以氮肥为主,追尿素8～12 kg/667 m²。

4.2 病虫害防治

黄刺梅病虫害较少,苗期常见的病害主要有炭疽病、白粉病、锈病等。虫害主要有蛴螬、金针虫等。可采用深翻土壤,改善苗圃卫生条件的方法,减少病虫源。

4.3 培育季节

黄刺梅苗木培育以春季为宜,秋季或次年春季即可出圃栽植。

5 绿化造林

黄刺梅不仅是庭院、城市、道路绿化的主栽灌木品种,也是营造水保林的良好树种。采取乔灌型的间隔或块状混交,既增添了美丽的景色,又改善了生活环境。

5.1 绿化栽植

挖直径1 m、深70～100 cm的栽植坑,挖坑时将表层土壤与底层土壤分开放置,拾净石块、树根、杂草,栽植前回填表土10 cm,再放苗回填土壤。栽植后及时灌水。栽植间距1.5～2 m,并与其他树种搭配栽植。

5.2 水保林栽植

整地直径以70～100 cm、深50～70 cm的鱼鳞坑为主,挖坑时将表层土壤与底层土壤分开放置,拾净石块、树根及杂草,栽植前先回填表层土壤,再回填深层土壤。栽植密度为222株/667 m²,实施混交栽植。

5.3 混交

在绿化造林栽植中实行乔灌混交,按照乔灌8∶2或7∶3的比例进行混交,同时也可采取黄刺梅的自然生长混交,对于分布不均匀或没有黄刺梅生长的地块,采取人工移植的方法混交。

5.4　修剪

黄刺梅花芽在前一年枝条上形成,因此修剪必须在 5～6 月份开花过后进行。如果等到秋冬修剪,那么在夏季已形成的有花芽的枝条就会受到损伤,影响来年开花数量。修剪主要以疏剪整形为主,疏去细弱枝和病虫枝,增强植株通风透光,促其生长,确保来年多开花。

5.5　施肥与浇水

定植时穴内施以厩肥,以后可隔 1 年施基肥 1 次。黄刺梅虽耐旱,但生长季节也要每月浇水 1 次,入冬前浇足越冬水。

6　驯化栽培结果

罗山府林场利用黄刺梅混交造林、补植 13 040 亩,其中:退耕还林工程造林 4 215 亩,天然林保护工程造林、补植 8 517 亩,三北四期工程造林 308 亩。同时,对于鼠害较严重的地块,人为活动较多的三角路口或地段,封山育林区等,都作为混交的重点,且获得成功,生长快,保存面积达到 97％以上,造林保存率达到 90％以上,高于 85％的国家标准,彻底解决了造林不见林的悲观局面,巩固了造林成果。建议在立地条件相同的地区大面积推广应用黄刺梅驯化栽培技术。

参 考 文 献

[1]　赵兰勇著.商品花卉生产与经营[M].北京:中国林业出版社,2000

[2]　刘立品著.子午岭木本植物志[M].兰州:兰州大学出版社,1998

[3]　马新杰,马孝仓.黄刺梅的繁殖栽培技术[J].林业实用技术,2006,(3):40

[4]　梁红梅,王淑玲.黄刺梅育苗技术[J].内蒙古林业,2004,(9):39

【本文 2007 年 10 月发表在《甘肃科技》第 23 卷第 10 期第 245－246 页】

狼牙刺的扩繁栽培

郭晋宏[1]，席忠诚[2]

(1.华池林业总场，甘肃 华池 745600；2.庆阳市林木种苗管理站，甘肃 庆阳 745000)

狼牙刺属豆科槐属植物，又名白刺花、苦刺、马蹄针等。分于我国华北、西北、西南等省区。狼牙刺灌丛是黄土高原丘陵沟壑区常见的天然次生林，由于该树种具有耐干旱、瘠薄、喜光，对土壤要求不严的特性，因此在黄土高原丘陵沟壑区干旱阳坡、半阳坡和半阴坡其他乔灌木树种很难存活的情况下，狼牙刺种群能够通过天然演替，形成纯林或占优势的群落。狼牙刺因同时具有生长较快，主根发达，侧根多而密集，具根瘤能固氮的特性，而成为重要的蜜源、药用、绿篱和薪炭林植物，可作为干旱地区荒山造林和水土保持的先锋树种。近年来，为了加快植被恢复步伐，实现黄土高原丘陵沟壑区尽早绿化，甘肃子午岭自然保护区加大了狼牙刺的扩繁和栽培力度，使林缘的荒山荒坡都披上了绿装。现将狼牙刺扩繁栽培技术总结如下，供参考。

一、自然概况

甘肃子午岭省级自然保护区位于黄土高原中部，甘肃省东部，纵跨庆阳市的华池、合水、宁县、正宁 4 县，林区北、东、南与陕西省的吴旗、志丹、富县、黄陵、旬邑接壤，地理位置在东经 107°59′~108°43′和北纬 35°18′~36°39′之间。林区南北长 147.2 km，东西宽为 11~67 km，林区总面积 49 702 km²，是黄土高原中部重要的水源涵养林，海拔高度在 1 100~1 760 m 之间，为典型的黄土高原丘陵沟壑地貌。气候类型为温带半湿润地区气候，年均气温 7.4℃~8.5 ℃；年无霜期 110~150 d，年降水量 500~620 mm，南多北少。植被以天然次生落叶阔叶林(主要建群树种有山杨、小叶杨、白桦、辽东栎、榆、槭等)、天然及人工针叶林(油松、侧柏柏等)、次生灌丛(沙棘、樱草蔷薇、狼牙刺、虎榛子、野杏、山桃等)、野生草被(禾草、莎草、蒿等)为主。农作物有小麦、水稻、玉米、豆类、胡麻等。

二、扩繁育苗

狼牙刺种子从 9 月份开始陆续成熟。荚果呈黄褐色是种子成熟的标志，即可采收。采回荚果在阳光下曝晒，干后揉搓种粒即脱出，经风选后即得净种，装袋贮存于干燥阴凉的室内。

圃地选在地势平坦，排水良好、土壤较肥沃、有灌溉条件且交通方便的地块。

狼牙刺可采用大田播种育苗和容器育苗。一般大田育苗地结合秋季深翻，基肥施腐熟羊粪 2 000~3 000 kg/667 m²，适量加入复合肥，施入碳酸氢铵 70 kg/667 m²，播种前细致整地，用硫酸亚铁进行土壤消毒，做好苗床(一般为平床)，整平床面。容器育苗营养土的配置，采用以 3 成多森林腐殖质土加 6 成黄土再加适量的有机肥以羊粪或兔粪为好，其他如人粪尿、猪粪最好不用)、过磷酸钙和硫酸亚铁为最佳;如果条件允许可适量加大森林腐殖质土在营养 土中的含量,但比例不能超过 60%。营养土配制好后装入容器袋内,以备播种。

狼牙刺可选用春播、秋播和雨季播种 3 种方式。秋播种子无需处理,秋季种子采收后,即可在整好的苗床播种育苗。春播和雨季播种前要用 70℃ 以上热水浸种催芽,种子硬粒多可用开水浸种,充分搅拌,冷却后浸泡 3~4 d,种子吸胀后,便可以播种。3 月中旬至 4 月中旬为春播的最佳播期。雨季播种不得迟于 7 月中旬,否则幼苗难以越冬。

大田采用条播,播幅 5 cm,行距 15 cm 为宜。每亩播种量 6~8 kg;营养袋每袋播 5~10 粒,覆土厚 2~3 cm,轻轻镇压,适当浇水(有条件的采用喷灌)保持地面不干为宜,15~25 d 苗木基本出齐。

苗木出土后及时间苗,每亩留 10 万株为宜;营养袋中第一次间苗留 2 株,第二次间苗去弱留强。根据土壤板结和杂草情况,每月松土除草一次,苗期土壤不干时,不需浇水,若浇水过量易出现根腐死苗现象;苗期应喷洒 2% 的高锰酸钾溶液,每周喷洒 1 次,连续喷洒 2~3 次即可。幼苗期要及时防治蛴螬等地下害虫。

三、栽培造林

直播和植苗造林均可。

可根据造林地的地形条件,采用反坡梯田、鱼鳞坑等整地方式整地,然后造林。

植苗造林春秋两季均可,以秋植较好;选用 2 年生苗木,距根际 10 cm 处截干,挖 40 cm 深的坑穴栽植;株行距 1.5×1.5 m 或 1×2 m,269~333 株/667 m^2。

直播造林最好在雨季,此时水热条件较好,可在雨前或雨后抢墒播种。播前用开水浸种,搅拌浸泡,处理种子。挖穴簇播,穴距 1.5 m,每穴下籽 20 粒左右,覆土 3 cm。每亩用种量约 0.5 kg。春季多干旱,容易"烧籽",不宜直播。

造林后 2 年或 3 年内要加强松土除草和管护工作,促进幼苗正常发育生长。5 年后平茬取柴,3~5 年一次。

【本文 2008 年 10 月发表在《中国林业》第 10A 期第 58 页】

黄刺梅简介

席忠诚，寇志承

（庆阳市林业局,甘肃 庆阳 745000）

黄刺梅（Rosa xanthina Lindl.），属蔷薇科蔷薇属植物,落叶灌木,高约 1.5m 左右,植株颜色为深褐色,枝端长满皮刺,奇数羽状复叶,小叶通常 9 枚,椭圆形至广卵圆形,有线性托叶,花单生于小枝顶端,黄色,单瓣或重瓣,花色鲜艳如玫瑰,俗称刺玫花或黄刺梅。花期为 4 月下旬至 5 月上中旬,单瓣果实深红色,8～10 月成熟,仁果种子 5～8 粒,种壳坚硬,重瓣多不结果。自然分布于我国华北、东北及西北各省的天然林区,在甘肃子午岭林区天然分布较多的为单瓣黄刺梅（Rosa xanthina Lindl. f. normalis Rehd. et Wlis.）主要分布于阳坡和梁峁。黄刺梅花叶同放,盛花时一朵朵金黄色的花镶嵌在秀丽的叶丛中,显得格外灿烂,令人赏心悦目,是春末夏初的重要花木。可路边丛植,也可房前孤植,还是做花篱的良好材料。

黄刺梅人工驯化繁殖主要有播种繁殖、分株栽植、压条繁殖和扦插繁殖四种类型,因扦插繁殖只用于特定条件下优良品种的人工繁育,故生产上多采用前三类方法。田间管理上,追肥以氮肥为主,追尿素 8～12 kg/667 m²。黄刺梅病虫害较少,苗期常见的病害主要有炭疽病、白粉病、锈病等。虫害主要有蛴螬、金针虫等。可采用深翻土壤,改善苗圃卫生条件的方法,减少病虫源。黄刺梅苗木培育以春季为宜,秋季或次年春季即可出圃栽植。

黄刺梅的栽植与管理 绿化栽植 挖直径 1m、深 70～100 cm 的栽植坑,挖坑时将表层土壤与底层土壤分开放置,拾净石块、树根、杂草,栽植前回填表土 10 cm,再放苗回填土壤。栽植后并及时灌水。栽植间距 1.5～2 m,并与其他树种搭配栽植。水保林栽植 整地直径以 70～100 cm、深 50～70 cm 的鱼鳞坑为主,挖坑时将表层土壤与底层土壤分开放置,拾净石块、树根及杂草,栽植前先回填表层土壤,再回填深层土壤。栽植密度为 222 株/667 m²,实施混交栽植。混交 在绿化造林栽植中实行乔灌混交,按照乔灌 8：2 或 7：3 的比例进行混交,同时也可采取黄刺梅的自然生长混交,对于分布不均匀或没有黄刺梅生长的地块,采取人工移植的方法混交。修剪 黄刺梅花芽在前一年枝条上形成,因此修剪必须在 5～6 月份开花过后进行。如果等到秋冬修剪,那么在夏季已形成的有花芽的枝条就会受到损伤,影响来年开花数量。修剪主要以疏剪整形为主,疏去细弱枝和病虫枝,增强植株通风透光,促其生长,确保来年多开花。施肥与浇水 定植时穴内施以厩肥,以后可隔年施基肥 1 次。黄刺梅虽然耐旱,但生长季节也要每月浇水 1 次,入冬前浇足越冬水。

【本文 2009 年 11 月 19 日发表在《中国庆阳综合门户网站》服务三农之科技知识栏目】

庆阳市楸树的种类与分布

席忠诚

（庆阳市林木种苗管理站，甘肃 庆阳 745000）

楸树树种优良，特点突出，用途广泛，适应性强，不仅是目前所能筛选的最为理想的树种，而且其高大通直的枝干，优美挺拔的风姿，淡雅别致的花朵，稠密宽大的绿叶，光洁坚实的材质，能够代表老区人民宽广的胸怀和坚韧的性格，可以展示老区人民热爱生活、奋发向上的精神风貌，体现了人与自然的和谐统一，可以作为我市城市形象的标志。为此，2007 年 7 月 20 日，在庆阳市第二届人民代表大会常务委员会第三次会议上将楸树确定为庆阳市的市树。现将庆阳市楸树的种类、习性和分布介绍于后，供参考。

一、楸树的种类

2007 年至 2009 年，在庆阳市全境对楸树种类和分布进行了调查，初步掌握了楸树种类情况。经鉴定：分布于庆阳市的楸树种类有：①灰楸（*Catalpa fargesii* Bureau），俗名有糖楸、山楸、白楸、槐楸；②楸树（*Catalpa bungei* C. A. Mey.），俗名有梓桐、金丝楸、线楸、桐楸、小叶梧桐；③黄金树（*Catalpa speciosa* Warder）俗名有美国楸树、美国梓树。三者的区别可用以下检索表反映。

庆阳市楸树分种检索表

1. 花冠粉红色或略带白色，花冠内中下部被细毛；叶基部脉有紫色腺斑。
   2. 枝、叶、花序均密被分支毛；圆锥花絮 ………………………………… 1. 灰楸
   2. 植株无毛；总状或伞房状总状花序 ……………………………………… 2. 楸树
1. 花冠白色，花冠内无毛；叶上面无毛，下面密被柔毛 ………………… 3. 黄金树

二、种类特征与习性

1. 楸树：落叶乔木，高达 30 m，胸径 60 cm。树冠狭长倒卵形。树干通直，主枝开阔伸展。树皮灰褐色、浅纵裂，小枝灰绿色、无毛。叶三角状的卵形、上 6～16 cm，先端渐长尖。总状花序伞房状排列，顶生。花冠浅粉紫色，内有紫红色斑点。花期 4～5 月。种子扁平，具长毛。楸树喜光，较耐寒，适生长于年平均气温 10～15℃，降水量 700～1 200 m 的环境。喜深厚肥沃湿润的土壤，不耐干旱、积水，忌地下水位过高，稍耐盐碱。萌蘖性强，幼树生长慢，10 a 以后生长加快，侧根发达。耐烟尘、抗有害气体能力强。寿命长。自花不孕，往往开花而不结实。

2. 灰楸：落叶乔木类，树皮深灰纵裂，小枝灰褐色，有星状毛。叶对生或轮生，卵形，幼树叶呈三裂，长 8～16cm。花粉红色或淡紫色，喉部有红褐色及黄色条纹，春季开花。蒴果 25～55 cm。灰楸喜光，稍耐阴，深厚肥沃土壤，速生。

3.黄金树:落叶乔木,高达 15 m,树冠开展,树皮灰色,厚鳞片状开裂。单叶对生,广卵形至卵状椭圆形,长 15～30 cm,宽 10～20 cm,背面被白色柔毛,基部心形或截形。圆锥花序顶生,花冠白色,形稍歪斜,下唇裂片微凹,内面有 2 条黄色脉纹及淡紫褐色斑点。蒴果长 9～50 cm,宽约 1.5 cm,成熟时 2 瓣裂,果皮、种子长圆形,扁平,宽 3 mm 以上,两端有长毛。花期 5 月,果期 9 月。黄金树为喜光树种,喜湿润凉爽气候及深厚肥沃疏松土壤。不耐贫瘠和积水。

三、楸树的分布

经调查汇总分析分布于我市的三种楸树以灰楸为优势树种;楸树分布较少,有独立成林的也有与灰楸混生的;黄金树只在正宁、宁县少数地方有分布。

1.灰楸:在我市合水林业总场、湘乐林业总场和正宁林业总场各林场以及西峰、正宁、宁县、庆城、合水和镇原六县区各乡镇均有分布。其中子午岭主要分布在连家砭、拓儿塬、大山门、罗山府、盘克、九岘、西坡、刘家店一线;西峰区在肖金、显胜和什社等乡镇和西峰城区集中分布;正宁县集中分布在榆林子、永和及周家等乡镇;宁县主要以早胜塬、和盛塬及湘乐镇和盘克镇最为常见,尤以中村乡弥家村和湘乐镇柏树底村栽植最为集中,湘乐镇小坳村董家洼组的古灰楸,树高 28 m,胸围 7.2 m,现在生长良好;庆城县主要分布在南部原区和北部川区,尤以驿马镇的太乐、徐垭口,赤城乡的万盛堡,蔡家庙乡的大堡子,玄马镇的樊庙,葛崾岘乡的二郎山和蔡口集林场等处分布较多;合水县在西华池、吉岘、何家畔、肖咀、段家集、固城、店子、太莪、板桥、老城、蒿咀铺和太白等乡镇分布较为集中;镇原县在屯字、上肖、城关、南川、临泾、太平、平泉、中原等乡镇分布相对集中。另外,环县近年在县城西山有灰楸大树栽植,曲子镇部分村民有灰楸育苗,均生长良好。

2.楸树:在正宁县周家乡下冯村下冯沟有胸径 20～30 cm 不等的成片林 13 hm²;在榆林子镇党家村、习仵村有与灰楸混生的胸径 40 cm 左右,面积 15 hm² 的楸树;西峰区肖金镇南李村围庄栽植有 10 余棵楸树,什社乡塔头村村民庄旁行植 20 余棵楸树,塔头村沟内有 13 hm² 左右的楸树林;庆城县驿马镇太乐村田庄自然村村民屋后有两棵楸树。

3.黄金树:仅在正宁县榆林子镇习仵村一组村民房后路边孤植 1 棵;宁县米桥乡老庙村七组宁铜公路边栽植 3 棵。

【本文 2012 年 12 月发表在《庆阳科技》第 4 期第 21—22 页】

中华红叶杨

席忠诚

（庆阳市林木种苗管理站，甘肃 庆阳 745000）

中华红叶杨（*Populus deltoids cv. Zhonghua hongye*）是杨柳科杨属植物，彩色乔木。中华红叶杨是一个彩叶新品种，又称变色杨。中华红叶杨不仅属高大乔木，而且叶片大而厚，叶面颜色三季四变，一般正常年份，在 3 月 20 日前后展叶，叶片呈玫瑰红色，可持续到 6 月下旬，7～9 月份变为紫绿色，10 月份为暗绿色，11 月份变为杏黄或金黄色，树干 7 月底以前为紫红色。叶柄、叶脉和新梢始终为红色，色泽亮丽诱人，为世界所罕见，观赏价值颇高，是彩叶树种红叶类中的珍品，可在城市绿化中广泛种植。

1　形态特征

1.1　叶片

中华红叶杨与其他树种的最大区别是叶片紫红色，叶阔卵形，长大于宽，先端渐尖，叶基心形，叶长 12～23 cm，叶宽 12～25 cm，初发嫩叶深紫红色，成形后渐成紫红色；7～9 月份，老叶变为紫绿色，10 月暗绿色；11 月变为杏黄色或金黄色。期间顶梢 30 cm 的叶片始终为红色，叶脉紫红色，叶缘粗钝齿，叶柄紫红色。

1.2　枝

中华红叶杨的枝五棱线明显，皮色深紫红色，皮孔较少但较明显。

1.3　芽

中华红叶杨的芽体紫黑色，芽尖里弯，离干。顶芽紫黑色粗壮饱满。

1.4　干

中华红叶杨树干的特点：大乔木，树干直。

2　生长习性

2.1　叶色艳丽

叶片紫红色且表面有光泽，在微风吹拂下熠熠闪光，而且从不同角度观测，同一叶片会表现出不同的色泽效果，色感表现极佳。

2.2　叶色多变

自展叶到 6 月，整树叶片为紫红色，到 7～9 月为紫绿色，到 10 月为暗绿色，11 月又变成橘黄色或金黄色。

2.3　枝端艳丽的"花朵"生满树冠

由于中华红叶杨侧枝萌发量较大，疏密有致。顶端萌发的叶片始终保持着紫红色的亮丽光泽，恰似一枝枝"一品红"生长于树冠之上，气势诱人。

2.4 生长迅速

经过 5 a 的观测,1~3 a 生树苗,其总生长量优于母本,6 月中旬以前,高、径生长量均低于母本,但后期生长量超过母本,从五年生的大树观测,中华红叶杨继承了变异母本粗枝大冠的特性。

2.5 雄性无飞絮

由于变异母株为雄性,从而决定了中华红叶杨亦为雄性,它无飞絮无污染,在城市绿化中可以恰到好处的应用。

2.6 抗黄锈病,叶斑病

在同一块地种植的中华红叶杨、2025 杨、中林 46 杨,中华红叶杨无感病现象,而其他两种感染病害比较严重。

3 优良特性

中华红叶杨是中林 2025 杨的芽变品种。属高大彩色落叶乔木,单叶互生,是宽冠、雄性无飞絮。生长性能、综合性状与 2025 杨基本相似。

3.1 树形好

树干通直、挺拔、丰满、高大。

3.2 木质好

是木材加工,特别是造纸、胶合板的好原料。

3.3 叶片大、生长期长

叶面长 12~25 cm 之间,宽 12~23 cm 之间;发芽早,落叶晚,分别比 46 杨、69 杨早发芽 6~9 d 和 3~5 d,晚落叶 60 d 和 20 d。

3.4 生长快、易栽植

当年扦插苗生长高度 3~4 m,地径粗 3.5 cm 左右;平茬苗的高度 5~6 m,地径粗4.5 cm 左右;6 a 生树高 15 m 左右,地径粗 30~35 cm;易栽植易成活。

3.5 抗性强

抗天牛危害,高抗瘿螨害虫,高抗叶斑锈病。

3.6 耐旱涝耐冻

根系发达,活力强,根扎的深,耐干旱耐水渍能力强,耐 —35℃低温。

3.7 适应区域广

最适合我国"三北"地区种植;但在广东、云南、四川、西藏、新疆、黑龙江等地已有少量种植,生长表现较好,且性状稳定。

【本文 2011 年 9 月发表在《庆阳科技》第 3 期第 46—47 页】

国槐商品苗木的培育

席忠诚

（庆阳市林木种苗管理站，甘肃 庆阳 745000）

国槐是我国栽培历史悠久、庭院常用的特色乡土树种，属蝶形花科槐属植物，又名槐树、豆槐、白槐、金药材、家槐、中槐等。国槐有适应性强、寿命长、容易栽培、用途广泛、抗二氧化硫和烟尘能力较强等特点，是防风固沙和用材及经济林兼用的、我国北方地区城乡绿化的优良树种，也是嫁接龙爪槐、垂槐等观赏品种唯一的砧木树种。为了推进苗农增收提效，实现利润最大化，现将国槐商品苗木培育技术介绍如下，供广大苗农参考。

一、种子采集

国槐种子10月份成熟，种子千粒重125 g，每 kg 净种8 000粒左右，发芽率60%～85%。可在每年12月或翌年1～2月冬闲季节，选择树龄在30年以上、树势强、干形好、无病虫害的优良林分或优良单株上采集优良种子。采集后去除杂质，用清水浸泡10 d左右，碾除果皮、水选晾干即为净种，一般净度可达90%以上。

二、圃地选择

苗圃地应选择在地势平坦、交通方便、光照充足、土层深厚、土质肥沃、有排灌条件的地块，严格避免重茬地。早春整地前根据土壤墒情适度浇水造墒，每亩施优质基肥2 500 kg、复合肥50 kg、硫酸亚铁50 kg，以增加肥力、改良土壤和预防病虫害。将选好的圃地深耕30 cm，耙平后，喷乙草胺除草剂，覆盖90 cm宽的地膜，以待播种。

三、催芽处理

3月上旬用80℃的热水浸种，自然冷却24 h，将膨胀种子取出待用。对未膨胀的种子再用90℃的热水浸种，处理方法同上。一般经3～4次处理，绝大部分种子都能膨胀。然后将已膨胀的种子用0.5%高锰酸钾溶液浸泡净种2 h，捞出密封30 min后，用清水冲洗即可混沙层积催芽。沙与种子的体积比为3∶1，沙含水量60%。混沙时，掺拌要均匀，在室内用容器或在地势较高、排水良好处挖30 cm深的坑层积，上面应覆以湿透的蒲包片或麻袋片。沙藏期间要倒翻1～2次并保持湿润，种子50%开口时即可播种。

四、播种育苗

早春土壤解冻后，将配好的营养土装入塑料营养钵内，将其摆入平地成畦形，然后用0.1%的高锰酸钾消毒营养钵内的土，再用清水浇透，然后将处理好的种子分批播入，随即覆一层约1 cm厚的细土，最后用小拱棚拱起。播后注意保持营养钵湿润，待苗高10 cm

左右时,逐渐通风、炼苗,直到拱棚全部撤去,炼苗 4~5 d 后,按 15×40 cm 的株行距定植于大田,然后浇一遍透水。大田地膜用打穴器打穴,深 2~3 cm,株距 20 cm,每膜种两行,行距 50 cm 左右,将膨胀种子播入穴内,每穴 2~3 粒,覆土厚度 2 cm。覆盖地膜,增温保湿,以利出苗快而整齐。

五、苗期管理

对于裸根苗,出苗前酌情喷水保持土壤湿润。小苗长至 10 cm 高后,应及时追施人粪尿或其他腐熟的有机肥,6 月份后进入生长旺季,及时灌水,并每隔 15 d 追施尿素一次,每亩 10~25 kg,连续追施 3~5 次。对于营养钵苗,进入生长旺季后以喷施叶面肥为主,宜少量多次,每亩 10 kg。4~5 月,幼苗出齐后,苗高 5~8 cm 时间苗,裸根苗定苗时株距为 10~15 cm,留苗量 100~120 株/m²。营养钵苗每钵留苗 1 株。国槐苗期虫害,前期以蚜虫为主,喷一遍净 1 500 倍液或喷鱼藤精 1 000~2 000 倍液,或 10% 蚜虱净可湿性粉剂 3 000~4 000 倍液进行防治。国槐苗期病害以枝枯病为主,可结合移植修剪进行防治。

六、大苗培育

商品大苗培育必须经过养根、养干、养冠等阶段。养根期,株行距以 50×60 cm 为宜。一年生裸根苗在秋季落叶后,起苗移植;营养钵苗带钵起苗,取钵栽植。发芽后适时浇水、施肥和除草。不修剪,促进根系生长。培育通直树干和提高苗木商品率的关键阶段是养干期。第二年发芽前,自苗干地际 5 cm 处平茬剪掉,剪口要平滑,不使劈裂。并用土把剪口埋好,然后灌水。早春每亩施腐熟有机肥 5 000 kg,促使萌芽苗壮,并及时去蘖和修剪。苗木生长旺季,要足水足肥,每月施尿素 2 次,每亩每次 25 kg。当年苗木干高可达 2 m 以上,地径 2 cm 以上,且苗干挺直,生长健壮。留床苗培育大苗时,起苗后春季发芽前同样截干。第三年早春在苗干 2.5~3 m 时定干,并选留 3 个侧枝作主枝以培养树冠,进入养冠阶段。定干后应及时剪去定干高度以下的侧枝和萌芽。经过 4~5 年的培育可养成米径 4~5 cm、干高 3~3.5 m、树冠圆满的优质苗木,达到出圃规格。

【本文 2012 年 5 月发表在《中国林业》第 5 下期第 43 页】

中华红叶杨扩繁育苗技术

席忠诚

（庆阳市林木种苗管理站，甘肃 庆阳 745000）

中华红叶杨是世界上唯一的彩叶杨树新品种，观赏性和速生丰产性兼备，在园林景观配置中见效最快；广泛用于园林孤植造景和成行成片造景，与其他黄、绿色乔灌木树种配置，更能展示其鲜艳夺目的效果。

1. 生物学特性

中华红叶杨又称速生红叶杨、红叶杨、变色杨。中华红叶杨叶面颜色一年三变：初夏，整株叶片均为亮丽的玫瑰红色；6 月中旬～9 月下旬，顶梢及新发侧枝顶端为鲜艳的紫红色，下部成熟叶则变成红绿色；11 月，整株叶片逐渐变成杏黄或金黄色，直至落叶。

2. 插穗处理

扦插前一周，将一年生种条按照根部、中部、梢部分段剪切、分级存放。插穗一般长度为 13～15 cm，至少保证 3 个芽。种条根部、梢部留 30cm 左右不用，或根据种条粗细、芽子饱满情况选择使用。为了减少插穗失水，顶端要用石蜡速封。为使插穗出苗整齐，扦插前把剪好切好的插穗及时放入预先准备好的缸内或水池内，先加清水后放插穗，上面盖上木板用石块压实，浸泡一周。

3. 扦插时间

中华红叶杨上冻前或解冻后都可扦插，特别是土壤解冻后要及时整地，上足底肥，精耕细耙，尽早扦插。早插有利于插穗在地温和气候适宜的情况下生根发芽，使其提前进入萌动生长期。

4. 扦插方法

株行距通常为 25×60 cm，每隔 20 cm 作畦一个，每 667 m² 地约备插穗 4 400～5 000 根，扦插过密过稀都不利于苗木生长。扦插时顺畦微斜，芽尖向上，深度以浇水后插穗部分露出为宜，扦插后及时大水浸灌，使其每个插穗都浇到水。

5. 地膜覆盖育苗

地膜覆盖是培养大苗壮苗一年出圃的科学措施，比常规育苗生长提前 20 d 左右，增高 50～100 cm，增粗 0.5 cm 以上。盖膜前根据圃地杂草发生种类，用除草剂对土壤表面进行封闭处理。随喷药随盖膜，地膜一般宽 100 cm。由于地膜覆盖，插穗比常规育苗发芽早。要经常检查发芽出苗情况,根据气温高低适时使未出膜的嫩芽出膜,以防因接触地膜而烫芽造成不必要地损失。

6.适时浇水

根据土壤、气候等自然条件,适时浇水。一是苗未出土至幼苗长到 30cm 左右时,地表要湿,有充分墒情,不板结;二是当苗木进入速生期,约 7 月份前后,需水肥量大,要保证供水,大水漫灌,保持地表不干。

7.及时追肥

苗高 1 cm 左右时或 6 月下旬,结合浇水追肥,3 次为宜,每 667 m² 用优质尿素 25 kg,半月一次,第一次离苗 8 cm 左右,追肥 5 kg,打坑浅施;第二、三次距苗 15 cm 左右追肥各 10 kg,打坑深施,均匀施入苗木周围,施肥后浇水,使尿素充分发挥肥效。苗高约 3.5～4 m 时或进入 8 月下旬,要控水控肥,防止树苗徒长、木质化程度低,因冬季低温使苗木遭受冻害或只高不粗,形成次苗、残苗。

8.中耕除草

幼苗出土后要勤检查、多观察,幼苗整齐出土约 10 cm 左右时,要中耕锄草保墒,注意不要触动幼苗。地膜覆盖田一般在地膜未盖处中耕,幼苗周围围土压草保摘。

9.抹芽除萌

由于苗圃扦插过稀或自然原因,苗高约 30 cm 左右时侧芽会萌动出权,最好在萌动时拿小刀轻轻将多余芽由上向下刻掉,不要用手掰,以免损伤嫩叶影响苗木生长。以后根据苗木生长情况及时除萌,防止出权,培育大苗。

10.病虫害防治

育苗前翻耕苗圃地时,用含 7％phorate＋20％多种微肥的地虫杀绝或 5％辛硫磷颗粒剂,按 2～3 kg/667 m² 标准拌细土后,一半翻耕前撒圃地,另一半用于耙前施入地块,育苗后浇水,使药剂有效成分充分扩散到土壤中,以有效杀灭地下各种害虫。

在插苗前,将种根用 50％多菌灵和 15％甲基托布津按 1：1 的比例,200～250 倍混合液浸根 1～2 h,拿出稍晾后再插,可有效防治根腐病和黑斑病。

中华红叶杨抗病虫害,一般不发生病虫害或病虫危害很轻。个别地区或苗圃因受立地条件限制和自然环境影响,蚜虫、食叶类虫害很可能发生,因此 5 月份前后选择阴天的下午用 50％辛硫磷乳油 1 500 倍液等农药喷施一次,以后根据当地虫情测报,结合苗圃病虫害发生情况进行防治。

【本文 2012 年发表在《庆阳科技》第 2 期第 44－45 页】

科研篇

欧美杨 107、108 及 110 号引种试验示范

成 果 公 报 文 摘

成果名称:欧美杨 107、108 及 110 号引种试验示范

登记号:2005002

完成单位:庆阳市林木种苗管理站

主要研究人员:席忠诚、何天龙、马　杰、张育青、谌　军、徐立中、马德辉、刘宝汉
李华锋、张成宇、王忠民、詹金宝、卢永东、薛敬涛、王明珠

研究起止时间:2001.3—2005.11

内容摘要:该项目首次将欧美杨 107 号、108 号和 110 号三个品系引入甘肃,共引进插穗 42 500 支,扦插后当年平均成苗率达到 98%,五年繁育苗木 29.35 hm²(440.1 亩)140 万株,试验造林 2 819.48 hm²(4 227.1 亩)(其中栽植示范林 26.68 hm²);通过对欧美杨在陇东黄土高原区的植物学特征、生物学特性和适生表现等指标的对比观测,得出了欧美杨 107 号、108 号均适宜在本区栽培的结论,其生长量、长势均优于对照树种新疆杨,其中欧美杨 107 号表现最好,108 号次之;通过插穗处理、做床方式、扦插方式、苗期管理等试验及不同立地条件的造林对比试验,总结出了欧美杨育苗配套技术和造林技术。经鉴定,该项目在省内率先引种成功了欧美杨 3 个品系,优化了杨树品种结构,处于省内领先地位。特别在适生地物候期和栽培技术研究、不同品系及苗期生长条件的比较研究方面有新的突破,达到了国内先进水平。可在陇东杨树适生地进行大面积栽植推广。

【本项目获 2006 年度庆阳市科技进步二等奖】

项目技术报告

一、背景及项目来源

退耕还林还草和江河之源的生态环境保护是关系到西部乃至全国可持续发展的千秋大业,是国家实施西部大开发的一项重要内容。在大规模开展的植树造林改善生态环境的进程中,人们普遍忧虑的就是缺少适宜的优良树种。中国林科院林业研究所研究培育出的欧美杨 107 号、108 号及派间杂种雄株 110 号,无论是在耐旱,耐寒、速生还是抗病虫害等方面都堪称优良品系,是国内防护林、速生丰产林及绿化林用种苗的高新技术产品,很适宜我国"三北"地区大多数地方种植,可成为这些地方植树造林的首选树种。为了满足退耕还林还(草)工程和天然林保护工程对树种选择的需要,丰富陇原大地特别是陇东地区的树种资源,调整林种、树种结构,实现杨树品种的更新换代,经过我们多方考察反复论证,认为有必要对国家攻关项目的最新成果欧美杨 107 号、108 号及派间杂种雄株 110 号进行引种试验示范研究,并以庆地林科字(2000)014 号文件报原庆阳地区科委立项,科委和财政处联合于 2001 年 11 月 29 日以庆地科字(2001)38 号、庆地财企字(2001)113 号文件下达了本项目。

二、目的意义

杨树是世界上分布最广,适应性最强的树种,也是人类利用最早的树种之一。我国杨树遗传改良已有 50 年的历史:以加杨、箭杆杨、北京杨、合作杨等为主的第一代品种,目前已基本淘汰;以Ⅰ—214 杨、沙兰杨、69 杨、63 杨、72 杨、小黑杨为代表的第二代杨树品种和以中林 46 号杨、毛白杨、50 号杨、3016 杨、36 号杨为代表的第三代杨树品种,目前在我国较广泛种植,这些品种不同程度地存在着这样或那样的缺陷。由中国林业科学研究院林业研究所多位著名专家教授,经过十几年研究培育出的欧美杨 107 号、108 号及派间杂种雄株 110 号为第四代杨树品种,在耐旱性、耐寒性、生长速度、抗病虫害能力及成材质量等方面都非常优越,全面克服了国内杨树生长速度慢,抗病虫害能力差,成材率低的缺点,是国内防护林、速生丰产林及绿化林用种苗的高新技术产品,可成为我国西部及华北地区植树造林的首选树种。

引种欧美杨 107 号、108 号及派间杂种雄株 110 号,不仅可增加树种资源,优化树种结构,增加林分组成多样化,提高用材林生长速度和造林绿化速度,缩短轮伐周期,给以退耕还林为主要内容的生态林业建设提供更多的树种选择机会,而且为杨树品种的更新换代,提高用材林生长速度和造林绿化速度,奠定坚实的物质基础和理论保证。同时,对于改善生态环境,发挥森林、林木的绿色屏障和美化环境作用具有十分重要的现实意义和深远的历史意义。

三、研究的主要内容和方法

1.生物学特性观测

通过引种试验观测欧美杨107号、108号及派间杂种雄株110号在陇东黄土高原区育苗和造林时呈现出的形质指标。即:各年度苗木生长量(包括地径、苗高等生长量)、幼树生长量,树干通直度、冠幅以及综合抗性等。

2.气候适应性观测

实地观测三个品种在庆阳地区育苗和造林后的主要物候表现,分别观测萌动、展叶、叶变色和落叶期的具体时间。着重观测引种当年不同育苗方法苗生长情况和造林当年幼树生长情况。

3.育苗技术研究

主要研究扦插育苗的插穗长度、插穗冬贮方法,不同立地条件类型每亩最适扦插密度,苗床地膜覆盖扦插的时间、方法,ABT生根粉蘸插穗后扦插杨树苗木生长状况,及苗期主要病虫害防治和水、肥、田间管理技术。

4.造林技术研究

通过对比试验,研究观测其不同苗龄、不同林龄、不同立地、不同气象条件和不同抚育管理方式下造林后幼树生长情况;以新疆杨为对比试验树种。根据试验研究结果,科学总结出欧美杨107号在陇东最佳造林技术。并从2004年开始利用2年时间在全区示范推广造林面积266.67hm²(4 000亩)。

5.数据处理

对观测到的数据采用美国Spss公司出品的最新版本的数据处理软件Spss13.0进行有关数据结果分析。

四、完成的技术成果

1.引种

欧美杨杂交品系在我国研究成功的品系号较多,为了确保所引品系的纯正性,我们项目组在查阅了大量相关资料的基础上于2001年3月下旬专程赶往北京时空通用生物技术有限公司这家具有独家欧美杨107、108和110号知识产权的繁育基地引进欧美杨107号4万段、108号100段进行扦插扩繁,当年成活率在98%以上。2003年再度从原引种单位引进欧美杨108号2000段,新引欧美杨110号400段,并在大山门林场苗圃进行扩繁400.2 m²(0.6)亩,成功面积266.8 m²(0.4)亩。试验表明:欧美杨远距离引种,包装和贮藏是引种成败的关键所在,通气纸箱包装和扦插前果窖贮藏是其理想的选择(详见表1),其成苗率在89%以上。

2.物候期观察

三年多的实地观察结果如表2、3、4。从表中可以看出,不同地点,不同年份欧美杨苗期物候表现不尽相同,有的还相差较大,这主要是与当地、当年的气候条件有关。总体上看欧美杨107、108和110号萌动期在4月中下旬至5月中下旬,展叶期在5月初至6月底,叶变色期在9月下旬至10月底,落叶期在9月底至10月底,封顶期与落叶期基本相同。苗木封顶日期是苗木生长一项重要的生理指标。研究该指标是观察树种生物学特性的一个重要方面,2002～2004年调查结果详见表5、6、7。从表5可以看出欧美杨107号在同一县不同地点封顶日期相差10 d左右,但在北部相邻两县表现还有十分相同的现象。表6表明2003年度除西坡林场外欧美杨107、108和110号在子午岭林区封顶日期基本相同,全部封顶在10月11日,而在合水师家庄封顶要提早10 d。表7表明地域相近的封顶日期基本相同。

表1　欧美杨品系引种结果表

品系	时间	数量	包装、运输	贮藏	成苗率	排序
107	2001年3月	4万段	蜡封顶、捆扎、通气纸箱包装,汽车运输	果窖	98%	1
108	同上	100段	同上	同上	89%	2
108	2003年3月	2000段	蜡封顶、捆扎、化纤袋内套塑料袋,邮寄	仓库	60%	3
110	同上	400段	同上	同上	0.5%	4

表2　2002年欧美杨107物候调查表

物候	表现	日期(日/月)					
		刘家店	西坡	师家庄	平定川	柔远	东华池
萌动期	芽开始膨大	16/4	24/4	21/4	21/4	5/4	26/4
	芽开裂	10/5	28/4	28/4	23/4	7/4	27/5
展叶期	开始展叶	10/6	1/5	3/5	28/4	13/4	10/6
	展叶盛期	30/6	10/5	17/5	6/5	22/4	18/6
叶变色期	叶开始变色	20/9	30/9	12/9	5/10	30/9	18/9
	叶全部变色	5/10	30/10	10/10	15/10	16/10	27/9
落叶期	开始落叶	15/10	1/10	17/9	13/10	25/10	7/10
	落叶末期	25/10	16/11	1/11	25/10	20/10	29/10
封顶期	顶芽形成	2/11	26/9	3/11	15/10	30/9	3/11

表3　2003年欧美杨107(108、110)物候调查表

物候	表现	日期(日/月)					
		刘家店	西坡	师家庄	平定川	大山门	太白	东华池
萌动期	芽开始膨大	16/4	20/4	15/4	7/4	15/4	17/4	26/4
	芽开裂	10/5	22/4	3/5	14/4	21/4	20/4	20/5
展叶期	开始展叶	10/6	26/4	9/5	20/4	29/4	23/4	14/5
	展叶盛期	30/6	10/5	16/5	1/5	13/5	25/4	25/6
叶变色期	叶开始变色	20/9	30/9	17/10	7/10	5/10	20/10	27/9
	叶全部变色	5/10	30/10	25/10	12/10	10/10	30/10	11/10
落叶期	开始落叶	15/10	20/9	19/10	15/10	20/10	4/11	18/10
	落叶末期	25/10	19/10	9/11	20/10	5/11	10/11	2/11
封顶期	顶芽形成	2/11	11/10	21/9	5/10	11/10	4/11	30/10

表 4 2004 年欧美杨 107(108)物候调查表

物候	表现	日期（日/月）						
		刘家店	西坡	拓儿塬	平定川	大山门	太白	蒿嘴铺
萌动期	芽开始膨大	16/4	22/4	25/4	7/4	31/4	26/4	20/4
	芽开裂	10/5	24/4	30/4	25/4	3/5	29/4	26/4
展叶期	开始展叶	10/6	26/4	6/5	2/5	10/5	1/5	1/5
	展叶盛期	30/6	12/5	10/5	8/5	15/6	9/5	7/5
叶变色期	叶开始变色	20/9	30/9	17/10	7/10	5/10	20/9	27/9
	叶全部变色	5/10	30/10	25/10	12/10	10/10	30/10	11/10
落叶期	开始落叶	15/10	22/9	16/10	2/10	2/10	2/10	14/10
	落叶末期	25/10	22/10	25/10	19/10	25/10	20/10	22/10
封顶期	顶芽形成	4/11	13/10	8/10	20/9	7/10	20/9	10/10

表 5 2002 年欧美杨 107 苗木封顶调查表

单位	日期（日/月）								
	21/9	26/9	1/10	6/10	11/10	16/10	21/10	26/10	1/11
刘家店	－	－	－	＋	＋＋	＋＋＋	＋＋＋	＋＋＋	＋＋＋
西坡	－	＋	＋＋	＋＋＋	＋＋＋	＋＋＋	＋＋＋	＋＋＋	＋＋＋
平定川	＋	＋＋	＋＋＋	＋＋＋	＋＋＋	＋＋＋	＋＋＋	＋＋＋	＋＋＋
师家庄	－	－	＋	＋	＋	＋＋	＋＋	＋＋＋	＋＋＋
柔远	＋	＋＋	＋＋＋	＋＋＋	＋＋＋	＋＋＋	＋＋＋	＋＋＋	＋＋＋

注:"－"未封顶,"＋"30％封顶,"＋＋"70％封顶,"＋＋＋"100％封顶。

表 6 2003 年欧美杨 107(108、110)苗木封顶调查表

单位	日期（日/月）								
	21/9	26/9	1/10	6/10	11/10	16/10	21/10	26/10	1/11
刘家店	－	－	－	＋	＋＋	＋＋＋	＋＋＋	＋＋＋	＋＋＋
西坡	－	＋	＋＋	＋＋＋	＋＋＋	＋＋＋	＋＋＋	＋＋＋	＋＋＋
大山门	－	－	＋	＋＋	＋＋＋	＋＋＋	＋＋＋	＋＋＋	＋＋＋
108	－	－	＋	＋＋	＋＋＋	＋＋＋	＋＋＋	＋＋＋	＋＋＋
110	－	－	＋	＋＋	＋＋＋	＋＋＋	＋＋＋	＋＋＋	＋＋＋
太白	－	－	－	－	＋	＋＋	＋＋	＋＋＋	＋＋＋
师家庄	＋	＋＋	＋＋	＋＋＋	＋＋＋	＋＋＋	＋＋＋	＋＋＋	＋＋＋
东华池	－	－	＋	＋	＋＋	＋＋	＋＋＋	＋＋＋	＋＋＋

注:"－"未封顶,"＋"30％封顶,"＋＋"70％封顶,"＋＋＋"100％封顶。

3.气候适应性研究

欧美杨 107、108 号引进当年扦插苗生长情况观测结果见表 8(单位:cm)。由表 8 可以看出:不同的育苗方式欧美杨 107 号高生长明显不同,高床(60 cm 宽)覆地膜生长显著快于平床和高床(20 cm 宽),覆膜高床平均苗高达到 237.7 cm,平床和高床分别为 197.2 cm 和 176.2 cm。欧美杨 108 号由于引种插穗比较细弱,致使苗高生长低于 107 号,只达到 162.1 cm。

从表 9 可以看出欧美杨 107、108 号生长高峰期为 7 月中旬至 8 月下旬,此时的生长量分别占全年生长量的 84.5%(108 号)、86.9%(高床)、79.6%(平床)、67.1%(高床覆膜)。由于地膜覆盖致使 8 月下旬至 9 月底的生长量占到了 32.9%,明显高于没有覆膜的育苗方式。同时说明,欧美杨 107、108 号在庆阳有很好的适生性。

表 7   2004 年欧美杨 107(108)苗木封顶调查表

单位	日期(日/月)								
	21/9	26/9	1/10	6/10	11/10	16/10	21/10	26/10	1/11
刘家店	－	－	－	＋	＋＋	＋＋＋	＋＋＋	＋＋＋	＋＋＋
西坡	－	＋	＋＋	＋＋＋	＋＋＋	＋＋＋	＋＋＋	＋＋＋	＋＋＋
大山门	－	－	－	＋	＋＋	＋＋	＋＋	＋＋＋	＋＋＋
108	－	－	－	＋	＋＋	＋＋	＋＋	＋＋＋	＋＋＋
蒿嘴铺	－	－	－	－	＋	＋＋	＋＋＋	＋＋＋	＋＋＋
拓儿塬	－	－	－	－	－	＋	＋＋	＋＋＋	＋＋＋
太白	－	＋	＋＋	＋＋	＋＋＋	＋＋＋	＋＋＋	＋＋＋	＋＋＋
连家砭	－	＋	＋＋	＋＋＋	＋＋＋	＋＋＋	＋＋＋	＋＋＋	＋＋＋
平定川	－	＋	＋＋	＋＋＋	＋＋＋	＋＋＋	＋＋＋	＋＋＋	＋＋＋

注:"－"未封顶,"＋"30%封顶,"＋＋"70%封顶,"＋＋＋"100%封顶。

4. 育苗地因素研究

2001 年至 2004 年繁育欧美杨品系的苗圃地均成功培育出了合格的苗木。为此我们将影响苗木质量的有关因素进行分析,结果见表 10。

从表 10 可以看出,作床方式是决定苗木质量的首要因子,依次是扦插方式、苗期管理、地膜覆盖与否、土壤肥力状况、插前处理、土壤类型和前茬作物。即就是说培育优良的欧美杨苗木必须是土壤肥沃、高床作业、地膜覆盖、生根粉或流水浸泡种条、垂直扦插、加强管理。

表 8   不同育苗方式欧美杨 107(108)平均高生长观测表　　　(单位:cm)

时间(日/月)	108 高床	高床(g)	平床(p)	高床覆膜(f)	排序
27/6	20.45	29.47	39.12	56.24	f＞p＞g
12/7	35.7	41.1	56.1	73.2	f＞p＞g
25/7	80.7	87.35	114.9	126.35	f＞p＞g
6/8	100.1	127.5	138.9	148.6	f＞p＞g
25/8	140.1	157.00	165.00	178.00	f＞p＞g
9/9	148.1	170.5	174.9	182.00	f＞p＞g
29/9	162.1	176.2	197.2	237.7	f＞p＞g
木质化后	162.1	176.2	197.2	237.7	f＞p＞g

表 9　不同育苗方式欧美杨 107(108) 平均高生长速率表　　　　（单位：cm）

时间（日/月）	108 高床	高床(g)	平床(p)	高床覆膜(f)
27/6（初值）	20.45	29.47	39.12	56.24
12/7（增长 1）	15.25	11.63	16.98	16.87
25/7（增长 2）	45	46.25	58.8	70.11
6/8（增长 3）	19.4	40.15	24.0	22.25
25/8（增长 4）	40	29.5	26.1	29.4
9/9（增长 5）	8	13.5	9.9	4.0
29/9（增长 6）	14	5.7	22.3	55.7
总增长值	141.65	146.73	158.08	181.46
木质化后高度	162.1	176.2	197.2	237.7

表 10　苗圃因素分析表　　　　（单位：cm）

主因素	分项 A 及数量	分项 B 及数量	分项 C 及数量	以 A 排序	以 A+B 排序	综合排序
土壤类型	黄绵土 16	沙壤土 1	其他 6	3	4	7
土壤肥力	良好 14	一般 8	贫瘠 1	5	2	5
前茬作物	油料 8	苗木 8	其他 7	6	5	8
作床方式	高床 22	平床 1	其他 0	1	1	1
覆盖情况	覆盖 15	无 7	双层膜 1	4	2	4
扦插方式	垂直 20	斜插 3	其他 0	2	1	2
插前处理	生根粉 15	水浸 6	沙藏 2	4	3	6
苗期管理	浇水、施肥、抹芽、防病虫 20	缺一项 2	缺 2 项以上 1	2	2	3

5.苗木生长过程研究

苗木是造林的基础,苗木质量的好坏决定着造林质量的高低。调查苗木的生长过程,准确掌握生长高峰期有利于提高苗木质量的优良率和出圃率。苗木生长过程主要体现在苗高和地径两个指标上。通过 2002 年、2003 年、2004 年三年不同育苗单位的实地调查结果,能够发现欧美杨 107 号苗期生长具有一定的规律性(详见表 11－16)。表 11 至表 13 说明:不同年份、不同地点、不同时间扦插欧美杨高生长高峰期也不尽相同,表 14 至表 16 表明不同年份、不同地点、不同时间扦插欧美杨地径生长高峰期也不尽相同,但从总的趋势看,其高峰期总是出现在 6、7、8 三个月或 7、8、9 三个月,这可能与当年、当地的月均温和降雨量有关。

表 11　2002 年欧美杨 107 苗木高生长速率表　　　　（单位：cm）

日期 地点	扦插时间	15/5 初测值	30/5 增高	30/6 增高	30/7 增高	30/8 增高	30/9 增高	15/10 终值
刘家店	25/3	14.1	11.48	22.92	62.6	90.02	24.8	226.0
西坡	21/3	/	7.68	9.72	54.44	46.24	41.08	159.0
师家庄	21/4	12.9	8.4	84.1	134.1	36.9	32.7	311.4
东华池	18/4	/	2.5	38.5	43.5	88.5	52.5	222.0
柔远	31/3	14.9	14.3	37.16	110.74	42.9	11.6	232.0

表 12　2003 年欧美杨 107 苗木高生长速率表　　　　（单位:cm）

日期 地点	扦插时间	15/5 初测值	30/5 增高	30/6 增高	30/7 增高	30/8 增高	30/9 增高	15/10 终值
刘家店	25/3	9.26	7.68	32.5	51.32	38.28	4.92	154.4
西坡	20/4	/	8	10.16	34.12	41.92	34.08	159.0
师家庄	9/4	21.3	15.8	71.33	75.9	69.3	31.2	311.4
大山门	31/3	6.9	7.5	52.4	75.2	54.0	14.0	210
太白	17/4	16.6	10.64	26.3	56.0	50.7	9.4	171.0
平定川	6/4	/	20.3	29.6	69.3	72.1	9.1	210.0

表 13　2004 年欧美杨 107 苗木高生长速率表　　　　（单位:cm）

日期 地点	扦插时间	15/5 初测值	30/5 增高	30/6 增高	30/7 增高	30/8 增高	30/9 增高	15/10 终值
刘家店	26/3	14.2	11.49	23.13	41.55	59.85	46.68	196.90
西坡	22/4	7.52	1.9	24.68	43.94	40.0	40.12	160.58
拓儿塬	20/4	6.1	6.68	17.62	31.76	47.5	61.8	178.68
蒿嘴铺	15/4	6.32	6.8	18.86	30.46	49.76	61.3	186.72
连家砭	27/4	9.12	8.0	13.72	15.24	36.74	70.72	159.30
太白	20/4	6.24	9.58	20.28	41.66	54.12	44.36	196.24
平定川	18/4	6.28	7.58	22.26	41.54	52.48	45.7	196.24

表 14　2002 年欧美杨 107 苗木地径生长速率表　　　　（单位:cm）

日期 地点	扦插时间	15/5 初测值	30/5 增粗	30/6 增粗	30/7 增粗	30/8 增粗	30/9 增粗	15/10 终值
刘家店	25/3	0.2	/	0.1	0.5	0.7	0.3	1.8
西坡	21/3	/	0.27	0.06	0.42	0.42	0.32	1.51
师家庄	21/4	0.24	0.12	0.19	0.86	0.62	0.38	2.47
柔远	31/3	0.3	0.1	0.3	1.1	0.5	0	2.3

表 15　2003 年欧美杨 107 苗木地径生长速率表　　　　（单位:cm）

日期 地点	扦插时间	15/5 初测值	30/5 增粗	30/6 增粗	30/7 增粗	30/8 增粗	30/9 增粗	15/10 终值
刘家店	25/3	0.24	0.03	0.14	0.16	0.33	0.34	1.24
西坡	20/4	/	0.27	0.24	0.28	0.31	0.26	1.47
师家庄	9/4	0.36	0.12	0.25	0.85	0.78	0.46	2.9
大山门	31/3	0.4	0.1	0.2	0.4	0.3	0.4	1.8
太白	17/4	0.29	0.08	0.13	0.44	0.37	0.09	1.4
平定川	6/4	/	0.29	0.3	0.4	0.53	0.03	1.68

6.育苗技术研究(要点详见附件一)

(1)插条的制作及处理:每年育苗前从生长健壮、木质化程度高的一年生苗木上截取长度为 12 cm、带有 3 个以上饱满芽的枝段作插穗。以 2 m 高的枝条为例,截取芽体弱的基部 20 cm 和木质化程度低的梢部 40 cm 不用,每枝条可截取插穗 11 个,有的苗圃以 15 cm 长枝段作插穗,每个枝条只能截取 9 个,同样的枝条减少了 18.2% 出穗率。试验表明插条处理与否,插条成苗率有显著差异(表 17)。表 17 说明:插穗位于枝条的部位不同成苗率差异较大,基部和梢部较差,基部大于梢部,中部最好;插穗蜡封顶成苗率明显高于不封顶的。表 18 表明:流水和池水浸泡插穗与 ABT 生根粉浸泡差异不大,生根粉比流水浸泡高生长高 2.7%(生根粉处理苗高 229cm),流水比池水浸泡高生长高 6.2%(流水处理苗高 223cm);生根粉、流水和池水浸泡地径生长差异不明显。解剖学观察发现,欧美杨的嫩枝在发育过程中产生大量的根原基,剥开树皮可以看到从木质部长出的一个个小突起,称为先成原基。这些先成原基的数目与插条繁殖能力密切相关,一般的只有 20%~40% 先成根原基发育成根。

表 16　2004 年欧美杨 107 苗木地径生长速率表　　　　　(单位:cm)

日期 地点	扦插时间	15/5 初测值	30/5 增粗	30/6 增粗	30/7 增粗	30/8 增粗	30/9 增粗	15/10 终值
刘家店	26/3	0.19	0.07	0.03	0.4	0.6	0.3	1.59
西坡	22/4	0.26	0.01	0.18	0.34	0.21	0.44	1.46
拓儿塬	20/4	0.20	0.1	0.16	0.15	0.23	0.1	0.93
蒿嘴铺	15/4	0.20	0.1	0.13	0.21	0.21	0.19	1.08
连家硔	27/4	0.20	0.1	0.09	0.13	0.16	0.32	1.10
太白	20/4	0.20	0.1	0.12	0.15	0.17	0.19	1.05
平定川	18/4	0.20	0.1	0.11	0.16	0.16	0.20	1.05

(2)整地作床:苗圃地深翻 25~30 cm,施足基肥,整平耙磨好,并每亩撒施 20 kg 硫酸亚铁进行土壤消毒,做成 60 cm 宽、15~20 cm 的高床,上覆普通农用地膜 1 层。

表 17　插穗成苗率比较表

部位	长度 (cm)	处理方法			排序
		封顶	浸泡	成苗率	
梢部	12	蜡封顶	水或生根粉	50%	4
		不封顶	水或生根粉	40%	6
	15	蜡封顶	水或生根粉	50%	4
		不封顶	水或生根粉	40%	6
中部	12	蜡封顶	水或生根粉	98%	1
		不封顶	水或生根粉	80%	2
	15	蜡封顶	水或生根粉	98%	1
		不封顶	水或生根粉	80%	2
基部	12	蜡封顶	水或生根粉	65%	3
		不封顶	水或生根粉	45%	5
	15	蜡封顶	水或生根粉	65%	3
		不封顶	水或生根粉	45%	5

（3）扦插时间及密度：欧美杨春秋两季均可扦插，秋季扦插翌年幼苗易受晚霜危害，故多以春季扦插为好，时间掌握在 4 月上、中旬（清明至谷雨）。据研究扦插密度应该控制在 4 000～5 000 株/亩为宜，密度过大，影响生长；密度过小，单位面积产苗量低，影响经济效益的发挥。

（4）扦插方法：扦插前用打孔器将地膜戳插穗大小的洞，目的是避免地膜带在插穗上影响生根，然后将插穗垂直插入，深度与床面平齐。垂直扦插可避免苗木的"歪脖子"现象发生。

表 18 不同插条处理方法苗木生长比较表

项目	处理方法	地经（cm）	苗高（cm）	排序	备注
西坡林场	流水浸泡	2.0	220	6	肥力一般
刘家店林场	流水浸泡	2.1	226	3	肥力良好
大山门林场	生根粉浸泡	2.1	228	2	肥力良好
太白林场	流水浸泡	2.0	222	5	肥力一般
东华池林场	生根粉浸泡	2.1	230	1	土壤肥沃
平定川林场	流水浸泡	2.0	220	6	肥力一般
市中心苗圃	池水浸泡	2.0	210	7	肥力较差
柔远苗圃	流水浸泡	2.1	224	4	肥力良好
师家庄	流水浸泡	2.1	226	3	肥力良好

（5）灌水：扦插后及时灌足、灌透头水，最好大水漫过地膜（湿水深度达到 1 m 为好），确保土壤湿润。以后根据土壤墒情随时灌水。雨季停止灌水。灌水方式不同苗木生长差异明显（详见表 19），喷灌加普通漫灌比单纯漫灌苗高（分别为 235.1 cm 和 204.4 cm）和地径（分别为 2.3 cm 和 1.9 cm）生长分别提高 15.0％和 21.1％。

表 19 不同灌溉条件欧美杨 107 生长过程表

（时间：2004 年　　地点：西坡林场苗圃　　苗龄：1 年　土壤肥力：较好　　单位：cm）

日期	5.15		5.30		6.15		6.30		7.15		7.30		8.15		8.30		9.15		9.30		10.15	
条件	苗高	地径	苗高	地径	苗高	地径	苗高	地径	苗高	地径	苗高	地径	苗高	地径	苗高	地径	苗高	地径	苗高	地径	苗高	地径
喷灌＋漫灌	9.8	0.3	22.5	0.3	45.3	0.6	77.9	0.9	113.8	1.2	148.1	1.5	169.7	1.7	195.7	1.9	208.6	2.1	221.3	2.2	235.1	2.3
漫灌	7.8	0.2	16.0	0.2	37.0	0.4	54.0	0.6	89.0	0.7	122.0	1.0	145.0	1.2	175.0	1.4	188.7	1.7	198.9	1.8	204.4	1.9

（6）施肥：春季苗木成活后，为促进苗木生长可于 5 月或 6、7 月间追肥各一次，共 2 次；亦可叶面喷肥。纯有机肥（如羊粪）点施每亩次 100～200 kg，尿素 15～20 kg 或复合肥 25～30 kg（详见表 20），施肥深度为 5～10 cm，施肥后埋土、浇透水；在 7、8 月份叶面喷 6 000 倍喷施宝液肥等均可促进苗高和地径快速生长（详见表 21）。

(7)苗木生长历期:插穗于清明节开始扦插,芽膨胀开始于 15 d 后即 4 月 20 日前后,展叶在 5 月上旬,旺盛生长期在 6、7、8、9 月,叶变色期出现在 9 月底,落叶盛期在 10 月中下旬,10 月底停止生长,总历期 204 d,生长期为 163 d。

(8)苗木生长比较:

I. 欧美杨品种间比较:欧美杨 107 和 108 号引种当年即 2001 年在市中心苗圃相同培育条件下,其生长存在极显著差异,欧美杨 107 号明显比 108 号表现好,其中平均苗高 107 号为 2.394 m、108 号为 1.565 m,相差近 83 cm;地径 107 号为 2.3 cm、108 号为 1.46 cm,相差 0.82 cm,这与欧美杨 107 号、108 号引进时种条质量有关(详见表 22 和表 23)。2002 年欧美杨 107 号和 108 号平茬苗在市中心苗圃相同培育条件下,其生长无多大差异,即欧美杨 107 号和 108 号 2 根 1 杆苗生长良好,平均值分别为 107 号苗高 3.36 m、地径 2.73 cm;108 号苗高 3.19 m、地径 2.48 cm(详见表 24 和表 25)。

表 20 追肥对苗木生长的影响

种类	数量(kg)	次数	平均苗高(cm)	平均地径(cm)	排序
尿素	10	2	215	2.1	7
	15	2	225	2.2	5
	20	2	230	2.2	3
复合肥	20	2	218	2.1	6
	25	2	229	2.2	4
	30	2	232	2.2	2
羊粪	100	2	213	2.1	8
	200	2	232	2.3	2
	300	2	238	2.3	1
对照	不追肥	0	210	2.1	9

II. 苗龄比较:欧美杨 107 号、108 号平茬苗和 1 年生苗相比,无论是苗高还是地径生长量差异极其显著。其中,107 号平茬苗苗高是 1 年生苗的 140.6%,地径是 118.7%;108 号平茬苗苗高是 1 年生苗的 201.9%,地径是 165.3%(详见表 26 和表 27)。

表 21 叶面喷肥试验 $L_9(3^4)$ 正交表

(试验时间:2004 年   地点:西坡 面积:5 亩   实验重复 3 次   品种:欧美 107 杨 1 年苗)

处理号	液肥种类	浓度	喷肥次数	平均苗高	平均地径	排序
1	赤霉素	4000	3	201cm	1.8cm	6
2	赤霉素	6000	2	216	2.0	3
3	赤霉素	8000	1	194	1.7	8
4	喷施宝	4000	2	209	1.9	4
5	喷施宝	6000	3	230	2.2	1
6	喷施宝	8000	1	205	1.9	5
7	爱多收	4000	2	197	1.8	7
8	爱多收	6000	1	190	1.8	9
9	爱多收	8000	3	218	2.0	2

表 22　欧美杨 107 号、108 号 1 年生苗比较表

品系			107 号	108 号
	株数		20	20
苗高(m)	均值		2.3940	1.5645
	置信区间(95%)	下限	2.2179	1.4636
		上限	2.5701	1.6654
	最大值		2.95	2.01
	最小值		1.64	1.22
地经(cm)	均值		2.300	1.485
	置信区间(95%)	下限	2.137	1.389
		上限	2.464	1.581
	最大值		2.8	1.9
	最小值		1.6	1.2

表 23　欧美杨 107 号、108 号 1 年生苗方差分析表

项目	变差来源	离差平方和	自由度	均方	均方比	Fα
苗高	组间	6.881	1	6.881	73.179	$F_{0.01}=7.35$
	组内	3.573	38	0.094		$F\alpha>F_{0.01}$
	总的	10.454	39			差异极显著
地径	组间	6.642	1	6.642	81.277	$F_{0.01}=7.35$
	组内	3.106	38	0.082		$F\alpha>F_{0.01}$
	总的	9.748	39			差异极显著

表 24　欧美杨 107 号、108 号平茬苗比较表

品系			107 号	108 号
	株数		20	21
苗高(m)	均值		3.3625	3.1852
	置信区间(95%)	下限	2.2179	1.4636
		上限	2.5701	1.6654
	最大值		2.95	2.01
	最小值		1.64	1.22
地经(cm)	均值		2.300	1.485
	置信区间(95%)	下限	2.945	2.767
		上限	2.506	2.195
	最大值		3.2	3.4
	最小值		1.2	1.1

　　III. 圃地环境比较:试验表明欧美杨 107 号在不同的立地条件下 1 年生苗木生长存在着极其显著的差异(详见表 28、表 29 和表 30)。苗高最高均值为 287.22 cm,最低均值 131.14 cm,最高值是最低值的 219.0%;地径最大均值为 2.94 cm,最小均值为 1.24 cm,最大值是最小值的 237.1%。表 31 表明:师家庄示范园培育的欧美杨 107 号,无论是苗高还是地径都

和其他六处具有极其显著的差异,相差悬殊;大山门林场培育的欧美杨 107 号和西坡林场培育的苗高差异极显著,地径差异显著;平定川林场培育的苗木高度和西坡林场的差异显著,地径差异不显著。同时亦说明培育欧美杨最适宜的苗圃环境是:高床作业、地膜覆盖、土壤肥沃、以黄绵土为好、前茬最好是农作物并要加强苗期管理。

表 25　欧美杨 107 号、108 号平茬苗方差分析表

项目	变差来源	离差平方和	自由度	均方	均方比	Fα
苗高	组间	0.322	1	0.322	1.061	$F_{0.05}=4.09$
	组内	11.836	39	0.303		$Fα<F_{0.05}$
	总的	12.158	40			差异不显著
地径	组间	0.613	1	0.613	1.981	$F_{0.05}=4.09$
	组内	12.059	39	0.309		$Fα<F_{0.05}$
	总的	12.672	40			差异不显著

表 26　欧美杨 107 号 1 年生和平茬苗方差分析表

项目	均值(m、cm)	变差来源	离差平方和	自由度	均方	均方比	Fα
苗高	2.39/1a	组间	9.380	1	9.380	50.784	$F_{0.01}=7.35$
	3.36/2a	组内	7.019	38	0.185		$Fα>F_{0.01}$
		总的	16.399	39			差异极显著
地径	2.30/1a	组间	1.811	1	1.811	10.606	$F_{0.01}=7.35$
	2.73/2a	组内	6.487	38	0.171		$Fα>F_{0.01}$
		总的	8.298	39			差异极显著

Ⅳ.欧美杨与新疆杨比较:欧美杨 107、108、110 号引入庆阳后,在大山门林场苗圃进行扩繁培育,为了确定其苗期优良特性,将本地适生的新疆杨作为对照树种,现将实地观测结果作比较分析。由于新疆杨 1 年生苗不能出圃,故以 2 根 1 杆平茬苗进行比较。表 32 和表 33 说明欧美杨 107 号、108 号和新疆杨差异极显著,生长量由大到小依次为:欧美杨 107 号(苗高 3.955 m,地径 3.22 cm)>欧美杨 108 号(苗高 3.820 m,地径 3.17 cm)>新疆杨(苗高 2.850 m、地径 2.07 cm)。多重比较表明:欧美杨 107 号与欧美杨 108 号差异不明显,但 2个品种均与新疆杨存在极其显著的差异,即欧美杨优于新疆杨。

表 27　欧美杨 108 号 1 年生和平茬苗方差分析表

项目	均值(m、cm)	变差来源	离差平方和	自由度	均方	均方比	Fα
苗高	1.58/1a	组间	25.822	1	25.822	117.690	$F_{0.01}=7.35$
	3.19/2a	组内	8.337	38	0.219		$Fα>F_{0.01}$
		总的	34.159	39			差异极显著
地径	1.50/1a	组间	9.599	1	9.599	42.450	$F_{0.01}=7.35$
	2.48/2a	组内	8.592	38	0.226		$Fα>F_{0.01}$
		总的	18.191	39			差异极显著

表28　2003年苗木繁育圃地情况表

地点	土壤	肥力	前茬	作床	覆盖	插前处理	插后管理
刘家店	黄绵土	良好	山杏	带状高床	地膜	生根粉	实施
西坡	红壤	中等	麻茬	高床	无	流水	实施
大山门	黄绵土	良好	刺槐	高床	地膜	生根粉	实施
太白	黑垆土	中等	玉米	高床	地膜	生根粉	实施
平定川	农田	较好	侧柏	高床	地膜	生根粉	实施
师家庄	黄绵土	良好	农作物	高床	地膜	生根粉	实施
东华池	黄绵土	良好	蒿类	高床	双地膜	沙藏	实施

表29　不同地点欧美杨107号生长比较表

项目	序号地点	株数	均值	置信区间(95%) 下限	上限	最小值	最大值
苗高(cm)H	1 刘家店	50	154.40	147.58	161.22	114	195
	2 西坡	50	131.14	126.75	135.53	86	183
	3 大山门	23	209.91	189.08	230.74	100	277
	4 太白	25	170.92	170.54	171.30	170	173
	5 平定川	50	209.96	196.87	223.05	43	287
	6 师家庄	49	287.22	273.78	300.66	215	368
	7 东华池	36	187.39	165.73	209.84	46	265
地径(cm)J	1 刘家店	50	1.24	1.21	1.28	1	1
	2 西坡	50	1.47	1.42	1.52	1	2
	3 大山门	23	1.83	1.70	1.97	1	3
	4 太白	25	1.40	1.40	1.40	1	1
	5 平定川	50	1.75	1.63	1.87	1	3
	6 师家庄	49	2.94	2.85	3.03	2	4
	7 东华池	36	1.68	1.44	1.91	0	3

(9)松土除草及修枝:杂草是幼苗期不容忽视的一害,只有及时松土除草,才能克服杂草与幼苗的光热水肥之争。同时,待幼苗长到20cm左右及时打杈抹芽,去掉主枝以外的分枝。

表30　不同地点欧美杨107号生长方差分析表

项目	变差来源	离差平方和	自由度	均方	均方比	Fα
苗高	组间	735127.36	6	122521.226	76.274	$F_{0.01}=2.87$
	组内	443346.69	276	1606.329		$F\alpha>F_{0.01}$
	总的	1178474.0	282			差异极显著
地径	组间	89.281	6	14.880	115.729	$F_{0.01}=2.87$
	组内	35.487	276	0.129		$F\alpha>F_{0.01}$
	总的	124.768	282			差异极显著

表 31　不同地点欧美 107 杨生长多重比较 q 法表

项目	均　值	i－2	i－1	i－4	i－7	i－3	i－5	D 值
苗高	H_6＝287.22	155.78＊＊	132.82＊＊	116.3＊＊	99.83＊＊	77.31＊＊	77.26＊＊	$Q_{0.05}$＝4.17
	H_5＝209.96	78.82＊＊	55.56	39.04	22.57	0.05		$Q_{0.01}$＝4.88
	H_3＝209.91	78.77＊＊	55.51	38.99	22.52			均方＝1606.329
	H_7＝187.39	56.25	32.99	16.47				$D_{0.05}$＝63.17
	H_4＝170.92	39.78	16.52					$D_{0.01}$＝73.95
	H_1＝154.40	23.26						
	H_2＝131.14							

	均值	i－1	i－4	i－2	i－7	i－5	i－3	D
地径	J_6＝2.94	1.70＊＊	1.54＊＊	1.47＊＊	1.26＊＊	1.19＊＊	1.09＊＊	$Q_{0.05}$＝4.17
	J_3＝1.83	0.59＊	0.43	0.36	0.15	0.08		$Q_{0.01}$＝4.88
	J_5＝1.75	0.51	0.35	0.28	0.07			均方＝0.129
	J_7＝1.68	0.44	0.28	0.21				$D_{0.05}$＝0.566
	J_2＝1.47	0.23	0.07					$D_{0.01}$＝0.662
	J_4＝1.40	0.16						
	J_1＝1.24							

表 32　欧美杨、新疆杨苗木生长比较表

项目	品种(序号)	株数	均值	置信区间(95％)		最小值	最大值
				下限	上限		
苗高(cm)H	107 杨(1)	20	3.955	3.854	4.056	3.6	4.3
	108 杨(2)	20	3.820	3.743	3.897	3.6	4.2
	新疆杨(3)	20	2.850	2.690	3.010	2.1	3.6
地径(cm)J	107 杨(1)	20	3.22	3.114	3.326	2.9	3.9
	108 杨(2)	20	3.17	3.092	3.248	2.7	3.4
	新疆杨(3)	20	2.07	1.969	2.171	1.8	2.6

(10)病虫害防治:欧美杨苗期病害相对较少,主要是褐斑病和叶锈病两种,在病害发生初期及时喷洒甲基托布津和粉锈宁溶液 1－2 次就可控制其发生流行。苗期虫害以白杨叶甲和大青叶蝉较为常见,白杨透翅蛾和青杨天牛时有发生;这四种害虫的防治应当采取综合防治的方法(详见附件二)。

7. 造林技术研究

(1)造林适应性观测:2002 年用庆阳市中心苗圃培育的 1 年生欧美杨 107 号 1 级苗,在正宁林业总场刘家店和西坡林场进行适应性示范造林 50 亩。刘家店林场在长有蒿类的荒地内进行穴状整地,整地规格是长宽各 1 m、深 0.6 m,坡向向南、坡度 13°,当年造林成活率为 99％,树高 259.44 cm、胸径 2.07 cm;西坡林场在长有蒿类和冰草的弃耕地内进行穴状整地,整地规格与刘家店林场相同,坡向东南、坡度 10°,当年造林成活率为 95.4％,树高243.70 cm、胸径 1.47 cm。

表 33 欧美杨、新疆杨苗木生长方差分析表

项目	变差来源	离差平方和	自由度	均方	均方比	Fα
苗高	组间	14.534	2	7.267	114.065	$F_{0.01}=4.996$
	组内	3.632	57	0.064		$F\alpha>F_{0.01}$
	总的	18.166	59			差异极显著
地径	组间	16.900	2	8.450	115.729	$F_{0.01}=4.996$
	组内	2.376	57	0.042		$F\alpha>F_{0.01}$
	总的	19.276	59			差异极显著

表 34 欧美杨、新疆杨苗木生长多重比较 q 法表

项目	均值	i-3	i-2	D 值
苗高	H1=3.955	1.105**	0.135	$D_{0.05}=0.192$
	H2=3.820	0.97**		$D_{0.01}=0.242$
	H3=2.850			
地径	J1=3.220	1.150**	0.05	$D_{0.05}=0.156$
	J2=3.170	1.10**		$D_{0.01}=0.196$
	J3=2.070			

表 35 欧美杨 107 适应性生长方差分析表

项目	调查株数	均值(cm)/地点	变差来源	离差平方和	自由度	均方	均方比	Fα
苗高(cm)	50	259.44/刘	组间	6193.69	1	6193.690	4.765	$F_{0.05}=3.94$
	50	243.70/西	组内	127394.82	98	1299.947		$F\alpha>F_{0.05}$
	/	/	总的	133588.51	99			差异显著
地径(cm)	50	2.07/刘	组间	9.000	1	9.000	298.983	$F_{0.01}=6.90$
	50	1.47/西	组内	2.950	98	0.030		$F\alpha>F_{0.01}$
	/	/	总的	11.950	99			差异极显著

从这两处造林情况看欧美杨 107 号当年成活率都在 95.4% 以上,高于造林成活率 85% 的国家标准,所以说其能够适应庆阳市的环境条件。为了测定两处造林地欧美杨 107 号的生长是否有差异,我们进行了方差分析(如表 35)。结果表明:两处造林地树高生长总体差异显著,胸径生长差异极显著。

(2)造林后物候观测:2003 年示范造林地点增加到 6 处,我们对造林后欧美杨 107 号的物候表现进行了观测,结果如表 36。从表 36 可以看出:欧美杨 107 造林后萌动期在 4 月下旬,展叶期在 5 月上中旬,叶变色期在 9 月下旬至 10 月初,落叶期在 10 月中下旬。没有发现冬季抽条现象,整个物候期和苗期基本一致。

(3)不同立地条件下幼树生长比较:2003 年当年造林分布在正宁总场刘家店林场西牛庄、合水总场平定川林场周嘴磨房、合水县肖宫公路肖嘴乡铁赵、华池总场东华池林场南湾和华池县柔远镇芋子沟五个地点,各造林地情况如表 37 所示。当年幼树生长结果反映在表 38 中,对观测结果进行方差分析表明:不同立地、不同的整地方式、不同的植被条件,欧美杨

107号树高和胸径生长存在极显著差异(详见表39)。对此结果再作多重比较,结果表明:欧美杨107号在合水县肖宫公路肖嘴乡铁赵村行道树栽植,当年树高和胸径生长量极显著,高于其它立地条件下的造林,即欧美杨107号营造行道树比营造纯林生长好;在栽植杨树纯林的情况下,东华池川台地树高生长明显优于其他立地条件,由高到低依次为东华池、刘家店、柔远、平定川,但胸径生长平定川优于东华池、刘家店和柔远;综合评价肖嘴、东华池和刘家店明显优于平定川和柔远。同时说明欧美杨107号在塬地生长(树高317.96 cm、胸径2.596 cm)最为适宜,其次是川台地、二荒地、弃耕地和坡耕地。由于平定川特定的生态地理小环境,树高和胸径生长表现出树高生长慢,胸径生长快的特异性。

表36　造林后物候观测汇总表　　　　　　(单位:日/月)

地　点	萌动期	展叶期	叶变色期	落叶期
刘家店	28/4	5/5	20/9	15/10
西　坡	25/4	2/5	14/9	13/10
平定川	20/4	3/5	20/9	15/10
肖　咀	26/4	14/5	23/9	26/10
东华池	28/4	8/5	1/10	15/10
柔　远	21/4	3/5	1/10	26/10

表37　2003年造林地基本情况汇总表

地点	立地	坡向	坡位	植被	整地方式	苗木根系	成活率%
刘家店	二荒地	南北	下	蒿类	穴状	完整	92
平定川	弃耕地	南	下	蒿类	块状	较好	96
肖　咀	塬地	/	/	蒿类	穴状	完整	89.7
东华池	川台地	/	/	玉米	穴状	良好	94
柔　远	坡耕地	东南	中	蒿类	水平沟	完整	92

表38　2003年欧美107杨幼树生长比较表

项目	序号地点	株数	均值（cm）	置信区间(95%) 下限	置信区间(95%) 上限	最小值	最大值
树高 H	1 刘家店	50	256.32	254.75	257.89	251	271
	2 平定川	45	177.98	171.95	184.01	117	217
	3 肖　咀	23	317.96	301.80	334.11	181	366
	4 东华池	50	274.04	263.42	284.66	204	340
	5 柔　远	50	225.86	216.36	235.36	155	290
胸径 J	1 刘家店	50	1.876	1.802	1.950	1.5	2.4
	2 平定川	45	1.876	1.801	1.954	1.4	2.6
	3 肖　咀	23	2.596	2.558	2.634	2.5	2.8
	4 东华池	50	1.877	1.772	1.983	1.1	2.6
	5 柔　远	50	1.012	0.954	1.070	0.6	1.5

表 39　2003 年欧美杨 107 号幼树生长方差分析表

项目	变差来源	离差平方和	自由度	均方	均方比	Fα
苗高	组间	391098.28	4	97774.569	120.238	$F_{0.01}=3.41$
	组内	173206.75	213	813.177		$Fα>F_{0.01}$
	总的	564305.03	217			差异极显著
胸径	组间	46.016	4	11.504	162.097	$F0.01=3.41$
	组内	15.117	213	0.071		$Fα>F_{0.01}$
	总的	61.132	217			差异极显著

表 40　2003 年欧美杨 107 号幼树生长多重比较 q 法表

项目	均 值	i−2	i−5	i−1	i−4	D 值
树高	$H_3=317.96$	139.98**	96.1**	61.64**	43.92	$Q_{0.05}=3.86$
	$H_4=274.04$	96.06**	48.18	17.72		$Q_{0.01}=4.60$
	$H_1=256.32$	78.34**	30.46			均方=813.177
	$H_5=225.86$	47.88				$D_{0.05}=49.23$
	$H_2=177.98$					$D_{0.01}=58.66$
	均 值	i−5	i−1	i−4	i−2	D
胸径	$J_3=2.596$	1.584**	0.72**	0.719**	0.718**	$Q_{0.05}=3.86$
	$J_2=1.878$	0.866**	0.002	0.001		$Q_{0.01}=4.60$
	$J_4=1.877$	0.865**	0.001			均方=0.071
	$J_1=1.876$	0.864**				$D_{0.05}=0.46$
	$J_5=1.012$					$D_{0.01}=0.55$

表 41　不同造林地气象条件汇总表

地 点	年均温 (℃)	早霜期 (日/月)	晚霜期 (日/月)	无霜期 (天)	极端低温 (℃)	极端高温 (℃)	降水量 (mm)
刘家店	8.5	16/10	17/5	160	−27.7	36.7	625
西 坡	8.3	22/10	19/5	150−160	−29	36	600
拓儿塬	9.1	11/10	5/5	150	−25	38	560
太 白	7.8	28/9	10/5	110	−29	38	600
平定川	7.9	28/9	8/5	110	−30	38.7	550

　　(4)不同气象条件下幼树生长比较:2004 年在刘家店、西坡、拓儿塬、太白、平定川五点进行了不同气象条件下幼树生长比较试验,结果如表 41 和表 42,并进行方差分析和多重比较(详见表 43 和表 44),结果表明:降雨量在 600 mm 以上、无霜期在 150 d 以上的造林地,幼树树高和胸径的生长量显著高于其他造林地块,造林 1 年树高相差 7.3% 即 14.99 cm,胸径相差 11.3% 即 0.098 cm。

表 42　不同造林地幼树生长比较表

项目	序号地点	株数	均值(cm)	置信区间(95%)		最小值	最大值
				下限	上限		
树高 H	1 刘家店	50	294.22	286.76	301.68	208	335
	2 西坡	50	244.62	234.74	254.50	152	331
	3 拓儿塬	48	190.67	188.13	193.21	166	217
	4 太白	44	205.66	200.91	210.40	182	232
	5 平定川	44	205.57	200.82	210.31	182	232
胸径 J	1 刘家店	50	2.258	2.219	2.297	2.0	2.4
	2 西坡	50	1.464	1.414	1.514	1.2	1.9
	3 拓儿塬	48	0.775	0.742	0.808	0.6	1.0
	4 太白	44	0.873	0.841	0.904	0.7	1.0
	5 平定川	44	0.870	0.839	0.902	0.7	1.0

表 43　不同气象条件幼树生长方差分析表

项目	变差来源	离差平方和	自由度	均方	均方比	F_α
苗高	组间	343456.43	4	85864.107	168.662	$F_{0.01}=2.42$
	组内	117599.71	231	509.090		$F_\alpha > F_{0.01}$
	总的	461056.14	235			差异极显著
胸径	组间	76.418	4	19.105	1112.784	$F_{0.01}=2.42$
	组内	3.966	231	0.017		$F_\alpha > F_{0.01}$
	总的	80.384	235			差异极显著

表 44　不同气象条件幼树生长多重比较 q 法表

项目	均值	i−3	i−5	i−4	i−2	D 值
树高	$H_1=294.22$	103.55**	88.65**	88.56**	49.60**	$Q_{0.05}=3.86$
	$H_2=244.62$	53.95**	39.05*	38.96*		$Q_{0.01}=4.60$
	$H_4=205.66$	14.99	0.09			均方=509.090
	$H_5=205.57$	14.9				$D_{0.05}=38.95$
	$H_3=190.67$					$D_{0.01}=46.42$
胸径	均值	i−3	i−5	i−4	i−2	D
	$J_1=2.258$	1.483**	1.388**	1.385**	0.794**	$Q_{0.05}=3.86$
	$J_2=1.464$	0.689**	0.594**	0.591**		$Q_{0.01}=4.60$
	$J_4=0.873$	0.098	0.003			均方=0.017
	$J_5=0.870$	0.095				$D_{0.05}=0.225$
	$J_3=0.775$					$D_{0.01}=0.268$

(5)不同林龄幼树生长比较:截至 2005 年 9 月欧美杨 107 号在华池林业总场东华池林场已经栽植生长了 3 年,第一年平均树高 2.719 m,平均胸径 1.866 cm,第二年平均树高为 5.37 m、平均胸径 5.476 cm,第三年平均树高 8.218 m、平均胸径 7.596 cm,各林龄树高和胸径生长存在极显著差异;树高连年生长量是增加的趋势,胸径生长量则是减少的趋势,这是

由于林地内树木密度过高所致,为此建议生产单位尽快实施透光伐,以促进欧美杨加粗生长避免树木尖削度的增大,提高单位面积上的蓄积量。

(6)欧美杨和新疆杨造林比较:在东华池林场南湾营造欧美杨107号时,随机布设了30株新疆杨作为对照。2005年9月实地调查欧美杨50株、新疆杨20株进行3年造林生长量比较,结果表明:欧美杨107号无论是树高还是胸径生长量均高于新疆杨,两个树种生长量出现极显著的差异(详见表47)。造林三年的欧美杨107号树高是新疆杨的205.2%,胸径是新疆杨的305.7%,表现出明显的速生性。

表45 东华池林场欧美杨107号不同林龄生长比较表

项目	林龄	株数	均值	连年生长量	置信区间(95%)		最小值	最大值
					下限	上限		
树高 H(m)	1年	50	2.719	/	2.617	2.822	2.0	3.4
	2年	50	5.370	2.651	5.183	5.557	2.6	6.0
	3年	50	8.218	2.848	8.092	8.344	6.8	8.9
胸径 J(cm)	1年	50	1.866	/	1.758	1.974	1.1	2.6
	2年	50	5.476	3.61	5.163	5.789	2.1	7.2
	3年	48	7.596	2.12	7.351	7.841	4.9	8.8

表46 欧美杨107号不同林龄生长方差分析表

项目	变差来源	离差平方和	自由度	均方	均方比	Fα
树高	组间	756.187	2	378.094	1490.486	$F_{0.01}$=4.75
	组内	37.290	147	0.254		Fα>$F_{0.01}$
	总的	793.477	149			差异极显著
胸径	组间	839.323	2	419.662	599.107	$F_{0.01}$=4.75
	组内	102.970	147	0.700		Fα>$F_{0.01}$
	总的	942.294	149			差异极显著

(7)抚育管理对幼树生长的影响:欧美杨造林后的抚育主要以扩穴和涂白防冻、涂防啃剂防治动物啃食树皮等办法来提高保存率,以追肥和松土除草的方法提高幼树生长量。从表48可以看出:肖嘴树高最大值大于东华池的最大值,但由于抚育管理没跟上致使平均树高和胸径反而低于东华池。不同抚育方式间差异极显著(表49)。多重比较结果表明(详见表50):抚育并施肥和全部抚育与局部抚育和基本不抚育存在极明显的差异,抚育并施肥无论是树高(5.37 m)还是胸径(5.476 cm)显著大于基本不抚育(树高3.089 m、胸径2.436 cm)的,分别为173.8%和224.8%。

(8)不同苗龄造林比较:2003年和2004年在正宁总场西坡林场,分别调查欧美杨107号1年生苗木和2根1杆平茬苗,造林后2年生长情况。结果表明:1年生苗造林当年成活率比平茬苗高出2.6个百分点,分别为94.6%和92%;平茬苗造林第2年树高(334.18 cm)和胸径(2.79 cm)的增长量分别是1年生苗造林2年(树高250.04 cm、胸径1.98 cm)增长量的147.8%和145.1%(详见表51),平茬苗充分显示了后期生长快的优势。因此,在今后造林时,如果苗木数量足够,最好用2根1杆平茬苗;如果苗木较缺1年生苗亦可用于造林。

表 47　欧美杨 107 号和新疆杨造林生长量方差分析表

项目	调查株数	均值/品种	变差来源	离差平方和	自由度	均方	均方比	Fα
树高(m)	50	8.218/欧美	组间	253.562	1	253.562	1383.441	$F_{0.01}=7.03$
	50	4.005/新疆	组内	12.463	68	0.183		$Fα>F_{0.01}$
	//	/	总的	266.026	69			差异极显著
胸径(cm)	50	7.596/欧美	组间	373.176	1	373.176	691.355	$F_{0.01}=7.03$
	50	2.485/新疆	组内	36.705	68	0.540		$Fα>F_{0.01}$
	/	/	总的	409.881	69			差异极显著

表 48　抚育对造林 2 年幼树生长的影响比较表

序号	地点	抚育方式	平均树高(m)H	平均胸径(cm)J	树高最大值	胸径最大值
1	刘家店	基本不抚育	3.089	2.436	3.8	3.2
2	西坡	局部抚育	3.342	2.726	4.0	3.4
3	肖咀	全部抚育	4.950	4.404	6.4	6.8
4	柔远	基本无抚育	3.118	2.502	3.9	3.7
5	东华池	抚育2次并追肥	5.370	5.476	6.0	7.2

表 49　抚育对造林 2 年幼树生长影响方差分析表

项目	变差来源	离差平方和	自由度	均方	均方比	Fα
树高	组间	240.890	4	60.222	160.892	$F_{0.01}=3.40$
	组内	91.704	245	0.374		$Fα>F_{0.01}$
	总的	332.594	249			差异极显著
胸径	组间	372.429	2	93.107	137.143	$F_{0.01}=3.40$
	组内	166.332	245	0.679		$Fα>F_{0.01}$
	总的	538.761	249			差异极显著

　　(9)栽培技术:①苗木:选用2根1杆平茬苗造林最好,1年生苗次之。②立地:选用塬面和川台地是最适宜的立地,二荒地、弃耕地和坡耕地次之。③密度:合理密植,生产纸浆等工业用材株行距以 2×3 m 或 3×3 m 为宜。d、整地:采用穴状整地方法,按株行距定点挖穴,穴大 60×60×60 cm 以上,土壤质地较差可采用全垦大穴法,穴大 70×70×70 cm 以上。④时间:栽植时间为每年的 3 月中旬至 4 月上旬,栽植深度 60 cm,栽植方法为栽植时先填表土,后填心土,分层覆土,层层踩实。⑤施肥:在第一次生长盛期(5 月中下旬至 6 月下旬)和夏季生长高峰期(7 月初至 8 月底)追施氮磷肥,一般每株施 0.5 kg 复合肥和 0.5 kg 过磷酸钙或每株 10 kg 腐熟的有机农家肥作基肥,能明显促进生长,提高产量。⑥抚育:抚育管理以松土、扩穴、施肥、控制杂草、防治病虫(未发现黄斑星天牛等蛀干害虫危害)鼠兔害等为主,栽植 3 年后必须进行适当的透光伐,确保树木正常生长所需的光照和养分供应(技术要点详见附件二)。

表 50　抚育对造林 2 年幼树生长影响多重比较 q 法表

项目	均值	i-1	i-4	i-2	i-3	D 值
苗高 (m)	H_5=5.370	2.281**	2.252**	2.035**	0.42**	$Q_{0.05}$=3.86
	H_3=4.950	1.861**	1.832**	1.608**		$Q_{0.01}$=4.60
	H_2=3.342	0.253	0.224			均方=0.374
	H_4=3.118	0.029				$D_{0.05}$=0.3338
	H_1=3.089					$D_{0.01}$=0.3978
	均值	i-1	i-4	i-2	i-3	D 值
胸径 (cm)	J_5=5.476	3.04**	2.974**	2.75**	1.072**	$Q_{0.05}$=3.86
	J_3=4.404	1.968**	1.902**	1.678**		$Q_{0.01}$=4.60
	J_2=2.726	0.29	0.224			均方=0.679
	J_4=2.502	0.066				$D_{0.05}$=0.4498
	J_1=2.436					$D_{0.01}$=0.5361

表 51　西坡林场不同苗龄造林第 2 年生长量比较表

苗龄	年初(cm)		年终(cm)		增长(cm)		当年成活率%
	树高	胸径	树高	胸径	树高	胸径	
1-0	202.74	1.47	250.04	1.98	47.30	0.51	94.6
2(1)-0	264.26	2.05	334.18	2.79	69.92	0.74	92.0
比率%	130.34	139.5	133.7	140.9	147.8	145.1	/

五、产生的效益

1.经济效益：根据欧美杨 107 号目前的生长状况，可以肯定欧美杨的轮伐周期为 5～6 年。栽植 5 年后的欧美杨预计树高和胸径将达到 13 m 和 12.5 cm 以上，完全可以当做椽材实施间伐，每亩间伐 50 株，全市 281.95 hm²(4 227.1 亩)欧美杨林可获直接经济收入 317.03 万元；10 年后可获优质胶合板材蓄积量为 0.8 万 m³，纸浆材蓄积量为 0.2 万 m³。现行市场优质胶合板材价格 660 元/m³，纸浆材价格 250 元/m³。直接经济效益可达 895.03 万元，亩均 2 117.4 元，经济效益十分可观。

2.生态和社会效益：欧美杨 107 号、108 号的引种成功，极大地丰富了生物多样性，增加了林种资源。欧美杨 107 号实施造林并完成 281.95 hm²(4 227.1 亩)(其中示范造林 26.68 hm²)项目任务，将有力地推进我市生态林业建设和环境保护步伐，陇东黄土高原的生态面貌会发生明显改观。同时营造的农田林网和"四旁"林(合水肖咀)，对改善农作物的生长条件，保障农业稳定高产和城乡生态环境发挥重要作用；营造商品人工林(正宁和华池林业总场)，其轮伐期仅为 5～6 年，将会尽快解决各行业对木材需要与木材生产周期长的矛盾；试验林中的示范林(东华池林场南湾)将会在今后造林中充分发挥示范样板作用；营造的欧美杨纯林，将发挥森林固有的涵养水源、防风固沙、制造氧气等综合效益，据研究子午岭水源涵养林每年的综合效益系数为 3 000.14 元/hm²，因此，4227.1 亩欧美杨林每年可产生 84.55 万元综合生态效益，10 年将产生综合生态效益 845.5 万元。

3.总体效益 总体效益是直接经济效益和价值化了的生态效益的总和。因此欧美杨281.95 hm²(4 227.1亩)试验林10年的总体效益为1 740.53万元,亩均4 117.6元,效益十分显著。

六、结论

通过5年欧美杨107、108和110号引种试验示范项目的实施,我们进一步了解欧美杨的基本特性,实现了107、108和110的引进;成功扩繁了欧美杨107号、108号,栽植欧美杨107号试验林4 227.1亩;掌握了欧美杨育苗造林的物候历期;肯定了庆阳市是欧美杨的适生地之一;探索了欧美杨扦插育苗技术,形成了育苗技术要点;对欧美杨107号、108号苗木生长分品种、苗龄并和对照新疆杨进行了比较;研究了不同立地、不同气象条件和不同林龄、不同苗龄、不同抚育管理、不同品种(及对照新疆杨)造林后欧美杨生长状况;从苗木、立地、整地、密度、时间、施肥、抚育管理7个方面总结了栽培技术要点;从经济、社会和生态三方面分析了欧美杨项目产生的效益。

(1)了解了基本特性:欧美杨107号、108号是欧洲黑杨和美洲黑杨的杂交品种。苗期特征:苗干通直,苗干中部皮孔均匀分布;叶片为三角形、质厚、秋季为深绿色、叶边缘皱具波浪形;叶芽为钝三角形,芽长6 mm左右,顶端为褐色、基部淡绿色,叶芽与茎干紧密相贴;苗皮为灰青色,排列棱线明显。大树特征:欧美杨107号、108号的树体高大,树干通直,树冠窄,分枝角度小,侧枝与主干夹角小于45°,侧枝细;叶片小而密,满冠。树皮灰色较粗。其生长迅速、易扦插繁殖,材质好,纤维长度和木材密度均优于普通杨树,干型美,在庆阳苗期和幼树期树叶前端呈紫红色,御风能力和抗病虫能力强,叶期晚,观赏期长;伐期短,经济效益高。欧美杨107号、108号不易区分,稍微的区别是:107号皮色较深、节间短、皮孔较密。欧美杨110号起源于意大利,为美洲黑杨与马氏杨的人工杂种,雄株,属于春季不飞絮的环保杨树,其主要特点为:树干通直、尖削度小、冠窄,木材基本密度及其纤维长度均优于普通杨树,适于做纸浆材;抗逆性强,试验证明,在极端最低温−24.7℃,降雨量为587 mm而地下水深22 m的地区,胸径生长量可达3.5 cm/年以上,具有一定耐旱性;抗病虫害:试验观测,欧美杨110号抗光肩星天牛等蛀干害虫的侵害,其抗病虫害性强于普通杨树。

(2)实现了成功引种:从当初引进欧美杨107、108和110号42 500段插穗,到现在累计成功繁育欧美杨107号29.22 hm²(438.1亩)、欧美杨108号1 334 m²(2.0亩),欧美杨110号由于邮寄种条途中管理不善致使扦插后仅成活2株。并营造欧美杨107号树林281.95 hm²(4 227.1亩),其中示范林26.68 hm²(400亩)(详见欧美杨育苗和造林统计表)。同时,总结出欧美杨远距离引种,包装和贮藏是引种成败的关键所在,通气纸箱包装和扦插前果窖贮藏是其理想的选择的经验。

(3)掌握了物候历期:欧美杨107、108和110号苗期在庆阳的物候表现和当地当年气候有关,总体上看欧美杨107、108和110号萌动期在4月中下旬至5月中下旬,展叶期在5月初至6月底,叶变色期在9月下旬至10底,落叶期在9月底至10月底,封顶期与落叶期基本相同。欧美杨107号造林后物候表现是萌动期在4月下旬,展叶期在5月上中旬,叶变色期在9月下旬至10月初,落叶期在10月中下旬。没有发现冬季抽条现象,整个物候期和苗期基本一致。

(4)肯定了适生特性:欧美杨107号和108号引种当年,采用不同的育苗方式生长均表现正常,成苗率达到98%;107号最高平均高生长达到237.7 cm。用1年生欧美杨107号1级苗(平均苗高为189.2 cm)造林当年平均树高达到243.7 cm以上,胸径达到1.47 cm以上,成活率达到95.4%以上,高于造林成活率85%的国家标准,从而肯定了这两个树种适宜庆阳的环境条件。苗木生长过程研究表明,欧美杨107号生长高峰期总是出现在6、7、8三个月或7、8、9三个月,这与当年、当地的月均温和降雨量有关。

(5)探索了育苗技术:①培育欧美杨最适宜的苗圃环境是:高床扦插、地膜覆盖、土壤肥沃、以黄绵土为好、前茬最好是农作物并要加强苗期管理。②插穗位于枝条的部位不同成苗率差异较大,基部和梢部较差,基部大于梢部,中部最好;插穗蜡封顶成苗率明显高于不封顶的。流水和池水浸泡插穗与ABT生根粉浸泡差异不大,生根粉比流水浸泡高生长高2.7%(生根粉处理苗高229 cm),流水比池水浸泡高生长高6.2%(流水处理苗高223 cm);生根粉、流水和池水浸泡地径生长差异不明显。③高床覆地膜垂直扦插,扦插时密度要掌握在4 000~5 000株/667 m²。④加强水肥管理,喷灌加普通漫灌比单纯漫灌苗高(分别为235.1 cm和204.4 cm)和地径(分别为2.3 cm和1.9 cm)生长分别提高15.0%和21.1%。为促进苗木生长可于5月或6、7月间进行追肥,共2次;亦可叶面喷肥。纯有机肥(如羊粪)点施每亩次100~200 kg,尿素15~20 kg或复合肥25~30 kg,施肥深度为5~10 cm,施肥后埋土、浇透水;在7、8月份叶面喷6 000倍喷施宝液肥等均可促进苗高和地径快速生长。⑤注重松土、除草、抹芽、打杈和病虫害防治。

(6)比较了品种差异:①欧美杨107和108号引种当年在相同培育条件下,欧美杨107号明显比108号长势好,其中平均苗高107号为2.394 m,108号为1.565 m,相差近83 cm;地径107号为2.3 cm、108号为1.46 cm,相差0.82 cm,这与欧美杨107号、108号引进时种条质量有关。②欧美杨107和108号平茬苗在相同培育条件下,其生长无多大差异,即欧美杨107和108号2根1杆苗生长良好,平均值分别为107号苗高3.36 m,地径2.73 cm;108号苗高3.19 m,地径2.48 cm。③欧美杨107、108号平茬苗和1年生苗相比,107号平茬苗苗高是1年生苗的140.6%,地径是118.7%;108号平茬苗苗高是1年生苗的201.9%,地径是165.3%。④欧美杨107、108号和新疆杨2根1杆平茬苗进行比较,生长量由大到小依次为:欧美杨107号(苗高3.955 m、地径3.22 cm)>欧美杨108号(苗高3.820m、地径3.17 cm)>新疆杨(苗高2.850 m、地径2.07 cm)。多重比较表明:欧美杨107号与欧美杨108号差异不明显,但2个品种均与新疆杨存在极其显著的差异,即欧美杨优于新疆杨。

(7)研究了栽培因子:①不同立地、不同的整地方式、不同的植被条件,欧美杨107号树高和胸径生长存在极显著差异,在塬地生长(树高317.96 cm、胸径2.596 cm)最为适宜,其次是川台地(树高274.04 cm、胸径1.877 cm)、二荒地(树高256.32 cm、胸径1.876 cm)、弃耕地(树高177.98 cm、胸径1.876 cm)和坡耕地(树高225.86、胸径1.012 cm)。由于平定川特定的生态地理小环境,树高和胸径生长表现出树高生长慢,胸径生长快的特异性。②降雨量在600 mm以上、无霜期在150 d以上的造林地,幼树树高和胸径的生长量显著高于其他造林地块,造林1 a树高相差7.3%即14.99cm,胸径相差11.3%即0.098 cm 。③欧美杨107号生长3年,第一年平均树高2.719 m,平均胸径1.866 cm,第二年平均树高5.37 m,平均胸径5.476 cm,第三年平均树高8.218 m,平均胸径7.596 cm,各林龄树高和胸径生长存在极显著差异;树高连年生长量是增加的趋势,胸径则是减少的趋势,这是由于林地内树木密度过高所致,为此建议生产单位尽快实施透光伐,以促进欧美杨加粗生长避免树木尖削度的增大,提高单位面积上的蓄积量。④欧美杨107号无论是树高还是胸径生长量均高于新疆杨,两个树种生长出现极显著的差异。造林三年的欧美杨107号树高(8.218 m)是新疆杨(4.005 m)的205.3%,胸径(7.596 cm)是新疆杨(2.485 cm)的305.7%,表现出明显的速生性。⑤抚育并施肥和全部抚育与局部抚育和基本不抚育存在极明显的差异,抚育并施肥无论是树高(5.37 m)还是胸径(5.476 cm)显著大于基本不抚育(树高3.089 m、胸径2.436 cm)的,分别为173.8%和224.8%。⑥1年生苗造林当年成活率比平茬苗高出2.6个百分点,分别为94.6%和92%;平茬苗造林第2年树高(334.18 cm)和胸径(2.79 cm)的增长量分别是1年生苗造林2年(树高250.04 cm、胸径1.98 cm)增长量的147.8%和145.1%,平茬苗充分显示了后期生长快的优势。

(8)总结了栽培技术:①2根1杆平茬苗是造林的最好选择,1年生苗次之。②塬面和川台地是最适宜的立地,二荒地、弃耕地和坡耕地次之。③合理密植,生产纸浆等工业用材株行距以2×3 m或3×3 m为宜。④采用穴状整地方法,按株行距定点挖穴,穴大60×60×60 cm以上,土壤质地较差可采用全垦大穴法,穴大70×70×70 cm以上。⑤栽植时间为每年的3月中旬至4月上旬,栽植深度60 cm,栽植方法为栽植时先填表土,后填心土,分层覆土,层层踩实。⑥在第一次生长盛期(5月中下旬至6月下旬)和夏季生长高峰期(7月初至8月底)追施氮磷肥,一般每株施0.5 kg复合肥和0.5 kg过磷酸钙或每株10 kg腐熟的有机农家肥作基肥,能明显促进生长,提高产量。⑦抚育管理以松土、扩穴、施肥、控制杂草、防治病虫鼠兔害等为主,栽植3年后必须进行适当的透光伐,确保树木正常生长所需的光照和养分供应(技术要点详见附件二)。

(9)产生了显著效益 欧美杨281.95 hm²(4 227.1亩)试验林造林10年,直接经济效益可达895.03万元,亩均2 117.4元;每年可产生84.55万元综合生态效益,10年将产生综合生态效益845.5万元。因此欧美杨281.95 hm²(4 227.1亩)试验林10年的总体效益为1 740.53万元,亩均4 117.6元,效益十分显著。

附件一

欧美杨扦插育苗技术要点

杨树是重要的树种资源,曾在林业建设上发挥过巨大作用,后来由于以黄斑星天牛为主的杨树蛀干害虫的一度猖獗,致使杨树的栽植基本处于停滞状态。随着先进科技在林业新品种培育上的广泛应用,以欧美杨107号、108号、110号等为代表的系列速生杨树新品种,克服了抗病虫能力差、生长缓慢等弱点,在国家建设生态型林业、再造秀美山川的重要时期,隆重推出并在全国杨树适生地推广面积出现迅猛增长的态势。为了更快更好地繁育这些速生杨树新品种,作者将其扦插育苗技术介绍给广大育苗者,力图为大家提供参考。

1 圃地选择

育苗地应选择在交通方便、地势开阔平坦、背风向阳、地下水位低、排水良好,土壤质地疏松、肥沃、保水保肥,pH值在7～8.5之间,易溶盐含量低于0.3%,有灌溉条件的地方。避免在地下害虫危害严重,根癌、根朽、根腐病病菌严重感染的地段进行育苗。确因条件限制可在育苗前采取有效措施予以根治。

2 整地作床

前茬作物一般没有特殊要求(除刺槐、烤烟外)。选好的圃地应于冬初施足基肥(约4 000～5 000 kg/667 m²),全面翻耕,深度25～30 cm。翌春土壤解冻后,在苗木扦插前作床,苗床宽为70～80cm,两床间距20cm左右,床高20～25cm,走向南北。为了增温保水床面应覆薄地膜一层。

3 插穗准备

3.1 采条

可在秋季苗木落叶后将1年生苗平茬做种条,但必须每50根条一捆,整条贮藏;亦可采用春季随采随插的方法,这样既减少了冬季贮藏环节,又降低了苗木培育成本。

3.2 截条

用锋利的枝剪或者切刀将种条截成具有三个芽(要求:发育正常、芽体饱满)、长度为12～15 cm的插穗,上下切口均需平截。在种条充足的情况下,只需截取苗干中、下部作插穗;在种条缺乏的条件下,也可使用基部、下部,甚至梢部截条育苗。但应严格分选、分别扦插,确保苗木数量和质量。

3.3 蜡封

将截好的插穗10个一捆扎,顶端(即芽尖一端)蘸熔化的石蜡封住截面约1～1.5 cm高,严禁两头都封蜡。

3.4 引种运输

新引进欧美杨时,插条要用设有通气孔的专用纸箱包装,整齐堆码在运输工具上,并进行必要的覆盖以防运输途中水分损失过大影响成活率;到达目的地后应放在低温处或果窖保管,待到扦插时取出。新种引进原则上避免长途邮寄,以减少不必要的损失。

4　实施扦插

欧美杨扦插时间在陇东应于每年清明节前后,林区可适当推迟 7～10 d,但必须在叶芽萌动前插入。实施扦插前要将蜡封的插穗在活水或池水中浸泡 12～24 h,使插穗吸足水分确保成活。扦插株距 25 cm、行距 60 cm,每亩可扦插 4 000 株以上。在覆膜的床面上扦插时,应先将地膜用器械戳一个与插穗粗细相当的孔,然后再从孔中垂直插入插穗(注意插穗极向,要求芽尖向上,严禁斜插)。可避免因直接插入时,地膜封住插穗底端而不能生根的现象出现,显著提高育苗成活率。插完后在其上端覆土 1 cm 左右,以保持水分。对取自于基部和梢部的插穗在扦插时可蘸少许 ABT 生根粉,能显著提高出苗率和苗木质量。

5　适时浇灌

扦插完成后,对所有扦插地段浇透水一次。此后至新梢长出时,为了保持土壤温度促进插穗快速发根,若土壤不缺水可以不浇水。新梢长出后可根据土壤墒情适时浇灌。灌溉以漫灌加喷灌为好。

6　加强管理

6.1　追肥

当新梢长到 50～80 cm 时可以追肥一次,其后在苗木速生期,根据土壤肥力状况再追肥 2～3 次。追肥以氮肥为主,亦可用成分含量高的有机肥点施,有条件的地块还可以实施叶面追肥。叶面追肥以喷施宝 6 000 倍为好。

6.2　修枝抹芽

由于多芽插穗能生长多个新梢,应在苗高 30～50 cm 时抹去细弱的新梢,最后只留一个较壮实的新梢。在后期生长过程中对长出的侧芽也应随时抹去,确保苗木的正常生长。

6.3　松土除草

苗木生长过程中没有覆膜的空地常有杂草滋生,应及时中耕除草,促进苗木生长,提高苗木质量。裸地扦插的每次灌溉后都要松土保墒、除草保苗。

6.4　防治病虫害

苗期常有白杨叶甲、白杨透翅蛾、青杨天牛、大青叶蝉等四种主要害虫危害,应酌情及时予以防治。苗期病害以褐斑病和叶锈病最为常见,防治时可采用摘除病叶或喷施粉锈宁、甲基托布津等化学药剂,均可取得理想的效果。

6.5　苗木检疫

应贯穿于育苗全过程,无论是插穗分级、苗木生长,还是成品苗出圃都应进行严格地检疫,确保苗圃和造林地的安全。

6.6　造林苗培育

欧美杨多用 2 年根 1 年干苗木造林,因此要培育这样的苗木,就要在冬春平茬后用土覆盖好茬口;在春季苗木萌动期浇灌一次透水,其后的管理如前述即可。

附件二

欧美杨苗期主要害虫综合防治技术

杨树是我国北方地区的主要造林树种。近年来,随着以退耕还林为主的六大林业工程逐步实施,原有树种资源显得不能满足要求,因此我市从 2001 年起先后从外地引进了欧美杨 107、108、110 号等速生杨树优良新品种,以期为造林绿化提供更多的树种选择。但杨树苗木生长期,常有白杨叶甲等四种主要害虫危害。为此将其综合防治技术作以简要介绍,供大家参考。

1 白杨叶甲

1.1 危害特点

1 年发生 2 代,成虫和幼虫均食害叶片。成虫食害嫩梢幼芽,1～2 龄幼虫群集取食叶片,被害叶呈网状;杨树叶片被害后,叶及嫩尖分泌油状黏性物,后渐变黑而干枯。危害高峰期为每年的 4 月下旬至 5 月中旬、7 月上旬至 8 月底。

1.2 防治方法

清除枯枝落叶,破坏越冬场所;人工摘除卵块,集中销毁;利用成虫的假死习性,震落捕杀;用 50％杀螟松、50％敌敌畏、80％马拉硫磷、90％敌百虫、40％乐果乳油 1 000 倍液,毒杀幼虫和成虫。

2 白杨透翅蛾

2.1 危害特点

白杨透翅蛾是我市分布的国内森林植物检疫对象之一。1 年发生 1 代,以幼虫蛀害苗木主干危害,侵入初期,在韧皮部与木质部之间绕干蛀食,致使被害处组织增生,形成瘤状虫瘿,后蛀入髓部危害。危害高峰期为每年的 4 月上旬至 5 月下旬、7 月上旬至 9 月底。

2.2 防治方法

严格产地检疫和调运检疫,及时剪除虫瘿,集中烧毁;发现苗木上有虫屑或小瘤,要及时用小刀削掉;有虫瘿,可用钢丝自虫瘿的排孔处向上钩刺幼虫;用 50％杀螟松乳油或 50％磷胺乳油 20～60 倍液涂环毒杀幼虫;也可用 50％敌敌畏 500 倍液注入蛀孔内或敌敌畏棉球或毒泥、磷化铝片堵塞虫孔,毒杀侵入的幼虫;用 10％呋喃丹颗粒剂,施入 1～2 年生苗木行间,深 30～40 cm,可以毒杀枝干内的幼虫;用 50％杀螟松乳油 20 倍液涂抹排粪孔道亦可毒杀幼虫;于 6 月底 7 月初采用白杨透翅蛾性信息素诱捕器诱杀雄蛾;保护招引天敌棕腹啄木鸟。

3 青杨天牛

3.1 危害特点

该虫是我市分布的省内森林植物检疫对象之一。1 年发生 1 代,以幼虫蛀食苗木主干,被害处形成纺锤状虫瘿,严重时造成苗木死亡。危害高峰期为每年的6月初至10月中旬。

3.2 防治方法

严格检疫,禁止带虫瘿的苗木枝条外运;要经常检查,发现虫瘿,立即剪掉烧毁;于成虫期,用40%乐果乳油1 000~1 500倍液或80%敌敌畏乳油1 000~2 000倍液喷洒苗木,毒杀成虫;在初孵幼虫侵入木质部这段时间,用上述药剂喷洒苗木主干,可杀死初孵幼虫;保护利用天牛肿腿蜂、啄木鸟等天敌。

4 大青叶蝉

4.1 危害特点

1年发生3代,主要以成虫产卵危害。成虫和若虫群集幼嫩枝叶,吸取汁液,被害植物失绿,引起早期枯黄、落叶;成虫在苗木枝干上产卵时刺破皮层,造成斑斑伤痕,数量多时,常使苗木表层剥离,枝梢枯死。危害高峰期为每年的5月中旬、8月下旬、10月上旬。

4.2 防治方法

在成虫期利用黑光灯诱杀,可以大量消灭成虫;成虫早晨不活跃,可在露水未干时,进行网捕;剪除产卵密度大的枝条或挤压零星产卵处,以减少虫源;用50%敌敌畏乳油2 000倍液,40%乐果乳油3 000~4 000倍液,90%敌百虫晶体、50%辛硫磷乳油、50%甲氨磷乳油、50%杀螟松乳油800~1 000倍液在苗木上喷洒均有较好的杀虫效果。

附件三

欧美杨栽培技术要点

欧美杨 107、108 号是国家林业局近年来大力推广的由中国林科院等单位选育的杨树新品种。2001 年 3 月下旬项目组专程赶往独家具有欧美杨 107、108 号知识产权的繁育基地北京时空通用生物技术有限公司,引进欧美杨 107 号 4 万段、108 号 100 段进行扦插扩繁,当年成活率在 98％以上。经过 5 年的扩繁育苗和示范推广造林验证了欧美杨 107、108 号不仅干形通直,冠幅紧凑,生物量高,既适宜于塬区生长,也适应于林区生长,是一种适合我市退耕还林、三北防护林等生态林业建设工程造林的优质速生商品林树种。

1. 苗木选择

选择苗高在 3.0 m,地径 2.0 cm 以上的 2 根 1 杆平茬苗造林。在苗木紧缺的情况下亦可用一年生 1 级苗(苗高在 1.90 m 以上,地径在 1.2 cm 以上)造林。要求苗木健壮、顶芽饱满、根系完整、无病虫害。

2. 造林地选择

选择土层深厚,疏松,肥沃的土壤造林。土壤贫瘠板结,土层浅薄的地方及风口处不宜作为造林地。塬面和川台地是造林最适宜的立地条件,二荒地、弃耕地和坡耕地亦可作为选择的对象。

3. 栽植密度

欧美杨 107、108 号干形好,树冠窄,侧枝细,可适当密植。在我市肥沃的塬面和川台地可采用 2×3 m 或 3×3 m 的株行距,而在其他立地条件下可适当加大株行距。

4. 整地

对土壤较为瘠薄的土地,在造林前全面深翻 30～40 cm,以提高土壤保水、保肥能力,改善土壤通透性,增强杨树根系对深层土壤的利用率。采用穴状整地方法,按株行距定点挖穴,穴大 60×60×60 cm 以上,土壤质地较差可采用全垦大穴法,穴大 70×70×70 cm 以上。整地时间最好在先 1 年入冬前,因通过整个冬季的冻垡、风化,可提高土壤的通透性;挖穴时间以 3 月份造林前为宜。

5. 栽植

以植苗造林为主,栽植前要将苗木根系浸泡在活水中 2—3 天后再进行栽植。栽植时间为每年的 3 月中旬至 4 月上旬。栽植深度 60 cm,标准的深度才能使苗木根量增加,吸收深层湿润土壤中的水分,提高抗旱能力、成活率和生长速度。栽植方法为栽植时先填表土,后填心土,分层覆土,层层踩实。苗木定植后,有条件的地块一次浇足定根水,株均 50 kg 以上。其他地块,在土壤墒情好的情况下,造林时用生根粉 6 号 100 ppm 的溶液浸泡 12 h 以上,栽后不需灌水。

6.施肥

欧美杨107、108号是喜氮、磷、钙的树种,pH值为6.5～7.5,只有在土壤肥沃,酸碱度适中的条件下,才能发挥其速生特性。因为大肥大水是速生丰产林的必要条件。一般每株施0.5 kg复合肥和0.5 kg过磷酸钙或每株10 kg腐熟的有机农家肥作基肥。在第一次生长盛期(5月中下旬至6月下旬)和夏季生长高峰期(7月初至8月底)追施氮磷肥,能明显促进生长,提高产量。

7.抚育管理

为了确保欧美杨107、108号6～8年成材,栽植后需连续抚育3年,主要是松土、扩穴、施肥、控制杂草、防治病虫鼠兔害等。在立地条件好的地块栽植3年后必须进行适当的透光伐,确保树木正常生长所需的光照和养分供应。

陇东黄土高原区现代化示范苗圃建设

成 果 公 报 文 摘

成果名称:陇东黄土高原区现代化示范苗圃建设

登记号:2005003

完成单位:庆阳市林木种苗管理站

主要研究人员:何天龙、席忠诚、马 杰、祁越峰、段剑青、田小平、彭小琴、乔小花、
曹思明、靳晓丽、郭连栋、范红年、毛 进、王志汉、董百赞

研究起止时间:2001.1—2005.11

内容摘要:该项目首次引进并在苗圃建造现代化智能温室 4 座 8 161.3 m^2,日光节能温室 3 座 1 150 m^2,实施了自动控温、自动喷灌和自动施肥等现代化管理;对 51.8 公顷苗圃地实施科学土壤改良,使圃地的 pH 值达到 6.5－7.5,土壤有机质含量提高到 2.6％以上,N、P、K 比例趋于合理;新打、改造机井 2 眼,电井 5 眼,新建上水引水工程 2 处,铺设田间输水管道 2 443 m,配套喷灌面积 40 亩;在苗圃首次探索应用了以喷灌、温室自动化微喷为主的节水灌溉新技术;利用现代化设施,成功引进培育出樟子松、白皮松和仙客来、红掌等名特优树种、花卉品种 8 个,繁育名优苗木、花卉 6 612.8 万株(盆),实现产值 3 000 万元;总结提出了现代化温室建造和苗木繁育等技术要点 12 项。经鉴定,该项目在现代化温室育苗设施建设规模和建造质量方面填补了市内空白;在苗圃地规模化科学改良方面,取得了一定技术创新,其成果达到国内先进水平。

【本项目获 2006 年度庆阳市科技进步三等奖】

项目技术报告

一、项目来源与建设背景

生态环境是人类生存和发展的基本条件,是社会经济发展的基础。保护和建设生态环境,实现可持续发展,改善西部地区的生态条件,对于改善全国生态环境具有重大的现实意义。林业是生态环境建设的主体,是维护国土生态安全,促进社会经济可持续发展,向社会提供生态服务的行业,肩负着优化生态环境、促进经济发展的双重使命。

陇东地处黄土高原腹地,境内残塬沟壑交替,梁峁起伏,呈典型的黄土残塬丘陵地貌特征。长期以来,随着社会经济的不断发展,人口过快增长,对资源的压力越来越大,山区群众为了生存而毁林毁草、垦荒种植,大面积的广种薄收,形成"愈穷愈垦、愈垦愈穷"的恶性循环,导致生态环境日益恶化,水土流失日益严重。庆阳全市水土流失面积达 2.5 万 km^2,占到总面积的 92%,其中水力侵蚀占 89.4%,年平均侵蚀模数为 5 000~9 000 t/km^2,北部和中部均为大于 7 000 t/km^2 的重侵蚀区,年输沙总量达 2.1 亿 t,占全省流失泥沙总量的 1/3 以上,已经成为全市脱贫致富和实现社会经济可持续发展的严重制约因素。

"天然林资源保护"、"退耕还林(草)"、"三北四期"等一批国家重点林业生态建设工程均已启动。全面实施好这些重点工程,不仅是改善陇东生态环境的根本出路,也对促进全市社会经济可持续发展具有举足轻重的作用。

苗木是造林的物质基础,搞好现代化苗圃建设,培育良种壮苗是发展林业、改善生态环境的重要环节。随着林业建设向深度和广度发展,特别是国家西部大开发战略的实施,种苗生产已成为影响全市林业建设质量和数量扩展的薄弱环节。种苗生产无论是苗木数量、质量,还是管理体系、检测手段、种子储藏设备、良种供应水平都远远不能适应林业发展的需要。主要表现在苗木生产分散,基地严重不足,缺乏龙头示范作用,特别是作为育苗骨干的国有苗圃和国有林场苗圃生产条件简陋,缺乏新技术新设备,基地布局、规模及质量等方面还不够完善,不能适应造林需求和变化的形势,严重制约着我市林业生产的发展。因此,加强种苗基地建设迫在眉睫、刻不容缓。为此,根据国家对种苗生产有关政策要求和甘肃省林业厅有关文件精神,结合庆阳市的实际情况,从 2000 年开始,我们着手建设陇东黄土高原区现代化示范苗圃基地。

二、项目建设的目的意义

林木种苗是林业生产最基本的生产资料,是造林绿化的物质基础,种苗质量的优劣与数量的多少,直接影响造林绿化的进度、林分的质量和生态环境总体目标的实现。

陇东深居黄土高原腹地,由于历史原因森林资源严重不足且分布不均,造林绿化、改善生态环境的任务十分艰巨。尤其是随着"天然林资源保护"、"退耕还林(草)"、"三北四期防护林建设"等林业建设工程的全面实施,对新形势下陇东林业工作提出了新课题和新要求。

林业要发展,种苗须先行。因此本项目的建设目的就是要培育和生产品种对路、数量足够、质量优良的林木种苗,彻底扭转目前种苗品种较少、良种匮缺、质量低下、数量不足的被动局面,为造林绿化奠定良好的物质基础,加快生态环境建设的速度,为西部大开发创造良好的生态环境和投资环境。

项目的建设对于尽快扭转陇东黄土高原区生态环境日益恶化的趋势,植树种草、恢复植被、减少水土流失,改善生态环境具有重要意义,是促进区域经济发展的有效途径之一。对于改造扩建现有骨干苗圃,加快基础设施建设,提高育苗技术手段的高科技含量,加快苗圃集约化、规模化、现代化步伐,推动国有苗圃脱贫致富,具有积极的现实意义。对于天然林资源保护工程、退耕还林(草)工程、三北防护林体系四期建设工程、防沙治沙工程等重点林业生态环境建设工程的顺利进行具有重要作用。将承担起培育和发展庆阳森林资源、保护生物多样性、优化生态环境、促进经济发展的多重使命。

三、项目区概况

1.自然条件

(1)地理位置:项目区包括西峰区、宁县、环县和湘乐及合水林业总场的肖金、彭塬、中村、曲子和桂花塬及连家砭林场苗圃基地。并辐射带动正宁和华池林业总场的西坡和东华池林场苗圃基地。

(2)地形地貌:庆阳市塬面辽阔,地势平坦。子午岭林区示范基地地形以山地丘陵为主,川台相间,地形变化复杂,地貌有川台、沟谷、斜坡三种类型,苗圃建在地势平缓的台地上。

(3)气候:项目区分属温和半干燥和温凉半湿润气候类型。年平均降水量在 500 mm 以上,但分布不均匀,多集中在 7、8、9 月。年平均气温 7.4℃～9.1℃,极端最高气温 35.5℃,极端最低气温－19.7℃。年平均日照时数 2 658 h。年平均无霜期 156 d,最大冻土层深度 22 cm。主要自然灾害有干旱、低温、洪涝、冰雹、暴雨等。

(4)土壤:项目区受地形、植被等成土因素影响,土壤分布呈现明显的地带性特征。塬面平坦,马兰黄土覆盖厚,黑垆土为其主要的地带性土壤。子午岭林下土壤是由黄土母质发育的灰褐土,葫芦河两岸一级台地,由于长期种植水稻,形成小面积的水稻土。这几种土类的共同特征是:均是由黄土母质发育而成,土质疏松,富含腐殖质,速效养分除 K 外,其他有效养分均较低,土壤肥力平均为:有机质 0.33%～2.48%,全 N 0.021%～0.18%,全 P 0.053%～0.057%,全 K 1.26%～1.50%。

(5)植被:前塬植被以人工栽植的刺槐、杨柳、杏、苹果、梨、杜梨等乔木树种和野生蒿草、沙棘、狼牙刺、白草、狼尾草、枸杞等灌草植物为主。主要作物种类有冬小麦、玉米、高粱、土豆、油菜、豆类等。

子午岭植被区划上属暖温带落叶阔叶林带,为天然次生林区,是黄土高原上森林植被保存较好、覆盖度较高的地区。主要森林类型有油松林、侧柏林、辽东栎林、山杨林、白桦林、小叶杨林、落叶阔叶混交林和灌木林等。构成林分的优势树种主要有温带针叶树种油松、侧柏、落叶松,阔叶树种辽东栎、山杨、白桦、小叶杨、杜梨等;落叶阔叶灌木有狼牙刺、虎榛子、沙棘、四季青、黄蔷薇、山桃、枸子、胡枝子、胡颓子、连翘等;草本植物有大油芒、香蒲、茵陈蒿、艾蒿、冰草、本氏卫茅、白草、铁杆蒿、黄菅草、芦苇、马牙草等。

(6)水资源:董志塬地下水资源丰富,西峰旱作农业综合开发示范园现已建成机井、水塔、低压输水管道等提灌设施。连家砭林场苗圃建在河畔,苗村河流经而过,水源充足,水质清淡,既可提灌,也可筑坝蓄水,适于灌溉和人畜饮用。因此,苗圃发展有可靠的水源保证。

2. 现代化苗圃建设前经营状况

我市苗圃自建立以来,始终坚持育苗为主、多种经营的方针,不仅保证了乡村和林场造林用苗,而且向外单位及周边地区造林工程提供了大量苗木,对促进林区林业建设的发展及苗圃自身的生存、积累和发展起到了非常重要的作用。但是由于长期投入不足,致使苗圃基础设施落后,苗圃地势凹凸不平、地力贫瘠,苗木无法按时出圃且质量不高;职工工资逐年上调,各项费用、税金不断增加;苗圃受市场和计划经济的双重影响大,所产苗木必须在满足本场造林所需的前提下,剩余苗才能进入市场,苗木价格长期低于市场价格;加上 1998 年 10 月停止天然林采伐以来,林场经济来源骤然断绝,无力对苗圃进行有效投入。这些都使苗圃实际收入减少,各项生产也因缺乏资金而无法正常开展,苗圃发展举步维艰。

四、项目建设所采用的主要技术路线和技术关键

1. 主要技术路线

以服务于生态环境建设工程为宗旨,以逐步提高造林绿化苗木质量为目标,以引进现代化的生产设备和工艺为依托,以改进和完善苗圃灌溉条件为突破口,用高科技手段繁育优质苗木,进一步强化种苗质量的检验、监督和管理工作,推动林木种苗生产向"规范化、集约化、优质化、无毒化、商品化"方向迈进,为改善陇东地区生态环境和实现林业跨越式发展夯实物质基础。

2. 技术关键

科学规划、合理布局,引进并建设现代化温室,因地制宜合理利用水资源,建设苗圃喷灌设施,引进并培育名优新特树种苗木和花卉。

五、完成的主要技术成果

1. 苗圃布局建设

苗圃按生产用地和辅助用地两类进行合理布局(详见表1)实施建设。

(1)生产用地建设:生产用地建设分为播种区、无性繁殖区、移植区、采穗区、引种试验区、工厂化育苗区和示范区(大苗区)7 个大区,面积 46.9 hm^2,占苗圃总面积 51.8 hm^2 的 90.5%。

(2)管理与辅助用地建设:辅助用地是苗圃生产用地以外的土地,包括道路网、灌溉系统、排水系统、绿化带和绿篱、建筑物等。总面积 4.9 hm^2,占苗圃总面积的 9.5%。

2. 主要设施建设

(1)温室建设:温室位于工厂化育苗区,总面积 9 311.3 m^2。走向有东西和南北两种。陇东黄土高原区现代化苗圃共建设现代化温室 4 座 8 161.3 m^2,其建设技术要点详见附件一;日光节能温室 3 座 1 150 m^2。

①Venlo 式智能温室：一座建在西峰彭塬示范基地内，为屋脊型 12 连栋，东西走向，东西长 129.6 m，南北宽 48.0 m，面积 6 220.8 m²，由河北廊坊九天农业工程公司承建。另一座建在环县曲子示范园内，为屋脊型 3 连栋，东西走向，东西长 32 m、南北宽 21.6 m，面积 691.2 m²，由河北邯郸胖龙温室工程有限公司承建。

表 1　陇东黄土高原区现代化苗圃建设示范项目土地利用表　　　（单位：hm²）

项目名称	合计		西峰彭塬		西峰肖金		宁县中村		桂花塬		连家砭		环县曲子	
	面积	%	面积	%	面积	%	面积	%	面积	%	面积	%	面积	%
总面积	51.8	100	21.0	40.5	3.7	7.1	7.0	13.5	6.7	12.9	6.7	12.9	6.7	12.9
生产用地	46.9	90.5	19.0	36.7	3.3	6.4	5.7	11.0	6.3		6.3		6.3	
播种区	8.4	16.2			0.3	0.6	2.5	4.8	2.5	4.8	2.5	4.8	0.6	1.2
营养繁殖区	5.9	11.4	2.8	5.4	0.4	0.8	0.5	1.0	0.5	1.0	0.7	1.4	1.0	1.9
移植区	6.3	12.1	4.6	8.8	1.0	1.9	0.3	0.6					0.4	0.8
采穗区	3.0	5.8	3.0	5.8										
引种试验区	9.8	18.9	4.2	8.1	0.6	1.2	2.0	3.9	1.0	1.9	1.0	1.9	1.0	1.9
工厂化育苗区	4.9	9.5	1.4	2.7	0.1	0.2	0.1	0.6			2.1	4.1	1.2	2.3
示范区	8.6	16.6	3.0	5.8	0.9	1.7	0.3	0	2.3	4.4			2.1	4.1
管理与辅助用地	4.9	9.5	2.0	3.9	0.4	0.8	1.3	2.5	0.4	0.8	0.4	0.8	0.4	0.8

其主要结构参数为：

跨度：10.8 m，柱间距：4.0 m，檐高：4.0 m，脊高：4.9 m。

墙体：基础开挖深度为正负零平面下 1.4 m，宽 0.9 m，素土夯实。自下而上各垫层依次为：三七灰土（宽 0.9 m、深 0.45 m）、C15 混凝土垫层（宽 0.9 m、深 0.1 m）、100 号水泥砂浆片石层（宽、深均为 0.6 m）、200 号钢筋混凝土圈梁（宽 0.24 m、深 0.25 m）。正负零平面以上基础部分砌 0.5 m 高红砖墙。

主体：为钢结构，采用双面热镀锌冷轧钢管材。其中立柱为 50×90×3 mm 矩形管材，四周墙面檩条分别为 30×45×1.5 mm 矩形管材，室顶桁架为 40×60×2 mm 矩形管材，配 16 mm 热镀锌拉结筋，室顶五级支撑梁为 25×38×1.5 mm 异型热镀锌管材。

顶部及四周墙面覆盖材料：8 mm 厚碳酸酯板覆盖，自攻钉及橡胶复合垫片固定，铝合金专用型材及橡胶条连接密封。

其他：雨槽 325×2 mm 热镀锌钢板冷弯成型；

漏滴收集槽：PVC 或型材；

脊檩：铝合金型材；

联接件：热镀锌钢板冲压成型；

其他联接构件：4 mm 钢板冷弯、焊接后热镀锌；

屋檐：铝合金型。

②EM210 型温室：建设在西峰肖金和连家砭示范基地内，为拱圆形无顶窗连栋式温室，各一座。西峰肖金示范基地为南北走向，南北长 34.2 m、东西宽 19.34 m，面积 661.4 m²；连家砭示范基地为东西走向，东西长 30.4 m、南北宽 19.34 m，面积 587.9 m²。均由河北邯郸

胖龙温室工程有限公司承建。

其主要结构参数为:

跨度:三跨19.34 m,柱间距:1.9 m,檐高:2.2 m,顶高:3.5 m。

墙体:基础挖深为正负零平面以下1.2 m,宽1.0 m,素土回填夯实0.2 m。自下而上各垫层依次为:三七灰土层(宽1.0 m、深0.3 m),砌62砖墙体层0.06 m,50砖墙体层0.12 m,37砖墙体层0.12 m,24砖墙体层0.7 m。立柱部位预埋规格为30×30×60 cm钢筋混凝土垫墩。正负零平面以上基础部分砌24红砖墙0.6 m。

主体:为轻型钢结构,采用双面热镀锌冷轧管材。其中:立柱、门支撑、端支撑、顶梁均为48×2 mm圆形管材,桁条、桁干、桁衬、侧面纵杆、下水平条为33.5×2 mm型管材,门梁、门柱为50×50×2 mm矩形管材。

顶部及四周墙体覆盖材料:顶部用长寿膜和无滴膜双层覆盖,中间充气;端膜为长寿膜;两侧安装推拉窗,为铝合金型材窗框、双层玻璃。自攻钉及橡胶复合垫片固定,铝合金专用型材及橡胶条连接密封。

其他:雨槽325×2 mm热镀锌钢板冷弯成型;

联接件:热镀锌钢板冲压成型;

其他联接构件:4 mm钢板冷弯、焊接后热镀锌;

屋檐:铝合金型材。

③日光节能温室:建设在曲子苗圃和中村苗圃内,曲子苗圃2座,XJ-8A1型,东西长50 m,南北宽8 m;中村苗圃1座,东西长50 m,南北宽7 m。节能温室总面积1 150 m²。

XJ-8A1型主要参数为:

跨度:8.00 m,脊高:3.5 m。

后屋面:仰角38.00°,投影1.4 m,坡度13.00°

墙:基础0.5 m,基部厚1.30 m,顶部厚1.00 m,后墙外高3.01 m,女儿墙内高2.25 m,内侧砌12 cm单砖。

檩条:长2.70 m,覆面楔口距底部0.80 m,楔高0.06 m,长0.10 m,顶端52.00°斜角,檩底距地面高1.82 m。

拱干:每3.60 m一个拱干,长6.92 m。

拉筋:长6.00 m,距地面2.00 m。

基石:上口径0.20 m,下口径0.30 m,高0.40 m。

骨架材料拱干:51×3 mm钢管檩条:51×3 mm钢管获100×120 mm断面水泥预制件(配6 mm钢筋5根)拉筋12 mm钢筋。

(2)集水池、蓄水池(高位蓄水池)、水塔建设:西峰肖金示范基地新建水塔和蓄水池各一座(具体位置见西峰肖金示范基地平面示意图)。其中水塔基座为砖混结构距地3 m,其上放置25 m³蓄水钢罐(钢罐底板为6 mm钢板,罐身为3 mm钢板,连接处焊接密封不渗漏),蓄水池为2.5 m宽×8 m长×2 m深钢筋水泥底、砖混池壁,在长4 m处设高1 m的透水隔墙以加固蓄水池。连家砭示范基地建成集水池和高位蓄水池各一座(具体位置见连家砭示范基地平面示意图)总设计容量150 m³,其中集水池为封闭式,容积50 m³,高位蓄水池为地上式,容积100 m³。形状为圆柱形,材料为钢筋混凝土和其他防水材料。宁县中村苗圃建砖混结构蓄水池一座 35 m³,桂花塬新建蓄水池 2 座 40 m³,环县曲子苗圃新建蓄水池 1 座 80 m³。

(3)灌溉设施建设:

I. 田间灌溉设施

①肖金示范基地新打机井一眼(2 寸上水管 121 m、设计扬程 125 m、电机功率 15 kw,配 200QJ20—133/10 潜水泵一台),新修水塔一座(容积 25 m³、设计电机功率 4 kw、配 Y112m—2 加压泵一台),新建蓄水池一座(容积 40 m³、设计扬程 30 m、电机功率 11 kw,配 200QJ50—52/4 加压泵一台),从基地水塔引水至干管长度为 7 m,采用 DN100 钢管为输水干管南北向布设一道,总长 240 m,每隔 40 m 设置一处外露出水闸阀为灌溉用水接口。引进玛木喀移动喷灌系统,进行移动分区喷灌。一次覆盖面积 4 亩。采用直径 50 mm、30 mm、长 50 m、30 的 PE 管为输水主管,直径 10 mm、长 350 m 为支管,网状布设,布设可移动喷头 32 个。

②彭塬示范基地采用 DW110UPVC 塑管为输水干管,在育苗地平行埋设三道,总长 1 120 m,每 30 m 留出水阀。

③连家砭示范基地新建提灌工程一处,从苗村河提水到苗圃最高点蓄水池(即高位蓄水池)内,设计扬程 15 m,配 2 000QJ50—39/3 潜水泵一台。上水主管道 295 m,其中从河道集水池到河岸 15 m 为 DN100 钢管,沿路和山基到蓄水池主干管垂直布设分干管 8 条,共长 823 m,依地形地块变化,每 18～20 m 设出水阀一个。

灌溉系统首部为管道加压泵一台,扬程 45～50 m,流量 50 m²/h,并设置水表、自动排气阀、安全水阀、压力表各一块。为便于分片轮灌,在系统管网建闸阀井并安装控制闸阀。为了防止管内淤泥,每条分干管末端设排水阀门井,每轮灌一片后,将管内积水排入排洪沟道。

喷头选用美国雨鸟公司生产的 46H 全圆喷头。其主要技术指标为:工作压力为:0.2～0.3 Mpa 喷量:2.3～3.2 m³/h 射程:12.0～14.5 m。

管材:选用河北保硕 UPVC 管材管件,选用河北任丘喷灌设备厂的铝合金管材管件。

④桂花塬苗圃:从蓄水池取水,用 200QJ15—510 型三项潜水泵打入长 3 200 m 的 DN50 主输水钢管,再由钢管导入直径 50 的消防输水软管,接移动喷头可实施全圃喷灌,去掉喷头可实施漫灌。喷头选用美国雨鸟 YZ—2 型双喷头,工作压力为 0.2～0.4 Mpa,射程 16.0～19.0 m。

⑤中村苗圃:从蓄水池取水用 300 m 地下输水钢管自流至固定位置,然后从该位置改水到指定地块实施漫灌。

⑥曲子苗圃:新建 U 型渠 3 300 m 从环江人工渠引水或从 6 眼小电井提水至蓄水池,由加压泵加压可实施全圃喷灌。也可采用引水或提水方式通过 U 型支渠实施田间漫灌。

II. 温室微喷设施

现代化苗圃各种温室均配置了上喷灌溉系统,采用以色列 DANSPRINKLERS 公司进口产品,工作压力 1.5～3.5BAR,喷洒直径 7.5～8.5 m,主要部件包括:UPVC 管、PE 管、压力表、网式过滤器、UPVC 手动球阀、喷头等。

(4)土壤平整改良:本项目共完成平整土地面积 51.8 hm²,挖、垫土方 142 442 m³。平整后的土地坡度不大于 1%,有效土层厚度不低于 50 cm。对平整后的育苗地,先用硫酸亚铁进行土壤消毒,并施石灰或石膏调节土壤酸碱性,使 pH 值达到 6.5～7.5。再每亩施有机肥

1 000 kg,使育苗地土壤有机质含量达到 2.6％以上,有团粒结构,全 N 含量 0.25％以上、全 P 含量 0.2％以上、全 K 含量 0.4％以上。

(5)辅助设施建设:

①道路建设:苗圃道路建设分主道、副道和步道三种类型,主道为混凝土路面和砂石路面,长度和宽度以苗圃布局而定,标高高于耕作区 20 cm。副道为砂石路面,其标高高于耕作区 10 cm。步道建在耕作区及各小区之间,宽度为 0.6 m,土质路面。

②通讯设备:苗圃共购置通讯设备 6 套,总投资 20 000 元。

3. 主要培育品种栽培技术研究

通过几年来的试验,初步筛选出适合陇东黄土高原区现代化苗圃育苗和栽培的造林树种有雪松、白皮松、油松、樟子松、云杉、落叶松、侧柏、楸树等;名优花卉有仙客来、百合花、蝴蝶兰、雪里开、红掌、一品红、木本花石榴及盆栽果石榴以及月季等 30 多个品种。在此基础上总结出了主要栽培品种关键技术措施(详见附件二至十二)。下面就其共性技术要点简述于后。

(1)播种育苗:

①种子消毒:樟子松种子消毒用 0.2％高锰酸钾溶液浸种 5 min。白皮松用 0.5％的高锰酸钾溶液消毒 2 h。油松用 0.5％福尔马林或 0.5％高锰酸钾进行消毒。雪松用 3％高锰酸钾消毒。百合种球用 50％多菌灵可湿性粉剂 800 倍液浸泡种球 30 min 便可消毒。仙客来种子消毒是先用 0.1％升汞浸泡 1～2 min 后,用水冲洗干净;然后用 10％的磷酸钠溶液浸泡 10～20 min 后,冲洗干净;最后浸泡在 35℃～40℃的胶质溶液中,处理 48 h,用水冲洗干净,既可播种。

②种子处理:

a.雪藏:按一份种子三份雪(种雪比例 1：3)进行雪藏。首先在选好的地上铺 20 cm 厚的雪并踏实,然后将配置好的种雪混合物堆放在上面或一层种子一层雪相间铺放,放一层踩一层,堆到适当高度即可,最上面为雪,再在上面加盖草帘或秸草。在贮藏期间常检查种子健康状况。

b.沙藏:首先在选好的地上铺一层湿沙,沙子的湿度要适中,以用手握成团不滴出水,松手触之能散开为宜,过湿通气不良,温度过低,种子易腐烂变质;过干温度过高,呼吸加快,易发热。然后在上面铺种子,种子的厚度以能充分接触到沙子为宜。上面再铺一层沙子,依次类推,种子放完为止,最上面为沙子。若种子量过多,可分几堆进行处理。在贮藏期间常检查种子湿度及健康状况,保持湿润,温度控制在 0℃～55℃之间,空气相对湿度控制在 65％以内。当裂嘴的种子粒数达 50％时即可播种。

c.冷藏:百合只有打破休眠才能按预期开花。常用打破休眠的方法是把种球移到气调库内,在 −2℃～2℃温度范围内放置 7 周冷藏处理。

d.催芽:白皮松种子播种前 60 d 消毒捞出冲洗干净后,进行混沙层积催芽;油松种子消毒后用 45℃～60℃温水浸种催芽或将消毒种子,在播前一个月混 3 倍湿沙进行层积催芽;将好的侧柏种子装入蛇皮袋内,每天用清水淘洗一次,等 50％种子裂嘴后即可播种,或播前用 45℃温水浸种 1 d,然后放在暖炕上或室外向阳处进行催芽,待种子有 20％以上的萌动裂口时即可播种;雪松种子表面消毒后混以 2～3 倍湿沙置温暖处催芽,催芽期间要保持湿润,每天翻动 1～2 次,待种子萌动裂口露白时,便可分检播种,未萌动时种子继续催芽;雪藏的樟子松早春雪溶化后,取出种子再进行消毒,捞出用清水冲洗干净后用室内堆藏法催芽,保持种温 20℃～25℃,湿度 60%,且每天翻拌 2～3 次,待 50%的种子裂嘴时及时播种。

③基质配置:用于温室栽培和容器育苗的品种基质配置十分重要。仙客来可用蛭石、细炉渣等量混合,草炭土和蛭石等量混合;或壤土、腐殖土、河沙等量配制。百合基质采用岷县草炭及腐熟的牛粪,草炭和牛粪搭配比例 3∶1,pH 值控制在 pH≤6 范围内,基质厚度在 35 cm 左右。雪松营养土配制大致有三种:一是火烧土 78%～88%、完全腐熟的堆肥或森林腐殖土 10%～20%、过磷酸钙 2%;二是泥炭、火烧土、黄心土各 1/3;三是火烧土 1/2～1/3,山坡土或黄心土 1/2～2/3。白皮松可用森林土 90%(其中松林腐殖质土 10%)、黄土 5%、过磷酸钙 3%、沙子 1%、硫酸亚铁 1%的比例进行配置腐殖质土。连续翻动 3～5 次,使其混合均匀后过筛,清除杂质。油松、侧柏营养土可按:a. 生黄土 50%～70%,森林腐殖质土 30%～50%,外加复合肥 2%,黏性土再加沙 5%～10%;b. 圃地土 80%,土杂肥 20%,外加复合肥 2%;两种配方进行配制。

④土壤和基质消毒:培育百合的基质采取关闭所有天窗,拉开遮阳网进行暴晒,使温室内温度控制在高温状态,30～40 min 的蒸汽消毒法或采用 2%～3%的甲醛稀释液浇灌土壤,18 kg/m² 药液浇灌后关闭温室所有窗口,两天后翻松晾晒土壤,用手捏基质,湿度较大但不滴水时为宜的浇灌消毒法。容器育苗的营养土在基质搅拌时,可再加硫酸亚铁(3%工业用)25 kg/m³ 拌匀,进行消毒。大田土壤消毒采取整地前每亩撒施 10 kg 硫酸亚铁粉末,翻入土中的方式进行。

其他措施如播期、播种量、施肥、灌溉、松土除草、病虫害防治等应视不同种类而定,这里不再赘述。

(2)营养繁殖苗:

①插条育苗:

a. 选条:种条应选生长健壮,干形通直,无病虫害且容易生根母株上的 1～2 年生枝条。采条时间宜选择秋冬或早春。

b. 种条贮藏:贮藏前用 5%硫酸亚铁或波美 5 度石硫合剂浸泡消毒 5 min,然后以沟藏为主,有条件的可以窖藏。种条用湿沙进行填充覆盖,湿沙含水量以 10%～15%为宜,一般用手握紧可以成团,但以不出水为度,为便于通气,防止发热,应在沟内插通气把。

c. 截穗:种条长度在 20～25 cm 左右,每个插穗上要保留 2～3 个饱满芽。上下端均应剪平,有条件可在上端封蜡减少水分损失。并按照小头直径进行分级,同一树种,长度要求一致。

d. 种条催根:用水浸法浸泡插穗,提高成活率。浸泡时间因树种而异,杨树一般 3～5 d,浸泡最好用流水,若无流动水,每天换水亦可达到同样的效果。促进插穗生根的化学制剂通常使用 ABT 生根粉,也有用萘乙酸 50 ppm 的溶液处理 2 h 的。

e. 整地:整地之前施农家肥 10～30 t/hm²,翻地深度 20～30 cm,耙磨、镇压平整。作床可根据培育品种采用高床或低床,高床床高 15～30 cm,床宽 60～80 cm,床长依地形而定,床面覆盖地膜,以利保温保墒;低床埂高 15～30 cm,床埂宽 30～40 cm,床长 20～30 m,便于节水灌溉。

　　f.扦插:扦插时间以春季叶芽萌发前为宜,方法采用直插法,深度以插穗上端与地面平齐为宜。月季嫩枝扦插在春季进行,在开花后剪取 2 年生的健壮枝条,用带有 3～5 个芽的中下段一段,扦插在苗床中。老枝扦插多于 10～11 月大地封冻前半个月进行。扦插后防寒保湿,待长出新根之后再进行培育。

　　g.苗期管理:插后适时灌水,及时除蘖、抹芽,控制蒸腾,并在 6～7 月间施速效氮肥 2次,磷钾肥 1 次,促进苗木生长。

　　②压条育苗　是月季矮生种或枝条接近地面的种类常用的育苗方法,当雨季到来之前,在压条的底面斜切一个刀口,嵌入土块、然后埋进土中,堆培小的土堆,促其生长新根,待新的个体生长发育起来后,切离母株,移植培养、加强保护即成新苗。

　　(3)绿化苗定植:

　　①定植:将调回或从圃地移植的绿化苗根据苗高、冠幅大小、根幅长短,确定定植规格,一般为 60×60 cm、80×80 cm、100×100 cm。定植时开穴深度、宽度应大于苗木的根幅和根长,栽植时将苗木扶正,深度比原土印稍微深一些,根系要舒展,做到活土还原,死土搬家,按"三埋两踏一提苗"的方法进行(带有土球的苗木除外),确保苗木成活率。

　　②生长期管理:包括灌溉、松土锄草、追肥和病虫害防治几个主要环节,这里不一一赘述。

　　③销售时的苗木分级包装:根据商家要求进行分级包装,原则是剔除病苗、机械损伤严重的苗木,按 50 或 100 株捆成捆;为了防止苗根干燥,不使苗木在运输过程中降低质量,根据具体情况进行必要的防蒸腾、防热、防寒等外部包装。

六、现代化设施设备应用效果

　　1.温室效果:EM-210 塑料温室双层充气多功能膜,其透光率达 90.7%,使用寿命可达 4 年以上,抗农药,抗老化,可多次喷涂防雾滴剂,抗拉强度与断裂伸长率均大于进口产品水平,填补了我国适用于连栋塑料温室双层充气膜的空白。温室保温力强,热流失少,比同类单层薄膜和单层玻璃温室节能约 40%,封闭性能好,造价低。侧墙装有 1.2 m 高的通风墙有利于通风换气和夏季炎热时降温。Venlo 型温室具有良好的保温性能:初冬晚上不加温而且室外无保温情况下室内外温差可达 $8℃～10℃$。温室透光性能显著,透光率为 80%,冬季温室内光照充裕,综合透光率高,使用一年后的冬至日前后综合透光率仍接近 60%,该温室适宜进行育苗和种植大部分花卉与蔬菜类作物。采用天侧窗自然通风、遮阳网遮光及湿帘风机强制降温,可显著降低室内温度。充分满足低温作物越夏的生产要求。天侧窗传动装置采用少齿差与蜗轮蜗杆减速,结构紧凑,降低功耗,造价降低,达到了国际先进水平。实践证明:温室能显著提高温度,春季比空旷地增温 $2.5℃～5℃$,能延长苗木生长期 1 个月以上。种子发芽快,在温室的落叶松、赤杨和栎类种子的发芽日期比空旷地缩短 4～7 d;云杉、松树种子发芽期缩短 8～10 d。能提高空气相对湿度,白天能提高 $7\%～13\%$,这时温室内的光合速率明显比室外高,因而加速苗木生长。便于控制环境条件,能防止风沙灾害和霜冻害;施肥和灌溉等极为方便,既减轻劳动强度,又能减少农药的消耗,便于管理。据研究,在温室这些条件的综合影响下,松树、云杉、棕树等的速生期比空旷地延长 30 d,山杨、槭树等延长40 d。生长量也显著提高。在西宁温室内培育油松 1 a 生苗的高生长比室外的 1 a 生播种苗高 1 倍、地径也明显提高,所以说,在生长期短的地区,用温室育苗能缩短育苗时间。

2.喷灌效果:喷灌是一种具有节水、增产、节地、省工等优点的先进节水灌溉技术。它是利用专用设备把水加压,使灌溉水通过设备喷射到空中形成细小的雨点,象降雨样湿润土壤的一种方法。实施喷灌可产生并达到以下效果:(1)节约用水:由于喷灌基本上不产生深层渗漏和地面径流,灌水比较均匀,且管道输水损失少,所以灌水有效利用系数高,比地面漫灌省水 30%~50%。(2)保持水土:喷灌的水滴直径和喷灌强度可根据土壤质地和透水性大小进行调整,能达到不破坏土壤的团粒结构、保持土壤的疏松状态、不产生土壤冲刷、使水分都渗入土层内、避免水土流失的目的。对于可能产生次生盐碱化的地区,采用喷灌的方法,可严格控制湿润深度,消除深层渗漏,防止地下水位上升和次生盐碱化。(3)节约土地:采用喷灌不仅可大大减少土石方工程,而且还能腾出占总面积 3%~7% 的田间沟渠占地,用于育苗,提高土地利用率。(4)节省劳力:喷灌的利用提高了灌溉机械化程度,大大减轻灌水劳动强度,节省劳动力。(5)适应性强:喷灌是通过喷洒的方式灌水,不受地形坡度和土壤透水性的限制,在地面灌水方法难于实现的场合,都可以采用喷灌的方法。(6)提高产量:喷灌可以采用较小的灌水定额进行浅浇勤灌,便于严格控制土壤水分,保持土壤肥力,既不破坏土壤团粒结构,又可促进作物根系在浅层发育,有利于充分利用土壤表层的肥分。同时喷灌可以调节田间的小气候,增加近地表空气湿度,在空气炎热的季节起到调节叶面温度的作用,并能冲洗叶面尘土,有利于植物的呼吸和光合作用,达到增产的效果,大田苗木可增产 20% 并可同时改变产品品质。此外,喷灌系统还可喷洒农药、防霜冻、防暑降温等。

七、取得的经济和社会效益

现代化苗圃的建成将极大地带动全市国有苗圃的大发展和快发展。建成的现代化苗圃产生的经济和社会效益也十分显著。

1.经济效益:据初步统计,现代化苗圃每年可生产造林绿化、美化苗木和花卉 1 653.2 万株,产生的直接经济效益达 750 万元。其中生产苗木 1 613.2 万株,产值 430 万元、利润 145 万元;花卉 40 万株,产值 320 万元、利润 160 万元。总计利润 305 万元。

2.社会效益:建成的现代化苗圃无论从温室的建设和利用,还是先进育苗技术和灌溉技术的应用,都起到了典型引路和示范带动作用。生产出的苗木不仅数量足够、质量优良,而且具有很强的市场竞争力。可显著提高本区荒山造林绿化质量,有利于确保各项林业生态建设工程的顺利实施,进而有效改善区域小气候,改善农业生产条件,调整农村产业结构,在促进国民经济和社会发展中起到非常积极和十分重要的作用。正宁林业总场西坡林场和华池林业总场东华池林场积极效仿,合理苗圃布局、改良苗圃土壤、平整苗圃土地,并建成固定喷灌设施覆盖全圃,取得了很好的效益。

八、结论

1.苗圃布局合理:苗圃布局分为生产用地和辅助用地两类,其中生产用地又分为播种区、无性繁殖区、移植区、采穗区、引种试验区、工厂化育苗区和示范区(大苗区)7 个大区,面积 46.9 hm²,占苗圃总面积的 90.5%。辅助用地是包括道路网、灌溉系统、排水系统、绿化带和绿篱、建筑物等苗圃用地,总面积 4.9 hm²。

2.温室建设规范:现代化苗圃共建成现代化温室 4 座 8 161.3 m²,日光节能温室 3 座 1 150 m²。其中 Venlo 式智能温室 2 座:一座建在西峰彭塬示范基地内,为屋脊型 12 连栋,东西走向,东西长 129.6m、南北宽 48.0 m,面积 6 220.8 m²。另一座建在环县曲子示范园内,为屋脊型 3 连栋,东西走向,东西长 32 m,南北宽 21.6 m,面积 691.2 m²;EM210 型温室 2 座建在西峰肖金和连家砭示范基地内,为拱圆形无顶窗连栋式温室,西峰肖金示范基地为南北走向,南北长 34.2 m、东西宽 19.34 m,面积 661.4 m²;连家砭示范基地为东西走向,东西长 30.4 m、南北宽 19.34 m,面积 587.9 m²;日光节能温室 3 座总面积 1 150 m²,曲子苗圃 2 座,XJ－8A1 型,东西长 50 m,南北宽 8 m;中村苗圃 1 座,东西长 50 m,南北宽 7 m。

3.灌溉设施先进:西峰肖金示范基地引用玛木喀移动喷灌系统,进行移动分区喷灌;连家砭示范基地、桂花塬林场苗圃、西坡林场苗圃、东华池林场苗圃和曲子苗圃均引用美国雨鸟固定喷灌系统,实施逐区喷灌;中村苗圃从蓄水池取水用 300 m 地下输水钢管自流至固定位置,然后实施漫灌;曲子苗圃新建 U 型渠 3 300 m 从环江人工渠引水或从 6 眼小电井提水至蓄水池,由加压泵加压可实施全圃喷灌。也可采用引水或提水方式通过 U 型支渠实施田间漫灌;各种温室均配置了以色列 DANSPRINKLERS 公司进口产品上喷灌溉系统。

4.土壤改良平整:平整土地面积 51.8 hm²。平整后的土地坡度不大于 1‰,有效土层厚度不低于 50 cm,达到保土、保水、保肥的三保田要求。

5.育苗技术超前:在全市率先试验总结并应用于生产的育苗技术有:仙客来盆花温室栽培技术、百合鲜切花温室栽培技术、白皮松育苗技术、樟子松大田育苗技术、雪松栽培技术、红叶李秋季扦插育苗技术、速生杨树扦插育苗技术、月季育苗技术、果石榴育苗技术、松柏容器育苗技术和绿化苗定植管理技术。

6.设施优势明显:现代化温室和喷灌设施在实践中发挥了各自的优势,延长了苗木花卉的生长期,提高了苗木花卉的质量和品质。

7.经济社会效益显著:每年可产生直接经济效益 750 万元,净利润达到 305 万元。在苗圃建设、促进农村经济结构调整和改善生态环境方面显现出非常重要的作用。

附件一

陇东黄土高原区现代化温室建设技术要点

由于温室栽培苗木花卉品种不受季节限制,一年四季可根据市场需求自行调节产量,能产生很好的经济效益和社会效益,因此,近年来温室被大量运用于种苗生产中,正确掌握温室建设技术对推动种苗事业发展具有非常重要的意义,下面就陇东黄土高原现代化苗圃西峰肖金、彭塬和连家砭示范基地建成的 2 种 3 座 VenLo 式温室和 EM210 温室作以比较,供今后其他苗圃建设时参考选用。

1 智能温室(VenLo 式)与 EM210 型温室结构

1.1 两种温室的主要性能参数

1.1.1 VenLo 式温室主要性能参数:

风载 0.6 KN/m²,雪载 0.5 KN/m²,恒载 10 KN/m²,最大排雨量 140 mm/h,吊挂载荷 15 kh/m²,电参数 220/380V,50Hz,PH1/PH3。

1.1.2 EM210 型温室主要性能参数:

风载 0.5 KN/m²,雪载 0.35 KN/m²,最大排雨量 120 mm/h,电参数 220V/380V,50 Hz。

1.2 两种温室主体结构

1.2.1 VenLo 式温室主体结构采用冷轧板森吉米尔法热镀锌,使用年限 20 a,其表面光滑,腐蚀点少,锌层附着力强,提高了温室整体抗腐蚀能力,延长了温室使用寿命,结构联拉件,全部冲压模具化,外形美观,规格尺寸标准,安装方便简捷,联接紧固件采用加强热镀锌螺栓及自攻钉。立柱采用 50×90×3 mm 矩形热镀锌钢管,四周墙面的檩条采用 30×45×1.5 mm、40×80×2 mm 和 25×25×1.5 mm 矩形热镀锌钢管,室顶桁架由 40×60×2 mm 矩形热镀锌钢管及 Φ16 mm 热镀锌拉结筋组成,室顶脊支撑梁采用 25×38×1.5 mm 异型热镀锌管财,雨槽采用 325 mm×2 mm 厚的热镀锌钢板冷弯成型,露滴收集槽采用 PVC 或型材,安装在雨槽下端脊檩采用铝合金型材,屋檐采用铝合金型材。

1.2.2 EM210 型温室主体均为轻型钢结构,使用年限 10 a,主骨架采用国产热镀锌钢管,立柱、屋架和顶部稳定杆采用 Φ48×2 mm、Φ33.5×2 mm 热镀锌圆管,雨槽采用 1.5 mm 的镀锌钢板,联接件采用 3 mm、4 mm 钢板冷弯、焊接后镀锌,联接均采用螺栓和自攻螺丝联接,四周砌 700 mm 高砖墙裙。端面横杆为 C 管,要求 C 形管均与端立柱外平齐,顶膜与端膜共用一道卡槽打一道卡槽三道卡丝四层膜,第一道卡丝如与自攻钉干涉,必须箭断卡丝。侧面均采用 C 形管外挂,侧面安装时应保证侧窗高度 1 200 mm。

1.3 顶部及四周覆盖材料

1.3.1 VenLo 式温室顶部及四周覆盖材料为聚碳酸酯板。聚碳酸板又称阳光牌阳光板,其化学性能和冲击性能特别突出,在很大范围的采光领域中是一种理想的首选材料。质量保证期 10 a。

1.3.2 EM210 型温室顶部外层薄膜为进口长寿膜,内层为进口无滴膜,四周膜内外层均为进口长寿膜,薄膜夹层采用进口风机充气。质量保证期 5 a。

2 遮阳系统

植物生长需要合适的光照,但光照强度超过植物光饱和点时,反而对植物造成伤害,因此,温室必须安装遮阳系统以控制光照。

2.1 VenLo 式温室遮阳系统采用缀铝箔结构的 LS 遮阳幕,当光照在遮阳幕上时,铝箔将多余光照射出室外,缀铝箔遮阳幕是目前最好的遮阳材料,铝箔的反射率非常高,可避免幕布吸收多余光照造成室温提高,降低作物表面温度。

2.2 EM210 型温室可安装遮阳网进行遮阳。

3 降温系统

夏季温度过高会对作物造成伤害,因此,给温室安装降温系统是必不可少的。

3.1 VenLo 式温室

采用湿帘/风扇降温系统进行降温,是利用水的蒸发降温原理实现降温目的的,系统选用蒙特公司的"赛代克"湿帘及国产水泵系统,大风量风机,湿帘安装在温室的北墙上,风扇安装在南墙体上,当需要降温时,启动风扇,将温室内的空气强制抽出,造成负压,同时,水泵将水打在对面的湿帘墙上。室外空气被负压吸出室内时,以一定的速度从湿帘的缝隙穿过,导致水份蒸发降温,冷空气流经室内,吸收室内热量后,经风扇排出,从而达到降温的目的。湿帘选用 6 套高 1.5 m、厚 100 mm、长 21.6 m 疏水湿帘。

3.2 EM210 型温室

采用开启门窗自然降温和启动微喷强制降温;也可对其进行改造,增加湿帘和风扇,改善降温效果。

4 保温系统

冬季,温室的主要散热是通过对流换热和辐射换热两种形式。因此,为了防止冬季温室热量散发,必须安装保温系统。

4.1 VenLo 式温室

顶部和外围材料、遮阳网两种材料之间的空气层可视为一整体的保温层,传热系数 K 值将大大降低,起到保温作用,另外,由于温室覆盖材料是透明的,室内作物层的热辐射很容易通过散失到室外,遮阳幕的存在,相当在室内增加了一道屏障,由于铝箔的穿透率很低,使得大部分的热辐射留在了室内,达到保温节能的目的。

4.2　EM210型温室

双层充气膜相当于给温室覆盖一层厚厚的棉被,加之开窗部位备有固膜卡具,冬季加装一层薄膜可达到温室保温的目的。

4.3　温室内外旬均温比较

温室内外旬平均温度比较表　（单位:℃）

位置	中/4	下/4	上/5	中/5	27-30/9	上/10	中/10	下/10	上/11	中/11	下/11
露天	14.5	16.4	18.7	19.7	17.6	17.9	14.8	12.2	7.5	7.8	-1
温室	22.5	26.8	27.4	28.7	26.4	24.3	21.4	19.9	14.3	14.3	9.8
温差	8	10.4	8.7	9	8.8	6.4	6.6	7.7	6.8	6.5	10.8

5　灌溉系统

5.1　VenLo式温室灌溉系统采用上悬固定式微喷系统,选用以色列普拉斯托(PLAS-TRO)中距卫星喷头,每栋设置两根灌溉支管,喷头支管选用高压聚乙烯管材,管径为Φ20 mm,颜色为黑色,支管间距为5.4 m,主管道配置叠片式过滤器,滤去水中杂质,避免喷嘴堵塞,进水管直径2″,出水管直径2″,压力范围0.15~0.4 MPa,每根支管间隔4.8 m倒置安装一个微型喷头,每支微喷头均带有防滴漏阀,小于0.7 BAK时自动关闭,同时具有流量可调节和射程限制功能,总计160个喷头。

5.2　EM210型温室灌溉系统均采用固定型管道上喷灌系统。将水源引入温室,水压达到0.3MPa,水质达到市政自来水洁净程度,上喷灌系统总流量为4.992 m³/h,安装上喷灌系统时,将纵向黑色扁平压膜线按温室长度加适当余量裁取,两头固定于温室端下垂即可,两端打绳扣固定在温室边立柱上,中间与立柱交叉处用自攻钉和瓦垫固定,然后将20PE与其扎结,不要扎结得太紧,保证温度变化时20PE可以收缩,温室内竖管UPVC32应沿温室内端立柱向上,且需用扎带与立柱扎结在一起,系统主管路末端设置放水井或直接通向排水沟。

6　控制系统

6.1　VenLo式温室环境控制系统采用闭环控制方法,对室外风速、温湿度及室内的温湿度等因素进行采集,通过控制器处理后,将控制结果返回到现场,调节现场的执行机构,对室内的气候因素实施实时控制,以此来保证控制的精度和控制的可靠性。

6.2　EM210型温室采用自控设备进行控制。

6.3　主要控制指标

6.3.1　温度:用温室培育苗木,控制室内温度是育苗成功的关键。当温度达20℃~25℃时,树种种子发芽最为适宜,苗木生长旺盛。通过通风口可调节室内温度,白天温度最好不超过30℃;夜间保持15℃左右为宜。降温还可以用喷灌和遮阴的方法。

6.3.2　灌溉及空气相对湿度:播种前要灌足底水,播种后要使培养基表面经常保持湿润状态。当种子胚根扎入培养基后,应使空气相对湿度保持60%左右,变幅可在50%~

80％之间。当室内气温高于室外,苗木蒸腾量大,幼苗生长快,需水量比露地多,要通过喷灌不仅供给苗木所需水分,还有降温与调节空气相对湿度的作用。这一时期,应注意减少大水灌溉。

6.3.3　补充 CO_2:当室外气温低于室内温度时,由于室门紧闭,空气流通不畅,常出现 CO_2 不足的情况,为使苗木生长值不降低,提高光合产物量应及时补充 CO_2。方法是适时通气,实现室内外空气一日二次对流,另外,可根据不同植物的生长需求,增施 CO_2 肥。

6.3.4　病虫害防治:温室育苗因温度高,湿度大,菌类常常繁殖快,病虫害种类也较多。主要病害有:猝倒病、灰霉病、叶枯病、锈病与白粉病等。常见的虫害有:粉虱、蓟马、蚜虫、蛞蝓和介壳虫等。可用常规方法防治。

7　室内栽培品种及效益比较

7.1　品种

适合温室育苗和栽培的造林树种有雪松、白皮松、油松、樟子松、云杉、落叶松、侧柏、楸树等,名优花卉有仙客来、百合花、蝴蝶兰、雪里开、红掌、一品红、木本花石榴及盆栽果石榴以及月季等 30 多个品种。

7.2　适合温室育苗的部分树种生长旺盛期表

部分树种温室生长旺盛期表

树种	生物学特性	生长旺盛期
白皮松	适应较干冷的气候,在土层深厚肥沃的钙质土或粪土上生长良好。喜光,幼时稍耐阴,深根性寿命长	幼苗在温室内 4 月中旬至 6 月初生长旺盛
雪松	适温暖凉润气候,对土壤要求不严	幼苗在温室内 3 月下旬至 5 月下旬生长旺盛
侧柏	喜光,干冷及暖湿气候,均能适应,对土壤要求不严格,以碳性土上生长良好,在土壤深厚肥沃的地方则生长较快	在 3 月下旬至 6 月中旬旺盛生长,8 月下旬至 10 月中旬抽梢达 20cm
楸树	喜光,幼苗稍耐庇荫,苗高 20~30cm 即需要较多光照,喜温暖湿润气候,不耐寒冷,适生于年平均气温 10℃~15℃,年降水量 700~1 200 mm 的地区。在深厚肥沃,疏松的中性土和钙质土上生长迅速	4 月下旬至 9 月中旬旺盛生长

7.3　楸树温室与大田育苗比较研究(结果见"不同条件下楸树育苗比较表)

7.4　效益

以百合花为例,年均可产鲜切花 35 万枚,每枚鲜切花一般市场价格 8.5 元,元旦期间每枚平均在 10.00 元左右,年均收入 320 万元,除去成本费、人工费、病虫害防治费及育苗过程中起用循环风机、电动拉幕、降温水帘等各种费用大约 200 万元,年净利润可达 120

万元。

8 结论

8.1 温室的优点：

8.1.1 温室能显著提高温度，春季比空旷地增温 2.5℃～5℃，能延长苗木生长期 1 个月以上。

8.1.2 种子发芽快，在温室的落叶松、赤杨和栎类种子的发芽日期比空旷地缩短 4～7 d；云杉、松树种子发芽期缩短 8～10 d。

8.1.3 能提高空气相对湿度，白天能提高 7%～13%，这时温室内的光合速率明显比室外高，因而加速苗木生长。

8.1.4 便于控制环境条件，能防止风沙灾害和霜冻害；施肥和灌溉等极为方便，既减轻劳动强度，又能减少农药的消耗，便于管理。

不同条件下楸树育苗比较表

条件	下种时间	出苗天数	速生期	倍长期	平均高	地径	病虫害	冻梢	地下根数
温室	3 月中旬	7～10 d	4～6 月 8～10 月	树木落叶大地封冻前	80～120cm	1～2cm	多	无	主根发达侧根细少
大田	4 月上旬	15～20 d	7～8 月	10 月中旬	50～60cm	0.8～1cm	少	冻梢 15～20cm	主根发达侧根多健壮

8.1.5 综合效应：据研究，在温室这些条件的综合影响下，松树、云杉、棕树等的速生期比空旷地延长 30 d，山杨、槭树等延长 40 d。生长量也显著提高。在西宁温室内培育油松 1 年生苗的高生长比室外的 1 年生播种苗高 1 倍、地径也明显提高，所以说，在生长期短的地区，用温室育苗能缩短育苗时间。

8.2 VenLo 式温室具有透光率高，密封性好，整体面积和通风面积大，使用灵活，抗风载及雪载能力强等特点，因此在多种气候条件下可选用该温室。但工程造价相对较高。

8.3 EM210 型温室整体面积不能超过 2 001 m²（3 亩），空间小，热量损失小，冬季用于升温的费用低，属经济型温室，在经济条件不宽裕的条件下，可选用该温室。

8.4 效益分析 仍以 Venlo 式温室生产百合鲜切花为例。年均可产鲜切花 35 万枚，每枚鲜切花一般市场价格 8.5 元，元旦期间每枚平均在 10.00 元左右，年均收入 320 万元，除去成本费、人工费、病虫害防治费及育苗过程中起用循环风机、电动拉幕、降温水帘等各种费用大约 200 万元，年净利润可达 120 万元，累计四年多可收回投资。在温室保质期内还有 5～6 年净收入期，预计可获得直接经济效益 700 多万元。实际上温室的使用寿命远不止十年，再加上其观赏价值，因此获取的利润还会更大。据粗略估计至少在 1 200 万元以上。总之，在陇东建设面积较大（6 670 m²，约 10 亩左右）的现代化温室具有十分广阔的市场前景和丰厚的利润受益。

附件二

仙客来盆花温室栽培技术规范

1 总则

1.1 仙客来是报春花科仙客来属植物,多年生球茎草本花卉,原产地中海沿岸,属半耐寒性植物,现在我国南北均有栽培。北方尤其是西北地区栽培常以温室盆栽为主要方式。

1.2 仙客来花型奇特、花朵别致、花期长,花色艳丽,花瓣反卷似兔耳,有的花瓣突出似僧帽,叶型优雅,是花、叶、茎整体协调的高级花卉,极具观赏价值。

1.3 仙客来别名较多,有称兔耳花的、有称一品冠的。我国有些地区常以其奇特的花形和块茎形状,又称其为萝卜海棠和篝火花等等。

1.4 仙客来喜透气性好的微酸性土壤和凉爽、湿润、光照充足的环境,不耐干旱和瘠薄,也不耐积水和盐碱。

2 品种

2.1 依花期分有:早花、晚花、冬花和夏花。

2.2 按花型分为大花型、平瓣型、钟型和皱边型。

3 繁殖

3.1 播种繁殖:播种繁殖是仙客来繁殖最常用的方法。

3.1.1 种子消毒:先用 0.1% 升汞浸泡 1～2 min 后,用水冲洗干净;然后用 10% 的磷酸钠溶液浸泡 10～20 min 后,冲洗干净;最后浸泡在 35℃～40℃ 的胶质溶液中,处理 48 h,用水冲洗干净,既可播种。

3.1.2 播期:根据供花时间确定播期。一般于供花时间前 13 个月播种,早花品种也要 8～10 个月。

3.1.3 种子处理:播前用冷水浸种 24 小时或用 30℃ 温水浸泡 2～3 h,洗去种子表面粘着物,包在湿布中催芽,在温度 25℃ 下,处理 1～2 d,待种子稍微萌动,即取出播种。

3.1.4 基质:可用蛭石、细炉渣等量混合;草炭土和蛭石等量混合;或壤土、腐殖土、河沙等量配制。

3.1.5 播种:点播、间距 2×2 cm,覆土 0.5 cm。用盆浸法保持盆土湿润,温度为 18℃～20℃,30～40 d 发芽。

3.1.6 分苗 播种苗长出 1 片真叶时分苗,间距 3.5×3.5 cm,用土以腐殖土、壤土、河沙比例为 5:3:2 的比例配制。栽植时,使小块茎顶部与土面相平,保持湿润,缓苗期置弱光处,待恢复生长后,逐渐增加光照,加强通风,温度以 15℃～18℃ 为宜,适当追肥,注意勿使肥液沾染叶片,以免引起腐烂。小苗 3～5 片叶时上盆。

3.2 营养繁殖

3.2.1 营养繁殖的种类:

①块茎组织培养,将块茎切块,在无菌条件下组织培养以形成再生植株;

②用带有部分块茎组织的叶芽进行扦插;

③在原盆中,切除块茎上部,然后纵切分割,使之形成再生苗。

3.2.2 块茎分割繁殖方法:

此法常用于杂种一代(F1)种子的生产繁殖:①选生长健壮、充实肥大的块茎,于花后 1～2 月进行分割,分割适期是 5～6 月。②盆土湿度是确定分割适期的重要指标,当用手触及叶梢有柔软感时即为分割适期。③先将块茎上部切除,厚度约为块茎的 1/3;再做放射状(用于块茎直径 4 cm 以下者)或棋盘状(用于块茎直径 4 cm 以上者)纵切,深度以不伤根系为度。④分割后立即用塑料薄膜将花盆罩好,于 30℃ 下进行熟化处理,至伤口形成周皮为止,约需 12 d,然后在 20℃ 下促生不定芽。⑤盆土保湿是促生不定芽期(20～30 d)管理的关键环节;可在分割时连盆称重,每隔 2～3 d 按重量补足失去的水分。⑥各切块在分割后 70～80 d 形成不定芽,需降低温度至 15℃,以便逐渐适应环境。⑦分割后约 100 d 基本形成再生植株,便可移栽上盆。⑧自形成不定芽开始,逐次增加给水量,并每周追液肥一次。

4　上盆

4.1 用盆规格:目前市场上流行的仙客来品种主要有大花型、中花型和小花型三种,应根据不同的品种选择不同盆径的花盆,如中花型选用上口内径 15 ×高 13 cm 型的盆。

4.2 基质:90% 的黄泥炭和 10% 的珍珠岩混合基质,pH 值为 5.6～5.8,具有一定的透水性。

4.3 上盆:上盆前应减少浇水量,使其稍干,以便取出种球。上盆基质的量应均等,高度以低于盆口 1 cm 为宜,小苗种在盆中央,种球露出基质表面的 1/2 到 1/3。上好后及时浇透水一次,前一周予以适当遮阴。

5　生长期的养护

5.1 仙客来生长期光照要求为 30 000～35 000 lux。温度白天为 20℃～24℃,夜间为 16℃～20℃,湿度以 60%～70% 为宜。

5.2 仙客来上盆后的前三周,植株小,根系少,对水肥的需求也小,每次浇水要待盆内基质比较干,但植株弱小根系周围又不至于太干时进行,这样利于植株快速扎根。每次浇水最好在上午进行,并力求浇透浇匀,植株才能生长整齐。

5.3 仙客来上盆后的施肥,一般在上盆 10～15 d 后结合浇水进行。在前一个月可以用 1∶0.5∶1 的氮磷钾液肥 2 000 倍,以后视植株的长势增加浓度,待植株有一定株型后改用 1∶0.7∶2 的液肥进行浇灌,肥料的浓度应根据基质的 EC 值和 pH 值来确定。

6 成品期的养护与管理

6.1 成品花期:一般出现在 11 月以后,此时天气逐渐转凉,因此应努力保持充足的光照和适宜的温度。

6.2 开花时温度应有所变化:花蕾孕育期,白天 20℃~22℃,夜间 10℃~12℃;花梗抽生到花蕾初绽期,白天 17℃~18℃,夜间 10℃~12℃;花苞完全绽放,并达到一定数量时,白天 14℃~15℃,夜间 9℃~11℃。

6.3 仙客来开花期间最好采用滴灌浇水。这期间,气温低,湿度大,应避免灰霉病的发生。施肥浓度调整至 1 000 倍,1:0.7:2 的液肥一周施一次,必要时还要追施磷酸二氢钾的叶面肥。

6.4 整形:是成品期管理重要的技术措施。由于较多叶片将中心部位遮住,叶片小而失绿,同时花梗会顺着叶片与叶片间的漏光处不规则伸出,形成一盆花束不齐,花色不佳的次品。所以应经常将叶群中心部位的叶片顺着叶柄基部的方向向外围拉开至露出中心部位的叶芽和花芽使其接受充足的光照。

7 病虫害防治

仙客来易发的病害主要有细菌性叶腐病、灰霉病和萎凋病。

7.1 细菌性叶腐病

7.1.1 症状:本病在植株的叶柄、芽、球茎处均可发病。开始时叶柄带有水渍状斑点,随着病斑扩大成黑色斑块。腐败部沿叶脉向叶端发展,使叶子全部腐败,叶黄花枯死。一株苗发病可传染其他健康植株,接触过病株的手、水、花盆等都可以成为传染源。仙客来种子自身带菌也是主要的传染途径。

7.1.2 防治措施:①消除自然传染源,杜绝种子传染,加强种子检疫。②随时摘除病叶,集中烧掉。同时要喷药并保持环境卫生干净。操作时应在较干燥的时间进行,不要用处理过病株的手再去接触健康植株。③摘叶和摘花的伤口可用杀菌剂涂抹,以起到预防作用。

7.2 灰霉病

7.2.1 症状:刚开始叶片及花瓣上出现灰色霉层,以后慢慢扩展致使全株感染,严重的可导致死亡。

7.2.2 防治措施:此病在高温高湿,低温低湿,空气不通畅时最易发生,因此白天注意通风,加强空气交换流通,盆子摆放不要过密。药物防治可用百菌清、甲基托布津等常规杀菌剂。

7.3 萎凋病

7.3.1 症状:此病多发生于夏秋季节仙客来生育的后半期。初期一部分叶片失去生机,凋萎、黄花、以后叶黄逐渐增多,阴雨天过后晴天时植株全部枯萎,这种情况到夜间可以恢复正常,白天再度萎蔫,直到植株枯死。

7.3.2 防治措施:同细菌性叶腐病。

7.4 常见的虫害有:蚜虫、蓟马和螨类等。

8 售后管理

8.1 盛花的仙客来很受人们青睐,是装点客厅、案头以及商店、餐厅等公共场所冬季的高档盆花。

8.2 一般情况新繁殖的仙客来苗开花较早,球茎越夏的苗开花略迟。

8.3 在现蕾期间,移至温度较高处(温度不超过 18℃)并保持一定湿度,可提前开花。

8.4 花蕾形成后,花梗尚短时,可喷洒 0.01% 赤霉素溶液于花梗,可促进生长,加快开花。

8.5 要培育新品种,选取优良亲本,进行人工授粉,在花药未成熟时,先用镊子去雄,套袋,然后进行杂交,即可培育出新品种。

附件三

百合鲜切花温室栽培技术要点

一、生态习性

百合又名山蒜头,百合科百合属植物,原产中国、日本、朝鲜。在我国河北、河南、陕西、甘肃临洮分布广泛。百合喜凉爽湿润环境,属短日照植物。喜阳光充足,耐寒性强,忌热。适宜在排水良好、土层肥沃深厚的微酸性沙壤土中生存。

二、观赏特性

多年生草本植物。鳞茎扁球形,由20～30瓣重叠累生在一起,无皮。茎绿色、光滑、直立。散生叶披针形,螺旋状着生于茎上。总状花序,花单生或簇生,花被片6枚,喇叭形,大花型花色有白、粉、橙等。

三、温室内栽培百合花品种

尽管百合品种划分为9个品系,但在我区温室内广泛用于切花栽培的品系主要是东方百合杂种系的4个品种,即元帅、辛普隆、索蚌、西伯利亚。索蚌枝杆低,西伯利亚枝杆高大,辛普隆花大但枝杆弱,易倒伏,元帅花梗分枝距离较大,一般3～4 cm。

四、栽培管理

1.引种及种源:东方百合繁殖采用分球繁殖法,种球由荷兰和临洮引种过来。采摘种球时一般等花采摘完毕,种球出土时采摘最宜。

2.种球处理:百合常因种球休眠而导致发芽率低及盲花,打破百合种球休眠成为关键所在。若进行促延花期的种植,首先要对种球进行打破休眠处理才能按预期开花。常用打破休眠的方法是冷藏处理法,把种球移到气调库内在−2℃～2℃温度范围内放置7周。

3.种球消毒:用50％多菌灵可湿性粉剂800倍液浸泡种球30 min后洗净晾干。

4.基质及消毒:基质采用岷县草炭及腐熟的牛粪,草炭和牛粪搭配比例3∶1,pH值控制在pH≤6范围内,基质厚度在35 cm左右,施入基质后至少翻晒2次,每次晾晒7 d。消毒方法可采用浇灌或蒸汽消毒法。蒸汽消毒采取关闭所有天窗,拉开遮阳网进行暴晒,使温室内温度控制在高温状态30～40 min可杀灭病毒。浇灌消毒法采用2％～3％的甲醛稀释液浇灌土壤,18 kg/m² 药液浇灌后关闭温室所有窗口,两天后翻松晾晒土壤。用手捏基质,湿度较大但不滴水时为宜。

5.下种时期及下种量:温室内温度可以自行调节,下种时期不受季节、温度限制,一般以调整可产连续花期为宜,下种量因种球大小而自行调整,一般株行距控制在10×10

cm,栽植深度为种球直径的 2 倍。下种时期温度控制在 5℃～10℃之间。

6. 温度:百合生长以 15℃～25℃为最好,在温度低于 5℃时生长停止,但能耐－3℃低温而不受冻害,在温度高于 25℃时也抑制生长。促成栽培的百合 1～2 个月产花的,夜温需保持 15℃,2～4 个月产花的,种植时温度为 15℃。

7. 光照:百合花属短日照植物,花在长枝杆过程中,用遮阳网遮住阳光及紫外线,让透光率达到 60%～70%左右,出蕾时每天只能见 1～2 次阳光,早晨、日落时各见 1～2 h 阳光。当花芽伸长到 1 cm 时,若光照不足容易发生消蕾现象,这时必须拉开遮阳网让阳光充分照晒。

8. 水分:种植后立即浇透水,花芽分化期水分充足,花后水分减少,整个生长发育期保持土壤湿润,严忌积水,否则易引起病菌感染腐烂等。

9. 追肥:整个生长期每 15 d 施液肥 1 次,尿素∶碳酸二氢钠∶水为 3∶2∶1 000 混合液作为根外追肥,自植株出芽 40 d 时,连续 3 d 喷硝酸钾∶硫酸铵∶水为 1∶0.5∶1 000 倍的混合液,以增加花芽分化期营养,促使花朵数增多。

10. 不同的管理方式对温室内植物生长的影响状况:辛普隆花蕾出来后不能浇水,耐旱,易发病虫害,环境应保持不干不湿状态;索蚌、西伯利亚花出蕾后多浇水,耐湿润环境;元帅在花出蕾后少浇水。

11. 温室外炼苗技术:采用遮阴棚,把种球一层基质一层种球层放遮阴棚下,温度控制在 20℃左右,外炼苗 3 个月,使种球直径达到 14 cm 标准要求时,再移到气调库休眠约 40～45 d 后进行移栽。

12. 销售前处理技术:通常当百合花序上第一朵花蕾充分膨胀含苞待放或稍绽开时从基部剪开,进行采收,除去下部叶片并及时摘去花药,每 10 枚一束,将花蕾朝上,打好包装投放市场。

五、病虫害防治

1. 病害:易患细菌性茎腐菌,采取的防治措施①轮作勿连作;②基质、种球进行严格消毒;③栽植过程中避免水分过多;④采收、消毒等各环节都应避免对鳞茎的损伤。

2. 虫害:①易生蛴螬 栽种时穴内施铁灭克或用辛硫磷 200 倍灌根;②易生螨虫 防治螨虫时用扫净螨 2 000～3 000 倍液喷杀。

六、效益分析

1. 经济效益。由于温室内繁育百合花不受季节限制,所以一年四季根据市场需求,可以自行调节花卉产量,年均产鲜切花 35 万枚,每枚鲜切花一般市场价格 8.5 元,元旦期间平均在 10.00 元左右,年均收入 320 万元。在东方百合花卉培育过程中,改良花卉苗木培育土壤 1 200 m³,引进东方百合花卉苗木种球 30 万个,在育苗过程中,启用了循环风机、电动拉幕、降温水帘、通风天窗、遮阳网、供温系统、固定喷淋、施肥等系统,还进行了花卉苗木病虫害防治,雇用了当地 20 名人员长期进行花卉抚育管理,年生产成本大约 200 万元,年净利润 120 万元,所产鲜切花 80%销往西安、成都、广州、上海、乌鲁木齐等大中城市,市场需求量大,花卉供不应求,市场前景十分看好。

2.社会效益:东方百合花卉的大力繁育,离不开当地农户的辛勤劳动,当地农户在花卉抚育管理过程中,学到了新的花卉栽培技术,并且在示范园区周围进行试验性培育,由于花卉栽培既是一种乐趣又可以产生经济效益,因此,调动了当地群众的栽花积极性,带动了我市花卉产业的全面发展。现我区已有面积在 6 670 m²(10 亩)以上花卉育苗基地 5 处,3 335 m²(5 亩)以上花卉育苗基地 20 处,所培育花卉高中低档次齐全,花卉产业已初具规模。

附件四

白皮松育苗技术

摘　要：根据多年的生产实践证明：白皮松育苗通过种子分级、湿藏催芽、精细管理的大田苗、容器苗均在子午岭林区适应，可大力推广应用。技术发芽率比场圃发芽率提高 19.1%；容器苗比大田苗出土提前 3～5 d，出苗率提高 4.2%；容器苗高生长量比大田苗提高 12.2%～16.7%，径生长量提高 16.7%～20%。

关键词：白皮松　大田　容器　育苗　技术

白皮松（白骨松）属松科松属，常绿乔木，为我国特产，分布较广。具有喜光、抗寒的特点，其树姿优美，树形高大，已成为首都及华北地区园林绿化的优良树种，且对二氧化硫及烟尘的污染有较强的抗性。近年来，由于大规格白皮松苗木供不应求，培育优质白皮松壮苗大苗已成为一项十分迫切的任务，既可满足市场对白皮松苗木的需求，又能增加林场收入。

1　育苗区概况

育苗区设在合水总场连家砭林场中心苗圃，地理位置处在东经 108°20′～108°39′、北纬 35°53′～36°10′之间，地处子午岭腹地，为黄土高原沟壑地貌，海拔 1 120 m。年平均气温 7.4℃，极端高温 35.5℃，极端低温 −27.7℃，全年无霜期 120～180 d，年平均降水量 587 mm，土壤以森林灰褐土为主。交通便利，育苗条件较好。

2　育苗

2.1　种子来源

近年育苗种子均由庆阳市林木种苗管理站从外地调拨。

2.2　种子分级

将调拨回的白皮松种子用风车或水选方法进行筛选，除去杂质、空粒等。这对提高发芽率，促进幼苗健壮生长非常重要。

2.3　种子处理

白皮松种子可采用温水浸种、雪藏和沙藏三种催芽方法。播种前 60 d 用 0.5% 的高锰酸钾溶液消毒 2 h，捞出冲洗干净后进行混沙层积催芽，种沙比例 1：3。首先在选好的地上铺一层湿沙，沙子的湿度要适中，以用手握成团不滴出水，松手触之能散开为宜，过湿通气不良，温度过低，种子易腐烂变质；过干温度过高，呼吸加快，易发热。然后在上面铺种子,种子的厚度以能充分接触到沙子为宜。上面再铺一层沙子,依次类推,种子放完为止,最上面为沙子。若种子量过多,可分几堆进行处理。在贮藏期间常检查种子湿度及健康状况,保持湿润,温度控制在 $0℃\sim55℃$ 之间,空气相对湿度控制在 65% 以内。当裂嘴的种子粒数达 50% 时即可播种。

2.4 选好圃地

白皮松幼苗怕涝。育苗地应选择在地势平坦、土壤肥沃、有排灌条件及交通方便的地块。重黏土地、盐碱土地、低洼积水地不宜作育苗地。塑料小拱棚育苗,应避免风口地点作为苗圃地,也不需要肥力较好的土壤。

2.5 精细整地

育苗地要深翻整平耙细,灌足底水,施足底肥。也可将过磷酸钙与土杂肥混合使用,效果更好。整地前每亩撒施 10 kg 硫酸亚铁粉末,翻入土中进行杀菌消毒。圃地整好后,做成高 15 cm,宽 1 m 的高床播种。塑料小拱棚育苗,整地后装袋前必须做床,但无须灌水施肥。以低床为宜,有利于保墒,也便于灌溉。床面低于步道 18 cm,床面宽 $100\sim110$ cm,长以地形而定,一般为 $15\sim25$ m,床与床之间留 40 cm 的步道。步道要夯实,床面一定要水平且夯实,同时修好排洪渠。床面过宽,管理不便;床面不平,浇水不均;步道过高不实,容易踩踏埋苗,且灌溉时容易坍塌。

2.6 配制营养土

将拉回的腐殖质土按森林土 90%(其中松林腐殖质土 10%)、黄土 5%、过磷酸钙 3%、沙子 1%、硫酸亚铁 1% 的比例进行配置。连续翻动 $3\sim5$ 次,使其混合均匀后过筛,清除杂质。配好的营养土干湿要适中,过湿手,不便装填,过干不宜压实,以捏块指点散开为宜。然后用架子车或筐将其运到整好的床面上。

2.7 播种:

2.7.1 大田苗:播种一般在土壤解冻后 $10\sim15$ d(3月下旬至 4 月初)为最好。采用宽幅条播,开沟深 5 cm,沟底要平,均匀撒籽,镇压。播幅 10 cm,行距 $35\sim40$ cm,用腐殖质土或细沙覆盖 $1.5\sim2$ cm,每亩播种 $70\sim80$ kg,可亩产苗量 10 万株以上。因鸟兽及老鼠爱吃松籽,将老鼠药或拌有磷化锌等药物的种子撒于苗圃周围,以防遭受危害。待种子顶土时,一定要固定专人看管,直至种壳脱落。

2.7.2 容器苗:点种前要先装袋,容器袋选择聚乙烯做的圆柱形 6.5×15 cm 的无底塑料袋。装袋时必须将容器袋装满,不要用力过猛,既要装实,又不能挤破容器袋。摆放时要求整齐、紧凑、不留空隙,且不要参差不齐,随摆放随用木板挤实(每四行挤一次)。有空隙则容易跑墒且浇水后容器袋容易变形;不平则浇水不匀,影响苗木及生长。装好的容器袋以提袋不漏土,浇水后不塌陷为原则。在播种前 $2\sim3$ d 灌足底水,待土壤用手捏块指点散开时便可点籽。用小棍在容器袋中央打孔,深度不超过 1 cm,每袋点播 $2\sim3$ 粒。播后要及时用消毒后的腐殖质土覆盖 1 cm,且要均匀一致,及时镇压并适量洒水,使种子与土壤密接,但要防止土壤板结。播后在苗床上搭小拱棚增温保湿,提高出苗率。棚用细竹竿做拱架,拱架间距 $1\sim1.5$ m,拱高 $50\sim60$ cm,棚膜四周用土压实。

2.8 苗圃管理:

2.8.1 大田苗:白皮松喜光,但幼苗较耐阴。为了防止高温日灼,应搭棚遮阴,在15～25 d即可出土发芽。待幼苗出齐后,应及时松土、锄草,坚持"除早、除小、除了"的原则,株间草用手拔,防止伤苗,行间草结合松土进行。间苗和补苗同时并举。床土不可过湿,以免发生猝倒病。久旱不雨或季节高温要及时浇水。水量过多时要及时排水。白皮松幼苗应以基肥为主,追肥为辅。从5月中旬到7月底的生长旺期可利用降雨或浇水进行少量多次撒施尿素,也可沟施,每次每亩不超过4 kg,还可喷施其他叶面肥,15 d左右一次,共施2～3次。生长后期停施氮肥,增施磷钾肥,以促进苗木木质化。叶面喷施时间以早、晚空气湿润或阴天为宜,要使叶的正反面都喷上肥料,喷后8 h内遇雨,必需补喷。

2.8.2 容器苗:每天早晚用小木棍敲打小拱棚露水,保持床面湿润。棚内放温度计,每天勤观察,温度过高(超过30℃时)及时放风降温。苗床缺水应及时补水,时间在早晨11点以前,下午4点以后。待幼苗出齐后,逐渐加大苗床通风时间,通过炼苗增强其抗性。去掉棚膜后应及时搭上遮阴网,以防高温日灼和立枯病的危害。封冻前要彻底冬灌一次,有利于苗木越冬。其他管理措施与大田苗相同。

2.8.3 病虫害防治:播种后用0.5%硫酸亚铁溶液进行床面喷洒,待幼苗出土后,再要用0.5%～1%的硫酸亚铁溶液进行叶面喷洒,30 min后用清水冲洗,每周一次,连续四次,可有效防治立枯病。基肥必须腐熟、捣碎,可防治种蝇幼虫对幼苗的危害。采用代森锌、甲基托布津、辛硫磷等,可防治其他病虫害。

2.8.4 培育大苗:白皮松幼苗生长缓慢,应密植。如需培育大规格苗木,则在定植前还要经过2～3次移栽。4～5 a生苗木可在早春顶芽尚未萌动前带土移栽,株行距20～60 cm,不伤顶芽,栽后连浇两次水,6～7 d后再浇水。6～8 a生苗,可进行二次带土球移栽,株行距60～120 cm,及时加强管理,促进生长,培育大苗。

3 结果分析

3.1 出苗早,生长快

经过低温催芽处理的种子,打破了种子休眠,提高了场圃发芽率,幼苗出土早,整齐,缩短了出苗期,提高了苗木质量。技术发芽率比场圃发芽率提高19.1%;容器苗比大田苗出土提前3～5 d,出苗率提高4.2%(表1)。

表1　白皮松种子催芽试验

措施	发芽率 (%)	场圃发芽率 (%)	苗木出土时间(d)		出苗率(%)	
			容器苗	大田苗	容器苗	大田苗
数据	91.3	72.2	15～20	18～25	93.6	89.4

3.2 容器苗比大田苗具有以下优点

(1)节约种子:每个容器袋内只需播2～3粒种子,比大田育苗节约种子一半左右。

(2)缩短培育周期:容器育苗所用营养土是经过精心配制的,一般养分比较充足,透水透气性能好,有利于苗木根系生长发育。管理精细,水肥利用率高,生长快。苗木高生长量比大田苗提高 12.2%～16.7%,径生长量提高 16.7%～20%(表2)。

表2　白皮松生长期间对照表

苗龄	平均高(cm)		平均地径(cm)	
	容器苗	大田苗	容器苗	大田苗
一年生	4.52	4.03	0.14	0.12
二年生	7.63	6.54	0.24	0.2

(3)不需占用肥力较好的土地:容器苗所需养分来自营养土,所以育苗时不需占用肥力较好的土地,也不需要对苗圃地土壤进行改良。

通过多年实践可以看出:白皮松育苗采用分级、催芽、管理等技术措施,大田育苗和容器育苗均在子午岭林区普遍适应,而且容器育苗比大田育苗具有许多优点,可大力推广应用。也可培育大规格苗木,满足市场需求,增加林场收入。

附件五

子午岭林区樟子松大田育苗技术

摘　要：通过在子午岭林区樟子松大田育苗的实践基础上,总结出了该树种大田育苗技术措施,对这一国家三级保护植物在子午岭林区繁殖和发展以及合理利用具有一定的促进作用。

关键词：樟子松　大田　育苗　子午岭

樟子松(*Pinus syluestris*)系松科松属,常绿乔木。原产于我国黑龙江大兴安岭海拔400~900 m山地及海拉尔以西、以南沙丘地区。蒙古亦有分布。喜光性强,能耐严寒、干旱气候,耐极端最低温为−40℃。根系发达,对土壤适应性强,耐干燥瘠薄。在水分较少的山脊、向阳山坡、沙丘和石砾土上生长良好。但怕积水,长期积水能导致死亡。属国家三级保护植物。是防风固沙、防护林和城市造林与园林绿化的一个重要树种。本文总结子午岭林区引种樟子松大田育苗的技术与经验,供生产者参考。

1　育苗区自然条件及规模

连家砭林场地处子午岭腹地,甘肃省庆阳市合水县太白镇境内,地理位置处在东经108°20′~108°39′、北纬35°53′~36°10′之间,为黄土高原沟壑地貌,海拔1 120~1 670 m之间,相对高差550 m左右。气候属暖温带半湿润类型,比周边地区略为湿润凉爽,四季分明,年平均降水量587 mm,多集中在7、8、9三个月,冬春雨雪稀少。年平均气温为7.4℃,最高气温35.5℃,最低气温−27.7℃,大气相对湿度60%。年无霜期120~180 d,光照时数2 540 h。本区土壤主要为黄绵土、灰褐土、灰墣土和灰褐墣土,表土层腐殖质含量丰富,富含钾、高氮、极缺磷,pH值在7.0~8.4之间。育苗地有苗木200万株,共计0.8 hm²。上水、喷灌等配套设施齐全。

2　育苗技术

2.1　种子采集

以当地采集的种子最好。采种母树应树干通直,生长健壮。9~10月采回成熟球果,放置在干燥的场地上曝晒,要经常翻动,对不易脱出的种子可用棒敲打球果,直到种子全部脱出为止。如从外地购买种子,应以与当地自然条件相似的地区所产的种子为好。连家砭场近几年所用种子由庆阳市林木种苗管理站调拨。

2.2　净种

将脱粒出的樟子松种子用风车或水选法进行筛选,除去鳞片、果片、空粒、枝叶碎片等。经水选的种子只能阴干,不易曝晒。

2.3 选好圃地

连家砭林场樟子松育苗地选择在地势平坦、开阔、土壤肥沃、有排灌条件及交通方便的庆阳市现代化苗圃连家砭示范基地,该苗圃地已实现"三通",即"水通、电通、路通"。

2.4 细致整地

整地方式以耕作为主,一般耕地深度 30 cm。翻后整平耙细,灌足底肥。也可将过磷酸钙与土杂肥混合使用,效果更好。整地前每亩撒施 20 公斤硫酸亚铁粉末,翻入土中进行杀菌消毒。圃地整好后做成高 15 cm,宽 1 m 的高床播种,常依地形而定,步道宽 30 cm。

2.5 种子处理

樟子松种子可采用冰藏、雪藏和沙藏三种湿藏方法。将净种后(或购买)的种子消毒后(用 0.2％高锰酸钾溶液浸种 5 min 捞出)按 1 份种子 3 份雪(种雪比例 1：3)进行雪藏。首先在选好的地上铺 20 cm 厚的雪并踏实,然后将配置好的种雪混合物堆放在上面或一层种子一层雪相间铺放,放一层踩一层,堆到适当高度即可,最上面为雪,再在上面加盖草帘或秸草。在贮藏期间常检查种子健康状况。早春雪溶化后,取出种子再进行消毒,捞出用清水冲洗干净后用室内堆藏法催芽,保持种温 20℃～25℃,湿度 60％,且每天翻拌 2～3 次。待 50％的种子裂嘴时及时播种。如遇到干旱少雪的冬季则采用沙藏种子处理法。

2.6 播种

在 4 月中旬进行播种。为防止樟子松发生立枯病,可在播前 5～7 d,在苗床上喷洒 1％～3％硫酸亚铁溶液二次消毒,用药水 3～4 kg/m²。采用横床条播,开沟深 2 cm,播幅 10 cm,行距 25 cm。沟底要平,均匀撒籽后及时用消毒后的腐殖质土覆盖,以不见种子为宜,一般 0.8～1.0 cm 并镇压,播种量 6～8 kg/667 m²。

2.7 圃地管理

2.7.1 病虫害防治:由于幼苗嫩弱,出土后对立枯病和日灼敏感,当幼苗出土一半时设防风障、遮阴棚等,并每周用等量硫酸亚铁喷洒,每亩用药 2 kg,30 min 后用清水冲洗,或用 0.1％高锰酸钾溶液喷洒。对病株应拔出烧毁,并进行局部土壤消毒。在播种后至出苗前种子易受鼠害,可用磷化锌拌松籽、瓜子等饵料诱杀。在子叶出土至种壳脱落期间,必须采取各种措施驱赶鸟类,防鸟危害。播种后 7～8 d 出土,10 d 左右幼苗出齐,期间一定要固定专人看管,直至种壳脱落。

2.7.2 浇水:及时浇水,浇水应掌握少量多次的原则,既能调节床面温度变化,又能保持床面的湿润,水量过多时要及时排水。

2.7.3 松土锄草:待幼苗出齐后及时松土、锄草,坚持"除早、除小、除了"的原则,为防伤苗,株间草用手拔,行间草结合松土进行。间苗和补苗同时并举。

2.7.4 追肥:一般从 6 月开始,速生前期施 5 kg/hm² 硫酸铵,每 10 d 施一次。速生期用 0.2％尿素或 1 000 倍液磷酸二氢钾进行叶面喷施,每 15 d 施一次。生长后期停施氮肥,增施磷钾肥,以促进苗木木质化。叶面喷施时间以早、晚空气湿润或阴天为宜,要使叶的正反面都喷上肥料。

2.7.5　越冬:樟子松幼苗在冬季易失水枯死。一般在土壤封冻前,灌足冬水,土壤稍干时,采用雍土、覆草等措施。用细土覆于床面以不露苗梢为度(约 10～15 cm),也可以用碎草或树叶覆盖苗木 15～20 cm,翌年苗木萌动前撤除,立即灌水。

3　苗木生长状况

通过樟子松大田育苗试验探索,培育的樟子松苗木健壮、长势良好,均达到苗木培育标准。

4　小结

4.1　子午岭林区气候湿润,夏秋多雨,一定要采取用高床,以利排水 ,防止立枯病发生。

4.2　林区地表温度回升较晚,掌握播种时机,4 月中旬播种较为理想。

4.3　樟子松幼苗嫩弱,对立枯病和日灼敏感,应设防风障、遮阴棚等及早预防。

4.4　进入 8 月份后,严格控制水肥,促进苗木木质化,保证苗木安全越冬。

樟子松大田育苗通过整地、催芽、播种、管理等在子午岭林区的成功生产,为推动樟子松在子午岭林区大面积栽培推广具有重要的现实意义。

陇东黄土丘陵沟壑区
容器育苗与造林技术示范推广

成 果 公 报 文 摘

成果名称:陇东黄土丘陵沟壑区容器育苗与造林技术示范推广

登 记 号:2007008

完成单位:庆阳市林木种苗管理站

主要研究人员:何天龙、席忠诚、贾随太、王克发、麻仕栋、郭晋红、马　杰、张拥军、田小平、
马　辉、王明珠、胡庆峰、李华锋。

研究起止时间:1998.3.18—2007.11.30

推荐部门:庆阳市林业局

内容摘要:(摘要扼要地介绍该成果的创新性、主要数据及结果。不超过 300 字,必须打印)

　　该项目首次引进并应用塑料育苗容器,十年来培育了油松、侧柏、落叶松、华山松、云杉、白皮松等 12 个树种苗木 31 176 万袋;培育了仙客来、红掌、一品红等 15 个花卉品种 5.8 万株(盆)。应用容器育苗,苗高比裸根苗提高 25％,地径提高 16％;采用容器苗造林后有效提高了造林成活率,增幅在 10％以上,平均高生长量第一年、第三年、第五年、第七年分别是裸根苗的 182.1％、151.8％、120.8％、108.1％。总结出油松、侧柏、白皮松等适宜陇东地区生长的松柏容器育苗技术要点和规范。取得经济效益 6 018.51 万元。其中育苗 31 176 万株,效益 3 741.12 万元,花卉 5.8 万袋(盆),效益 65.25 万元,推广造林面积达 6.42 万 hm²(96.18 万亩),效益 2 212.14 万元。经鉴定,该项目选题准确,示范推广面积大,生态经济效益显著,在省内处于领先地位。成果总体达到国内先进水平,可在陇东地区大面积推广应用。

【本项目获 2008 年度庆阳市科技进步一等奖】

项目技术报告

　　生态环境是人类生存和发展的基本条件,是社会经济发展的基础。林业是生态环境建设的主体,是维护国土生态安全,促进社会经济可持续发展,以向社会提供生态服务的行业,肩负着优化生态环境、促进经济发展的双重使命。全面实施好"天然林资源保护"、"退耕还林(草)"、"三北四期"和"重点公益林"等一批国家重点林业建设工程,不仅是改善陇东生态环境的根本出路,也对促进全市社会经济可持续发展具有举足轻重的作用。

　　苗木是造林的物质基础,培育良种壮苗是发展林业、改善生态环境的重要环节。林木种苗质量的优劣与数量的多少,直接影响造林绿化的进度、林分的质量和生态环境总体目标的实现。随着林业建设向深度和广度发展,特别是国家西部大开发战略的进一步实施,种苗生产由于缺乏先进的育苗手段和高新技术作支撑,已成为影响全市林业建设质量和数量扩展的薄弱环节。因此,加强种苗生产中高新技术的示范应用是迫在眉睫、刻不容缓的大事。

　　为了彻底扭转目前种苗品种较少、良种匮缺、质量低下、数量不足的被动局面,为造林绿化奠定良好的物质基础,加快生态环境建设的速度,为西部大开发创造良好的生态环境和投资环境,在市林业局的安排部署下,我们于 1998 年开始选立并于 2007 年完成的《陇东黄土丘陵沟壑区容器育苗与造林技术示范推广》项目,旨在加大苗木生产的科技含量,充分展示容器育苗所具有的育苗时间短、苗木整齐健壮,不伤根、运输方便、造林成活率高、能有效延长造林时间等优势,以提高林木种苗的造林质量和经济效益的发挥。

1　容器育苗现状

1.1　国外现状

　　国外容器育苗研究和推广工作起始于上世纪 50 年代中期。容器育苗的显著优势是育苗周期短、苗木规格和质量易于控制、苗木出圃率高、节约种子、起苗运苗过程中根系不易损伤、苗木失水少、造林成活率高、造林季节长、无缓苗期、便于育苗造林机械化等。随着容器育苗技术的研究和生产的发展,育苗成本也会大大降低。Durgea 认为,容器苗是所有苗型中最优良的苗型,又是成本最低的育苗体制。由于容器育苗造林的优越性,世界各气候带的不少国家从 20 世纪 70 年代开始生产,到 80 年代容器苗生产得到迅速发展,其中以高纬度地区研究和应用最为成功,如加拿大、瑞典、挪威等,芬兰、南非、巴西容器苗比例也较大。随着容器育苗研究的开展,国内外学者先后针对容器类型、形状、规格、质地、水肥管理以及苗木生产规律等进行了大量试验研究,基本摸索出了一系列技术方案。

　　用于培育苗木的容器规格应根据要求培育的苗木规格而异。生产上,在保证造林效果的前提下,可采用小规格容器,薄膜容器用于培育 3～6 个月苗木,以直径 4～5 cm,高 10～12 cm 为宜;培育一年生苗,以直径 5～6 cm,高 12～15 cm 为宜。

制作基质的主要原料是树皮、球果壳和泥炭土等,掺入一定比例的泥炭土,并按育苗树种的不同需要添加氮、磷、钾及多种微量元素。此种营养基质重量轻、空隙大、通气透水性好,有利于苗木根系的生长发育。

1.2 国内现状

我国用容器育苗开始于 50 年代培育桉树苗。容器育苗最重要的技术是育苗容器的选择和育苗基质的配比。国内在育苗容器的选择上从南到北开展了多方面研究,目前生产上应用较多的是塑料薄膜容器。研究表明,选用塑料薄膜容器育苗不仅显示出良好生长势态,而且长势均匀,生长迅速。

育苗基质是培育容器苗的关键。按照基质的配制材料不同,可分为以下三种:一是主要以各种营养土为材料,质地紧密的重型基质;二是以各种有机质为原料,质地疏松的轻型基质。三是以营养土和各种有机质各占一定比例,质地重量介于前两者之间的半轻基质,营养袋育苗多选用此类基质。容器基质的物理化学性质对苗木生长具有决定性作用。

目前我国各地容器育苗培养基配方不尽相同,多为就地取材。我国育苗基质大多采用黄心土或火烧土,加一些肥料制成。营养土装袋前后必须进行严格的土壤消毒。

2 示范推广区概况

2.1 地理位置

庆阳市位于中国大西北,坐落于黄土高原之上,因地处甘肃省东部,习称"陇东"。北部与宁夏回族自治区银南地区和陕西省榆林地区接壤,南部与陕西省咸阳市、铜川市和甘肃省平凉地区接界,东部与陕西省延安市相连,西部与宁夏回族自治区固原地区毗邻。介于东经 106°45′~108°45′ 与北纬 35°10′~37°20′ 之间,东西横跨 208 km,南北纵贯 207 km,总面积 2.7 万 km^2。

2.2 地形地貌

庆阳市位于黄土高原的西端,属黄河中游内陆地区。东倚子午岭,北靠羊圈山,西接六盘山,东、西、北三面隆起,中南部低缓,全境呈簸箕形状,故有"陇东盆地"之称。地形地貌兼有高原、沟壑、梁峁、河谷、平川、山峦、斜坡等,分为中南部黄土高原沟壑区、北部黄土丘陵沟壑区、东部黄土低山丘陵区。这里地势北高南低,海拔相对高差 1 204 m,北部最高处马家大山为 2 089 m,南部最低处政平河滩为 885 m。中南部分布着数十条原面;西北部黄土丘陵绵延起伏,以岭谷掌滩、河谷川地、沟坡平台和山地梯田众多;东部纵贯向北的子午岭,森林茂盛,葱郁苍翠,是黄上高原最大的天然次生林区,被称作陇东的"绿色水库"。

2.3 河流气候

庆阳市大部分区域属泾河流域,有马莲河、蒲河、洪河、四郎河和葫芦河等 5 条主要河流,还有环江、茹河等 29 条较大的河流。这些河流注入泾河、洛河,汇入了黄河。全市三荒地 51.4 万 hm^2,占总土地面积的 18%;森林地 44.5 万 hm^2,占总土地面积的 15.4%。这里地处中纬度地带,深居内陆,属大陆性气候,冬季常刮西北风,夏季多行东南风,冬冷多晴,夏热丰雨;年平均气温 7℃~10℃;年日照时数 2 250~2 600 h;降雨量南多北少,年平均 410～620 mm,地面年平均蒸发量 520 mm,南湿北干,南暖北凉,总体呈干旱、温和、光照充足的特点。全市光热水组合条件良好,利于多种动物、植物繁衍生长和提高品质。

2.4 植被

子午岭植被以天然次生落叶阔叶林(主要建群树种有山杨、小叶杨、白桦、辽东栎、榆、槭等)、天然及人工针叶林(油松、侧柏等)、次生灌丛(沙棘、樱草蔷薇、狼牙刺、虎榛子、野杏、山桃等)、野生草被(禾草、莎草、篙等)为主。农作物有小麦、水稻、玉米、豆类、胡麻等。前原植被主要有杨树、刺槐、柳树、国槐、山杏、臭椿、楸树等人工栽培树种,紫穗槐、沙棘、酸枣、胡枝子、狼牙刺、丁香、绣线菊、柠条等灌木树种,桃、杏、李、苹果、梨、枣、核桃等经济树种,白羊草、本氏羽茅、西山萎菱菜、柴胡、黄花、苜蓿等天然灌草。农作物有冬小麦、春麦、玉米、高粱、谷、糜、荞麦、水稻、土豆、胡麻、油菜及豆类等。

2.5 土壤

全市主要土壤类型有钙层土纲的黑垆土,初育土纲的黄绵土、新积土、红黏土,半水成土纲的潮土,半淋溶土纲的灰褐土,人为土纲的水稻土等 5 个土纲 7 个土类。根据地形、植被等成土因素,大体可分为四个分布区:黄土高原塬面黑垆土区,丘陵沟壑黄绵土、红黏土区,河谷阶地新积土、潮土、黑垆土、水稻土分布区,子午岭中山丘陵灰褐土分布区。农业土壤肥力为有机质含量的 0.33%～2.48%,全 N 含量为 0.021%～0.18%,全 P 含量为 0.053%～0.057%,全 K 含量为 1.26%～1.50%。自然土壤肥力为有机质含量的 1.5%～6.33%,全 N 平均含量 0.301%,全 P 平均含量 0.060%,全 K 平均含量 1.39%。

3 技术路线

3.1 确定试验示范点

从 1998 年开始我们先在子午岭四个林业总场选取具有一定科技基础的秦家梁、桂花塬、连家砭和山庄 4 个林场进行试验示范。着力解决油松、侧柏等针叶树育苗容器的选择、营养土的配置、做床和育苗技术研究等技术难点和关键环节。

3.2 推广研究成果

在总结试验示范成果的基础上,加大成果推广力度,以国有场圃为主要推广单位,至 2002 年容器育苗已遍布子午岭 26 个林场和 1 个林科所以及曲子、悦乐、板桥、太乐、肖金、孟坝、中村、山河等 8 个标准化苗圃及市中心苗圃。

3.3 加试育苗种类

随着容器育苗推广力度的加大,我们扩大了容器育苗种类。树种由油松、侧柏扩大到白皮松、华山松、樟子松、银杏、沙棘、柠条和红叶小檗等。增加了花卉品种如:仙客来、红掌、一品红、茱萸、蝴蝶兰等。

3.4 观测物候历期

从种子吸涨膨大开始至进入越冬期结束,及时观测记载物候历期。

3.5 栽培对比试验

以油松为例研究常规裸根苗和容器苗的苗高、地径生长情况,以及造林后的苗高、地径生长情况。

3.6 经济效益分析

计算分析常规裸根苗和容器苗的经济效益。

4 示范推广结果

4.1 容器育苗试点

4.1.1 营养袋引进筛选:目前,林业上用于育苗的容器种类很多,归纳起来共有两类:一类是容器和苗木一起栽入造林地,容器腐烂在土中;另一类是在苗木栽植时取下容器,如用聚苯乙烯、聚乙稀制成的塑料袋、营养杯等。本项目采用的单体塑料薄膜营养袋均由安徽省桐城市塑料厂提供,蜂窝式无底塑料容器组合由山西省林科所育苗容器厂生产。湘乐林业总场试验点采用封底且周围有排水通气孔塑料容器袋育苗。目前采用的有以下三种规格:7×14 cm、8×15 cm、10×18 cm。正宁总场试验点采用规格为 8×12 cm 或 10×15 cm 封底或不封底塑料容器袋。合水总场试验点采用的容器袋全部是不封底塑料袋,其规格为小型容器,直径为 5 cm,高 15 cm。华池林业总场试验点所使用的容器均为圆柱形,其中两头通(不封底)的,规格为折径 7.5～9.5 cm,高度 14～16 cm;封底打孔的折径 7.0 cm,高度 12 cm;蜂窝状不封底容器,规格为折径 4.0 cm,高度 12 cm。容器袋规格不同,培育容器苗时间和树种也有较大差异,试验表明:培育 2～3 年针叶树以选择 8×15 cm 的封底或不封底容器袋进行育苗效果较好,其他次之;培育较大的苗木时,可按需要定制相应规格的容器袋。

4.1.2 营养土配置:正宁总场试验点营养土基质为黄心土占 50%～70%,腐殖质土占 30%～50%,过磷酸钙占 2%。湘乐总场试验点选用林冠下比较肥沃的腐殖质土,挖回后过筛,掺入适量腐熟有机肥,充分搅拌,并用 3%～5% 的硫酸亚铁进行消毒。合水总场试验点采用将拉回的腐殖质土过筛,清除杂质之后,将腐殖质土与生土按 3:2 的比例混匀,每 10 万袋加磷肥 100 kg,硫酸亚铁 40～50 kg。华池林业总场试验点用羊粪、森林腐殖质土、黄土,按 0.5:3.5:6 的比例混合均匀,另加过磷酸钙(P_2O_5 含量 22% 以上)0.1 份,并将硫酸亚铁碾成粉末加入营养土 0.1 份,混拌均匀筛。试验表明:以 3 成多森林腐殖质土加 6 成黄土再加适量的有机肥、过磷酸钙和硫酸亚铁,无论从实用性还是经济性考虑都是最佳的营养土配置方案;如果条件允许可适量加大森林腐殖质土在营养土中的含量,但比例不能超过 60%。

4.1.3 做床装袋:装袋前做低床,走向以地形而定以南北或东西走向为主,步道宽 40～45 cm、高 15～18 cm,床面宽 90～100 cm,长依地形而定,一般为 15 m。步道要夯实,床面要水平且夯实,同时修好排洪渠。床面过宽,管理不便;床面不平,浇水不匀;步道过高、不实,容易塌陷埋苗。为了减少边缘效应,做床时每 1 m 要留出 20 cm 横行步道。装土时,同一苗床所用容器袋规格必须一致,袋子必须装满靠实,"品"字形呈行状摆放整齐,每装四行一定要用木板靠实,不留孔隙,有孔隙则容易跑墒且浇水后容器袋容易变形;容器排列一定要高低一致,每畦放完后容器顶部成一个平面,这样便于灌溉,覆土厚度才能一致,出苗整齐。

4.1.4　种子处理:先将种子进行精细水选,净种,而后采用以下三种方法之一进行处理。

4.1.4.1　湿藏:育苗前 20 d,用 0.5% 的高锰酸钾溶液浸种 2 h(或者 2% 的高锰酸钾溶液浸泡 0.5 h),也可用 0.3% 的硫酸铜水溶液浸种 6～12 h,进行消毒。消毒后用清水漂洗干净,再用 30～60℃ 的温水浸种 24 h,或在流水中浸泡 1～2 d,然后捞出室内堆藏。勤翻动(2～4 次/d)、勤洒水,确保种子温度、湿度一致,处理均匀。待有 50% 的种子裂嘴时播种。若距育苗时间近,可将堆放厚度增加至 20～40 cm,使催芽速度加快;若距育苗时间远,可稍许摊薄,以 10～20 cm 为宜,使催芽速度放慢。

4.1.4.2　沙藏:此方法的前部分与湿藏相同,只是种子浸泡捞出后,与含水量 60%(手捏成团,触之即散)的湿沙按体积比 1:3 的比例混合均匀后堆藏。

4.1.4.3　雪藏:选择背阴且排水良好的地方,在冬季有积雪时,将种子与雪按体积比 1:3 的比例混合均匀后堆藏,上面培成雪丘,并盖草帘。注意:春季融雪时,仍盖草帘,保持低温,勤观察,控制好温度、湿度,防止种子霉变,待冰雪大量融化时全面翻动并摊平(其他方法同湿藏)。经过雪藏或沙藏的种子发芽早,发芽率高,耐寒力强,出苗整齐,病虫害少。冬季无雪时,可以冰藏。种子裂嘴至 50% 时点播(浇水有保证时可待种子发芽达 100% 时点播,这样出苗更快)。

4.1.5　育苗

4.1.5.1　点播:点种前灌足底水,灌水后使容器袋内营养土沉实,并将塌陷、空隙处填实,等容器袋中土潮湿但不粘手时点种。点播时先用手或木棍在容器袋中央开孔(也可用卵圆石头压坑),深度不超过 1 cm,点籽 3～5 粒,用手轻轻镇压,然后用消毒的腐殖质土覆盖,厚度 1 cm 左右,种子不能重叠,覆土后洒水,使种、土密接。以油松为例,每 10 万袋需优质饱满种子约 20～25 kg。常规容器育苗点播最佳时期为 4 月上旬,小拱棚容器育苗最佳时间掌握在每年的 3 月 10～20 日,最迟不能超过每年的 4 月 10 日。

4.1.5.2　搭设拱棚:点播后立即用塑料棚膜搭小拱棚。棚用细竹竿或者柳条或者刺槐枝条做拱架,拱架间距 1 m,拱高 50～60 cm,棚膜四周用土压实。点种后每天勤观察,棚内放温度计、湿度计,温度过高(超过 30℃ 时)及时放风降温,每天早晨 9 时以后揭开拱棚两头,温度过高时要揭开中间放风或全面揭除放风,下午 4 时以后盖棚。每天早晚用树枝敲露水,保持床面湿润,苗床缺水应及时补水。注意浇水时一定要在早晨 11 时以前,下午 4 时以后,水要用河渠水、水坝水,或用抽到露天水池中晾晒并加少许硫酸亚铁中和后的井水、自来水浇灌。

4.1.5.3　简易覆盖:为了节约费用,南部部分林场种子点播后不再搭设拱棚,而用油松等常绿树种修剪下的枝条或谷草、麦秸实施简易覆盖。开始出苗时,陆续撤除覆盖物,出苗前喷一次 1%～3% 硫酸亚铁溶液,幼苗出土后,为促其发育健壮,喷水次数要适当减少,每 3～5 d 喷水一次。

4.1.6　管理

4.1.6.1　管护:墒情良好时,苗木约 15 d 出齐。应及时松土、锄草,清除杂草坚持"除早"、"除小"、"除了"的原则。

表1 庆阳市主要树种容器育苗数量汇总表

树种	数量（万袋）	所占比例%	育苗地分布	备注
油松	28626	91.82	子午岭四个总场、宁县、镇原、庆城、西峰	
侧柏	1899	6.09	子午岭四个总场、合水县、环原、宁县	
落叶松	50	0.16	正宁、湘乐、华池三个林业总场	
白皮松	258	0.83	四个林业总场、市中心苗圃	
华山松	28	0.09	正宁、合水林业总场	
樟子松	10	0.03	合水林业总场	
云杉	123	0.39	湘乐、合水、华池林业总场	
银杏	10	0.03	正宁、湘乐林业总场	
沙棘	60	0.19	正宁林业总场、环县	
柠条	80	0.26	正宁林业总场、环县	
国槐	30	0.10	合水林业总场	
红叶小檗	2	0.01	正宁林业总场	
合计	31176	100		

4.1.6.2 防病：苗木出齐后一月以内每一周打一次药以防苗木立枯病发生，以后可逐渐减少喷药次数。药物采用1%～3%硫酸亚铁溶液（20 min后冲洗）或等量式波尔多液或0.1%～0.3%的高锰酸钾溶液等。苗木过稠、湿度过大，油松苗木易发生叶枯病，在6月初及时喷施50%退菌特可湿性粉剂800～1 000倍液，或25%多菌灵可湿性粉剂200倍液，或1‰高锰酸钾溶液，每1～2周喷一次，至8月中旬，可有效防治该病。

4.1.6.3 施肥：苗木出土两个月之后，可利用降雨或浇水，少量多次撒施尿素，每次不超过2.5～4 kg，15～30 d施一次，共施2～3次，8月中旬后停止施肥；也可叶面喷施磷酸二氢钾或植物动力2003液肥或GGR生根粉或其他叶面肥，每7～14 d一次。

4.2 容器育苗扩繁推广

4.2.1 容器树种及花卉：从1998年开始至今，庆阳市容器育苗的树种由试点时的油松、侧柏2个扩展到目前的油松、侧柏、落叶松、华山松、中槐、云杉、白皮松、樟子松、银杏、红叶小檗、柠条、沙棘等12个品种。容器育苗花卉品种有：月季、万寿菊、一串红、地覆子、牵牛花、三色草、金盏菊、仙客来、红掌、茱萸、一品红、蝴蝶兰、雪里开、蓢菖蒲、火炬等15个品种。

4.2.2 容器育苗数量：10年来庆阳市主要树种容器育苗累计完成31 176万袋，其中油松容器育苗数量最大达28 626万袋，占91.82%，其他11个树种占8.18%。数量达到100万袋以上的有侧柏、白皮松和云杉，数量最少的是红叶小檗2万袋，仅占0.01%（详见表1）。

庆阳市容器花卉育苗起步较晚，常采用容器培育草花或在现代化温室内培养直接引进的容器杯(由浙江省常州市合益塑料有限公司提供)繁育的小幼苗。据统计,累计培育容器花卉品种达 15 种之多,数量 5.8 万株(盆)。其中仙客来数量最多 1.6 万盆,占容器花卉的 27.59%,其次是月季、牵牛花、红掌等分别占 10.34%、8.62%、6.90%(详见表2)。

表 2　庆阳市容器花卉数量统计表

品　种	数量(万袋、盆)	所占比例(%)	培育地分布	备注
仙客来	1.6	27.59	合水林业总场	
红掌	0.4	6.90	合水林业总场	
茱萸	0.2	3.45	合水林业总场	
唐菖蒲	0.2	3.45	合水林业总场	
一品红	0.3	5.17	合水林业总场	
月季	0.6	10.34	华池林业总场	
万寿菊	0.3	5.17	华池林业总场	
一串红	0.3	5.17	华池林业总场	
地覆子	0.2	3.45	华池林业总场	
牵牛花	0.5	8.62	华池林业总场	
三色草	0.3	5.17	华池林业总场	
金盏菊	0.2	3.45	华池林业总场	
蝴蝶兰	0.1	1.73	市中心苗圃	
其他	0.6	10.34	合水、华池总场、市中心苗圃	
合计	5.8	100		

4.3　容器苗物候期观测

　　观测了解容器苗物候历期是加强容器苗管理的重要环节。只有全面掌握各个树种的物候历期,才能有的放矢的管理好容器苗。物候期观测主要从种子吸涨开始,按照发育特点掌握芽膨大、芽开裂,开始生长、生长盛期、封顶始末期及二次生长情况和越冬开始时期等主要指标。先后在不同的育苗地点对油松、白皮松、华山松、侧柏、云杉、银杏等树种进行了实地观测(详见表3～8),结果表明:各树种物候历期不尽相同,但越冬始期基本接近。

表 3　油松容器苗物候历期表　　　　　　　(2006 年 山庄林场)

物候期	表现	日期(日/月)
萌动期	芽开始膨大	25/3
	芽开裂	8/4
生长期	开始生长	16/4
	生长盛期	16/4～8/6
封顶期	封顶开始	20/7～8/9
	全部封顶	20/9
二次生长	开始期	21/9～8/10
	停止期	15/10
越冬期	越冬始期	1/11

表 4　白皮松容器苗物候历期表　　（2006 年　西坡林场）

物候期	表现	日期（日/月）
萌动期	芽开始膨大	20/3
	芽开裂	5/4
生长期	开始生长	25/4
	生长盛期	10/5～6/6
封顶期	封顶开始	25/6
	全部封顶	5/7
二次生长	开始期	
	停止期	
越冬期	越冬始期	2/11

　　从表 3～8 可以看出：容器苗中油松、侧柏和银杏都有近 1 个月的二次生长期，而白皮松、华山松、云杉则没有。这其中的原因有待进一步研究。

4.4　栽培对比试验结果分析

4.4.1　育苗结果分析

　　通过表 9～10 可以看出，油松容器苗无论是高生长还是地径生长均明显优于裸根苗。高生长增幅 1 年生和 3 年生最显著，均超过裸根苗 50% 以上，2 年生也超过裸根苗的 26% 以上。地径生长增幅 1 年生最大，3 年生最小，但均超过裸根苗的 27% 以上。表 11 说明：侧柏和云杉容器苗苗高增幅均超过裸根苗的 25% 以上，地径增幅也在 16.7% 以上。这主要是温床催芽，使种子提早发芽，延长了苗木生长期，容器苗摆放株行距分布合理、肥水供应及时、集中，生长均衡，整齐度高而使苗木质量显著提高。尽管如此，用常规容器袋培育苗木，培育年限最多也不能超过 3 年；否则，容器育苗的优势将消失殆尽，失去应有的效果，降低经济收益。

表 5　华山松容器苗物候历期表　　（2006 年　连家砭林场）

物候期	表现	日期（日/月）
萌动期	芽开始膨大	9/4
	芽开裂	15/4
生长期	开始生长	28/4
	生长盛期	24/5
封顶期	封顶开始	27/7
	全部封顶	18/8
二次生长	开始期	
	停止期	
越冬期	越冬始期	1/11

表 6　侧柏容器苗物候历期表　　　　（2006 年　秦家梁林场）

物候期	表现	日期（日/月）
萌动期	芽开始膨大	20/4
	芽开裂	25/4
生长期	开始生长	28/4
	生长盛期	8/6
封顶期	封顶开始	12/7
	全部封顶	28/7
二次生长	开始期	20/8
	停止期	20/9
越冬期	越冬始期	15/11

4.4.2　示范造林比较

4.4.2.1　造林后保存率比较：通过 7 年连续在南部的正宁和湘乐两个总场对油松容器苗和裸根苗造林后保存率（成活率）实地调查（详见表 12）表明：容器苗平均保存率（成活率）比裸根苗高 10.25 个百分点以上；造林后 7 年增值依次递减，造林当年增值最大为 12.5 个百分点。

表 7　云杉容器苗物候历期表　　　　（2006 年　山庄林场）

物候期	表现	日期（日/月）
萌动期	芽开始膨大	9/5
	芽开裂	15/5
生长期	开始生长	20/5
	生长盛期	18/6
封顶期	封顶开始	12/8
	全部封顶	25/8
二次生长	开始期	
	停止期	
越冬期	越冬始期	25/11

表 8　银杏容器苗物候历期表　　　　（2006 年　秦家梁林场）

物候期	表现	日期（日/月）
萌动期	芽开始膨大	15/4
	芽开裂	20/4
生长期	开始生长	25/4
	生长盛期	5/6
封顶期	封顶开始	10/7
	全部封顶	25/7
二次生长	开始期	20/8
	停止期	20/9
越冬期	越冬始期	15/11

表 9　子午岭油松容器苗与裸根苗高生长比较　　　　　（单位:cm）

苗　龄	一年生		二年生		三年生		备注
育苗类型	裸根	容器	裸根	容器	裸根	容器	
华池	6.5	12	16	25	30	45	
合水	5	8.8	15.5	22.5	30	45.4	
湘乐	5	7	12	15	23	28	
正宁	5	8	13	15	25	30	
合计	21.5	35.5	61.5	77.5	98	148.4	
平均	5.38	8.88	15.38	19.38	24.50	37.10	
比较	100%	165.1%	100%	126.0%	100%	151.4%	

4.4.2.2　造林后生长量比较:利用 2 年生的油松苗造林后,连续 7 年在华池和湘乐两个总场设点调查(详见表 13)。由于容器苗造林后生长缓苗时间短,肥力充沛,根系发育完整,因此,造林后年高生长与裸根苗相比存在一定差异。造林当年容器苗是裸根苗平均高生长的 182.1%,造林后第三年是 151.8%,造林后第五年是 120.8%,造林后第七年是108.1%。这说明,容器苗造林后前五年高生长量明显快于常规苗造林 20 个百分点以上,而第七年以后高生长量增幅基本保持在 8 个百分点以上的水平之上。

表 10　子午岭油松容器苗与裸根苗地径生长比较　　　　（单位:cm）

苗　龄	一年生		二年生		三年生		备注
育苗类型	裸根	容器	裸根	容器	裸根	容器	
华池	0.1	0.15	0.2	0.3	0.4	0.5	
合水	0.1	0.2	0.3	0.4	0.5	0.6	
湘乐	0.1	0.1	0.2	0.3	0.4	0.6	
正宁	0.2	0.3	0.48	0.6	0.6	0.72	
合计	0.5	0.75	1.18	1.6	1.9	2.42	
平均	0.13	0.19	0.30	0.4	0.48	0.61	
比较	100%	146.2%	100%	133.3%	100%	127.1%	

表 11　合水总场侧柏云杉苗生长比较　　　　（单位:cm）

苗　龄	一年生		二年生		三年生		备注
育苗类型	裸根	容器	裸根	容器	裸根	容器	
侧柏苗高	10	15	35	50	65	75	
比较	100%	150.0%	100%	166.7%	100%	125.0%	
云杉苗高	2	3	6.5	10	10	13.5	
比较	100%	150%	100	153.8%	100%	135.0%	
侧柏地径	0.2	0.3	0.4	0.5	0.6	0.7	
比较	100%	150.0%	100%	125.0%	100%	116.7%	
云杉地径	0.1	0.1	0.2	0.3	0.3	0.4	
比较	100%	100%	100%	150.0%	100%	133.3%	

4.4.2.3 容器育苗造林推广:从 2001 年开始,庆阳全市油松造林全部改裸根苗为容器苗。据统计全市容器苗造林保存面积 6.41 万 hm²(96.18 万亩),其中子午岭林区各林场油松、侧柏自育自造保存面积 1.92 万 hm²(28.71 万亩),承包社会油松造林 3.08 万 hm²(46.18 万亩),八县区油松造林 1.42 万 hm²(21.29 万亩)。

4.5 容器油松造林技术

4.5.1 苗木选择:容器油松造林一般采用 2 年生,苗高在 20 cm,地径在 0.4 cm 左右的苗木。生产上,为了减少因苗木过剩造成的损失,促进尽快成林和及早郁闭,常采用 3 年生,苗高在 35 cm,地径在 0.6 cm 以上的苗木。

表 12 油松容器苗与裸根苗造林保存率调查

造林年限	单位	裸根苗(%)	容器苗(%)	增长值(%)	备注
1 年	正宁总场	85	97	12	
	湘乐总场	83	96	13	
	平均	84	96.5	12.5	
3 年	正宁总场	84	95	11	
	湘乐总场	82	92	10	
	平均	83	93.5	10.5	
5 年	正宁总场	83	93	10	
	湘乐总场	81	90	9	
	平均	82	91.5	9.5	
7 年	正宁总场	81	90	9	
	湘乐总场	79	87	8	
	平均	80	88.5	8.5	

表 13 油松容器苗与裸根苗造林后当年高生长比较

造林年限	单位	裸根苗(%)	容器苗(%)	增长值(%)	备注
1 年	华池总场	4.2	8.5	4.3	
	湘乐总场	6.9	11.9	5.0	
	平均	5.6	10.2	4.6	
3 年	华池总场	15.3	20.5	5.2	
	湘乐总场	12.1	21.1	9.0	
	平均	13.7	20.8	7.1	
5 年	华池总场	26.5	31.6	5.1	
	湘乐总场	24.5	30.6	6.1	
	平均	25.5	30.8	5.6	
7 年	华池总场	29.5	31.6	2.1	
	湘乐总场	27.5	30.6	3.1	
	平均	28.5	30.8	2.6	

4.5.2 造林设计:容器油松要选在阴坡、半阴坡、半阳坡的宜林荒山、退耕地和灌木林地上进行造林。阳坡造林应选地势平缓、立地条件较好的地块。

容器油松可营造纯林或混交林,提倡营造混交林。造林密度以 222 株/667 m² 为宜,混交林一般采用油松和沙棘或辽东栎或柠条等团块状、行间和株间混交,混交比例 1:1,行间混交效果较好。

4.5.3 整地:整地时间在造林前 1 年的春、夏、秋季均可,以熟化土壤蓄积雨水。容器苗造林,对整地方式要求不严,水平沟、撩壕和鱼鳞坑整地均可。

4.5.4 造林:容器油松造林时间春季宜早,雨季、秋季和土壤封冻前均可进行。

容器油松起苗前要灌足起苗水,使营养袋内营养土成为泥团,20~30 株装一塑料包装袋,确保运输过程中不掉土、不失水。造林时要将包装袋和营养袋去掉,油松苗带营养土栽入穴内,踩实后盖虚土保墒。栽植深度宜超过苗子原土印 3~5 cm,土壤墒情差时要适当深栽。

4.5.5 抚育管理 容器油松造林后第二年要除草抚育,待树高达到 1 m 以上时及时修剪基部侧枝确保健康生长。

表 14 子午岭油松容器苗造林统计表 （单位:年、万亩）

单位	树种	初植苗龄	开始年份	保存面积	承包造林	面积合计
全市累计	油松、侧柏	/	2001	50.00	46.18	96.18
华池总场	油松	2	2001	3.91	13.08	16.99
	油松	3	2001	1.06	/	1.06
	侧柏	2	2001	0.64	/	0.64
合水总场	油松	3	2001	14.2	1.5	15.7
湘乐总场	油松	3	2001	7.6	31.3	38.9
正宁总场	油松	2	2001	1.1	0.3	1.4
	侧柏	2	2001	0.2	/	0.2
八县区合计	油松、侧柏	/	2001	21.29	/	21.29

统计时间:2007 年 11 月 2 日。

4.5.6 有害生物防治:油松幼林期主要有害生物有中华鼢鼠和松针小卷蛾,要采取有效措施及时予以防治,确保幼林保存率和生长量。

4.6 经济效益比较

4.6.1 容器苗与裸根苗效益比较:2 年生油松容器苗一般每亩可出圃合格苗 20 万株,每株售价 0.10 元,亩收入 2 万元,扣除每亩 0.3 万元育苗成本,0.2 万元的起苗费,可获得直接经济效益 1.5 万元。2 年生油松裸根苗每亩最多出圃合格苗 12 万株,每株售价为 0.04 元,亩收入 0.48 万元,扣除每亩 0.13 万元育苗成本,0.05 万元的起苗费,可获得直接经济效益 0.3 万元。两者相比 2 年生容器苗是裸根苗经济收入的 5 倍,每亩多获利 1.2 万元。

4.6.2 容器苗苗木效益:

4.6.2.1 树种容器苗木效益:本项目实施过程中全市共培育各树种容器苗 31 176 万株,平均每株售价 0.15 元,直接经济效益为 4 676.4 万元,扣除 20% 成本,可获利润 3 741.12

万元。

4.6.2.2　花卉容器苗经济效益：本项目实施过程中全市共培育各种容器花卉苗 5.8 万袋，平均每株售价 15 元，直接效益为 87 万元，扣除 25% 成本，可获利润 65.25 万元。

4.6.2.3　苗木总效益：以上两项总计可获利润 3 806.37 万元。

4.6.3　容器苗造林效益

4.6.3.1　辖区内容器苗造林效益：本项目实施过程中市内造林 3.34 万 hm²（50 万亩），扣除整地、运输、栽植、抚育等费用平均每亩可获利润 18 元，加上因裸根苗造林需要补植的 10% 的苗木费用，亩节约费用 5 元，即每亩取得经济效益 23 元，总计取得利润 1 150 万元。

4.6.3.2　承包社会造林效益：本项目实施过程中，承包社会造林 3.08 万 hm²（46.18 万亩），按平均最少亩获利 23 元，总计取得利润 1 062.14 万元。

4.6.3.3　造林总效益：以上两项合计可获利润 2 212.14 万元。

4.6.4　项目实施取得的效益

4.6.4.1　经济效益：容器育苗经济效益主要凸显在以下四个方面：一是容器苗生长快，抗性强可提前出圃，缩短育苗周期，降低育苗成本，能够迅速抢占苗木市场有利行情；二是容器苗造林，可提高成活率，节约补植费和苗木费，间接降低了造林成本；三是容器苗林木抗病性和抗逆性强，节省森林防护费用；四是容器苗提早幼林郁闭，缩短轮伐期，降低育林成本，形成长期经济效益。具体讲，容器育苗经济效益是容器苗苗木效益和容器苗造林效益的总合。本项目共取得直接经济效益（利润）达 6 018.51 万元。

4.6.4.2　社会效益：容器育苗的日益发展，不仅改变了苗圃作业的性质和方式，同时也开辟了造林工作的新局面。随着容器育苗比重的不断增加和造林面积的扩大，容器育苗及造林的经济效益和社会效益已引起社会的普遍关注。过去习惯用裸根苗造林，栽的多，活的少，保存率偏低，这是造林工作中长期存在的普遍问题。通过近几年来的容器苗与裸根苗造林试验证明，容器苗造林平均成活率在 96.5% 以上，而裸根苗造林成活率平均只有 84% 左右，两者相差 12.5 个百分点以上。容器苗营造的幼树，生长快而整齐，有利于提早郁闭成林。而裸根苗造林要想达到容器苗造林同样的效果，还需多次补植，且经补栽的幼林由于"三代同堂"，生长参差不齐。所以我们说，容器苗既是裸根苗的竞争者，同时也是改进传统育苗造林方法的推动者。由于容器育苗能够满足不同情况下的造林需求，可以在干旱瘠薄的立地条件下造林，解决了造林的区域性限制，提高了森林覆盖率和森林分布均衡性，为构建生态和谐社会奠定基础。子午岭所育容器苗质量高，价格适当，除满足本场林业生态工程容器苗造林外，且向本市的八县区和毗邻的陕西省延安市、青海省的西宁市、内蒙古自治区的赤峰市、宁夏回族自治区的银川市、吴忠市、固原市等省地市提供了容器苗木，为这些地区提高造林成活率，确保造林质量打下坚实的基础，得到了社会各界的一致好评，容器育苗技术推广及应用，为今后全市种苗产业和造林绿化发展夯实了基础。

4.6.4.3　生态效益：容器育苗的大面积推广，显著地提高了造林成活率和保存率，使庆阳市及其毗邻省区的市县森林覆盖率迅速提高，森林系统的生态效益和绿化美化效果得到进一步彰显，黄河上中游地区水土流失严重的局面得到有效遏制，环境质量在一定程度上得到改善，生态环境逐步得到恢复，初步实现了林业建设的全面协调和可持续发展。

5 小结

5.1 总结了容器育苗技术

从营养袋的筛选、营养土的配置、做床装袋、种子处理、育苗和管理六个方面总结了适合陇东地区的容器育苗技术。培育2～3年针叶树以选择8×15 cm的封底或不封底容器袋进行育苗效果较好,其他次之;培育较大的苗木时,可按需要定制相应的营养袋。以3成多森林腐殖质土加6成黄土再加适量的有机肥、过磷酸钙和硫酸亚铁,无论从实用性还是经济性考虑都是最佳的营养土配置方案;如果条件允许可适量加大森林腐殖质土在营养土中的含量,但比例不能超过60%。做低床走向以地形而定,步道宽为40～45 cm、高为15～18 cm,床面宽90～100 cm,长依地形而定,一般为15 m。为了减少边缘效应,做床时每1 m要留出20 cm横行步道。容器袋装土时同一苗床所用容器规格必须一致,袋子必须装满靠实,"品"字形呈行状摆放整齐,每装四行一定要用木板靠实,不留孔隙。先将种子进行精细水选、净种,而后采用湿藏、沙藏、雪藏三种方法之一进行处理。点种前灌足底水,点播时先用手或木棍在容器袋中央开孔(也可用卵圆石头压坑),深度不超过1 cm,点籽3～5粒,用手轻轻镇压,然后用消毒的腐殖质土覆盖,厚度1 cm左右,种子不能重叠,覆土后洒水,使种、土密接。以油松为例,每10万袋需优质饱满种子约20～25 kg。常规容器育苗点播最佳时期为4月上旬,小拱棚容器育苗最佳时间掌握在每年的3月10～20日,最迟不能超过每年的4月10日。点播后立即用塑料棚膜搭小拱棚,亦可采用简易覆盖。加强管护、除草、防治病虫害和施肥。

5.2 观测掌握了主要树种容器苗物候期

在容器育苗技术示范推广的前提条件下,观测掌握了油松、白皮松、华山松、侧柏、云杉、银杏等树种的物候期,结果表明:各树种物候历期不尽相同,但越冬始期基本接近;容器苗中油松、侧柏和银杏都有近1个月的二次生长期,而白皮松、华山松、云杉则没有。

5.3 增大了容器育苗的种类

10年来,培育的容器树种苗木有油松、侧柏、落叶松、华山松、中槐、云杉、白皮松、樟子松、银杏、红叶小檗、柠条、沙棘等12个;累计完成31176万袋,其中油松容器育苗数量最大达28 626万袋,占91.82%,其他11个树种,占8.18%,数量最少的是红叶小檗,仅占0.01%。培育的容器花卉品种有:月季、万寿菊、一串红、地覆子、牵牛花、三色草、金盏菊、仙客来、红掌、茱萸、一品红、蝴蝶兰、雪里开、菖菖蒲、火炬等15个;共培育容器花卉5.8万株(盆),其中仙客来数量最多1.6万盆,占容器花卉的27.59%,其次是月季、牵牛花、红掌等,分别占10.34%、8.62%、6.90%。

5.4 验证了容器苗栽培优势

容器苗无论是高生长还是地径生长均明显优于裸根苗。油松容器苗高生长增幅1年生和3年生最显著,均超过裸根苗50%以上,2年生也超过裸根苗的26%以上。地径生长增幅1年生最大,3年生最小,但均超过裸根苗的27%以上。侧柏和云杉容器苗苗高增幅均超过裸根苗的25%以上,地径增幅也在16.7%以上。7年连续调查表明:容器苗造林后平均保存率(成活率)比裸根苗高10.25个百分点以上;造林后7年增值依次递减,造林当年增值最大,为12.5个百分点。2年生容器苗是裸根苗经济收入的5倍,每亩多获利1.2万元。利用2年生的油松苗造林后,造林当年容器苗是裸根苗平均高生长的182.1%,造林后第三年是151.8%,造林后第五年是120.8%,造林后第七年是108.1%。这说明,容器苗造林后前五年高生长量明显快于裸根苗造林20个百分点以上,而第七年以后高生长量增幅基本保持在8个百分点以上的水平之上。从2001年开始全市容器苗造林保存面积6.41万hm²(96.18万亩),其中子午岭林区各林场油松、侧柏自育自造保存面积1.92万hm²(28.71万亩),承包社会油松造林3.08万hm²(46.18万亩),八县区油松造林1.42万hm²(21.29万亩)。

5.5 制定了容器油松栽培技术

从苗木选择、造林设计、整地、造林、抚育管理和有害生物防治六个方面制定了容器油松栽培技术。①容器油松造林一般采用2年生,苗高在20 cm,地径在0.4 cm左右的苗木。生产上,为了减少因苗木过剩造成的损失,促进尽快成林和及早郁闭,常采用3年生,苗高在35 cm,地径在0.6 cm以上的苗木。②容器油松要选在阴坡、半阴坡、半阳坡的宜林荒山、退耕地和灌木林地上进行造林。阳坡造林应选地势平缓、立地条件较好的地块。容器油松可营造纯林或混交林,提倡营造混交林。造林密度以222株/667 m²为宜,混交林一般采用油松和沙棘或辽东栎或柠条等团块状、行间和株间混交,混交比例1∶1,行间混交效果较好。③整地时间在造林前1年的春、夏、秋季均可,以熟化土壤蓄积雨水。容器苗造林,对整地方式要求不严,水平沟、撩壕和鱼鳞坑整地均可。④容器油松造林时间春季宜早,雨季、秋季和土壤封冻前均可进行。容器油松起苗前要灌足起苗水,使营养袋内营养土成为泥团,20～30株装一塑料包装袋,确保运输过程中不掉土、不失水。造林时要将包装袋和营养袋去掉,油松苗带营养土栽入穴内,踩实后盖虚土保墒。栽植深度宜超过苗子原土印3～5 cm,土壤墒情差时要适当深栽。⑤容器油松造林后第二年要除草抚育,待树高达到1 m以上时,及时修剪基部侧枝,确保健康生长。⑥油松幼林期主要有害生物有中华鼢鼠和松针小卷蛾,要采取有效措施及时予以防治,确保幼林保存率和生长量。

5.6 取得了显著的效益

本项目经济效益可观,社会、生态效益显著。共取得直接经济效益(利润)达6 018.51万元。其中培育各树种容器苗可获利润3 741.12万元,培育各种容器花卉苗可获利润65.25万元;市内造林3.34万hm²(50万亩)取得利润1 150万元,承包社会造林3.08万hm²(46.18万亩)取得利润1 062.14万元。本项目的圆满完成,改变了原有的造林模式,使山下一群"杨"(杨树)、梁峁满坡"刺"(刺槐)的状况,逐步被针阔混交林所替代,建造了四季常青的绿色生态环境,森林的生态效能得到充分彰显。与此同时,由于承担了部分社会造林,使周边地区的森林覆盖率得到明显提升。

附件一

陇东松柏容器育苗技术规范

容器育苗是今后一个时期苗木繁育特别是播种繁育的先进技术和重要手段。为了加大陇东松柏容器育苗技术推广,规范容器育苗操作,实现容器育苗规模化生产,特制订本规范。本规范适用于庆阳全市以及陇东立地条件相似的其他地区。本规范所称的松柏是指油松、落叶松、白皮松、华山松、云杉、樟子松和侧柏等针叶树。

1.圃地选择

育苗圃地应选择在造林地附近,地块要求靠近水源、地势平坦、土壤肥沃、交通便利、背风向阳。严禁在种过番茄、薯类等菜地,以及低洼积水、易被水冲、沙埋和风口处育苗。

2.营养袋筛选

培育 2～3 年针叶树以选择 8×15 cm 的封底或不封底塑料容器袋进行育苗效果较好,其他规格的次之;培育较大的苗木时,可按需要定制相对较大规格的容器袋或容器杯。

3.营养土配置

营养土配置以 3 成多森林腐殖质土加 6 成黄土再加适量的有机肥(以羊粪或兔粪为好,其他如人粪尿、猪粪最好不用)、过磷酸钙和硫酸亚铁为最佳;如果条件允许可适量加大森林腐殖质土在营养土中的含量,但比例不能超过 60％。

4.做床装袋

装袋前做低床,走向以地形而定以南北或东西走向为主,步道宽 40～45 cm,高 15～18 cm,床面宽 90～100 cm,长依地形而定,一般为 15 m。步道要夯实,床面要水平且夯实,同时修好排洪渠。床面过宽,管理不便;床面不平,浇水不匀;步道过高、不实,容易塌陷埋苗。为了减少边缘效应,做床时每 1 m 要留出 20 cm 横行步道。装土时,同一苗床所用容器袋规格必须一致,袋子必须装满靠实,"品"字形呈行状摆放整齐,每装四行一定要用木板靠实,不留孔隙,有孔隙则容易跑墒且浇水后容器袋容易变形;容器排列一定要高低一致,每畦放完后容器顶部成一个平面,这样便于灌溉,覆土厚度才能一致,出苗整齐。

5.种子处理

先将种子进行精细水选,净种,而后采用以下三种方法之一进行处理。

（1）湿藏

育苗前 20 d,用 0.5%的高锰酸钾溶液浸种 2 h(或者 2%的高锰酸钾溶液浸泡 0.5 h),也可用 0.3%的硫酸铜水溶液浸种 6～12 h,进行消毒。消毒后用清水漂洗干净,再用 30℃～60℃的温水浸种 24 h,或在流水中浸泡 1～2 d,然后捞出室内堆藏。勤翻动(2～4 次/d)、勤洒水,确保种子温度、湿度一致,处理均匀。待有 50%的种子裂嘴时播种。若距育苗时间近,可将堆放厚度增加至 20～40 cm,使催芽速度加快;若距育苗时间远,可稍许摊薄,以 10～20 cm 为宜,使催芽速度放慢。

（2）沙藏

此方法的前部分与湿藏相同,只是种子浸泡捞出后,与含水量 60%(手捏成团,触之即散)的湿沙按体积比 1∶3 的比例混合均匀后堆藏。

（3）雪藏

选择背阴且排水良好的地方,在冬季有积雪时 ,将种子与雪按体积比 1∶3 的比例混合均匀后堆藏,上面培成雪丘,并盖草帘。注意:春季融雪时,仍盖草帘,保持低温,勤观察,控制好温度、湿度,防止种子霉变,待冰雪大量融化时全面翻动并摊平(其他方法同湿藏)。经过雪藏或沙藏的种子发芽早,发芽率高,耐寒力强,出苗整齐,病虫害少。冬季无雪时,可以冰藏。种子裂嘴至 50%时点播(浇水有保证时可待种子发芽达 100%时点播,这样出苗更快)。

6.育苗

（1）点播

点种前灌足底水,灌水后使容器袋内营养土沉实,并将塌陷、空隙处填实,等容器袋中土潮湿但不粘手时点种。点播时先用手或木棍在容器袋中央开孔(也可用卵圆石头压坑),深度不超过 1 cm,点籽 3～5 粒,用手轻轻镇压,然后用消毒的腐殖质土覆盖,厚度 1 cm 左右,种子不能重叠,覆土后洒水,使种、土密接。每 10 万袋需种子约 25～30 kg。常规容器育苗点播最佳时期为 4 月上旬,小拱棚容器育苗最早 3 月 10～20 日,最迟 4 月 10 日前。

（2）搭设拱棚

点播后立即用塑料棚膜搭小拱棚。棚用细竹竿或柳条或刺槐枝条做拱架,拱架间距 1 m,拱高 50～60 cm,棚膜四周用土压实。点种后每天勤观察,棚内放置温度计、湿度计,温度过高(超过 30℃时)及时放风降温,每天早晨 9 时以后揭开拱棚两头,温度过高时要揭开中间放风或全面揭除放风,下午 4 时以后盖棚。每天早晚用树枝敲露水,保持床面湿润,苗床缺水应及时补水。注意浇水时一定要在早晨 11 点以前,下午 4 时以后,水要用河渠水、水坝水,或用抽到露天水池中晾晒并加少许硫酸亚铁中和后的井水、自来水浇灌。

（3）简易覆盖

为了节约费用,南部部分林场种子点播后不再搭设拱棚,而用油松等常绿树种修剪下的枝条或谷草、麦秸实施简易覆盖。开始出苗时,陆续撤除覆盖物,出苗前喷一次 1%～

3‰硫酸亚铁溶液,幼苗出土后,为促其发育健壮,喷水次数要适当减少,每3~5 d 喷水一次。

7. 管理

(1)管护

墒情良好时,苗木约 15 d 出齐。应及时松土、锄草,清除杂草坚持"除早"、"除小"、"除了"的原则。

(2)施肥

苗木出土两个月之后,可利用降雨或浇水,少量多次撒施尿素,每次不超过 2.5~4 kg,15~30 d 施一次,共施 2~3 次,8 月中旬后停止施肥;也可叶面喷施磷酸二氢钾或植物动力 2003 液肥或 GGR 生根粉或其他叶面肥,每 7~14 d 一次。

8. 有害生物防治

(1)立枯病防治

苗木出齐后一月以内每一周打一次药以防苗木立枯病发生,以后可逐渐减少喷药次数。药物采用 1‰ ~ 3‰ 硫酸亚铁溶液(20 min 后冲洗)或等量式波尔多液或 0.1‰~0.3‰的高锰酸钾溶液等。苗木过稠、湿度过大,油松苗木易发生叶枯病,在 6 月初及时喷施 50%退菌特可湿性粉剂 800~1 000 倍液,或 25%多菌灵可湿性粉剂 200 倍液,或 0.1%高锰酸钾溶液,每 1~2 周喷一次,至 8 月中旬,可有效防治该病。

(2)鸟兽害防治

松柏类出苗后,麻雀等鸟类最喜食种壳,另外鼠类也常危害苗床,因此需及早搭建遮阴网,并在苗床周围投放鼠饵毒杀。

附件二

容器油松造林技术要点

林业容器育苗因具有育苗周期短,造林季节长,成活率高等优点,得到普遍重视和迅猛发展。为了规范和大面积推广容器油松造林技术,现将其技术要点归纳总结如下:

1.苗木选择

容器油松造林一般采用 2 年生,苗高在 20 cm,地径在 0.4 cm 左右的苗木。生产上,为了避免野兔危害顶梢,常采用 3 年生,苗高在 35 cm,地径在 0.6 cm 以上的苗木。

2.造林地选择

容器油松要选在阴坡、半阴坡、半阳坡的宜林荒山、退耕地和灌木林地上进行造林。阳坡造林应选地势平缓、立地条件较好的地块。

3.造林密度和混交方式

容器油松可营造纯林或混交林,提倡营造混交林。造林密度以 222 株/亩为宜,混交林一般采用油松和沙棘或刺槐或柠条或辽东栎等混交,混交比例 1:1,行间混交效果较好。

4.整地

整地时间在造林前 1 年的春、夏、秋季均可,以熟化土壤蓄积雨水。容器苗造林,对整地方式要求不严,水平沟、撩壕和鱼鳞坑整地均可。

5.造林

容器油松造林时间春季宜早,雨季、秋季和土壤封冻前均可进行,以春季和雨季最适宜。

容器油松起苗前要灌足起苗水,使营养袋内营养土成为泥团,20～30 株装一包装袋,确保运输过程中不掉土。造林时要将包装袋和营养袋去掉,油松苗带土栽入穴内,踩实后盖虚土保墒。栽植深度宜超过苗子原土印 3～5 cm,土壤墒情差时要适当深栽。

6.抚育管理

容器油松造林后第二年要除草抚育,待树高达到 1 m 以上时及时修剪基部侧枝确保健康生长。

7.有害生物防治

油松幼林期主要有害生物有中华鼢鼠和松针小卷蛾,要采取有效措施及时予以防治,确保幼林保存率和生长量。

（1）松针小卷蛾防治

采集缀叶虫苞,集中销毁;保护利用天敌;大面积发生时,可采用化学药剂防治。

（2）中华鼢鼠防治

可采用人工捕杀,投放毒饵,保护天敌等手段进行防治。

附件三

白皮松容器育苗技术

白皮松(*Pinus bungeana* Zucc. *et* Endl.)为松科松属常绿乔木,别名:白皮松、蟠龙松,是中国特有植物。其树形多姿,苍翠挺拔,树皮斑烂如白龙,为古建园林和现代城市绿化的最佳树种之一,对二氧化硫和烟尘污染抗性较强。木材质地坚硬,花纹美丽,是上等的建筑、家具、装饰及文具用材;球果有效成分为挥发油、皂甙、酚等,有平喘、镇咳、祛痰、消炎的功能,种子可润肺通便;其幼树是较好的盆景制作材料。试验证明,用常规培育的白皮松裸根苗造林成活率较低,而用容器育苗造林成活率高,且栽植时间长,成本低,效益高,操作简便,易于推广。

一、形态特征及分布

常绿乔木,高可达 30 m 以上,胸径 2~3 m 左右,树冠圆锥形、卵形;树皮呈不规则鳞片状脱落,脱落处呈乳白色;小枝淡灰绿色,无毛;冬芽卵形、褐色。针叶 3 针一束,坚硬粗壮,长 5~10 cm,缘具细锯齿。雄球花穗状、黄色,集生于新枝基部;雌球花具梗,单生或对生。球果圆锥状卵形,长 5~7 cm,径约 5 cm,熟时黄褐色;种鳞先端厚,鳞盾菱形,鳞脐具向外弯曲的刺;种子椭圆形,暗褐色,长 0.9~1.3 cm。花期 4~5 月,球果成熟期翌年10 月。白皮松分布于山东、山西、陕西、河南南部、四川北部、湖北西部和甘肃省东南部。生长于海拔 600~2 000 m 左右的山坡林中或石山上。

二、生物学特征

白皮松为深根性喜光树种,能抗风,早期生长较慢,20 d 后生长渐快;略耐半阴、耐干旱,喜生于排水良好而又适当湿润之土壤上,对土壤要求不严,在中性、酸性及石灰性土壤上均能生长。孤立白皮松主干低矮,形成紧密的宽圆锥形树冠;密植的则形成高大的主干和圆头形树冠。在天然林中与油松、华山松、栎类、榛类树种混生,常处于上层林冠。

三、种子准备与处理

种子采集:白皮松球果采集要在球果成熟后脱落前的 10 月份进行,采后的球果要尽快调制,主要包括脱粒、干燥和净种。并要及时入库干藏,以备来年或种子欠收年使用。

种子处理:挑选粒大、饱满、千粒质量在 150g 以上的种子,用 0.5% 高锰酸钾溶液浸种 2 h 捞出,用清水冲洗 2 次,然后用 50℃ 左右温水浸种,待水温自然冷却后浸泡 36 h。捞出浸泡的种子,置于室内加热摧芽,室温控制在 25℃ 左右,勤观察,勤翻动,少量喷水,约 15 d 种子露白即可播种。

四、容器育苗

容器育苗的基质要因地制宜,就地取材,应具备来源广、成本较低,具有一定肥力;理化性能良好,保温、通气、透水;重量较轻,不带石块、杂草等杂物。白皮松容器育苗选择70%的森林腐殖土和30%的黄土混合而成的基质较为理想。为增加基质肥力,每立方米基质内添加 5 kg 过磷酸钙和 2 kg 尿素;用辛硫磷杀虫,每立方米用量为 40g。苗床方向以南北向为宜,育苗地周围挖排水沟,做到内不积水,外不淹水。容器置于低床上,相互间要挤紧,苗床周围培土。播种以春播为主,宜早不宜晚。在 4 月上旬,气温上升到 15℃ 以上,在催芽种子中挑选出露白种子进行点播。每个容器袋点 2 粒种子,覆土至袋口,然后立即洒水。

五、苗期管理

播种后 20 d 左右,就见出苗,需用遮阳网防日灼。出苗前和幼苗生长期要经常保持基质表层湿润,采用少量多次的喷水方法,既可降低地表温度,又能调节苗木周围的相对湿度;及时除草、松土,同时每 7 d 喷施 0.2% 高锰酸钾和 1% 的硫酸亚铁,预防苗木病害。6 月以施氮肥为主,每半月施 1 次浓度 1% 的尿素;7 月以施钾肥为主,每半月施 1 次浓度0.2% 的磷酸二氢钾,8 月份停止施肥,促进苗木充分木质化,以利于安全越冬。

六、移苗定植

定植地选择:根据白皮松的生物学特性,以选择土层较厚、水分条件好的灌木林地或宜林荒山荒地的中下部为宜。

整地植苗:白皮松定植时,要按培育用材林和城市绿化树木两种用途相结合的原则,确定定植密度。初植密度以株行距 1 m×1 m 为宜。用 3 年生容器苗移植,采用穴状整地方式,整地规格为 40 cm×40 cm×30 cm,做到土壤分层堆放,表土还原,栽正踏实。移植时要将容器袋底部划破,覆土略高于容器袋口。

抚育管理幼林:抚育每年 2 次,连续数年,至幼林郁闭为止。前 5 年每年施肥 1 次,每株施尿素和过磷酸钙混合肥 0.1 kg。

七、病虫害防治

白皮松病虫害主要有白皮松落针病、鼠害等。

白皮松落针病:危害 1～2 年生针叶,初期出现淡黄色斑,逐渐变为黄褐色或褐色病斑,严重时造成落叶或枯叶。防治方法:苗木出圃时应严格检疫,发现病苗要淘汰;从 5 月下旬开始喷 50% 多菌灵可湿性粉剂的 0.167%～0.200% 溶液,或者喷 1∶1∶100 波尔多液保护剂。每隔 15 d 一次,共喷 2～3 次。

鼠害:以中华鼢鼠危害为主,危害 10 年生以前幼树,啃食白皮松根系,造成整株死亡。危害高峰期为 3～4 月、9～10 月。防治方法:人工捕捉、投放鼢鼠灵灭鼠。

优良树种文冠果的开发与栽培技术研究

成 果 公 报 文 摘

成果名称:优良树种文冠果的开发与栽培技术研究

登 记 号:2008026

完成单位:庆阳市林木种苗管理站

主要研究人员:席忠诚、张宝芝、马杰、何春艳、朱月鹏、夏华、曹思明、李华峰、谌军、
王克发、靳晓丽、麻仕栋、王明珠。

研究起止时间:2006.3.18—2008.12.27

推荐部门:庆阳市林业局

内容摘要:

该项目引进文冠果良种 3 个,建良种采穗圃 3335 m²(5 亩),产穗条 2.5 万支;完成育苗 6.10 hm²(91.5 亩);新建优质示范果园 2 hm²(30 亩);累计造林 35.88 hm²(538 亩)。建绿化大苗繁殖圃 1.33 hm²(20 亩),出苗 4 万株;采摘加工嫩果 100 kg,试制绿茶 50 kg,采收种子 25 t;低产树改造 270 棵。掌握了文冠果物候期,研究提出了《育苗技术规程》、《主要病虫害及其防治技术规范》、《建园技术要点》和《采穗圃建设技术要点》;开展了造林后生长历期观察、自然更新调查、不同地点造林比较等研究,总结出了文冠果综合栽培技术。从幼果鲜食和保鲜及嫩叶制茶方面对文冠果进行了利用开发,探索提出了绿茶初制工艺和正确饮用方法。实现经济效益 265.14 万元。经鉴定,该项目在文冠果嫩果种仁储存保鲜,嫩叶制作绿茶,育苗种子雪藏处理、繁殖方式、播种时间,采穗圃建设技术要点等方面有创新,成果总体达到国内同类项目先进水平。

【本项目获 2009 年度庆阳市科技进步二等奖】

项 目 技 术 报 告

　　文冠果又称文官果、木瓜、文官树、崖木瓜、文光果、僧灯道木等。文冠果是甘肃省特别是庆阳市子午岭林区具有天然分布且很有发展前途的木本油料、水土保持和良好观赏价值的优良乡土树种。因其具有适生环境恶劣,对土壤要求不严;喜光,但也能耐半阴环境;抗干旱、耐盐碱和低温;根蘖能力强,病虫害少而且种子含油率高,油质好,可供食用和医药、化工用;结果早,收益期长,材质坚硬等优良特性备受人们青睐。发展文冠果对增产油料、绿化荒山、美化环境和保持水土都有重要的意义。近年来,特别是国家生态环境建设项目实施以来,文冠果的开发利用引起人们的普遍重视。在生态林业建设中,已经把文冠果当作造林绿化的重要树种用于生产。与此同时,文冠果作为重要的生物质能源树种,在国家林业局编制的《林业生物柴油原料林基地"十一五"建设方案》中,规划为西北地区主要生物质能源树种进行推广种植。在甘肃省林业厅编制的《甘肃省林业发展"十一五"和中长期规划》中明确规划建立一批以文冠果为主的林木生物质能源基地。文冠果进入盛果期后单株产量可达 20 kg 以上,亩产量最高可达到 600 kg,每亩能生产生物柴油 150 kg 或更多。近年来引种区域不断扩大,在新产品新能源开发方面蕴藏着巨大潜力。而目前我国人工栽培的文冠果面积很小,远不能满足生产的需要,急需尽快实现规模化、产业化,形成新的产业链,发展潜力非常大。因此,我们对野生文冠果的驯化、人工培育、低产园改造以及花木、种子的开发利用,不仅能为当前调整农村产业结构,增加农民收入,丰富造林绿化树种开辟新的道路,而且能够充分挖掘当地固有的资源优势,培育区域特色优势产业,促进经济发展,增加我市造林绿化美化树种选择机会,推动生态建设进程,更重要的是对于提高人们的生活水平,加快农村小康建设步伐具有非常重要的现实意义。为此,2006 年由庆阳市林木种苗管理站申请并承担,由庆阳市科技局下达的《优良树种文冠果的开发与栽培技术研究》星火项目(项目编号:HD061－19)正式付诸实施。

1　研究内容和方法

1.1　研究内容

　　一是新建文冠果繁育苗圃 3.34 hm²(50 亩),繁育优质苗木 20 万株;二是建良种采穗圃 0.33 hm²(5 亩),繁育良种种条 2.5 万支;三是新建优质示范果园 2 hm²(30 亩),推广栽植 33.35 hm²(500 亩);四是试验培育绿化大苗 1.33 hm²(20 亩),出圃合格优质壮苗 2 万株以上;五是探索文冠果的加工利用技术。

1.2　研究方法

　　一是利用网络检索,了解掌握文冠果的基本特性;二是实地观察文冠果的物候历期;三是采用自然、塑料袋密封存放、淡盐水处理等方法研究文冠果果仁的保鲜技术;四是对不同时期采摘的文冠果叶子进行制茶并进行比较研究;五是从种子处理、繁殖方式、播种时间、生长过程、苗龄比较和苗木定植等方面入手研究文冠果育苗技术;六是从选地、整地、施肥、合理密植、适时定植和果园管理等几个环节探索建园技术;七是从生长历期观察、自然更新调查和不同地点造林比较总结造林技术;八是从圃地选择、品种特性、苗木定植、穗条生产和采穗圃管理等方面入手研究总结文冠果采穗圃建设技术;九是用高接换优的方法对低产树进行改造;十是对测定的数据采用美国 Spss 公司出品的数据处理软件 Spss13.0 进行结果分析。

2 文冠果的基本特性

2.1 文冠果的分布与栽培历史

文冠果又名木瓜、文官果,属无患子科文冠果属植物,主要分布在黄土高原地区,陕西、甘肃、青海、内蒙古较多,宁夏、山西、河南有散生孤立树木或小群落,东北也有少量分布。文冠果在庆阳全市均有分布,子午岭林区分布较普遍,生于海拔 1 200 ~1 700 m 的黄土丘陵向阳山坡及沟岸崖棱上。我市镇原县曙光乡的一株文冠果已有 600 多岁高龄,可谓"文冠果之王"。其胸围 2.15 m,基围 1.75 m,枝下高 2.5 m,冠幅 5.8×6.2 m,树高达 9.5 m,主干粗壮明显挺直,通体呈疱状,枝叶稀少。远望犹如一尊"华表",近看又似一柱镌有"百兽图"的浮雕,又如怪兽独立,狮虎同穴,乳豚卧眠,灵猫跃涧,群猴嬉戏。形神兼备,栩栩如生。

文冠果是高级油料。过去,人们对其鲜食、加工、药用和观赏等价值未予重视。上世纪 90 年代,沈阳药科大学陈英杰教授从其果壳中"发现 10 个结构特异的皂苷类新化合物",开发出了国家二类新药文冠果皂苷(小儿尿速停);同时,文冠果嫩叶作为降血压、血脂的功能茶得到开发,文冠果活体汁液治疗风湿病的疗效得到肯定,这个树种重新受到重视,人工栽培有了恢复。

文冠果树姿婀娜,叶型优美,花色瑰丽,花期晚且长,近年来,开始作为新型观赏树木栽培,并研究发现了红花变异单株,培育成观赏价值更高的红花文冠果,使这种国宝级的稀有树种大放异彩,成为园林奇葩。目前国内人工栽培面积不到 1 万亩,发展潜力非常大。

2.2 文冠果的价值

文冠果树全身是宝,开发潜力很大,种仁营养成分极为丰富,含人体所需 19 种氨基酸,9 种钾、钠、钙、镁、铁、锌等微量元素和维生素 B1、B2、维生素 C、E、A、胡萝卜素。嫩果是风味特殊、香气浓烈、营养丰富的水果,既可生食,又可罐藏加工,还可作为特色菜推上餐桌,目前国内市场上不见。文冠果油含不饱和脂肪较为稳定,是超特级的高级保健食用油,具有清化血液脂质物,软化血管,清除血栓质,阻断皮下脂肪形成,降低血脂、胆固醇的特效作用;文冠果的油渣蛋白质含量很高,是生产高蛋白饲料的好原料;文冠果壳可提取工业用途广泛的糠醛,可制作活性炭,也是生产治疗泌尿系统疾病等药品的主要原料;文冠果枝干是治疗风湿病的特效药物,树叶具有消脂功效,可生产减肥茶等减肥饮品。此外,文冠果种仁除可加工食用油外,还可制作高级润滑油、高级油漆、增塑剂、化妆品等工业制品。

文冠果种子含油率 30.4％(去皮后种仁含油率 66.39％),含蛋白质 25.75％,粗纤维 1.6％,非氮类物质 3.73％(上海市食品工业研究所,1971 年)。油分中不饱和脂肪酸含量高达 94％,亚油酸占 36.9％。专家评价说:"一般植物油是以公斤为单位在食品店里销售的,文冠果油是以滴为单位在药店里销售的。"文冠果油亚油酸含量高、皮肤渗透力强、保健功用显著,化妆品生产企业作为基本原料使用,按摩行业把它作为按摩用的底油。

木材、枝叶"性甘、平,无毒,主治风湿性关节炎(《中药大词典》上海科技出版社,第 496 页)。"据研究,直接提取活体树液使用,疗效更佳。果皮含糠醛 12.2％,是提取糠醛的最好原料。用文冠果种仁加工的"木瓜露",色泽洁白,口味醇香,营养丰富,是优质蛋白质饮品。文冠果 4 月下旬始花,花期 4 周,花色艳丽,花序长达 30 cm,花冠红中泛紫,实属奇葩,是上好的观花植物。花粉量多,流蜜量大,是重要蜜源植物。树姿袅娜,具有花美、叶奇、果香、枝瘦、体拙等特点,易于人工控制树型,创造各种盆景。北方地区公路、城市街道、风景区都可作为观赏树木栽培。木材肉红色,色泽瑰丽,纹理美观,材质坚硬,是制作家具的优良材料。榨油后饼渣蛋白质含量高、无毒、适口性好,是重要蛋白质食品原料。

2.3 文冠果的主要特点

2.3.1 抗性强,适应能力卓越:文冠果生长在向阳的、人畜难至的崖畔、陡坡,具有极强抗旱能力,能落住雨点的地方都可生长。经试验证实,年降水量 300 mm 以上地区均可栽植。极耐寒,-28℃未见冻害。移栽成活好,一般成活率可达 80％以上。开花时晚霜已过,不会冻花冻果,具极好的避灾能力。

2.3.2 挂果早,生产能力优异:文冠果挂果早,一般头年栽苗,翌年见花,5 年生园子挂果率达 95％。采取合理施肥、适度修剪、及时采摘嫩芽转移生长中心、花期喷洒生长调节剂等措施,可使产量迅速上升。"10 年生单株产种子 5 kg 左右,30 年生产种子 20～35 kg,结实期一直延续 100 余年(黑龙江合江地区农业局资料,1974 年)。"

2.3.3 用途多,市场前景广阔:作为高级木本油料,文冠果可代替部分油料作物,腾出大量土地生产粮食。作为功能茶、中药材、观赏植物,文冠果已经开始受到重视。文冠果的更高价值还在于它是生物质能源的代表树种。目前,能源危机成为世界性问题,我国已经部署了生物质能源研究项目。在南方,科学家看重的原料为麻风树(小桐子),北方则首选文冠果。文冠果进入盛果期后单株产量可达 20 kg 以上,亩产量超过 600 kg,每亩能生产生物柴油 150 kg 或更多。

2.4 生物学特性

文冠果是单种属。落叶乔木或大灌木。树高达 8 m,树皮灰褐色,有直裂。叶互生为奇数羽状复叶,小叶 9～19 枚,长椭圆形或披针形,无柄,多对生;小叶长 2.5～6 cm,宽为 1.2～2.2 cm,边缘有尖锯齿,叶面暗绿,光滑无毛,花叶顶生。花为总状花序长 15～25 cm,由 30～50 朵花组成,多为两性花,上部花不孕,雄蕊正常而子房退化,下部花可孕,雄蕊正常,但雄蕊不散花粉,两者的数量比例常因花序着生的位置和营养状况不同而有较大的差异,通常花多而结实很少;花萼 5 枚,花瓣 5 片,白色质薄;雄蕊 8 枚,花期五月上旬到六月上旬。蒴果长 3.5～6 cm,绿色,圆形、扁圆形或长圆形。心皮 2～7 个,每个果室有种子 4～6 粒,最多达 8 粒,球形,种皮黑褐色,果径 4～6 cm,长 4～8 cm,7 月下旬到 8 月初成熟。每果有 8～10 粒种子。种子扁球形,暗褐色。种仁白色,平均千粒重 850 g,每 kg 1 200 粒左右。野生种的花色、花型、花序长短、心皮数量、果型、枝条色泽等,有显著的形态变化。春季花先叶开放,花朵繁茂,可供观赏。

文冠果耐瘠薄,对土壤要求不严,凡是刺槐能生长的地方均可正常生长发育结实。对盐碱有一定抗性,轻盐碱地可正常生长。喜光树种,忌遮阴。深根性树种,这是抗旱能力特强的根本原因。田间忌积水,地下水位高于 1.5m 的地块生长发育即受影响。土壤湿度长期过高时,地表处树皮易发生腐烂,造成死苗。

文冠果需肥高峰十分明显,春季谢花后幼果发育、展叶、新梢生长同时进行,养分消耗非常大。秋冬季树体内贮存大量养分不但是提高抗旱、抗寒能力、顺利越冬的需要,也是促进开花、提高坐果率、增加产量的需要。秋季施基肥是最主要的栽培措施,春季盛花时结合使用生长调节剂及时补充氮素、磷素对保花保果作用明显。

3 文冠果的物候历期

生物的物候历期是该物种生命特征的自然表现,观察物候历期对于开发研究该物种具有十分重要的基础性作用。文冠果的物候历期因年份和地点的不同略有差异,但总体上各历期时间相差不大。文冠果在合水林业总场大山门林场的物候期大致为:萌动期为 4 月 25 日至 5 月 1 日;花先叶开放,5 月 10 日左右开花,单株花期 3～5 d,随后坐果;展叶盛期在 5 月 20 日左右,展叶末期 5 月下旬 6 月初;种仁可食期 6 月 20 日,8 月上旬果实成熟;秋季叶全部变色期为 10 月 20 日至 10 月底树叶落尽(详见表 1)。

4 文冠果的开发利用

4.1 幼果鲜食

2007 年在合水林业总场大山门林场文冠果分布区,从 6 月 10 日开始,每隔 5 d 采摘 10 枚文冠果幼嫩果实进行解剖,至 30 日结束,以确定种仁的食用品质和口感。结果表明:6 月 20 日采摘的果实食用品质和口感最佳(详见表 2)。本年度共采摘幼嫩果实 100 kg。

为了延长幼嫩果实种仁的食用期,我们采用了采摘幼果自然存放、塑料食品袋密封存放和不同浓度盐水浸泡种仁存放的方法进行了试验。结果表明:幼果自然存放 3 d 和塑料食品袋密封存放 4 d 种仁食用品质和口感不变,随后随着时间的推移种仁食用品质和口感越来越差,超过 10 d 种皮逐渐变成黑褐色,种仁具有浓厚的苦涩味,便不能食用。盐水浸泡种仁采用 1‰、2‰、3‰ 和 4‰ 等浓度比例,将种仁和浸泡液装入 500 mL 盐水瓶,用高压灭菌锅灭菌 30 min,冷却后密封瓶口在阴凉避光处存放。经测定用盐水浸泡种仁,可使幼嫩果实种仁的食用期延长 15 d(详见表 3),以 2‰ 盐水浓度浸泡效果最为经济实用。

4.2 嫩叶制茶

文冠果叶子可制成茶叶,但要选择好采摘叶子的时期。试验证明:展叶末期即 5 月下旬至 6 月初采摘的嫩叶制作的茶叶,外观优美、茶味清香、沫小渣少、口感良好;采叶过早制成的茶叶,沫大渣多并对树体本身伤害大;采叶过迟制成的茶叶,渣虽少但外观粗糙、叶味浓烈、口感涩苦。

文冠果绿茶初制工艺为采摘、杀青、揉捻、干燥和包装等重要环节。采用以上工艺共加工文冠果绿茶 50 kg。文官果绿茶的饮用包括清洗茶具、洗茶、冲泡和饮用等步骤(详见附件一)。

表 1 文冠果物候观测表
(品种:文冠果　　　地点:大山门场部后山　　　年份:2007)

物候期	表现	日期(日/月)
萌动期	芽开始膨大	4 月 25 日
	芽开裂	5 月 1 日
	开始展叶	5 月 15 日
展叶期	展叶盛期	5 月 20 日
	展叶末期	5 月下旬 6 月初
叶变色期	叶开始变色	9 月 20 日
	叶全部变色	10 月 20 日
落叶期	开始落叶	10 月 25 日
	落叶末期	10 月 30 日
封顶期	顶芽形成	10 月 25 日
开花期		5 月 10 日左右
种仁可食期		6 月 20 日
果实成熟期		8 月上旬

表 2 文冠果幼嫩果实食用期测试表
(时间:2007 年 6 月　　　地点:合水林业总场大山门林场)

时间(月.日)	果数(枚)	果色	种仁饱满程度	口感
6.10	10	浅绿	含乳汁 30% 左右	差
6.15	10	绿色	含乳汁 10% 左右	一般
6.20	10	浓绿	几无乳汁	良好
6.25	10	墨绿	无乳汁	微涩
6.30	10	灰褐	种仁微黄	涩

表 3 不同盐水浓度种仁食用性测定表
(时间:2007 年　　　地点:庆阳西峰)

日期(月.日)	1%			2%			3%			4%		
	粒数	颜色	口感	粒数	颜色	口感	粒数	颜色	口感	粒数	颜色	口感
6.20	10	乳白	良好	10	乳白	良好	10	乳白	良好	10	乳白	良好
6.23	10	乳白	良好	10	乳白	良好	10	乳白	良好	10	乳白	良好
6.26	10	乳白	良好	10	乳白	良好	10	乳白	良好	10	乳白	良好
6.29	10	乳白	良好	10	乳白	良好	10	乳白	良好	10	乳白	良好
7.2	10	乳白	良好	10	乳白	良好	10	乳白	良好	10	乳白	良好
7.5	10	乳黄	微涩	10	乳白	良好	10	乳白	良好	10	乳黄	微涩
7.8	10	黄褐	苦涩	10	乳黄	微涩	10	乳黄	微涩	10	黄褐	苦涩

5 文冠果育苗技术研究

5.1 种子处理对育苗的影响

文冠果育苗种子处理方法是决定苗木生长的关键因素。本项目分别采用马粪堆积、雪藏和生根粉浸泡种子(浓度 100～200 ppm)的方法进行种子处理,以播种前清水泡种为对照,结果表明:以马粪堆积处理的效果最好,平均苗高、地径和成苗数分别达到 70 cm、0.8 cm 和 11 000 株/667 m²,雪藏处理的次之(详见表4),平均苗高、地径和成苗数分别达到 65 cm、0.7 cm 和 10 000 株/667 m²,生根粉浸泡种子效果不明显。从实际和使用的角度考虑,文冠果育苗的种子处理以雪藏为最佳。

5.2 有性繁殖和无性繁殖比较

文冠果可采用种子进行有性繁殖和 1～2 年新生根进行无性繁殖。本项目在北川林场相同的立地条件下,采用流水冲刷种子和种根 7 d 后,再用生根粉(浓度 100～200 ppm)浸泡 1 d,然后进行播种或扦插。结果表明:有性繁殖的苗木无论是苗高、地径还是亩成苗数均优于无性繁殖的苗木(详见表5)。对苗高和地径两者总体均值进行 t 检验,数据显示差异极显著。因此,在大面积繁育文冠果时,最好采用有性繁殖;无性繁殖可作为有性繁殖的补充形式。

表4 不同种子处理对苗木生长的影响

(地点:合水林业总场蒿咀铺林场　　时间:2008 年 10 月)

样 地 号	I	II	III	IV
种子处理方法	马粪	生根粉	雪藏	清水
苗高(cm)	70	46	65	35
地径(cm)	0.8	0.6	0.7	0.4
成苗数(株/亩)	11000	9200	10000	5000
排 序	1	3	2	4

表5 有性繁殖和无性繁殖 T 检验比较表

(地点:合水林业总场北川林场　　时间:2008 年 9 月)

项目	繁殖方法	样本(方)数	均值(cm、株)	T 值	显著性值	标准差	置信区间
苗高	有性	20	76.1	6.845	0.000	19.94	26.27
	无性	20	38.8		0.000	14.01	48.37
地径	有性	20	0.795	5.343	0.000	0.219	0.191
	无性	20	0.488		0.000	0.136	0.425
成苗数	有性	20	9880	/	/	/	/
	无性	20	7850	/	/	/	/

5.3 播种时间对育苗的影响

文冠果播种育苗时,播种时间对苗木的生长具有较大的影响。试验表明:经过处理的种子春季育苗较未处理种子先一年秋季育苗苗木生长状况良好,两种时间培育的苗木无论是苗高还是地径均存在着显著差异,春季培育的苗木无论是苗高、地径还是亩成苗数明显好于秋季培育的苗木。春季培育的苗木平均苗高比秋季培育的苗木增高 22.9 cm,平均地径增粗 0.183 cm(详见表 6)。春季育苗看似增加了生产工序和小量成本,但培育出的苗木优良率高,商品价值好,宜在今后的生产中大力推广;秋季育苗可在技术条件不成熟的状况下小范围进行使用。

5.4 苗木生长过程研究

调查苗木的生长过程,准确掌握生长高峰期有利于提高苗木质量的优良率和出圃率。苗木生长过程主要体现在苗高和地径两个指标上。通过 2007 年、2008 年两年不同育苗单位的实地调查结果,能够发现文冠果苗期生长具有一定的规律性(详见表 7)。苗木旺盛生长期在 7、8、9 三个月,这与 7、8、9 三个月的水热条件密切相关,证明降水量大,温度高有利于苗木生长。

表 6　播种时间对苗木生长 T 检验比较表

(地点:合水林总场大山门林场　　　　时间:2008 年 9 月)

项目	播种时间	样本(个)	均值(cm)	T 值	显著性值	标准差	置信区间	亩成苗(株)
苗高	翌春	20	76.1	3.989	0.000	19.94	11.28	9860
	秋季	20	53.2		0.000	16.18	35.54	/
地径	翌春	20	0.795	3.052	0.004	0.219	0.612	/
	秋季	20	0.612		0.004	0.136	0.305	7980

表 7　不同地点一年生苗木生长过程分析表

(地点:合水林业总场　　　　时间:2008 年 10 月　　　　单位:cm)

日期地点	播种时间(日/月)	项目	15/6 初测值	30/6 增高	30/7 增高	30/8 增高	30/9 增高	30/10 增高	30/10 终值
北川	15/5	苗高	5.0	6.0	9.0	13	13	4.0	50.0
		地径	0.2	0.0	0.1	0.2	0.1	0.0	0.6
蒿咀铺	22/4	苗高	12.0	4.0	7.0	10.0	9.0	3.0	45.0
		地径	0.2	0.1	0.1	0.2	0.0	0.0	0.6
连家砭	24/4	苗高	7.0	3.0	12.0	15.0	11.0	7.0	55.0
		地径	0.2	0.1	0.2	0.3	0.2	0.2	1.2
太白	25/4	苗高	6.6	2.3	8.1	12.0	13.0	5.0	47.0
		地径	0.2	0.05	0.15	0.3	0.2	0.0	0.9
平定川	20/4	苗高	6.0	2.0	7.0	7.0	8.0	4.0	34.0
		地径	0.2	0.0	0.1	0.1	0.1	0.1	0.6
大山门	2007 年 11 月	苗高	7.0	3.0	5.0	30.0	11.0	1.0	57.0
		地径	0.2	0.1	0.1	0.2	0.3	0.0	0.9
拓儿原	2007 年 11 月	苗高	7.0	1.0	2.0	11.0	8.0	3.0	32
		地径	0.2	0.0	0.2	0.3	0.1	0.0	0.8

5.5　新育苗与留床苗比较

在大山门林场新育苗和留床苗苗圃地随机抽取 20 个样本株进行苗高和地径两个生理指标的测定,并对样本整体均值进行 t 检验,结果表明:新育苗(一年生苗)和留床苗(二年生苗)生长差异极显著(详见表8)。二年生苗苗高和地径分别是一年生苗苗高和地径的 157.3% 和 183.2%。但是由于苗木生长分化致使二年生苗的亩成苗数(8900 株)明显少于一年生苗的亩成苗数(9880 株)。

表 8　新育苗与留床苗苗木生长 T 检验比较表

(地点:大山门林场苗圃　　　时间:2008 年 10 月)

项目	苗龄	样本数(个)	均值(cm)	T 值	显著性值	标准差	置信区间
苗高	新育	20	53.2	−4.509	0.000	16.18	−44.28
	留床	20	83.7		0.000	25.56	−16.72
地径	新育	20	0.612	−5.032	0.000	0.155	−0.717
	留床	20	1.121		0.000	0.424	−0.300

5.6　新育苗与定植苗比较

在平定川林场新育苗和定植苗圃地随机选取样株 20 个和 10 个进行苗高和地径两个生理指标的测定,并对样本整体均值进行 t 检验,结果表明:新育苗和当年定植苗苗高生长差异不显著,地径差异显著(详见表9)。这可能与定植苗离开原生长地存在缓苗期有关,也可能与平定川林场特定的小气候条件有关。

5.7　育苗技术(详见附件二)研究小结

5.7.1　研究结论　文冠果育苗的种子处理以雪藏为最佳;在大面积繁育文冠果时,最好采用有性繁殖;营养繁殖可作为有性繁殖的补充形式;文冠果播种育苗,以春季为好,秋季可选择使用;文冠果苗期生长具有一定的规律性,苗木旺盛生长期在 7、8、9 三个月,这与 7、8、9 三个月的水热条件密切相关,证明降水量大,温度高有利于苗木生长;文冠果新育苗(一年生苗)和留床苗(二年生苗)生长差异极显著,二年生苗苗高和地径分别是一年生苗苗高和地径的 157.3% 和 183.2%;文冠果苗木当年定植后以地径生长为主,高生长相对缓慢。

5.7.2　整地　选地势平坦、土壤深厚肥沃、排灌方便的沙壤土或壤土育苗。育苗前一年秋将圃地深翻 25 cm,早春浅翻,并碎土、耙平,不做床或做成高床,然后进行土壤消毒,每公顷施农家肥料 32 500～45 000 kg。

5.7.3　种子(种根)处理

a、种子处理　每年冬季降雪后,将文冠果种子和雪按照 1:3 的比例混合,堆积在室内避风背光处,待播种前取出,使雪融化,再拌和适量的沙子备用。

b、种根处理　每年春季土壤解冻后,树木萌动前起出圃地残留的苗根,或挖取大树周围的一年生根,选粗 0.4 cm 以上的,截成长 10～15 cm 的根段,用 ABT 生根粉 250 mg/L 处理浸泡种根 3 min 或用流水冲刷 7 d 后备用。

表 9　新育苗与定植苗苗木生长 T 检验比较表

（地点：平定川林场苗圃　　　时间 2008 年 10 月）

项目	苗龄	样本数(个)	均值(cm)	T 值	显著性值	标准差	置信区间
苗高	新育	20	51.8	−1.410	0.170	18.22	−26.73
	定植	10	62.2	−1.349	0.196	20.69	5.93
地径	新育	20	0.525	−3.545	0.001	0.159	−0.340
	定植	10	0.740	−3.594	0.002	0.152	−0.090

5.7.4　播种(扦插)

　　a、播种：春播在 4 月下旬至 5 月中旬。播前 5～7 d，灌足底水，待水下渗微干后，开深 3～5 cm 的沟，沟距 20～30 cm，将种子均匀撒入沟内，覆土厚 3～4 cm，然后踩踏一遍，使种子与土壤密接。最好在沟内点播，每隔 6～7 cm 放一粒种子，种脐要平放，以利发芽出土。每亩播种量 15～20 kg。播后床面覆草，保持土壤湿润，20～30 d 后出苗，然后分次揭去覆草。秋播在土壤封冻前进行沟内撒播或点播，播后覆土，然后踩踏一遍，使种子与土壤密接。

　　b、扦插：插根地应深耕 20～25 cm，施足基肥，最好做成床或垄，按 10～15 cm 的株距，以锨开窄缝，将插根插入缝中，插穗顶端低于地面 2 cm 左右。插后合缝，灌水，经过 15～20 d 种根即开始萌芽(发)出土。萌发的幼芽，选留一个健壮的，其余全部抹除。

5.7.5　苗期管理：苗木生长期间要及时松土、除草、追肥、灌水、间苗、定苗，并进行病虫害防治(详见附件三)。定苗后保持苗距 9～12 cm，1 年生苗高可达 40～60 cm，每亩产苗 1.5～2 万株。1～2 年生苗均可出圃造林。

5.7.6　苗木出圃　一年生苗，当苗高和地径分别达到 50 cm 和 0.5 cm 以上时；二年生留床苗或定植苗，当苗高和地径分别达到 60 cm 和 0.8 cm 以上时就可出圃用于建园或者造林。

6　文冠果建园

6.1　建园地点　2007 年在悦乐镇乔嵝岘村完成建园 20 亩，在太白、大山门林场建立示范果园两处共 10 亩。2008 年已有个别植株挂果，预计 5 年内可丰产。

6.2　建园密度　为了增加早期效益，安排加密树，不失为一种好办法，建园时按 3×1.5 m 定植，养成大苗后或移栽、或出售，保留 3×3 m 的密度。

6.3　建园技术(详见附件四)　建园应从选地、整地、施肥、合理密植、适时定植和果园管理等几个环节把好技术关。

7　文冠果造林技术研究

7.1　造林后生长历期观察

　　经华池试验点现地观测表明，文冠果造林后第二年植株萌动期在 4 月 28 日，展叶期在 5 月 16 日至 20 日，树叶变色期在 9 月 15 日，落叶期在 10 月 18 日，封顶期在 11 月 5 日。这一结果与文冠果苗期的物候历期基本接近。

表 10　文冠果自然更新状况调查表

（地点：大山门林场徐阳沟　　　时间：2008 年 6 月）

样地号	样株（棵）	平均树高（m）	平均胸径（cm）	林下小幼树（棵）	自然更新率（%）
样地 1	20	8.3	30.4	2	10
样地 2	60	5.2	20.6	5	8.3
样地 3	50	6.3	42.1	6	12
样地 4	35	4.9	31.4	4	11.4
样地 5	80	5.8	29.5	8	10
合计	245	30.5	154.0	25	10.2
平均	49	6.1	30.8	5	10.2

7.2　自然更新调查

为了摸清文冠果的自然更新状况，我们在大山门林场文冠果分布区进行了实地调查，调查采用线路踏查和随机选取样地相结合的方法进行，共选取样地 5 个（详见表 10）。虽然文冠果可以用种子和幼根繁殖，但其自然更新能力较差。表 11 表明，文冠果自然更新能力为 10% 左右。这一特性限制了文冠果的自然扩繁，使固有的自然资源发展较慢。

7.3　不同地点造林比较

在华池县和合水总场两个具有代表性的造林地内进行文冠果栽植造林，结果（详见表 11）说明：文冠果在不同地点、不同立地条件下采用不同的整地时间、整地方式、整地规格和不同的栽植时间及初植密度造林，树木生长情况不尽相同，退耕地树高生长优于荒山，荒山当年成活率和地径生长优于退耕地。这与以往研究结果一致。

表 11　不同地点文冠果造林情况比较表　　　（时间：2007 年 11 月）

项目	华池乔崾岘档坝梁	大山门黑木兰家山	备注
立地条件	退耕地	荒山	
坡向	西北	东南	
坡位	中上	梁峁	
坡度	20°	15°	
植被	农作物	蒿类、白草	
整地时间	2006 年 10 月	2007 年 3 月	
整地方式	水平阶	鱼鳞坑	
整地规格	1×2×0.4m	70×80×40cm	
初植密度	89 株/667 m²	110 株/667 m²	
栽植时间	2007 年 5 月	2007 年 3 月	
平均树高	95.8cm(50)	84.5 cm(52)	（栽植时的苗高）
平均地径	0.8cm(0.5)	0.9 cm(0.45)	（栽植时的地径）
当年成活率	85%	90%	

7.4　栽培技术

7.4.1　地块选择　文冠果应选择土层深厚、坡度不大、背风向阳的沙壤土造林，也可以在梯田和条田的地埂上栽植。造林地要进行细致整地,5°～10°以内的平缓上坡秋季全面翻耕;10°以上的坡度地要加设水土保持措施,以块状整地为主,规格为 80×80×35～40 cm;亦可采用反坡梯田或等高撩壕整地。

7.4.2　植苗造林　开春土壤化冻 30 cm 以上,即可动手"顶浆"造林。定植穴深、宽各 40 cm,穴内施底肥或铲入草皮土、腐殖土。文冠果根系脆嫩,伤口愈合能力较差,起苗时要注意保护。文冠果根系要舒展,埋土不要过深,填土要踩实。有条件时栽植后立即灌水,待水渗下后,覆一层干土。株行距以 2×3～2×4 m 为宜,每亩植苗 83～111 株。

8　文冠果采穗圃的建立(详见附件五)

8.1　圃地选择

2007 年在连家砭林场对面苗圃地建立采穗圃 0.33 hm²(5 亩)。2008 年加强管理,生长良好。

8.2　品种特性

8.2.1　当地品种:子午岭自然分布的文冠果进入盛果期后单株产量可达 20 kg 以上,亩产量最高可达到 600 kg,每亩能生产生物柴油 150 kg 或更多。

8.2.2　引进品种:2008 年春季,我们从河南省灵宝九麟银杏开发有限责任公司引进文冠果新品种三个,每个品种引进苗木 50 株,定植在连家砭林场确定的采穗圃内。各品种特性为:"文冠果一号"品种,长枝型树种,结果早,二年生园子即有 200 kg 左右产量,五年生园亩产文冠果种子达 300 kg 以上。8～10 年后株产 20～30 kg,个别单株达 50 kg,亩产种子 2 500 kg 以上。文冠果二号品种,特大型果,种子粒大饱满,坐果率极高,树势强健,短枝型品种,产量高。无大小年,二年生园子产量达 200 kg 左右,五年后果园亩产种子达 1 000 kg 以上,8 年亩产种子达 2 500 kg 以上。文冠果三号品种,属长枝型,树势强,二年结果,坐果率高,丰产型树种,种子外观花纹美丽奇特,可用于制作工艺品,极耐旱耐瘠薄.是山区丘陵荒沟优选树种。各品种苗期特征不明显,只是在结果后有差异。

8.3　采穗圃的苗木定植

文冠果采穗圃不设隔离带,采穗圃的苗木定植以本地品种为对照,以新引品种为培育目标,按品种分区,同一个品种栽在一个小区里。按 1.5×1.5 m 株行距定植,每 5 行留 50 cm 步道一条。每亩定植苗木约 220 株。

8.4　穗条生产

文冠果采穗圃内树体以灌丛式为主,用一年生苗木定植后,50 cm 定干,当萌条长达 10 cm 时进行定条、去弱留壮。一般栽植当年只留 2 个萌条,据研究,第 2 年留 3～5 个萌条,第 3 年留 5～10 个萌条,第 4 年留 10～15 个萌条。用于嫁接的穗条可在秋末冬初采集亦可在春季芽萌动之前 1～3 月采集。接穗采下后及时蜡封剪口,并将母树剪口用漆封严(剪后即封一次,三天后再封一次)。文冠果接穗贮存的最适温度是 0℃～5℃,最高不超过 8℃,可放在地窖、窑洞、冷库等地方,要保湿防霉。

8.5　采穗圃管理

8.5.1　土壤管理　合理施肥对保证采穗圃提供大量优质穗条,特别是提高插条的发根率十分重要。灌丛式采穗圃于圃地深耕后施足厩肥,每年追肥2～3次,以硫铵、尿素为主,最后一次追肥不迟于8月上旬,生长期短的地区适当提前。同时注意采穗圃的排灌和中耕除草。

8.5.2　病虫害防治　由于采穗树每年萌芽抽条和大量采条,容易发生病虫害,每年宜喷洒波尔多液和有针对性的杀虫剂,及时处理枯枝残叶。

8.5.3　建立技术档案　档案主要记载采穗圃的基本情况,区划图,优良品种的名称、来源和性状,采取的经营措施,种条品质和产量的变化情况等。

9　文冠果低产树改造

9.1　低产树选择

文冠果自然生长在沟岸崖棱上,因此,用于改造的树要选择生长在相对平缓的山坡,以便高接换优和果实采摘。本项目将低产树选在合水林业总场蒿咀铺林场木瓜园。

9.2　品种选择

选用新引进三个文冠果品种和本地进入盛果期的树上一年生枝条为接穗实施高接。

9.3　高接方法

剪一段带有2～3个芽的短枝接穗,在最下一个芽的下方削一长约2～3 cm长的双削面,削好后放入盛有清水的容器内待用。选取低产树外围顶端一年生枝条,在其基部10 cm处剪断,再用嫁接刀纵切所留枝条的横切面,切口长约2～3 cm,在切口处插入削好的接穗,接穗的韧皮部要与砧木的韧皮部对接,接穗插入砧木不宜过深,削面应在砧木外留0.5 cm左右,以利成活。接穗插入砧木后,用2～5 cm的塑料条包扎,包好断面伤口后,再在接穗断面涂抹适量的愈合剂。

9.4　高接结果

2008年3月初从河南引进文冠果新品种接穗,同时在本地采穗圃采集文冠果当地种接穗,于3月下旬进行高接文冠果270株,每株嫁接5～6个枝条进行试验。结果表明:文冠果高接平均成活率为32.9%,最高达40%,最低为30%(详见表12)。

表12　文冠果高接情况调查表

(地点:合水林业总场蒿咀铺林场木瓜园　　调查时间:2008年10月)

高接品种	高接时间	高接株数	高接枝数	成活枝数	成活率(%)
一号	2008年3月21日	60	300	100	33.3
二号	2008年3月22日	60	300	90	30.0
三号	2008年3月23日	100	500	150	30.0
对照	2008年3月24日	50	300	120	40.0
合计	/	270	1400	460	32.9

10　产生的效益

10.1　经济效益

10.1.1　加工利用:采摘幼嫩果实 100 kg,价值 0.24 万元;加工文冠果绿茶 50 kg,价值 0.5 万元;采集收购文冠果种子 25 t,价值 75 万元。以上三项价值为 75.74 万元。

10.1.2　育苗:分别在合水林业总场大山门、拓儿原、北川、蒿嘴铺、连家砭、太白和平定川林场及宁县中村苗圃繁育文冠果苗木,2007 年 3 hm² (45) 亩、2008 年 3.1 hm² (46.5 亩),产苗量为 0.9 万株/667 m²,共计生产苗木 82.35 万株,价值 41.2 万元。

10.1.3　建采穗圃和示范园:在连家砭林场营建采穗圃 0.33 hm² (5 亩),每亩每年可采穗条 300 支,每年共计价值 1.5 万元。分别在华池县和合水林业总场建立示范园共 2 hm² (30 亩),五年后每年可产生 54 万元的经济效益。

10.1.4　定植苗木:分别在华池县和合水林业总场建立文冠果定植圃共 1.33 hm² (20 亩),每年可供绿化用苗 8 000 株,连续供应 5 年,总计可产生 12 万元的经济效益。

10.1.5　造林:分别在宁县清华苗圃阳坡梯田的缓坡地造林 13.34 hm² (200 亩),在华池县悦乐镇乔崾岘村退耕地栽植 11.34 hm² (170 亩),在大山门林场兰家庄完成文冠果造林 11.2 hm² (168 亩),累计造林 35.88 hm² (538 亩)。3 年后开始挂果,每年可产生 80.7 万元的经济效益。

10.1.6　总效益:按现行市场价格计算,实现总体经济效益 265.14 万元。

10.2　生态和社会效益

文冠果的开发利用和栽植将有力地推进我市生态林业建设和环境保护步伐,丰富林种资源,在一定程度上增加我市林业生态多样性,陇东黄土高原的生态面貌将有所改观。发展文冠果对增产油料、绿化荒山和保持水土都有重要的意义。营造的人工林(包括人工林、苗圃、采穗圃、果园和定植园)不仅发挥森林固有的涵养水源、防风固沙、制造氧气等综合效益,据研究子午岭水源涵养林每年的综合效益系数为 3 000.14 元/hm²,因此,45.66 hm² (684.5 亩)文冠果林每年可产生 13.69 万元综合生态效益。同时,营造的人工林(包括人工林、苗圃、采穗圃、果园和定植园)为今后建设生物质能源基地奠定了坚实的基础。文冠果的开发利用和文冠果果园的建立可为我市广大农民起到示范带动作用,必将产生巨大且深远的社会影响。同时对城乡生态环境也发挥着重要作用。另外,对于今后文冠果的进一步利用,提供重要的技术支持和典型示范。

11　结论

通过 2006～2008 年 3 年《优良树种文冠果的开发与栽培技术研究》项目的实施,我们从文冠果的分布与栽培历史、文冠果的价值、文冠果的主要特点、文冠果的生物学特性等方面进一步了解文冠果的基本特性;观察掌握了文冠果的物候历期;从幼果鲜食和保鲜及嫩叶制茶方面对文冠果进行了开发利用,制订了文冠果绿茶初制工艺和饮用方法;研究了文冠果育苗技术,总结出了《文冠果育苗技术规程》、编制了《文冠果主要病虫害及其防治技术规范》;建立文冠果示范园 3 处 2 hm² (30 亩),总结出了《文冠果建园技术要点》;从文冠果造林后生长历期观察、自然更新调查、不同地点造林比较等方面进行了研究,总结了栽培技术;以引进品种为培育目标建立采穗圃 0.33 hm²(5 亩),制定了《文冠果采穗圃建设技术要点》;对 270 株低产树进行了高接换优,结果表明:文冠果高接平均成活率为 32.9%,最高达 40%,最低为 30%,以当地树种亲和力最好;取得了显著的生态、社会和经济效益,按现行市场价格计算:实现总经济效益 265.14 万元。

本项目在以下几方面有创新:

1.文冠果嫩果保鲜和绿茶初制技术。一是 6 月 20 日采摘的果实食用品质和口感最佳。幼果自然存放 3 d 和塑料食品袋密封存放 4 d 种仁食用品质和口感不变,超过 10 d 种皮逐渐变成黑褐色,种仁具有浓厚的苦涩味,便不能食用。盐水浸泡种仁采用 1%、2%、3% 和 4% 等浓度比例,将种仁和浸泡液装入 500 mL 盐水瓶,用高压灭菌锅灭菌 30 分钟,冷却后密封瓶口在阴凉避光处存放。经测定用盐水浸泡种仁,可使幼嫩果实种仁的食用期延长 15 d,以 2% 盐水浓度浸泡效果最为经济实用。二是文冠果叶子可制成茶叶,但要选择好采摘叶子的时期。试验证明:展叶末期即 5 月下旬至 6 月初采摘的嫩叶制作的茶叶,外观优美、茶味清香、沫小渣少、口感良好;采叶过早制成的茶叶,沫大渣多并对树体本身伤害大;采叶过迟制成的茶叶,渣虽少但外观粗糙、叶味浓烈、口感涩苦。文冠果绿茶初制工艺为采摘、杀青、揉捻、干燥和包装等重要环节。文冠果绿茶的饮用包括清洗茶具、洗茶、冲泡和饮用等步骤。

2.文冠果育苗技术。一是文冠果育苗种子处理以马粪堆积处理的效果最好,平均苗高和地径分别达到 70 cm 和 0.8 cm,雪藏处理的次之,平均苗高和地径分别达到 65 cm 和 0.7 cm,生根粉浸泡种子效果不明显。从实际和使用的角度考虑,文冠果育苗的种子处理以雪藏为最佳。二是文冠果可采用种子进行有性繁殖和 1~2 年新生根进行无性繁殖。有性繁殖的苗木(平均苗高 76.1 cm、平均地径 0.795 cm)优于无性繁殖的苗木(平均苗高 38.8 cm、平均地径 0.488 cm)对两者总体均值进行 t 检验,数据显示差异极显著。因此,在大面积繁育文冠果时,最好采用有性繁殖;无性繁殖可作为有性繁殖的补充形式。三是文冠果播种育苗时,播种时间对苗木的生长具有较大的影响。春季培育的苗木平均苗高比秋季培育的苗木(平均苗高 53.2 cm)增高 22.9 cm,平均地径(秋季平均地径0.612 cm)增粗 0.183 cm。四是文冠果苗期生长具有一定的规律性。苗木旺盛生长期在 7、8、9 三个月,这与 7、8、9 三个月的水热条件密切相关,证明降水量大,温度高有利于苗木生长。五是新育苗(一年生苗)和留床苗(二年生苗)生长差异极显著。二年生苗苗高(均值 83.7 cm)和地径(均值 1.121 cm)分别是一年生苗苗高(均值 53.2 cm)和地径(均值0.612 cm)的 157.3% 和 183.2%。六是新育苗和定植苗苗高生长差异不显著,地径差异显著。这可能与定植苗离开原生长地存在缓苗期有关,也可能与平定川林场特定的小气候条件有关。七是一年生苗,当苗高和地径分别达到 50 cm 和 0.5 cm 以上时;二年生留床苗或定植苗,当苗高和地径分别达到 60 cm 和 0.8 cm 以上时就可出圃用于建园或者造林。

3.新品种引进、采穗圃建设、高接换优及造林技术。

一是新品种引进。2008 年春季,我们从河南省灵宝九麟银杏开发有限责任公司引进文冠果新品种文冠果一号、文冠果二号、文冠果三号三个,每个品种引进苗木 50 株,定植在连家砭林场确定的采穗圃内。各品种苗期特征不明显,只是在结果后有差异。

　　二是采穗圃的建立。(1)苗木定植。文冠果采穗圃不设隔离带,采穗圃的苗木定植以本地品种为对照,以新引品种为培育目标,按品种分区,同一个品种栽在一个小区里。按照 1.5×1.5 m 株行距定植,每 5 行留 50cm 步道一条。每亩定植苗木约 220 株。(2)穗条生产。文冠果采穗圃内树体以灌丛式为主,用一年生苗木定植后,50 cm 定干,当萌条长达 10 cm 时进行定条、去弱留壮。一般栽植当年只留 2 个萌条,第 2 年留 3～5 个萌条,第 3 年留 5～10 个萌条,第 4 年留 10～15 个萌条。用于嫁接的穗条可在秋末冬初采集亦可在春季芽萌动之前 1～3 月采集。接穗采下后及时蜡封剪口,并将母树剪口用漆封严(剪后即封一次,三天后再封一次)。文冠果接穗贮存的最适温度是 0℃～5℃,最高不超过8℃,可放在地窖、窑洞、冷库等地方,要保湿防霉。(3)采穗圃管理。①合理施肥对保证采穗圃提供大量优质穗条,特别是提高插条的发根率十分重要。灌丛式采穗圃于圃地深耕后施足厩肥,每年追肥 2～3 次,以硫铵、尿素为主,最后一次追肥不迟于 8 月上旬,生长期短的地区适当提前。同时注意采穗圃的排灌和中耕除草。②由于采穗树每年萌芽抽条和大量采条,容易发生病虫害,每年宜喷洒波尔多液和有针对性的杀虫剂,及时处理枯枝残叶。③建立技术档案,着重记载采穗圃的基本情况,区划图,优良品种的名称、来源和性状,采取的经营措施,种条品质和产量的变化情况等。

　　三是高接方法。剪一段带有 2～3 个芽的短枝接穗,在最下一个芽的下方削一个长约 2～3 cm 长的双削面,削好后放入盛有清水的容器内待用。选取低产树外围顶端一年生枝条,在其基部 10 cm 处剪断,再用嫁接刀纵切所留枝条的横切面,切口长约 2～3 cm,在切口处插入削好的接穗,接穗的韧皮部要与砧木的韧皮部对接,接穗插入砧木不宜过深,削面应在砧木外留 0.5 cm 左右,以利成活。接穗插入砧木后,用 2～5 cm 的塑料条包扎,包好断面伤口后,再在接穗断面涂抹适量的愈合剂。

　　四是造林技术。(1)自然更新与造林比较。文冠果自然更新能力为 10% 左右。文冠果在不同地点、不同立地条件下采用不同的整地时间、整地方式、整地规格和不同的栽植时间及初植密度造林,树木生长情况不尽相同,退耕地树高生长优于荒山,荒山当年成活率和地径生长优于退耕地。(2)栽培技术。①地块选择。文冠果应选择土层深厚、坡度不大、背风向阳的沙壤土造林,也可以在梯田和条田的地埂上栽植。造林地要进行细致整地,5°～10°以内的平缓上坡秋季全面翻耕;10°以上的坡度地要加设水土保持措施,以块状整地为主,规格为 80×80×35～40 cm;亦可采用反坡梯田或等高撩壕整地。②植苗造林。开春土壤化冻 30 cm 以上,即可动手"顶浆"造林。定植穴深、宽各 40 cm,穴内施底肥或铲入草皮土、腐殖土。文冠果根系脆嫩,伤口愈合能力较差,起苗时要注意保护。文冠果根系要舒展,埋土不要过深,填土要踩实。有条件时栽植后立即灌水,待水渗下后,覆一层干土。株行距以 2×3～2×4m 为宜,每亩植苗 83～111 株。

附件一

文冠果绿茶的初制和饮用

一、文冠果绿茶的初制工艺

1.采摘:春季在文冠果展叶末期进行嫩叶采摘。采摘是用食指与拇指挟住叶间幼梗的中部,藉两指的弹力将嫩叶摘断,采摘时间以中午 12 时至下午 3 时前较佳。

2.杀青:杀青对绿茶品质起着决定性作用。通过高温,破坏鲜叶中酶的特性,制止多酚类物质氧化,保持叶片绿色,以防止叶子红变,消除叶中青臭、苦、涩味,转化为具有花香醇味的杀青叶;同时蒸发叶内的部分水分,使叶子变软,为揉捻造型创造条件。随着水分的蒸发,鲜叶中具有青草气的低沸点芳香物质挥发消失,从而使茶叶香气得到改善。这个过程主要在阳光下翻搅晾晒完成。

3.揉捻:揉捻是绿茶塑造外形的一道工序。通过利用外力作用,使叶片揉破变轻,卷转成条,体积缩小,且便于冲泡。同时部分茶汁挤溢附着在叶表面,对提高茶滋味浓度也有重要作用。文冠果绿茶的揉捻采用冷揉工序。所谓冷揉,即杀青叶经过摊凉后揉捻;嫩叶经冷揉后保持了黄绿明亮之汤色于嫩绿的叶底。

4.干燥:干燥的目的,蒸发水分,并整理外形,充分发挥茶香。干燥方法,有烘干、炒干和晒干三种形式。常规绿茶的干燥工序,一般先经过烘干,然后再进行炒干。文冠果绿茶由于条件所限,我们采用了晒干的方式进行干燥。

5.包装:把茶包装成使用时需的大小与形式,有利于保持茶叶品质和茶叶的销售。

小茶包:将制好的文冠果绿茶包装成可以直接冲泡的小茶包,浸泡所需浓度后把小茶包提出丢弃。

小包装:将制好的文冠果绿茶包装成小包装,将茶以 100 g、300 g、500 g 等不同的分量装于罐内或袋内。

二、文冠果绿茶的饮用方法

1.清洗茶具:冲泡绿茶前需清洗透明玻璃杯、紫砂茶壶、陶瓷茶具等。

2.洗茶:将适量文冠果绿茶放入茶具,冲入 85℃～90℃沸水至茶具的 1/3,轻轻摇动洗去茶叶表面的浮尘和泡沫,而后滗去洗茶水。

3.冲泡:泡时先将 85℃～90℃开水冲入茶杯,冲入开水至杯容量 1/3 时,稍待 2 min,待茶吸水舒展后再冲至满杯。

4.饮用:茶水温度适口时方可饮用,饮至杯中茶汤尚余 1/3 时,继续加开水,谓之二开茶、三开茶。文冠果绿茶冲泡,一般以 2～3 次为宜。若需再饮,需重新放入茶叶冲泡。

附件二

文冠果育苗技术规程

文冠果育苗以播种育苗为主,插根育苗为辅。育苗应从以下几个方面入手进行。

1.种子(种根)采收

(1)种子采收:从树势健壮、连年丰产的母树上采集充分成熟、种仁饱满的种子。采种季节一般在 7 月上中旬,当果皮由绿褐色变为黄褐色,由光滑变为粗糙,种子由红褐色变黑褐色,全株约有三分之一以上的果实果皮开裂时即可进行采种。采时要避免损伤花芽及枝条,否则影响来年结果。采下的果实,要放在阴凉通风处,除掉果皮,晾干种子,然后装入容器,在贮藏中要严防潮湿。种子千粒重 600～1 250 g。本项目共采收文冠果种子5 t。

(2)种根采收:利用起苗后残留圃地的苗根,或挖取大树周围的一年生根,选粗 0.4 cm 以上的,截成长 10～15 cm 的根插穗进行扦插,也可培育成苗。

2.整地

选地势平坦、土壤深厚肥沃、排灌方便的沙壤土或壤土育苗。育苗前一年秋将圃地深翻 25 cm,早春浅翻,并碎土、耙平,不做床或做成高床,然后进行土壤消毒,每公顷施农家肥料 32 500～! 45 000 kg。

3.种子(种根)处理

(1)种子处理:每年冬季降雪后,将文冠果种子和雪按照 1:3 的比例混合,堆积在室内避风背光处,待播种前取出,使雪融化,再拌和适量的沙子备用。

(2)种根处理:每年春季土壤解冻后,树木萌动前起出圃地残留的苗根,或挖取大树周围的一年生根,选粗 0.4 cm 以上的,截成长 10～15 cm 的根段,用 ABT 生根粉 250 mg/L 处理浸泡种根 3 min 或用流水冲刷 7 d 后备用。

4.播种(扦插)

(1)播种:春播在 4 月下旬至 5 月中旬。播前 5～7 d,灌足底水,待水下渗微干后,开深 3～5 cm 的沟,沟距 20～30 cm,将种子均匀撒入沟内,覆土厚 3～4 cm,然后踩踏一遍,使种子与土壤密接。最好在沟内点播,每隔 6～7 cm 放一粒种子,种脐要平放,以利发芽出土。每亩播种量 15～20 kg。播后床面覆草,保持土壤湿润,20～30 d 后出苗,然后分次揭去覆草。秋播在土壤封冻前进行沟内撒播或点播,播后覆土,然后踩踏一遍,使种子与土壤密接。

（2）扦插：插根地应深耕 20～25 cm，施足基肥，最好做成床或垄，按 10～15 cm 的株距，以锹开窄缝，将插根插入缝中，插穗顶端低于地面 2 cm 左右。插后合缝，灌水，经过 15～20 d 种根即开始萌芽（发）出土。萌发的幼芽，选留一个健壮的，其余全部抹除。

5.苗期管理

苗木生长期间要及时松土、除草、追肥、灌水、间苗、定苗，并进行病虫害防治（详见附件三）。定苗后保持苗距 9～12 cm，1 年生苗高可达 40～60 cm，每亩产苗 1.5～2 万株。1～2 年生苗均可出圃造林。

6.苗木出圃

一年生苗，当苗高和地径分别达到 50 cm 和 0.5 cm 以上时；二年生留床苗或定植苗，当苗高和地径分别达到 60 cm 和 0.8 cm 以上时就可出圃用于建园或者造林。

附件三

文冠果主要病虫害及其防治技术规范

文冠果病虫害较少,在本项目实施过程中没有发现明显的病虫害。为了全面总结文冠果的栽培技术,项目组在查阅了大量资料的基础上,汇总编制成文冠果主要病虫害及其防治技术规范,供生产单位参考。

一、苗期病虫害

苗床管理中应注意防治如下病虫:

1. 死苗病

症状是幼苗腐烂,猝倒和立枯,一般由镰刀菌、丝核菌和腐霉菌引起,土壤带菌是发病的主要原因。

防治方法:①栽培环境控制空气湿度,保证土壤排水、通气良好,避免高温高湿。②幼苗出土后,喷 0.5 ％硫酸亚铁溶液或 1：1：200 波尔多液。

2. 蛴螬、蝼蛄

在地表和地下咬食种子和幼苗。

防治方法:①播种前结合整地深翻土壤,发现害虫人工捕杀。②出苗后用 50％辛硫磷乳油 1 000 倍液泼浇根际土壤。

二、成林期病虫害

危害文冠的常见病虫害主要有黄化病、煤污病和黑绒金龟子,其危害状和防治方法如下:

1. 黄化病

黄化病是由线虫寄生根部引起的。线虫是透明细长的蠕虫肉眼看不见。受害的病株叶片变黄地上部分萎缩,逐渐枯黄死亡,拔出病苗可见根茎以下 2 cm 左右处稍呈水肿状,幼嫩的木质部上白色转变为褐色并具有臭味。

幼树症状是:叶片全部变黄,很快干枯而死,并长期不落。在根茎下 10～ 20 cm 处,可见韧皮部和皮层组织由白色变为水渍状黄色,松散、腐烂并有臭味。

防治方法:加强苗期管理,及时进行中耕松土;铲除病株;实行换茬轮作;林地实行翻耕晒土.以减轻病害的发生。

2. 煤污病

木虱吸吮幼嫩组织的汁液为害树木时,分泌物和粪便银灰色,富含糖分,滴落枝干上诱发煤污病,严重时使全树呈现炭黑色。

防治方法:早春喷射 50％乐果乳油 2000 倍液毒杀越冬木虱.以后每隔 7d 喷射 1 次,连续喷射 3 次就可控制木虱的发生。

3.**黑绒金龟子**(*Serica orientalis* Motsch)

春季成虫特别喜食文冠果嫩芽,一般在 5 月上旬无风的傍晚为害严重。

防治方法:可用 50％敌敌畏乳剂 800～1 000 倍液喷杀成虫,辛硫磷地面喷洒或毒饵诱杀;亦可在林中空地设置黑光灯实施诱杀;均可达到理想的防治效果。

附件四

文冠果建园技术要点

1. 选地

山区应选择向阳的梯田、缓坡地建园,不能在背阴、下湿地栽植。向阳陡坡地可以栽植,但保水困难、施肥管理不易,很难获得较高产量。对土壤要求不严,含有砾石的土地也可栽培。土石山地可挖坑换土栽树。轻盐碱地可正常生长,含盐量过高地块栽苗不易成活,或生长发育迟缓。

2. 整地和施肥

平地、梯田可以机械深翻全面整地,深度 30 cm。翻地以伏天、早秋为好,旱地绝对不能春翻。也可伏天、早秋开挖带状沟,宽 50 cm,深 50 cm,及时施基肥回填收墒。缓坡地以挖带状沟为好。坡度较大的地块修筑返坡梯田,田面宽 1.2 m,里低外高,面平塄硬。坡度大于 25°山地,可挖鱼鳞坑,规格为长 1.0 m×宽 0.6 m×深 0.3 m。

为提高成活率,宜在伏天整地、挖坑、施肥、回填,蓄水收墒,秋季或翌春定植。结合回填定植坑,每穴施用农家肥 5 kg 左右,与表土混合均匀,填入后踩实。

文冠果幼树对施肥反应敏感,定植时每株需施用尿素 50 g、过磷酸钙 100 g,栽苗时施入。对比试验表明,栽植时施用 50 g 尿素、100 g 过磷酸钙的,1 年后比不施肥植株高度多出 17 cm,地径粗 0.5 cm,抽生长枝多 4 条,开花期提早 1 年。

3. 合理密植

文冠果园的合理密度应根据土壤、肥力、灌溉条件而定。土质肥沃、有灌溉条件的田块可稀一些,土壤瘠薄、无灌溉条件的地块适当密一些。立地条件特别差的地块则又要适当稀一些。旱地条件下,可按 2×2 m 定植,每亩 170 株左右;也可按 3×2 m 定植,每亩111 株。有灌溉条件的地块,可按 3×3 m 定植,每亩 70～80 株。为了增加早期效益,安排加密树,不失为一种好办法,可按 3×1.5 m 定植,养成大苗后或移栽、或出售,保留 3×3 m 的密度。

4. 适时定植

文冠果既可秋栽,也可春栽。春季早栽是提高成活率的关键,土壤解冻达到 30 cm 就可栽植。一般在 3 月下旬到 4 月初栽苗。清明后栽植,成活率一般都会下降。秋季栽苗在文冠果落叶后进行。过晚,幼苗根系未经恢复即进入越冬期,吸水能力差,不利于成活。

秋季栽苗要全埋越冬。为了有效防止抽干,秋栽后及时定杆,直立全埋,翌年只要把顶端4 cm 刨出土外即可,剩余部分每 30 天左右放出 10 cm 左右,一直到 7 月雨水增多季节才全部放出土,不影响主、侧枝发育,效果很好。

5.果园管理

果园管理一般分为树体管理和环境管理。

(1)环境管理　主要内容有如下 3 个方面。

①中耕锄草:行间可用撅头深翻,穴内杂草必须清除干净。若覆盖地膜,则必须严格清除膜下杂草。一般在 5 月中旬、7 月上旬、8 月上旬锄草 3 次。

②防治鼠害虫害:对中华鼢鼠最有效的防治方法仍是弓箭捕杀,可就地取材制作器械。黑绒金龟子和赤绒金龟子成虫危害幼芽、花蕾时,可用 1 000 倍锌硫磷喷杀。

③果园施肥:果园施肥在秋季树叶脱落时进行。4 年生以下幼树一般每株树施用农家肥 5 kg、过磷酸钙 150 g,深度 40~50 cm。大树按树盘面积估计施肥量。一般每平方米施用尿素 50 g,按尿素用量的 2 倍用过磷酸钙。农家肥按尿素用量的 50~20 倍施入。追肥在盛花期进行,一般只用速效氮肥。用量按树盘面积确定,每平方米用尿素 50g,化成 100 倍水溶液均匀灌入追肥孔,深度 50 cm。花期喷洒生长调节剂时可结合进行根外追肥,尿素浓度掌握在 2% 以内。

(2)树体管理

①整形与修剪:定干 40 cm。6 月中旬夏剪,选留 3 个主枝 1 个中央领导干,其余疏截。根蘖坚决除掉。7 月中下旬再次查看,发现根蘖及剪口以下的萌蘖要及时清除。冬季修剪一般作为辅助手段,不进行重剪。文冠果顶芽开花,修剪中不能见头就剪,这是基本要领。无论大树、小树,该留的花芽一定要留足。此后的修剪应本着依树造型、促进丰产的原则进行,继续以夏季修剪为主,注意留好 2 层主枝,控制横向生长,防止树冠郁闭。

②施用生长调节剂:文冠果幼树落花十分严重,有"千花一果"之说。解决落花问题的关键是加强果园管理,合理施肥,防治病虫鼠害,增强树势。在此基础上,可施用生长调节剂。盛花期喷洒 50 ppm 萘乙酸钠,可显著提高坐果率。

③春季采茶:春季采摘叶芽、减弱营养生长势,将生长中心调节到生殖生长方向上来,是提高早期产量的重要措施。方法是,在文冠果幼芽达到 3.3 cm(1 寸)长的时候开始采茶,一般每 3 个嫩枝保留 1 个枝条,其余的采下作为茶叶原料使用,一直采到盛花时停止。

附件五

文冠果采穗圃建设技术要点

采穗圃是提供优质插穗或接穗的林木良种基地。采穗圃生产的穗条生长健壮,粗细适中,遗传品质有保证;且采穗圃的集约管理方式可提高产量,降低成本。

一、圃地选择

采穗圃宜选在气候适宜、土壤肥沃、地势平坦、便于排灌、交通方便的地方。一般尽可能设在苗圃附近。在山地设置,宜选坡度缓小、光照不强、冬季可避寒风之处。采穗圃不需隔离,但按品种、品系或无性系分区,使同一个品种、品系或无性系栽在一个小区里。

二、品种特性

1.当地品种:子午岭自然分布的文冠果进入盛果期后单株产量可达 20 kg 以上,亩产量最高可达到 600 kg,每亩能生产生物柴油 150 kg。

2.引进品种:2008 年春季,我们从河南省灵宝九麟银杏开发有限责任公司引进文冠果新品种三个,每个品种引进苗木 50 株,定植在连家砭林场确定的采穗圃内。各品种特性为:“文冠果一号”品种,长枝型树种,结果早,二年生园子即有 200 kg 左右产量,五年生园亩产文冠果种子达 300 kg 以上。8～10 年后株产 20～30 kg,个别单株达 50 kg,亩产种子 2 500 kg 以上。文冠果二号品种,特大型果,种子粒大饱满,坐果率极高,树势强健,短枝型品种,产量高。无大小年,二年生园子产量达 200 kg 左右,五年后果园亩产种子达 1 000 kg 以上,8 年亩产种子达 2 500 kg 以上。文冠果三号品种,属长枝型,树势强,二年结果,坐果率高,丰产型树种,种子外观花纹美丽奇特,可用于制作工艺品,极耐旱耐瘠薄.是山区丘陵荒沟优选树种。各品种苗期特征不明显,只是在结果后有差异。

三、采穗圃的苗木定植

文冠果采穗圃不设隔离带,采穗圃的苗木定植以本地品种为对照,以新引品种为培育目标,按品种分区,使同一个品种栽在一个小区里。按 1.5×1.5 m 株行距定植,每 5 行留 50 cm 步道一条。每亩定植苗木约 220 株。

四、穗条生产

文冠果采穗圃内树体以灌丛式为主,用一年生苗木定植后,50 cm 定干,当萌条长达 10 cm 时进行定条、去弱留壮。一般栽植当年只留 2 个萌条,据研究,第 2 年留 3～5 个萌条,第 3 年留 5～10 个萌条,第 4 年留 10～15 个萌条。用于嫁接的穗条可在秋末冬初采集亦可在春季芽萌动之前 1～3 月采集。接穗采下后及时蜡封剪口,并将母树剪口用漆封严(剪后即封一次,三天后再封一次)。文冠果接穗贮存的最适温度是 0℃～5℃,最高不超过 8℃,可放在地窖、窑洞、冷库等地方,要保湿防霉。

五、采穗圃管理

1.更新:灌丛式采穗圃一般 4～5 年更新一次,以倒茬轮作为宜,把老树根桩连根挖除,另建新圃;也可以在圃地只作两年的平茬平条,第 3 年于采条之后每个根桩留 1 个萌条,然后把三年根一年苗的根桩挖去造林,并另建新圃。

2.防止穗条分化:为提高穗条的质量和利用率,对容易产生二次枝的树型须及时摘除萌条上长出的腋芽。对生长旺盛的可采用摘顶法和摘叶法抑制优势条的高粗生长。摘顶的做法是当苗高达 30～40 cm 时,把根桩上最高萌条的顶芽摘除,促使伤口下面重生两个萌条。

3.土壤管理:合理施肥对保证采穗圃提供大量优质穗条,特别是提高插条的发根率十分重要。灌丛式采穗圃于圃地深耕后施足厩肥,每年追肥 2～3 次,以硫铵、尿素为主,最后一次追肥不迟于 8 月上旬,生长期短的地区适当提前。同时注意采穗圃的排灌和中耕除草。

4.病虫害防治:由于采穗树每年萌芽抽条和大量采条,容易发生病虫害,每年宜喷洒波尔多液和有针对性的杀虫剂,及时处理枯枝残叶。

5.建立技术档案:档案应记载采穗圃的基本情况,区划图,优良品种的名称、来源和性状,采取的经营措施,种条品质和产量的变化情况等。

楸树优质苗木繁育试验示范

成 果 公 报 文 摘

成果名称:楸树优质苗木繁育试验示范

登 记 号:2009024

完成单位:庆阳市林木种苗管理站

主要研究人员:何天龙、席忠诚、白勇龙、赵　贞、王克发、张正军、薛满学、熊斌峰、
　　　　　　　马　杰、曹思明、谌　军、靳晓丽、田小平

研究起止时间:2007.3—2009.12

推荐部门:庆阳市林业局

内容摘要:

该项目摸清了庆阳市楸树的树种资源(主要有灰楸、楸树和黄金楸)及分布地域;引进楸树良种豫楸 1 号和 2 号;建立品种对比示范园 2 hm²(30 亩);新建楸树繁育圃 57.36 hm²(860 亩),生产常规楸树苗木 602 万株,优质大苗 430 多万株;完成楸树荒山造林 33.35 hm²(500 亩),栽植楸树样板路段 282.5 km、栽植楸树 14 万株,实现经济效益 2 754.4万元。试验表明引进楸生长优于当地优势种灰楸,根插育苗优于种子育苗;观测对比了新引品种和当地品种的物候期、生长特性及植物学特征;总结出《楸树品种对比园建设技术要点》,《楸树旱作育苗技术规程》和《楸树大苗定植培育技术规范》,制定并颁布《楸树育苗造林技术规范》甘肃省地方标准(DB62/T1741－2008)。研究建立了楸树苗期苗高与苗龄、地径与苗龄、胸径与地径及公顷产苗量与苗龄 4 个数学模型,为苗木生产的预测提供了数学方法。经查新鉴定该项目在楸树种类多样性调查鉴定、育苗造林技术规范、大苗定植培育技术和苗期数学建模等方面处于省内领先地位,成果总体达到国内同类项目先进水平。

【本项目获 2010 年庆阳市科技进步一等奖】

项 目 技 术 报 告

　　楸树是紫葳科(Bignoniaceae)梓树属(Catalpa)高大落叶乔木。其不仅是我国特有的优质用材树种,而且是我国历史上著名园林观赏树种,更是优良水土保持和理想的农林间作及防护林树种。据记载在我国已有3000多年的栽培历史,自古就有"木王"之称。2002年,该树种被联合国世界健康学协会认定为"人类健康树种"。但是长期以来楸树得不到人们应有的重视,资源锐减,几成濒危树种。

　　庆阳市中南部县区是楸树的天然分布地,2007年7月20日在庆阳市第二届人民代表大会常务委员会第三次会议上,庆阳市二届人大常委会听取了市人民政府《关于确定楸树为我市市树的意见》。会议审议一致认为:"楸树"树种优良,特点突出,用途广泛,适应性强,不仅是目前所能筛选的最为理想的树种,而且其高大通直的枝干,优美挺拔的风姿,淡雅别致的花朵,稠密宽大的绿叶,光洁坚实的材质,能够代表老区人民宽广的胸怀和坚韧的性格,可以展示老区人民热爱生活、奋发向上的精神风貌,体现了人与自然的和谐统一,可以作为庆阳市城市形象的标志。

　　确定"楸树"为市树,充分体现了庆阳市委、市人大、市政府对造林绿化工作的高度重视,对于进一步增强全市人民爱树植树意识,提高绿化档次水平,推动造林绿化事业又好又快发展,意义重大而深远。为了认真贯彻市人大决议精神,市林业局制定了《庆阳市大力发展楸树的意见》和《楸树育苗技术规范》,并要求各县区、单位认真抓好宣传动员以及苗木的落实工作,为在全市城镇、村庄、道路、旅游景点重点发展"楸树"种植做好前期准备。

　　为了扩大楸树栽植范围,实现"市树"全市化栽植,有必要开展楸树优质苗木繁育试验示范研究,建立楸树优质苗木繁育示范基地,以促进楸树在全市的迅速扩繁和发展。2007年8月《楸树优质苗木繁育试验示范》被庆阳市科技局列为庆阳市科技攻关项目(项目编号GK071-2),由庆阳市林木种苗管理站和庆阳市林科所负责承担,并与正宁县、宁县、镇原林业局和光大实业有限公司共同实施。

1　试验示范内容和方法

1.1 试验示范内容

　　在我市建立全省最大的楸树优质苗木繁育示范基地,增加优良资源总量,扩大推广栽植面积。新建楸树繁育苗圃400亩,繁育优质大苗200万株;新建乡土楸树与外引楸树品种相对比的品种示范园10亩。解决的关键问题是:⑴研究楸树优质苗木繁育技术,制定优质壮苗培育技术规程;⑵探索楸树品种示范园建设技术,制定建园技术规程;⑶探索楸树优质示范林建设技术,制定相关的栽培技术规程

1.2 试验示范方法

一是利用网络检索,了解掌握楸树的基本特性;二是进行了全市范围内的楸树标本采集;三是对采集到的楸树标本送树木学知名教授鉴定;四是编制庆阳市楸树种类检索表;五是实地观察楸树的物候历期;六是从种子处理、繁殖方式、播种时间、生长过程、苗龄比较等方面入手研究楸树旱作育苗技术;七是从选地、整地、施肥、引种、合理密植、适时定植和品种园管理等几个环节探索建园技术;八是试验不同密度定植苗木的生长状况,研究楸树大苗定植的合理密度;九是制定楸树大苗定植技术规范;十是对测定的数据采用美国Spss公司出品的数据处理软件Spss16.0及微软公司的Excel2003进行结果分析。

2 庆阳市自然概况

2.1 自然地理概况

2.1.1 地理位置与行政区划:庆阳市位于甘肃省东端,习称"陇东"。北与宁夏回族自治区的盐池县和陕西省的吴旗、定边县接壤;南与陕西省的长武、彬县、旬邑县和本省的平凉市泾川县为邻;西与宁夏回族自治区的固原、同心县相接;东与陕西省的宜君、黄陵、富县、甘泉、志丹县以子午岭为界。本市位于黄河上中游流域,地理坐标在106°45′～108°50′(E)、35°10′～37°20′(N)之间。全市辖西峰、庆城、镇原、宁县、正宁、合水、环县、华池一区七县,总面积27 119 km²。

2.1.2 地形地貌:本市属于黄土高原的一部分,地貌以黄土高原丘陵沟壑为主要特征,在长期水蚀的切割下,形成梁、峁、残塬、沟谷、川台等多级阶状地形。地貌单元以梁峁沟壑为主体,残塬呈不连续零散分布,海拔最高的为2 082m(环县毛井),最低为885m(宁县政平)。本市东依子午岭,北靠羊圈山、西南接六盘山,地势北高南低,四周高而中间低,呈一簸箕形,故有"陇东盆地"之称。根据地貌特点,大体可分为4个区域:北部的黄土丘陵沟壑区、中北部的黄土残塬沟壑区、中南部的高原沟壑区和东部的子午岭中山丘陵区。由于地形地貌复杂多样,水土流失十分严重。

2.1.3 水系地理分布及水资源:庆阳市属于黄河流域,分为泾河、北洛河、苦水河-清水河3个水系;主要支流有马莲河、蒲河、洪河、潘阳涧、朱家涧、无日天沟河、四郎河、王家河、葫芦河、清水河等10条较大河,其中马莲河和蒲河是我市两条大河,流域面积占全市总面积的79.37%。全市河川径流量14.5亿m³,其中自产水径流量7.8亿m³,入境水径流量6.7亿m³。另外,庆阳市巨厚的中生代地层中还蕴藏着丰富的地下水,仅已探明12大塬区地下水静储量就达43.39亿m³,动储量为3 714万m³/a,但由于本市系陕甘宁盆地的一部分,属多层性大型自流水盆地,水质较复杂,开发利用难度较大。全市仅有大型水库一座即巴家嘴水库,位于西峰区与镇原县交界处,是庆阳市城区居民饮水及工农业用水的主要来源,库容3.5亿m³。

2.1.4 气候:

(1)气温:全市年平均气温7.4℃～9.4℃。气温变化的特点是冬寒夏热,年、日差变化大。年、月气温地理分布由南向北逐渐降低。同时因受地形和高程影响,各地气温变化较为复杂。北部丘陵沟壑区和东部中山丘陵区因海拔较高,为全市低温区,年平均气温在

7℃以下;河谷川道海拔低,地形闭塞,气温较高,年均气温在9℃左右。

(2)降水:全市年总降水量平均为410～640 mm。但由于受季风和地形等因素影响,年际间和不同地形区域降水差异较大。一般特点:一是季节分配不均。年降水高度集中于7、8、9三个月,约占年总量的50%～60%。而1月份降水量最少,平均2.3～4.7 mm,不足年降水量的1%。二是降水强度大,利用系数极低。全年降水总量的近30%是以7、8月份的大暴雨形式集中倾泻,导致水分不能完全就地入渗,而产生大的地表径流,造成严重的水土流失,利用系数极低。三是降水年际变化大。各地降水量年际变化在283～879 mm间,年际变化极为激烈。四是降水地理分布不均。境内年降水量由东南向西北递减。东南部的正宁、宁县年降水量在600 mm左右,中部地区年降水量一般在500 mm左右;中北部地区年降水量在420 mm左右;环县北部荒漠化区年降水量不足400 mm。

(3)霜冻期与无霜期:初霜日一般始于10月中旬,终霜日一般在次年的5月中旬。年均无霜期日数为180 d。霜期变化的规律是北部长于南部,林区长于其他地区。

(4)灾害天气:庆阳市地处西北黄土高原中心地带,深居内陆,远离海洋,靠近沙漠。自然灾害频繁,灾害较大的天气有干旱、暴雨、冰雹、霜冻、大风、沙尘暴等。

2.1.5 植被 庆阳市地理、气候条件适宜树木生长发育,森林植被起源久远,种类繁多,但变迁曲折,至今植被种类已变得相当分散和单纯。已经查明的高等植物(限种子植被和蕨类植物)有1 500多种。其中仅有一属一种的有松科、榛科、胡桃科、漆树科等34科。一属两种的有7科。种子植被中列入国家重点保护对象的主要有水杉、银杏、杜仲、核桃、新疆野苹果、紫斑牡丹、厚扑、水曲柳、胡杨、沙冬青等10种,其中乡土种4种,引进种6种。我市森林植被分布主要有阴阳坡之别,垂直带谱极不显著。森林建群种较单纯,主要有辽东栎、山杨、白桦、小叶杨、油松、侧柏、椿榆、旱柳等,这些建群种或单独形成纯林,或几种结合成纯林。主要的森林类型有:油松林、侧柏林、辽东栎林、山杨林、白桦林、小叶杨林、刺槐林等。其他木本植物主要有沙棘、酸枣、胡枝子、狼牙刺、黄刺梅、丁香、榛子、绣线菊、柠条、花叶海棠等。草本植物主要有白草、铁杆蒿、白蒿、冰草、牛尾草、索草、西山萎菱菜、柴胡、苜蓿、菖蒲、大叶车前、草莓、白羊草、黄菅草、野菊花、野苦豆等。西北部干旱区以小型多年生旱生及极旱生植物占优势,主要有矮化羽茅、狼尾草、骆驼蓬、碱蓬、小黄菊、木紫苑、蒙古蒜、苦豆等。农业植被主要有冬小麦、春麦、玉米、高粱、谷、糜、荞麦、水稻、土豆、胡麻、油菜及豆类等。农作物一年一熟,作物种类的分布由南向北逐渐减少。

2.1.6 土壤:全市主要土壤类型有钙层土纲的黑垆土,初育土纲的黄绵土、新积土、红黏土,半水成土纲的潮土,半淋溶土纲的灰褐土,人为土纲的水稻土等5个土纲7个土类。土壤肥力总体特征为:有机质积累少,全N含量低,代换量小,全量矿质养分丰富,速效养分除K外,其他有效养分均较低,土壤肥力不高。农业土壤肥力为有机质含量0.33%～2.48%,全N含量0.021%～0.18%,全P含量0.053%～0.057%,全K含量1.26%～1.50%;自然土壤肥力为有机质含量1.5%～6.33%,全N平均含量0.301%,全P平均含量0.060%,全K平均含量1.39%。

2.1.7 生态环境状况:生态环境是人类生存和发展的基本条件,是社会文明进步的基础。庆阳曾经是森林茂密、百草繁盛的森林草原。丰富的森林资源使庆阳成为我国传统农耕文化的重要发源地之一,但自从有了人类,就从来没有停止过破坏森林植被的活动。特别是战争年代近二百年以来,无数森林和天然植被遭到难以恢复的破坏。建国后,在党和人民政府的领导下,全市人民坚持开展植树造林和水土保持,为改善生存环境做出了巨大的贡献,经过几十年努力,取得了很大的成绩。但由于生态环境遭受破坏的历史欠账太多,而治理的进程缓慢,生态环境进一步恶化的趋势并没有得到根本遏制,水土流失依然十分严重。据统计,全市的土壤侵蚀面积为 250.5 万 hm²,占全省土壤侵蚀(包括水力侵蚀和风蚀等)面积 3 935.8 万 hm² 的 6.4%。其中水力侵蚀最巨,为 234.3 万 hm²,占土壤侵蚀总面积的 93.54%。土壤侵蚀模数为 5 000~9 000 t/km².a,环县北部荒漠化区更高达 3.8 万 t/km².a。年土壤侵蚀量达 16 840 万 t,年土壤养分流失量有机质 236.61 万 t、N 素 59.83 万 t、P 素 4.09 万 t、K 素 86.89 万 t。土壤侵蚀的这种趋势目前仍在加剧,其主要原因除与气候、土质等自然因素有关外,森林资源的保护力量薄弱是不容忽视的。

2.2 社会经济概况

2.2.1 人口:全市现有总人口 256.69 万人。其中:农业人口 212.97 万人,占总人口的 83%。

2.2.2 国内生产总值:全市 2004 年完成国内生产总值 108.31 亿元,其中:第一产业产值 23.05 亿元,第二产业产值 53.35 亿元,第三产业产值 31.90 亿元。人均生产总值 4227 元。

2.2.3 交通:庆阳市地处陕甘宁三省交汇处,以公路运输为主,干支纵横,四通八达,国道 211 线横贯南北、309 线跨越东西。市内有公路 85 条,总里程 3 619.69 km,其中国道 481.38 km,省道 461.66 km,县乡道路 2 676.65 km。公路密度为 13.35 m/km²。总体情况是县乡交通方便快捷,林区交通状况较差。

2.2.4 通讯:全市电信事业发展较快,邮政、电信、移动、联通等电讯企业延伸至市县乡三级。但子午岭部分林场,通讯网络不通,信息闭塞。

2.2.5 供电:全市供电靠大电网提供,各乡镇基本上实现通电,但部分林场还没有通电,照明靠点煤油灯。

3 楸树的优良特性

3.1 观赏价值高

楸树树姿雄伟,高大挺拔,冠形优美,花色艳丽。其花形若钟,白色花冠上红斑点缀,如雪似火,每逢花期,繁花满枝,随风摇曳,令人赏心悦目。中国古代众多古籍对楸树形态之美赞颂不已。宋《埤雅》载:"楸、美木也,荂干乔耸凌云,高华可爱"。一些文人学士也都以楸树题诗作赋。如宋晓臣、王仲《楸花十二韵》:"楸英独妩媚,淡紫相参差,大叶与荂干,蒺蓴密自宜",唐代大文豪韩愈有诗云:"庭楸止五株,芳生十步间。"自古以来,人们就把楸树作为绿化观赏树种,广泛栽植于宫苑、古刹寺庙、胜景名园之中。至今,我们在北京故宫、颐和园、北海、大觉寺,河南少林寺,南阳卧龙岗,昆明黑龙潭,山东益都范公亭,贵阳黔陵公园等诸多名胜中,仍可欣赏到百年古楸苍劲挺拔的风姿。

3.2 环保功能多

楸树具有茂密的树冠,大而浓绿的叶片,犹如绿色"壁毯";有较强的消音、滞尘、吸毒等功能。如南京地区一些二氧化硫、氯气严重污染的工厂中,杨树、枫杨都不能存活,而楸树则生长良好。村镇、学校、工矿、路旁都可以广植楸树,净化空气,降低噪音,改善生态环境。

3.3　防护性能好

楸树是深根性树种,根系发达,一直扎到土壤的深层。据测定,楸树 80％的根系都集中在 40 cm 以下的土层中。因而,楸树具有极强的抗风能力,如东海影视乐园等地栽植的楸树,在没有任何疏枝、修剪和防风措施的情况下,经多次台风和暴雨的袭击,无倒伏现象。楸树较耐水湿,据试验,抗涝天数可达 20 d 左右,耐积水达 10～15 d,仍生长正常。因此,楸树可在堤坝、渠道两侧、江河湖泽周围营造护堤护渠林;在果园周围及一切风害严重的地方,可营造防风林。楸树是防护林的好树种。

3.4　木材用途广

楸树是珍贵的优质用材树种,木材坚韧、致密、细腻、软硬适中、不翘不裂,易加工、易雕刻、纹理美观,不易虫蛀,极耐腐朽和水湿,是建筑、家具、造船、雕刻等的优质用材。在古代,人们就认识到楸树材质好,用途广,居百木之首。《埤雅》载:"今呼牡丹谓之花王,梓(楸)为木王,盖木莫良于梓(楸)"。后魏贾思勰所著《齐民要术》中记载楸木的用途时写道:"车板、盘合、乐器,所在任用,以为棺材,胜于松、柏。"古代印刷刻板非楸、梓木而不能用。至今书籍出版仍叫"付梓"。在现代楸树木材用途更广泛:楸木是加工军工用的枪托、模型、特用包装箱等的好材料;楸木为上等的纺织配件与机械用材;楸木是胶合板的理想用材;楸木是车梁,底板,骨架,靠椅及旁板镶面板等最佳用材;楸木是高档家具制作最为理想的材料;楸木作为高级饭店、宾馆、纪念堂及重要工程建筑门窗、地板、墙壁装饰等上品用材;收音机、电视机外壳、紧密仪器盒和食用专用箱等高档商品用材,选用楸木加工,会取得更好的经济效果;楸木是乐器、雕刻、模具、生活用品、文化体育用材首选材种。

3.5　耐腐能力强

楸树木材极耐腐朽,是上等的棺木材料。我国古代帝王的棺材称"梓宫",必须以楸木所制,其他木材是不能代替的。1972 年湖南马王堆发掘的西汉古墓,其棺材均为楸木所制,距今已有 2 200 多年,仍完好无损,无腐朽现象,刨去漆表,木材仍然如新。楸树木材是制造船舶的特用材,因为其具有坚韧、富有弹性、坚固耐用,防虫、防蛀、耐水湿、不变形等特点。楸木特别适合船壳、甲板及船舱装饰,是目前国际的首选木材;我国有些少数民族或经特许,人死后可以土葬,所用棺木,楸树为最佳。

3.6　利用前景阔

楸树是综合利用价值较高的树种,它的果实中含有枸橼酸和碱盐,可提取 Bigsin 作利尿剂,是治疗肾脏病、湿性腹膜炎、外肿性脚气病的良药。根皮煮之汤汁,外部涂洗可治瘰疬及一切肿毒。楸树叶含有丰富的营养成分,可作饲料;花可炒食或浸提芳香油。

3.7　产出效益硕

楸树是我国古老的传统树种,自古以来就受人们喜爱。根据大量记载,我国古代楸树分布很广,同时人们认识到楸树材质优良,经济价值高。目前,楸树木材奇缺,成为木材市场紧俏商品,每立方米楸材价格高达 2 000 元以上,相当于一般木材价格的 3～5 倍,大径材价格每立方米高达 6 000 元以上,而且无货。

3.8 适生范围大

据全国楸树种质资源调查表明:东自海滨西至甘肃省,南起云南北到长城的 23 个省、市、自治区都有其分布。楸树能忍耐 −20℃的低温,选择土层 1 m 以上,土壤 pH 值 6−8 的立地条件确定与其相适应的楸树种类栽植,可生长良好。楸树在位于秦岭以北、太行山以西,长城以南的陇东、渭北高原,晋西南黄土丘陵区的西北黄土丘陵高原区,包括陕西、山西、甘肃 3 省的部分地区都是其适生区域。

4 庆阳市楸树种类及分布调查

4.1 楸树种类调查

庆阳市是楸树的主要适生地之一,楸树在庆阳的种类情况,前人只对子午岭林区做过一些调查,至于庆阳全境的楸树状况尚无人问津。为了更好地完成《楸树优质苗木繁育试验示范》课题项目,课题组从立项开始就着手庆阳全境楸树种类和分布的调查,采用座谈访问、实地察看、采集标本等方法,初步掌握了楸树种类情况。共采集楸树标本 29 号次、150 余份次,经过采集、压制、翻晾等标本制作程序,制成合格标本保存待用。标本制成后由专人采用专用器具带到西北农林科技大学林学院,请树木学知名教授博士生导师张文辉先生亲自鉴定。经鉴定:分布于庆阳市的楸树种类有:①灰楸(Catalpa fargesii Bureau),俗名有糖楸、山楸、白楸、槐秋;②楸树(Catalpa bungei C. A. Mey.),俗名有梓桐、金丝楸、线楸、桐楸、小叶梧桐;③黄金树(Catalpa speciosa Warder)俗名有美国楸树、美国梓树。三者的区别可用以下检索表反映。

庆阳市楸树分种检索表

1.花冠粉红色或略带白色,花冠内中下部被细毛;叶基部脉有紫色腺斑。
2.枝、叶、花序均密被分支毛;圆锥花絮……………………………………… 1.灰楸
2.植株无毛;总状或伞房状总状花序……………………………………………… 2.楸树
1.花冠白色,花冠内无毛;叶上面无毛,下面密被柔毛……………………… 3.黄金树

4.2 种类特征与习性

4.2.1 楸树:落叶乔木,高达 30 m,胸径 60 cm。树冠狭长倒卵形。树干通直,主枝开阔伸展。树皮灰褐色、浅纵裂,小枝灰绿色、无毛。叶三角状的卵形、上 6～16 cm,先端渐长尖。总状花序伞房状排列,顶生。花冠浅粉紫色,内有紫红色斑点。花期 4～5 月。种子扁平,具长毛。楸树喜光,较耐寒,适生长于年平均气温 8.9℃～15℃,降水量 480 mm 以上,海拔高度在 1 500 m 以下的环境都可栽植。喜深厚肥沃湿润的土壤,不耐干旱、积水,忌地下水位过高,稍耐盐碱。萌蘖性强,幼树生长慢,10 年以后生长加快,侧根发达。耐烟尘、抗有害气体能力强。寿命长。自花不孕,往往开花而不结实。

4.2.2 灰楸:落叶乔木类,树皮深灰纵裂,小枝灰褐色,有星状毛。叶对生或轮生,卵形,幼树叶昌三裂,长 8～16 cm。花粉红色或淡紫色,喉部有红褐色及黄色条纹,春季开花。蒴果 25～55 cm。灰楸喜光,稍耐阴,深厚肥沃土壤,速生 。

4.2.3 黄金树:落叶乔木,高达 15 m,树冠开展,树皮灰色,厚鳞片状开裂。单叶对生,广

卵形至卵状椭圆形,长 15～30 cm,宽 10～20 cm,背面被白色柔毛,基部心形或截形。圆锥花序顶生,花冠白色,形稍歪斜,下唇裂片微凹,内面有 2 条黄色脉纹及淡紫褐色斑点。蒴果长 9～50 cm,宽约 1.5 cm,成熟时 2 瓣裂,果皮;种子长圆形,扁平,宽 3 mm 以上,两端有长毛。花期 5 月,果期 9 月。黄金树为喜光树种,喜湿润凉爽气候及深厚肥沃疏松土壤。不耐贫瘠和积水。

4.3 楸树分布调查

楸树分布调查结合种类的标本采集同时进行,标本的采集记录如实记载了楸树的分布情况。为了全面反映楸树在全市的分布状况,课题协作单位分别就其辖区内楸树分布做了全面普查,积累了第一手资料。经汇总分析分布于我市的三种楸树以灰楸为优势树种;楸树分布较少,有独立成林的也有与灰楸混生的;黄金树只在正宁、宁县少数地方有分布。

4.3.1 灰楸:在我市合水林业总场、湘乐林业总场和正宁林业总场各林场以及西峰、正宁、宁县、庆城、合水和镇原六县区各乡镇均有分布。其中子午岭主要分布在连家砭、拓儿塬、大山门、罗山府、盘克、九岘、西坡、刘家店一线;西峰区在肖金、显胜和什社等乡镇和西峰城区分布集中;正宁县集中分布在榆林子、永和及周家等乡镇;宁县主要以早胜塬、和盛塬及湘乐镇和盘克镇最为常见,尤以中村乡弥家村和湘乐镇柏树底村栽植最为集中,湘乐镇小坳村董家洼组的古灰楸,树高 28 m,胸围 7.2 m,现在生长良好;庆城县主要分布在南部原区和北部川区,尤以驿马镇的太乐、徐垭口,赤城乡的万盛堡,蔡家庙乡的大堡子,玄马镇的樊庙,葛崾岘乡的二郎山和蔡口集林场等处分布较多;合水县在西华池、吉岘、何家畔、肖咀、段家集、固城、店子、太莪、板桥、老城、蒿咀铺和太白等乡镇分布较为集中;镇原县在屯字、上肖、城关、南川、临泾、太平、平泉、中原等乡镇分布相对集中。另外,环县近年在县城西山有灰楸大树栽植,曲子镇部分村民有灰楸育苗,均生长良好。

4.3.2 楸树:在正宁县周家乡下冯村下冯沟有胸径 20～30 cm 不等的成片林 13.34 hm²(200 多亩);在榆林子镇党家村、习仵村有与灰楸混生的胸径 40 cm 左右,面积 10 hm²(150 多亩)的楸树;西峰区肖金镇南李村围庄栽植有 10 余棵楸树,什社乡塔头村村民庄旁成行栽植 20 余棵楸树,塔头村沟内有 13.34 hm²(200 亩)左右的楸树林;庆城县驿马镇太乐村田庄自然村村民屋后有两棵楸树。

4.3.3 黄金树:仅在正宁县榆林子镇习仵村一组村民仵文海家房后路边孤植 1 棵;宁县米桥乡老庙村七组宁铜公路边栽植 3 棵。

5 楸树物候历期观察

生物的物候历期是该物种生命特征的自然表现,观察物候历期对于了解该物种的自然属性,掌握其生长规律具有十分重要的意义。楸树的物候历期观察分别在正宁县山河苗圃、宁县中村乡弥家村、镇原县开边苗圃、合水县示范园和市林科所王湾试验站等试验点进行。观察表明:楸树的物候历期因年份和地点的不同略有差异,但在庆阳市范围内各历期时间相差不超过 5 d。现以宁县中村乡弥家村的物候历期为例加以说明。楸树在宁县中村乡弥家村的物候期大致为:萌动期为 4 月 18 日;展叶盛期在 5 月 22 日左右;花期 4月至 5 月,蒴果 9 至 10 月成熟;秋季叶全部变色期为 10 月 30 日,封顶期为 10 月 25 日左右,至11月上旬末树叶落尽(详见表1)。

6 楸树育苗技术研究

6.1 圃地选择

6.1.1 苗圃要选在交通方便,劳力充足,有水源、电源的地方。面积大小以植树造林对苗木的需要量和土地轮作规律来确定。

6.1.2 苗圃要求地势平坦,排水良好;土壤 pH 值以 6～8 为好。

6.1.3 山地育苗要在山坡的中、下部,地势较平缓,土层深厚、肥力好、接近水源的生荒地、采伐地或林间空地上开辟圃地。坡度较大的山地一般不宜作圃地。

6.1.4 农耕地育苗,要选择有灌溉条件、肥力较好的土地。地下病虫害严重的地块,原则上不选做苗圃地。

6.2 整地做床

地块选好以后,封冻前整地,施足底肥,每亩施 5 000 kg 有机肥,并施入呋喃丹颗粒剂 2～3 kg,防治根瘤线虫病及地下害虫。在播种前 15～20 d 进行做床,苗床长 20 m,宽 2 m,每 50 cm 将苗床划分为若干育苗畦。每个畦里整出宽 70 cm、高 10 cm、与畦等长的播种垄各两条,垄间距 50 cm。

表 1　楸树物候观测表　（品种:楸树　　　地点:宁县中村乡弥家村　　　年份:2008）

物候期	表现	日期
萌动期	芽开始膨大	4 月 18 日
	芽开裂	4 月 23 日
展叶期	开始展叶	5 月 13 日
	展叶盛期	5 月 22 日
叶变色期	叶开始变色	10 月 10 日
	叶全部变色	10 月 30 日
落叶期	开始落叶	10 月 20 日
	落叶末期	11 月 10 日
封顶期	顶芽形成	10 月 25 日

6.3 催芽

播种前 10～15 d,先用 30℃温水浸种 4～6 h,捞出晾干。再取 3～5 倍于种子的湿沙与之混匀,堆放在室内 25℃环境(火炕或电热温床)进行催芽。催芽期间,要定期洒水、翻动,使内外温湿度均匀。6～8 d 以后,便有 30％种子裂嘴,即可播种。

6.4 播种

6.4.1 播种时间和方法:一般在 4 月 20 日左右播种(即清明过后),采取浅沟条播方法。先用锄头在每个畦内的单个垄面上钩出深 15 cm、间距 20 cm 的播种沟 2 条(每畦 2 个垄面共播种 4 行)。接着,要灌足底水,待水渗完后再行下种。将种子均匀地溜入沟底,再用混匀的细沙土覆盖种子,厚度 1～2 cm。对每条沟边钩出的土应顺沟外沿稍微抹平,切勿撞入沟中。之后,立即用 80 cm 宽的地膜覆盖垄面,以提温保墒。

6.4.2 播种量:每亩用种 1 kg 即可达到楸树苗满、量足、生长良好的目的,因而是楸树育苗适宜的播种量。

6.4.3 不同播种方式苗木生长量比较：2008 年在宁县焦村乡任村、合水示范园、镇原县临泾乡十里墩村分别采用高床点播、高床条播和大田直播的方式进行楸树育苗，其他管理方式均相同。2009 年 8 月 13 日在三块地随机抽取 30 株样树，测量留床苗的苗高和地径并进行比较。结果（详见表 2～4）表明：不同播种方式苗高生长差异极显著，地径差异显著；多重比较说明，无论是苗高还是地径宁县焦村乡任村与合水示范园生长均较镇原县临泾乡十里墩村差异显著；同时说明，为确保培育壮苗，楸树育苗最好不要大田直播，应以高床条播或点播为好，从经济的角度考虑以条播最为理想。

表 2 不同播种方式楸树留床苗生长情况均值表　　　　　（2009 年 8 月）

项目	地点	株树	均值	95%置信区间		极值	
				下限	上限	最小	最大
苗高（m）	1 宁县	30	1.483	1.327	1.639	0.80	2.20
	2 合水	30	1.408	1.336	1.480	1.10	1.70
	3 镇原	30	1.097	0.982	1.213	0.55	1.77
地径（cm）	1 宁县	30	1.663	1.428	1.898	0.60	3.20
	2 合水	30	1.623	1.478	1.769	0.70	2.30
	3 镇原	30	1.320	1.166	1.474	0.60	2.20

表 3 不同播种方式楸树留床苗生长情况方差分析表

项目	变差来源	离差平方和	自由度	均方	均方比	F_α
苗高	组间	2.512	2	1.256	12.255	$F_{0.01}=4.85$
	组内	8.916	87	0.102	/	$F_\alpha>F_{0.01}$
	总的	11.428	89	/	/	差异极显著
地径	组间	2.115	2	1.057	4.429	$F_{0.05}=3.10$
	组内	20.771	87	0.239	/	$F_\alpha>F_{0.05}$
	总的	22.886	89	/	/	差异显著

表 4 不同播种方式楸树留床苗生长情况多重比较 q 法表

项目	均值	i-3	i-2	Q 值	D 值
苗高	h1=1.483	0.386**	0.075	$Q_{0.05}=3.49$	$D_{0.05}=0.2154$
	h2=1.408	0.311**/	$Q_{0.01}=4.45$	$D_{0.01}=0.2595$	
	h3=1.097	/	/	均方=0.102	/
地径	j1=1.663	0.343*	0.04	$Q_{0.05}=3.49$	$D_{0.05}=0.3115$
	j2=1.623	0.303	/	$Q_{0.01}=4.45$	$D_{0.01}=0.3972$
	j3=1.320	/	/	均方=0.239	/

6.5 有性繁殖与无性繁殖比较

2008 年春季在宁县中村苗圃和正宁山河苗圃分别采用埋根和播种两种繁殖方式进行楸树育苗，其他管理方式均相同。2009 年 8 月 13 日在两块地随机抽取 50 株样树，测量留床苗的苗高和地径并进行比较。结果（详见表 5～6）表明：不同繁殖方式苗高生长差异显著，地径差异极显著；这与前人研究结论一致。说明在根源充足的前提下埋根繁殖楸树生长快于播种繁殖。

6.6 不同地点楸树移植苗生长比较

2009 年春季在宁县中村苗圃和正宁山河苗圃分别对本圃 1 年生楸苗(苗高、地径基本相同)进行移植,其他管理方式均相同。2009 年 8 月 13 日在两块地随机抽取 50 株样树,测量移植苗的苗高和地径并进行比较。结果(详见表 7)表明:不同地点楸树移植苗苗高生长差异不显著,地径差异极显著;可能与试验地块肥力有关? 尚待进一步研究。

表 5 不同繁殖方式楸树留床苗生长情况均值表 （2009 年 8 月）

项目	地点	株树	均值	95% 置信区间		极值	
				下限	上限	最小	最大
苗高(m)	1 宁县	50	2.014	1.951	2.123	1.20	3.00
	2 正宁	50	1.860	1.799	1.921	1.20	2.30
地径(cm)	1 宁县	50	1.932	1.825	2.040	1.10	2.80
	2 正宁	50	1.580	1.519	1.641	1.10	2.20

表 6 不同繁殖方式楸树留床苗生长情况方差分析表

项目	变差来源	离差平方和	自由度	均方	均方比	Fα
苗高	组间	0.593	1	0.593	6.155	$F_{0.05}=3.94$
	组内	9.440	98	0.096	/	$F\alpha>F_{0.05}$
	总的	10.033	99	/	/	差异显著
地径	组间	3.098	1	3.098	32.681	$F_{0.01}=6.90$
	组内	9.298	98	0.095	/	$F\alpha>F_{0.05}$
	总的	12.386	99	/	/	差异极显著

表 7 不同地点楸树移植苗生长方差分析表 （2009 年 8 月）

项目	调查株数	均值/地点	变差来源	离差平方和	自由度	均方	均方比	Fα
苗高(m)	50	1.42/中	组间	0.122	1	0.122	2.165	$F_{0.05}=3.94$
	50	1.49/山	组内	5.454	98	0.057	/	$F\alpha < F_{0.05}$
	/	/	总的	5.667	99	/	/	差异不显著
地径(cm)	50	1.118/中	组间	1.116	1	1.166	23.491	$F_{0.01}=6.90$
	50	1.334/山	组内	4.866	98	0.050	/	$F\alpha>F_{0.01}$
	/	/	总的	6.032	99	/	/	差异极显著

6.7 不同土壤对育苗的影响

在正宁林业总场西坡林场两块不同的育苗地进行育苗,一块是黄绵土,另一块是砾石土。培育结果差异极显著:黄绵土圃地上平均苗高和地径分别达到 1.28 m 和 1.12 cm,而砾石土上的平均苗高和地径才分别达到 0.45 m 和 0.30 cm。这说明楸树对土壤要求不严,但是土壤类型和肥力对其生长具有决定性的作用。

6.8 不同培育方式苗木生长比较

2009 年 8 月在正宁县山河苗圃分别测量 50 株 2 年生留床苗和 2 年生移植苗苗高和地径进行比较,结果(详见表 8)表明:留床苗无论是苗高还是地径的生长量均明显大于移植苗,两者差异极显著;说明移植苗存在缓苗期,当年生长量不及留床苗。

表 8　不同培育方式楸苗生长方差分析表　　　（正宁 2009 年 8 月）

项目	调查株数	均值/方式	变差来源	离差平方和	自由度	均方	均方比	Fα
苗高(m)	50	1.42/移	组间	4.840	1	4.840	75.529	F_{0.01}=6.90
	50	1.86/留	组内	6.280	98	0.064	/	Fα>F_{0.01}
	/	/	总的	11.120	99	/	/	差异极显著
地径(cm)	50	1.118/移	组间	5.336	1	5.336	115.853	F_{0.01}=6.90
	50	1.5804/留	组内	4.514	98	0.046	/	Fα>F_{0.01}
	/	/	总的	9.850	99	/	/	差异极显著

表 9　灌溉对苗木生长影响方差分析表　　　（2009 年 8 月）

项目	调查株数	均值/地点	变差来源	离差平方和	自由度	均方	均方比	Fα
苗高(m)	50	1.08/临	组间	1.613	1	1.613	22.466	F_{0.01}=6.90
	50	1.33/合	组内	7.036	98	0.072	/	Fα>F_{0.01}
	/	/	总的	8.649	99	/	/	差异极显著
地径(cm)	50	1.36/临	组间	0.672	1	0.672	4.137	F_{0.05}=3.94
	50	1.52/合	组内	15.928	98	0.163	/	Fα>F_{0.05}
	/	/	总的	16.600	99	/	/	差异显著

6.9 灌溉对苗木生长的影响

2008 年春季在镇原县临泾乡汝河苗圃和合水县示范园苗圃采用相同的播种方式,同时进行播种育苗。在其他管理方式相同的情况下,汝河苗圃由于缺乏水源,除自然降雨外几乎没采取灌溉措施;而合水示范园苗圃采取根据土壤墒情适时喷灌的方式给苗木供水。2009 年 8 月 13 日在两块地随机抽取 50 株样树,测量留床苗的苗高和地径并进行比较。结果(详见表 9)表明:灌溉对苗木的生长有促进作用,靠自然降水繁育的楸树苗木无论是苗高还是地径均显著小于适时灌溉培育的苗木;两者苗高差异极显著,地径差异显著。

6.10 育苗技术小结(详见附件一)

楸树育苗宜选好圃地,整好苗床,做好种子催芽,播种育苗每亩下种量为 1 kg,实施高床条播,在根源充足的前提下可采用埋根育苗,为了培育优质壮苗必须对 1 年生苗进行移植培养并进行适时灌溉;留床苗虽然生长好于移植苗,但不利于楸树苗木的后期生长;楸树苗木培育切忌在砾石较多的土壤上进行。

7 楸树苗期相关指标关系研究

7.1 苗高与苗龄的线性回归

在初植密度和各项管理措施相同的前提下,以苗高为因变量,苗龄为自变量,对山河苗圃1～5年生苗木的苗龄与高度(5组平均数据)进行线性回归并建立模型,其关系式为:h＝0.750＋0.936n,式中n为苗龄,h为苗高(单位:m);相关系数r＝0.957＞$r_{0.05}$＝0.8783表明线性关系显著密切。利用此模型可预测不同苗龄下,楸树苗木的平均高度,为苗木进入市场流通提供依据。

7.2 地径与苗龄的线性回归

在初植密度和各项管理措施相同的前提下,以地径为因变量,苗龄为自变量,对山河苗圃1～5年生苗木的苗龄与地径(5组平均数据)进行线性回归并建立模型,其关系式为:d＝1.130＋0.530n,式中n为苗龄,d为地径(单位:cm);相关系数r＝0.966＞$r_{0.01}$＝0.95873,表明线性关系极显著密切。利用此模型可预测不同苗龄下,楸树苗木的平均地径,为苗木进入市场流通,满足市场要求提供依据。

7.3 胸径与地径的线性回归

在初植密度和各项管理措施相同的前提下,以地径为因变量,胸径为自变量,对山河苗圃2～5年生苗木地径和胸径(12组对应数据)进行线性回归并建立模型,其关系式为:D＝－0.363＋0.723d,式中D为胸径(单位:cm),d为地径(单位:cm);相关系数r＝0.968＞$r_{0.001}$＝0.8233,表明线性关系极其显著密切。利用此模型可测算不同地径下,楸树苗木的平均胸径,为强化苗木管理,促进苗木早日投入市场创造条件。

7.4 公顷产苗量与苗龄的线性回归

在初植密度和各项管理措施相同的前提下,以公顷产苗量为因变量,苗龄为自变量,对山河苗圃1～5年生苗木的公顷产苗量与地径(5组平均数据)进行线性回归并建立模型,其关系式为:N＝13.20－1.65n,式中n为苗龄,N为公顷产苗量(单位:万株);相关系数r＝0.984＞$r_{0.01}$＝0.95873,表明线性关系极显著密切。利用此模型可预测不同苗龄下,楸树苗木的平均产苗量,为满足市场供应提供参考依据。

7.5 数学模型小结

①苗高与苗龄的关系可用下列数学模型来表达:h＝0.750＋0.936n,式中n为苗龄,h为苗高(单位:m)。②地径与苗龄的关系可用下列数学模型来表达:d＝1.130＋0.530n,式中n为苗龄,d为地径(单位:cm)。③胸径与地径的关系可用下列数学模型来表达:D＝－0.363＋0.723d,式中D为胸径(单位:cm),d为地径(单位:cm)。④公顷产苗量与苗龄的关系可用下列数学模型来表达:N＝13.20－1.65n,式中n为苗龄,N为公顷产苗量(单位:万株)。

8 楸树大苗培育研究

8.1 试验地概况

楸树苗木繁育试验点设在市林科所王家湾科研站,该站地处西峰区温泉乡,地形为阳坡台地。海拔1 240 m,年均温8.3℃,年最高温35.7℃,年最低温是－22.6℃,有效积温2 783.6℃,昼夜温差大,年降雨量516.5 m²,年无霜期184 d,全年日照总时数2 449 h。试验地为机修台地及河滩地,土壤为黄绵土,肥力低下,pH值6.5～8.5,管理水平一般。

楸树试验地自然概况如表10。

8.2 试验材料和方法

试验树种楸树为当地灰楸。采用 2004～2005 年春自育的两年生种子苗栽植试验林，苗木全部选用高 2.0 m，地径 1.5 cm 左右的健壮苗。2007 年春季，在市林科所王家湾科研站七个地块以 6 种不同密度进行定植，共栽植苗木约 2 hm²（29.7 亩），3.98 万株。栽植穴大小为 0.5×0.5 m。栽植时每穴均施尿素 0.1 kg，过磷酸钙 0.15 kg。并及时灌水，保证成活率达到 95% 以上。苗木成活后做好病虫防治、除草、追肥、修枝等常规管理工作。楸树定植情况见表11。

表 10 市林科所王湾站楸树试验地自然概况

区块	面积(m²)	立地类型	土壤肥力	管理条件
河滩东头 北块	1076	阳面沟谷	中等	一般
河滩东头 南块	3098	阳面河滩地	中等	一般
河滩西头 南块	470	阳面河滩地	中等	一般
新推二台	11461	阳坡新整台地	差	一般
东二台	2085	阳坡台地	中等	一般
机井台	1076	阳坡台地	中等	一般
汪家台	523	阳坡台地	较差	一般

采用随机法选取样行，每区块选取 2～3 行，固定样树50株，用红漆标记，编制固定样号，定期定株测量树高与胸径两个指标。在楸树生长期每月30日实测一次，并登记调查数据。以阶段生长量来反映楸树年生长规律，以年生长量分析确定楸树大苗培育初期最适栽植密度。

表 11 楸树定植情况登记表（2008 年）

区块	苗龄	栽植方式	株行距(m)	栽植密度(株/亩)	总株树(万株)
河滩东头 北块	5	穴植	0.5×1.0	1337	0.22
河滩东头 南块	5	穴植	0.7×0.8	1191	0.55
河滩西头 南块	5	穴植	0.7×0.8	1191	0.08
新推二台	4	穴植	0.7×1.0	953	1.64
东二台	5	穴植	0.5×0.5	2668	0.83
机井台	5	穴植	0.5×0.7	1906	0.31
汪家台	4	穴植	0.3×0.5	4447	0.35

8.3 楸树年生长规律观测结果分析

通过连续两年的实地观测，并对调查数据统计分析可知，楸树年生长时间约为 160

天,速生期从 5 月开始至 8 月结束。调查统计结果见表 12～13。

高生长方面,楸树一年当中有两个生长高峰期,第一个生长高峰期在 5 月下旬,第二个生长高峰在 8 月下旬,7 月份生长量很小,基本处于休眠状态。根据楸树树高平均生长情况绘制曲线图,可以明显地看出楸树树高的生长规律(详见图一)。

胸径生长规律与高生长规律基本一致,只是生长高峰的时间与高生长有差异。从结果看,胸径与树高的速生期在时间上不相同步,而是胸径的速生期比树高的速生期早。胸径第一次高峰出现在 5 月上旬,第二次高峰在 7 月左右。据此可以判断,楸树的径生长早于高生长。楸树胸径年生长规律曲线见图二。

8.4 不同定植密度苗木生长比较

2008 年 7 月至 2009 年 7 月,每隔 30 天,对试验点 6 种不同定植密度,七个地块楸树试验林的树高与胸径当年生长量进行实测,并将统计结果分别进行单因素方差分析。结果表明:不同定植密度楸树生长无论是苗高还是胸径均出现显著差异(详见表 14～16);其中,以 0.7×1.0 m 密度定植的楸树其树高和胸径生长量最大,且与其他试验密度差异极显著;树高生长量由大到小依次为:$H_4 > H_3 > H_1 > H_2 > H_5 > H_6 > H_7$,胸径生长量由大到小依次为:$J_4 > J_3 > J_2 > J_1 > J_5 > J_6 > J_7$,由此可以看出定植密度小于 0.5×0.7 m 在某种程度上限制了楸树的正常生长,0.5×1.0 m 和 0.7×0.8 m 是可以选择的定植密度,0.7×1.0 m 是最佳定植密度,可在今后大面积定植时推广应用。

表 12　王家湾楸树生长量实测汇总表　　(单位:树高 m、胸径 cm)

调查日期		08 年 4.30	08 年 7.30	08 年 8.30	08 年 10.8	08 年 10.30	09 年 3.30	09 年 4.30	09 年 5.30	09 年 6.30	09 年 7.30	09 年 8.30
河滩东头	树高	2.35	3.59	3.86	3.89	3.89	3.87	3.91	4.23	4.39	4.51	4.80
北块	胸径		2.04	2.26	2.31	2.32	2.33	2.35	2.41	2.45	2.64	2.79
河滩东头	树高	2.41	3.90	4.39	4.41	4.41	4.41	4.41	4.58	4.75	4.84	4.97
南块	胸径		2.21	2.41	2.49	2.49	2.49	2.55	2.60	2.66	2.82	2.90
河滩西头	树高	1.57	2.91	3.54	3.61	3.60	3.61	3.61	3.67	3.90	4.00	4.11
南块	胸径		1.65	2.02	2.11	2.11	2.18	2.25	2.33	2.51	2.73
新推二台	树高	1.86	2.19	2.40	2.39	2.40	2.40	2.44	2.74	2.92	3.21	3.68
	胸径		1.26	1.51	1.58	1.59	1.59	1.64	1.79	1.94	2.20	2.49
机井台	树高	3.26	3.96	4.19	4.18	4.18	4.18	4.18	4.40	4.49	4.60	4.96
	胸径		2.49	2.61	2.68	2.69	2.69	2.71	2.77	2.75	2.89	3.04
东二台	树高	3.91	4.60	4.71	4.70	4.70	4.70	4.72	4.96	5.04	5.16	5.33
	胸径		2.61	2.68	2.75	2.75	2.76	2.78	2.83	2.81	2.87	3.01
汪家台	树高	3.53	4.14	4.15	4.13	4.16	4.18	4.16	4.37	4.48	4.51	4.63
	胸径		2.31	2.43	2.44	2.44	2.43	2.45	2.49	2.49	2.57	2.71
总平均	树高	2.72	3.62	3.89	3.90	3.91	3.91	3.92	4.14	4.28	4.41	4.65
	胸径		2.08	2.27	2.34	2.34	2.34	2.38	2.45	2.49	2.64	2.81

楸树苗木定植密度与胸径、树高生长之间存在着密切的关系,试验反映出在栽植密度

超过 1 900 株/667 m² 时,胸径与树高年生长量显著减小,但当密度继续增大时,减小幅度不明显。由于楸树叶片大,叶柄长,为喜光树种,单株所需营养面积大,当林分枝叶交叉重叠郁闭后,林木分化现象较为严重,阻碍林木生长,故培育楸树大苗初期,最大适栽密度应为1 900株/667 m²。我们将楸树不同栽植密度与胸径年生长量作出散点图,从散点图的分布形状、特点及实践经验分析可以得出两者之间存在"S"形曲线关系,但由于本试验小密度样本数偏少,致使无法采用回归分析得出有显著性的回归曲线方程。见图 3 所示。

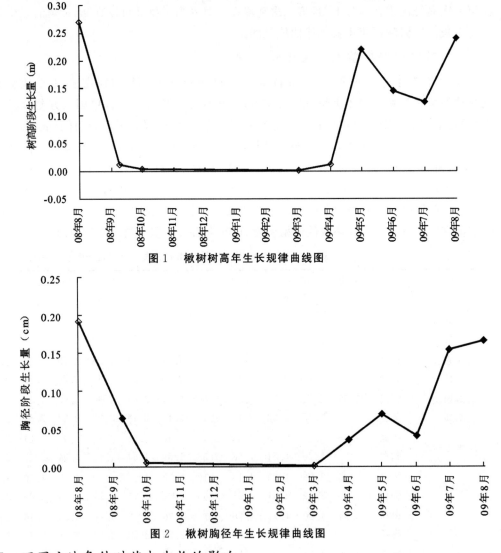

图 1　楸树树高年生长规律曲线图

图 2　楸树胸径年生长规律曲线图

8.5　不同立地条件对苗木生长的影响

为了确定立地条件对楸树定植苗木的作用,课题组 2007 年,对定植于王湾试验站两块立体条件(一块是坝底滩地,另一块是场部面前台地)不同,3 年生楸树苗木生长情况进行了实地测量。并对测量的树高和胸径进行了单因素方差分析,结果表明:楸树虽然对立地条件要求不严,但是在水肥土壤等立地条件优越的状况下,其生长总是显著快于土壤贫瘠、水肥较差的地类,台地平均树高 3.658 m、平均胸径 3.080 cm,分别是坝底平均树高 2.880 m 和平均胸径 2.782 cm 的 127.01% 和 110.7%,两块地平均树高差异极显著,平均胸径差异显著(详见表 17)。

表 13　楸树树高(m)胸径(cm)生长量统计表

生长阶段		08 年 4 月— 7 月	08 年 8 月	08 年 9 月	08 年 10 月	08/11 —09/3	09 年 4 月	09 年 5 月	09 年 6 月	09 年 7 月	09 年 8 月
河滩东头 北块	树高	1.23	0.27	0.03	0.00	−0.02	0.04	0.32	0.16	0.12	0.29
	胸径		0.23	0.05	0.01	0.02	0.02	0.06	0.04	0.19	0.15
河滩东头 南块	树高	1.49	0.48	0.03	0.00	0.00	0.00	0.17	0.17	0.09	0.13
	胸径		0.20	0.08	0.01	0.00	0.06	0.06	0.05	0.16	0.08
河滩西头 南块	树高	1.34	0.63	0.07	−0.01	0.01	0.00	0.06	0.22	0.11	0.11
	胸径		0.37	0.10	−0.01	0.00	0.07	0.07	0.08	0.18	0.22
新推二台	树高	0.33	0.22	−0.01	0.01	0.00	0.04	0.30	0.18	0.29	0.47
	胸径		0.25	0.07	0.01	0.01	0.04	0.15	0.14	0.27	0.28
机井台	树高	0.70	0.23	−0.01	0.00	0.00	0.00	0.22	0.08	0.11	0.36
	胸径		0.12	0.07	0.02	0.00	0.02	0.06	−0.02	0.15	0.15
东二台	树高	0.69	0.11	−0.01	0.00	0.00	0.02	0.24	0.09	0.12	0.16
	胸径		0.07	0.07	0.00	0.01	0.03	0.04	−0.02	0.06	0.14
汪家台	树高	0.61	0.01	−0.02	0.03	0.02	−0.02	0.20	0.11	0.03	0.13
	胸径		0.12	0.01	0.00	−0.01	0.02	0.04	0.00	0.08	0.14
总平均	树高	0.90	0.27	0.01	0.00	0.00	0.01	0.22	0.14	0.12	0.24
	胸径		0.19	0.06	0.00	0.00	0.04	0.07	0.04	0.15	0.17

8.6　大苗培育研究小结

8.6.1　灰楸定植后 3 年可出圃:灰楸在当地自然条件下,平均年树高生长量为 0.79 m,胸径为 0.56 cm。通过规范化严格管理,定植后 3 年即可出圃,成为树高 3.5 m 以上,胸径 3～4 cm 的规格苗木,可用于普通造林、道路栽植和城乡园林绿化。

8.6.2　楸树生长规律:楸树树高和胸径每年均有两次生长高峰期,其中树高生长第一次高峰期出现于 5 月下旬,第二次为 8 月下旬;胸径生长第一次高峰在 5 月上旬,第二次为 7 月左右。全年生长期约为 160 d。

8.6.3　楸树定植密度:楸树大苗培育初期需合理密植,栽植密度宜为 0.5×1.0 m。培育大规格苗木,则应在楸树苗木出现枝叶交叉重叠之时,采取"隔株去株或隔行去行"方法扩大株行距,最终达到株行距 1.0×2.0 m,并在楸树两次生长高峰前,及时进行追肥灌水,加强肥水供应,促进快速生长,培养大规格苗木(楸树大苗定植技术详见附件二)。

9　新品种引进

9.1　新品种特性

2008 年 3 月从河南省最大的楸树育苗基地——周口市淮阳县曹河乡,引进河南省林科院选育的豫楸 1 号和 2 号大苗各 3 000 株,定植在合水示范园苗木基地。豫楸 1 号树皮光滑,不裂,叶片大,颜色翠绿;豫楸 2 号树皮粗糙,浅裂,叶片小,颜色墨绿。两者都为速生品种。

表 14　不同密度定植苗生长比较表　　　　（王湾　2009 年 7 月）

| 项目 | 序号地点 | 株数 | 均值 | 置信区间(95%) | | 最小值 | 最大值 |
				下限	上限		
胸径 J （cm）	1 河滩东头北	50	0.6018	0.5454	0.6582	0.16	0.96
	2 河滩东头南	50	0.6058	0.5365	0.6751	0.06	1.17
	3 河滩西头南	46	0.8600	0.7435	0.9765	0.06	2.11
	4 新推二台	48	0.9767	0.8866	1.0668	0.39	1.61
	5 东二台	46	0.3983	0.3559	0.4407	0.10	0.80
	6 机井台	46	0.2780	0.2348	0.3213	0.01	0.54
	7 汪家台	48	0.2710	0.2082	0.3339	−0.10	1.23
树高 H （m）	1 河滩东头北	50	0.9210	0.8377	1.0043	0.13	1.45
	2 河滩东头南	50	0.9176	0.8144	1.0208	0.00	1.75
	3 河滩西头南	46	0.9759	0.8302	1.1215	0.00	1.80
	4 新推二台	48	1.0731	0.9599	1.1863	0.15	1.99
	5 东二台	46	0.6593	0.5829	0.7358	0.10	1.25
	6 机井台	46	0.5722	0.4678	0.6766	0.05	2.10
	7 汪家台	48	0.3763	0.3131	0.4394	−0.10	0.80

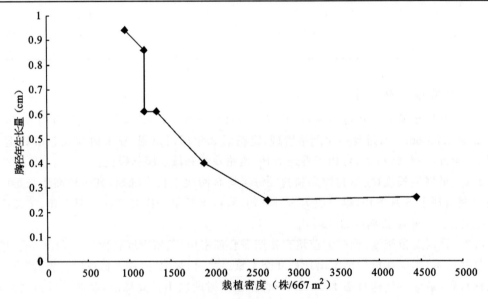

图 3　楸树定植密度与胸径年生长量散点曲线图

9.2　品种对比示范园建设

9.2.1　整地:2007 年秋季对品种示范园用地进行机耕深翻,并耙糖整齐待用。

9.2.2　挖穴:按照南北走向以 0.5×1.0 m 株行距,挖 0.3×0.3×0.6 m 大的穴备用。

表 15　不同密度定植苗生长方差分析表

项目	变差来源	离差平方和	自由度	均方	均方比	Fα
苗高	组间	18.292	6	3.049	25.302	$F_{0.01}=2.86$
	组内	39.401	327	0.120		$F\alpha>F_{0.01}$
	总的	57.693	333			差异极显著
胸径	组间	21.488	6	3.581	57.535	$F_{0.01}=2.86$
	组内	20.355	327	0.062		$F\alpha>F_{0.01}$
	总的	41.843	333			差异极显著

表 16　不同密度定植苗生长多重比较 q 法表

项目	均值	i−7	i−6	i−5	i−2	i−1	i−3	D 值
树高	$H_4=1.0731$	0.6968**	0.5009**	0.4138**	0.1555	0.1521	0.0972	$Q_{0.05}=4.17$
	$H_3=0.9759$	0.5996**	0.4037**	0.3166**	0.0583	0.0549		$Q_{0.01}=4.88$
	$H_1=0.9210$	0.5447**	0.3488**	0.2617**	0.0034			均方=0.12
	$H_2=0.9176$	0.5413**	0.3454**	0.2583**				$D_{0.05}=0.2043$
	$H_5=0.6593$	0.2830**	0.0871					$D_{0.01}=0.2391$
	$H_6=0.5722$	0.1959						
	$H_7=0.3763$							

项目	均值	i−7	i−6	i−5	i−1	i−2	i−3	D 值
胸径	$J_4=0.9767$	0.7057**	0.6987**	0.5784**	0.3649**	0.3609**	0.1167	$Q_{0.05}=4.17$
	$J_3=0.8600$	0.5890**	0.5820**	0.4617**	0.2582**	0.2542**		$Q_{0.01}=4.88$
	$J_2=0.6058$	0.3348**	0.3278**	0.2075**	0.0040			均方=0.062
	$J_1=0.6018$	0.3308**	0.3238**	0.2035**				$D_{0.05}=0.1468$
	$J_5=0.3983$	0.1273	0.1203					$D_{0.01}=0.1718$
	$J_6=0.2780$	0.0070						
	$J_7=0.2710$							

注：＊＊为差异极显著。

9.2.3　苗木管理：起苗要求根系完整,树皮保护完好,2.5～3.0 m 定干,截口涂抹愈合剂;运输途中篷布覆盖。到达目的地后,对苗木进行分级,并用流水冲刷根部 1 d。

9.2.4　分区栽植：苗木栽植前,穴内撒施硫酸亚铁和敌百虫颗粒剂办好的毒土。栽植时,分品种、分级、分区按照三埋两踩一提苗的方法进行栽植。

表 17　不同立地条件楸树定植苗生长方差分析表　　　　（王湾　2007 年）

项目	调查株数	均值/地点	变差来源	离差平方和	自由度	均方	均方比	Fα
苗高（m）	50	3.658/台	组间	15.132	1	15.132	40.034	$F_{0.01}=6.90$
	50	2.880/底	组内	37.042	98	0.378	/	$F\alpha>F_{0.01}$
	/	/	总的	52.174	99	/	/	差异极显著
地径（cm）	50	3.080/台	组间	2.220	1	2.220	5.926	$F_{0.05}=3.94$
	50	2.782/底	组内	36.714	98	0.375	/	$F\alpha>F_{0.05}$
	/	/	总的	38.934	99	/	/	差异显著

9.2.5 及时灌水:栽植完成后及时灌足灌透头水,待水分渗透后用表土覆盖蓄水穴,以减少水分蒸发确保成活。

9.2.6 适时摸芽和中耕除草:品种示范园所栽品种均作了定干处理,因此,摸芽是一项保障苗木正常生长的关键措施,必须抓紧抓好。同时,由于栽植树种株行距大预留空地多,适宜与杂草生长,因而做好中耕除草也至关重要。

9.3 不同品种生长比较

9.3.1 品种构成:合水楸树品种示范园建设,共涉及楸树 3 个品种:豫楸 1 号、豫楸 2 号和本地树种灰楸。均为 3 年生苗木,胸径大小接近,定干高度一致。

9.3.2 生长情况比较:2008 年定植后采取相同的管理方法,对各品种进行浇水、摸芽、除草等项管理。2009 年 10 月在示范园内随机选择不同品种 15 棵树,测量其树高和胸径进行比较。结果表明:豫楸 1 号、豫楸 2 号无论是树高还是胸径的生长量均大于本地灰楸且存在极显著差异;新品种中豫楸 2 号高生长大于豫楸 1 号且存在极显著差异,径生长 1 号却大于 2 号并无显著差异。因此,品种示范园生长情况是:豫楸 2 号 > 豫楸 1 号 > 本地灰楸(详见表 18～20)。

表 18 不同楸树品种生长情况均值表 （合水 2009 年 10 月）

项目	品种	株树	均值	95%置信区间		极值	
				下限	上限	最小	最大
树高(m)	1 豫楸 1 号	15	3.7200	3.4023	4.0377	3.10	5.20
	2 豫楸 2 号	15	4.9333	4.6527	5.2140	3.72	5.35
	3 本地灰楸	15	3.0193	2.8476	3.1911	2.30	3.47
胸径(cm)	1 豫楸 1 号	15	3.8533	3.5409	4.1658	2.90	5.10
	2 豫楸 2 号	15	3.8067	3.3844	4.2289	2.80	5.50
	3 本地灰楸	15	2.3120	2.0561	2.5679	1.80	3.10

9.4 新品种引进小结

从河南引进楸树新品种两个豫楸 1 号和 2 号,并与本地灰楸建立品种对比示范园 1 处。经过对比试验,新品种生长明显优于本地灰楸,总体生长情况是:豫楸 2 号 > 豫楸 1 号 > 本地灰楸。

表 19 不同楸树品种生长情况方差分析表

项目	变差来源	离差平方和	自由度	均方	均方比	Fα
树高	组间	28.133	2	14.066	61.872	$F_{0.01} = 5.15$
	组内	9.548	42	0.227	/	$F\alpha > F_{0.01}$
	总的	27.681	44	/	/	差异极显著
胸径	组间	23.060	2	11.530	31.069	$F_{0.01} = 5.15$
	组内	15.587	42	0.371	/	$F\alpha > F_{0.01}$
	总的	38.646	44	/	/	差异极显著

表 20　不同楸树品种生长多重比较 q 法表

项目	均 值	i−3	i−1	$Q_{0.05}$	$Q_{0.01}$	均 方	$D_{0.05}$	$D_{0.01}$
树高	$H_2=4.9333$	1.914 * *	1.2133 * *	3.44	4.37	0.227	0.4232	0.5376
	$H_1=3.7200$	0.7007 * *						
	$H_3=3.0193$							
	均 值	i−3	i−2	$Q_{0.05}$	$Q_{0.01}$	均 方	$D_{0.05}$	$D_{0.01}$
胸径	$J_4=3.8533$	1.5413 * *	0.0466	3.44	4.37	0.371	0.5410	0.6873
	$J_2=3.8067$	1.4947 * *						
	$J_3=2.3120$							

注:* * 为差异极显著。

10 试验造林

10.1　荒山造林

10.1.1　埋根苗造林生长比较:2007 年春季,在宁县中村乡弥家村用 2 年生埋根苗进行荒山造林。造林采用沙棘与楸树混交方式进行,楸树密度为每亩 167 株,穴植,穴大小为 $0.8×0.8×0.8m$,面积 13.34 hm^2(200 亩),当年成活率达 98%。造林后,每月测量一次树高和胸径,连续测定 3 年,对测量数据进行分析可知:楸树造林后第二年进入正常生长期,平均树高可达到 168.3cm、平均胸径可达 1.58cm,与造林后第一年生长量差异极显著(详见表 21)。

10.1.2　播种苗与埋根苗生长比较:2007 年春季同在宁县中村乡弥家村用 2 年生播种苗造林 20 hm^2(300 亩),两年后生长情况是:平均树高为 155.9cm、平均胸径 1.35cm。由此可以看出,在相同的条件下埋根苗造林后生长优于播种苗,这可能与埋根苗根系特别是侧根发达有关。

10.2　道路和城乡绿化

10.2.1　苗木选择:道路和城乡绿化一般选用 3 年生楸树苗,要求苗高 3m、胸径 2.5 cm 以上。

10.2.2　栽植技术:栽植时,2.5~2.8 m 定干,截口涂愈合剂,挖 $0.8×0.8×0.8$ m 大小的穴;栽植后,及时浇水,覆地膜,树干缠超薄地膜。

表 21　楸树荒山造林生长情况方差分析表（宁县弥家村　2009 年）

项目	调查株数	均值/时间	变差来源	离差平方和	自由度	均方	均方比	Fα
树高(cm)	50	145.2/一	组间	13271.040	1	13271.040	188.073	$F_{0.01}=6.90$
	50	168.3/二	组内	6915.200	98	70.563	/	$Fα>F_{0.01}$
	/	/	总的	20186.240	99	/	/	差异极显著
地径(cm)	50	1.18/一	组间	4.080	1	4.080	420.394	$F_{0.01}=6.90$
	50	1.58/二	组内	0.951	98	0.010	/	$Fα>F_{0.05}$
	/	/	总的	5.032	99	/	/	差异极显著

10.2.3 栽植任务完成情况：楸树栽植以单行栽植为主，株间距为 4 m。本项目共栽植楸树样板路段 282.5 km，栽植楸树 14 万株。其中正宁 2008 年栽植 7.5 km，主要分布周家乡、月明、县城南宛小区；2009 年栽植 40 km，主要分布在山河、山嘉、五倾原、湫头，两年共栽植楸树 2.1 万株。宁县 2007 年栽植 30 km，栽植楸树 1.3 万株；2008 年栽植 70 km，主要分布在国道 211 线南义至无日天沟段，省道铜湄公路早胜至米桥段，栽植楸树 3.9 万株；2009 年公路栽植 125 km，栽植楸树 5.2 万株。镇原县栽植 10 多 km，主要在屯字、上肖、平泉、太平、临泾等乡镇，栽植楸树 0.5 万株。

11 效益分析

11.1 经济效益十分可观

《楸树优质苗木繁育试验示范》项目共生产常规楸树苗木 602 万株，优质大苗 430 万株，按现行市场平均价常规苗木 1.5 元，优质大苗 5 元计算，本项目可取的直接经济效益 3 053 万元，扣除项目支出 298.6 万元，项目完成可为育苗单位或个人形成 2 754.4 万元的利润收益，经济效益十分可观。

11.2 社会效益极其显著

《楸树优质苗木繁育试验示范》项目的顺利实施和圆满完成，使市树在全市范围内大面积栽植成为可能，为人们进一步认识市树、了解市树、自觉爱护和发展市树打下了坚实的基础；同时也为宣传市树起到了积极的作用；更为全市农民特别是具有苗木繁育技术的林农整合优势资源，调整产业结构，增加经济收入探出了一条成功的路子。因此，社会效益极其显著。

11.3 生态效益非常明显

楸树除具有森林树木的涵养水源、防风固沙、保持水土、制造氧气等固有功效外，还具有其独有的重要观赏价值和消音、滞尘、吸毒等功能。发展楸树可显著改善人们的生存空间和居住环境，生态效益非常明显。

12 结论

12.1 项目结论概述

通过 2007～2009 年 3 年《楸树优质苗木繁育试验示范》项目的实施，我们从楸树的观赏价值、环保功能、保护性能、木材用途、利用前景、产出效益和适生范围等方面进一步了解了楸树的优良特性；调查鉴定了分布于庆阳的楸树种类，调查了楸树的自然分布范围，阐述了主要种的习性和种类特征及区别点；观察掌握了楸树的物候历期；从播种方式、播种量、繁育方式、培育方式以及土壤和浇水等方面研究了楸树旱作育苗技术，总结出了《楸树旱作育苗技术规程》；研究了苗高、地径和每公顷产苗量与苗龄的关系以及地径与胸径的关系，建立了相应的数学模型；观测了楸树的年生长规律，从定植密度和立地条件两方面研究了大苗定植技术，总结出了《楸树大苗定植技术规范》；建立楸树新品种对比示范园 1 处 2 hm²（30 亩），对不同品种的生长情况进行了比较研究，总结出了《楸树品种对比示范园建设技术要点》；完成试验示范造林 33.35 hm²（500 亩），用苗 83 500 株，栽植样板路段 282.5 km，栽植楸树 14 万株，总结了造林技术要点；起草楸树育苗造林甘肃省地方标准一部；取得了显著的生态、社会和经济效益，按现行市场价格计算形成总利润收益 2 754.4 万元。

12.2 本项目创新点

12.2.1 改写了庆阳楸树种类（品种）纪录：项目调查鉴定：分布于庆阳的楸（梓）树属树种有灰楸、楸树和黄金树，灰楸为优势种，主要分布于庆阳中南部，在环县县城也生长良好；改写了庆阳市只有一种楸树的历史纪录；引进速生楸树品种豫楸 1 号和 2 号共两个，生长表现均优于当地优势种灰楸。

12.2.2 率先制定了楸树育苗造林技术规范：标准规定了楸树的树种特性、苗木培育、苗期管理、苗木出圃、人工林营造、幼林抚育、病虫害防治及技术档案的建立。适用于庆阳市境内及土壤、气候条件相同地区楸树的育苗造林。标准号为：DB62/T1741－2008。

12.2.3 总结了楸树旱作育苗技术：楸树育苗宜选好圃地，整好苗床，做好种子催芽，播种育苗每亩下种量为 1 kg，实施高床条播，在根源充足的前提下可采用埋根育苗，为了培育优质壮苗必须对 1 年生苗进行移植培养并进行适时灌溉；留床苗虽然生长好于移植苗，但不利于楸树苗木的后期生长；楸树苗木培育切忌在砾石较多的土壤上进行。

12.2.4 研究建立了楸树苗期 4 个数学模型：一是苗高和苗龄的数学模型为：h＝0.750＋0.936n，式中 n 为苗龄，h 为苗高（单位：m）。二是地径和苗龄的数学模型为：d＝1.130＋0.530n，式中 n 为苗龄，d 为地径（单位：cm）。三是胸径和地径数学模型为：D＝－0.363＋0.723d，式中 D 为胸径（单位：cm），d 为地径（单位：cm）。四是公顷产苗量与苗龄的数学模型为：N＝13.20－1.65n，式中 n 为苗龄，N 为公顷产苗量（单位：万株）。

12.2.5 研究了楸树大苗培育技术：一是灰楸定植后 3 年可出圃。灰楸在当地自然条件下，平均年树高生长量为 0.79 m，胸径为 0.56 cm。通过规范化严格管理，定植后 3 年即可出圃，成为树高 3.5 m 以上，胸径 3～4cm 的规格苗木，可用于普通造林、道路栽植和城乡园林绿化。二是掌握了楸树生长规律。楸树树高和胸径每年均有两次生长高峰期，其中树高生长第一次高峰期出现于 5 月下旬，第二次为 8 月下旬；胸径生长第一次高峰在 5 月上旬，第二次为 7 月左右。全年生长期约为 160 d。三是研究出楸树定植的合理密度。楸树大苗培育初期需合理密植，栽植密度宜为 0.5×1.0 m。培育大规格苗木，则应在楸树苗木出现枝叶交叉重叠之时，采取"隔株去株或隔行去行"方法扩大株行距，最终达到株行距 1.0×2.0 m，并在楸树两次生长高峰前，及时进行追肥灌水，加强肥水供应，促进快速生长，培养大规格苗木。四是总结了楸树大苗定植技术。

12.2.6 总结了楸树品种对比示范园建设技术：从河南引进楸树新品种两个豫楸 1 号和 2 号，并与本地灰楸建立品种对比示范园 1 处。经过对比试验，新品种生长明显优于本地灰楸，总体生长情况是：豫楸 2 号＞豫楸 1 号＞本地灰楸。总结了楸树品种对比示范园建设技术。

附件一

楸树优质壮苗培育技术规程

本规程规定了露地培育用于植树造林和城市绿化的楸树苗木。

1.圃地选择

(1)苗圃要选在交通方便,劳力充足,有水源、电源的地方。面积大小以植树造林对苗木的需要量和土地轮作规律来确定。

(2)苗圃要求地势平坦,排水良好,少有砾石,土壤 pH 值以 6～8 为好。

(3)山地育苗要在山坡的中、下部,地势较平缓,土层深厚、肥力好、接近水源的生荒地、采伐地或林间空地上开辟圃地。坡度较大的山地一般不宜作圃地。

(4)农耕地育苗,要选择有灌溉条件、肥力较好的土地。地下病虫害严重的地块,原则上不选做苗圃地。

2.作业设计

(1)育苗前要做好作业设计:其内容包括:作业方式,育苗方法,育苗面积,苗木产量、质量、圃地安排,育苗技术措施,种(条)子、药、物、肥料消耗定额,劳动定额,苗木成本等。

(2)作业设计,由苗圃业务负责人组织技术、财务人员共同编制:在作业过程中遇有特殊情况或发现问题,要及时组织审议修改。

3.种子采集及处理

楸树的出种率约 10%,种子纯度 75%～80%,发芽率 40%～50%,1 kg 种子 20 万粒,千粒重 4～5g。因此,采集种子时要尽量多采。适宜在 20～30 年生的健壮母树上采种。在 10 月中下旬,当果实由黄绿变成灰褐色、顶端微裂时,种子即已成熟,剪下小果枝,摘下果实,集中起来,通过敲打等方法取出种子。种子收集后,应立即摊开晒干,筛除瘦小、伤残的种子,用塑料编织袋装好,放于阴凉处备用。

4.整地做床

地块选好以后,封冻前整地,施足底肥,每亩施 5 000 kg 有机肥,并施入呋喃丹颗粒剂 2～3 kg,防治根瘤线虫病及地下害虫。深翻之后,及时打碎土块,耙糖平整,准备整畦。在播种前 15～20 d 进行做床,苗床长 20 m、宽 2 m,每 50 cm 将苗床划分为若干育苗畦。每个畦里整出宽 70 cm、高 10 cm、与畦等长的播种垄各两条,垄间距 50 cm。

5. 催芽

播种前 10～15 d,先用 30℃温水浸种 4～6 h,捞出晾干。再取 3～5 倍于种子的湿沙与之混匀,堆放在室内 25℃环境(火炕或电热温床)进行催芽。催芽期间,要定期洒水、翻动,使内外温湿度均匀。6～8 d 以后,便有 30％种子裂嘴,即可播种。

6. 播种

(1)播种时间和方法

宜在 4 月 20 日左右播种(即清明过后),切忌大田直播,应以高床条播或点播为好,从经济的角度考虑以条播最为理想。先用锄头在每个畦内的单个垄面上钩出深 15 cm、间距 20 cm 的播种沟 2 条(每畦 2 个垄面共播种 4 行)。接着,要灌足底水,待水渗完后再行下种。将种子均匀地溜入沟底,再用混匀的细沙土覆盖种子,厚度为 1～2 cm。对每条沟边钩出的土应顺沟外沿稍微抹平,切勿撞入沟中。之后,立即用 80 cm 宽的地膜覆盖垄面,以提温保墒。

(2)播种量:用种 1 kg/667 m² 是楸树育苗适宜的播种量。

7. 苗期管理

播种后 10 d 左右幼苗便可出土,5 月上旬就能出齐。务必抓好四项管理措施的落实。

(1)放风通气:播种后种子发芽有 80％时,进行放风通气。将每条播种沟上面的地膜用小剪刀剪成直径约 2 cm 的圆形通气孔,孔间距 25～30 cm,防止温度过高烧灼幼苗。

(2)间苗:当幼苗长出 5～7 片叶子后,按 15 cm 的间距进行间苗,去掉弱小苗、病虫苗。同时,要及时清除杂草。压实播种沟两边的地膜,以保温保墒。

(3)追肥浇水

幼苗生长期间要保持土壤湿润,见干就洒水,切莫大水浇灌。在苗木长出 20 片叶子到株高 15 cm 左右时,必须保证两次追肥,以尿素为主,每亩用量:尿素一共 50 kg,叶面喷施磷酸二氢钾,间隔一周一次,共 3～5 次,按说明掌握施用量。

8. 有害生物防控

楸树苗木生长期易发生立枯病、白粉病,也容易被地老虎、蝼蛄为害,必须及时喷药防治。立枯病可用 40％多菌清胶悬剂 500 倍液喷雾,连喷 2 次。白粉病用 50％甲基托布津可湿性粉剂喷雾,每隔 5～7 d 一次,连喷 2～3 次。地老虎、蝼蛄用 50％辛硫磷,按每亩用药 250 g,兑水 400～500 kg,进行灌根。

楸树播种育苗,当年 10 月初苗木可高达 1～1.2 m,地径达 1～1.5 cm,每亩产苗量为 1.5～2 万株。

9. 壮苗培育

(1)作业方式:

①楸树移植苗一般为平作:平作育苗地要带状作业,带间留 30～50 cm 步道。

②苗床要在移植前做好:要求达到土粒细碎,表面平整。

(2)移植育苗

①培育两年以上的苗木,一般都要经过移植。

②要移植的苗木,先选苗、剪根(留根 12～15 cm 长),并剔除带有病虫害、机械损伤、发育不健全和无顶芽的,然后按苗高、地径分级。

③移植在早春土壤解冻后或秋、冬土壤结冻前进行。幼苗分床移植,在苗木生长期间的阴天或早、晚进行。

④根据培育目的,确定株行距,50×33 cm,按每亩 4 000～5 000 株定植,要比计划产量多 5%～10%。要求做到分级栽植,根不干、不窝、栽正、踏实、栽后及时灌水。

10. 苗木调查和出圃

(1)苗木调查:

①在苗木地上部分生长停止前后,按苗龄分别调查苗木质量、产量,为做好苗木生产、供应计划,提供依据。

②苗木调查要求有 90% 的可靠性;产量精度达到 90% 以上;质量精度达到 95% 以上。

(2)苗木出圃:

苗木出圃包括起苗、苗木分级、假植、包装和运输等工序。

①起苗时间要与造林季节相配合。冬季土壤结冻地区,除雨季造林用苗,随起随栽外,在秋季苗木生长停止后和春季苗木萌动前起苗。

②起苗要达到一定深度,要求做到:少伤侧根、须根,保持根系比较完整和不折断苗干。

③起苗后要立即在庇阴无风处选苗,剔除废苗。分级统计苗木实际产量。在选苗分级过程中,修剪过长的主根和侧根及受伤部分。

④不能及时移植或包装运往造林地的苗木,要立即临时假植。秋季起出供翌春造林和移植的苗木,选地势高,背风排水良好的地方越冬假植。越冬假植要掌握疏摆、深埋、培碎土、踏实不透风。假植后要经常检查,防止苗木风干、霉烂和遭受鼠、兔害。在风沙和寒冷地区的假植场地,要设置防风障。

⑤运输苗木根据苗木大小和运输距离,采取相应的包装方法。要求做到保持根部湿润不失水。在包装明显处附以注明树种、苗龄、等级、数量的标签。苗木包装后,要及时运输,途中注意通风。不得风吹、日晒,防止苗木风干和发热,必要时还要洒水。

附件二

楸树定植苗培育技术要点

楸树为紫薇科落叶大乔木,树姿雄伟,树体通直,叶荫浓,花美观,对二氧化硫、氯气等有害气体有较强的抗性,是良好的用材树和园林绿化树种。随着城市环境建设品位升级和绿化步伐加快,楸树其本身具有的优点已渐渐成为城市绿化与道路栽植的主要树种之一,而培育楸树大苗成为顺应市场需求的首选。根据本地楸树育苗的一些做法和经验,总结出一套楸树大苗培育技术。

1 圃地选择

根据楸树的生态特性,宜选择交通便利,背风向阳,有排灌条件的壤土或沙壤土耕地,土壤 pH 值 7.0～8.0,土壤有机质含量保持在 1% 以上。切忌在低洼处育苗。

2 整地

圃地土壤深耕 30 cm,精耕细耙,做成高床,并撒施硫酸亚铁 5 kg/667 m² 进行土壤消毒。结合整地浇足底水,施足基肥。有机肥与无机肥混合使用可提高肥效,一般情况下,有机肥应占 70%,无机肥占 30%。

3 苗木准备

苗木采用 1～2 生种子或埋根繁育的优质壮苗,苗高 2.0 m,地径 1.5 cm 以上,根系完整,无机械损伤,并剪去过密枝和主根过长部分。也可在育苗床中就地选留苗木。

4 苗木定植

4.1 定植时间:自落叶后至翌年发叶前移植。

4.2 定植密度:根据需要培育选择适宜密度。若培育胸径为 2～3 cm 的苗木,则栽植密度为株行距 0.5×1.0 m;培育 5～6 cm 胸径苗木,则采取"隔行隔株"方法,去除其余苗木,变株行距为 1.0×1.0～2.0 m。

4.3 定植方式

4.3.1 就地培育:如果育苗面积较大,可在育苗地直接选苗,淘汰多余幼苗,按"保行去株,保优去劣,留大去小,留强去弱"的方法留苗,使留床的苗木基本达到 100×50 cm 的行株距。

4.3.2 移植方法:用穴植法,在苗圃地中挖 0.5 m 见方穴栽植。采用"三埋二踏一提苗"的方法,做到苗身端正,根系舒展,深浅适度,栽后立即浇好定根水。苗木要按径级、高度分级栽植,以利于生长整齐,管理方便,避免苗木分化。

5　苗木管理

5.1　抹芽:楸树为假二岐分枝,顶芽萌发力较弱。故春季当苗木发芽长到2～3 cm时,在顶部选留一个健壮侧芽,其下的第一、二轮芽全部抹掉,其余整个苗高2/3以上的芽全部保留,保持2∶3的冠高比,目的是保留相当的叶面积,加快径粗生长。

5.2　截干:对主干低矮、分叉或弯曲的植株,在早春留1个壮芽齐地截干,使之萌发成粗壮通直的主干。

5.3　修剪:由于楸树是喜光的强阳性树种,随着树体生长必须及时扩大营养空间。在树干高3 m处选留第一轮永久侧枝3～4个,3 m以下的侧枝剪除或暂时保留较弱的枝做辅养枝。当苗木树干达到需要高度,3 m处长出强壮枝后去掉辅养枝。同时注意剪除病虫枝、重叠枝、干枯枝和细弱枝,确保苗木形成一个匀称饱满的树冠。截干苗在萌发长到5 cm时,选留1个健壮芽,其余芽全部去除。

5.4　虫害防治:苗木生长期间,要用浓度0.06％～0.125％的马拉硫磷,40％的乐果乳油液喷洒防治楸稍螟,整个生长期都要注意对此虫的及时防治。病害和其他虫害防治见《楸树优质壮苗培育技术规程》。

5.5　肥水与地面管理:5月底至6月初随气温升高,苗木进入速生期时应及时进行浇水、松土、除草、追肥等常规田间管理工作。由于楸树是肉质根,喜疏松透气良好的条件,浇水或雨后必须及时松土除草,防止烂根。追肥以氮肥为主,掌握少量多次的原则。每次施碳铵30～40 kg/667 m² 或尿素20～30 kg/667 m²,间隔期15～20 d,7月下旬最好施一次复合肥。雨季要排除积水,干旱时要及时灌溉,视苗木生长状况适时适量追肥。立秋后气温逐渐下降,木质化进程逐日加快,这时必须停止追肥,控制少浇水,防止造成秋后苗木旺长降低质量和抵抗寒冷的能力。

6　培育期限

按照以上培育方法,在庆阳市自然条件与一般立地条件下,胸径达到3～4 cm,需要生长2～3年。

附件三

楸树育苗造林技术规范

1 范围

本标准规定了楸树的树种特性、苗木培育、苗期管理、苗木出圃、人工林营造、幼林抚育、病虫害防治及技术档案的建立。

本标准适用于庆阳市境内及土壤、气候条件相同地区楸树的育苗造林。

2 规范性引用文件

下列文件中的条款,通过本标准的引用而成为本标准的条款。凡是注明日期的文件,其随后所有的修改单(不包括勘误的内容)或修订版不适用本标准。然而,鼓励根据本标准达成协议后各方研究是否可以使用这些文件,其最新版本适用于本标准。

DB62/T 548—1998 　　　主要造林树种苗木;

DB62/T 551—1998 　　　林木种子标签。

3 树种特性

3.1 树体特征

楸树为紫薇科落叶乔木,树姿雄伟,树干通直,胸径达 1 m,树高可达 30 m,纹理直,不翘裂、耐腐、耐湿,叶、树皮、种子可入药,花形美观,嫩叶可食,抗二氧化硫、氯气等有毒气体,是良好的用材树种和园林绿化树种。

3.2 生物学特性

楸树花期 4～5 月,果熟 9～10 月。4 月上旬萌芽,11 月上中旬落叶。

4 苗木培育

4.1 播种育苗

4.1.1 采种:在 15～30 年生的健壮母树和优种树上,果实由黄绿色变为灰褐色时采种。楸树的出种率约在 10%,纯度 75%～80%,发芽率 40%～ 50%,千粒重 4～5 g。

4.1.2 整地作床:楸树种粒小,幼芽嫩弱,破土力差,播前要选择地势较高、平坦、排水良好、土层深厚且有灌溉条件的地块整地作成畦床,结合耕作施足基肥,每亩撒施生石灰 20 kg 或硫酸亚铁 5 kg 进行土壤消毒。

4.1.3 种子催芽:为使种子发芽齐、出苗快,播种前要进行催芽处理。浸种催芽用 35～40℃ 的温水浸泡 24 h,种子吸足水分后,捞出种子混 2 倍细湿沙,堆放室内进行催芽,每天翻动和洒水保持一定湿度。一周后,当种子有 30%～40% 裂嘴或种胚露白时,即可进行播种。

4.1.4 播种:播期一般以4月上旬为宜,如用薄膜湿床增温保湿,可提前到3月下旬。播前畦床要灌足水,条状撒播,行距20～25 cm,每亩播种量1～2 kg。播后用腐熟的干马粪、细湿沙和细土各1/3拌匀过筛后覆盖,以不见种子为宜。如采取小拱棚育苗则在以上操作的基础上,每畦架设薄膜小拱棚,给幼苗提前出土和生长创造有利条件。

4.2 归圃育苗

秋末或春初将散生的楸树根蘖苗或根蘖芽条,按大小分类移植到苗圃地培养,株距10 cm,行距50 cm,亩8 000～10 000株,2年后出圃。

4.3 根插育苗

4.3.1 整地:封冻前整地,施足底肥,每亩施5 000 kg有机肥,并施入呋喃丹颗粒剂2～3 kg,防治根瘤线虫病及地下害虫。垄床规格:底宽70 cm、上宽30 cm、垄高20 cm。

4.3.2 采根:3月上中旬采根扦插,种条应在苗圃地1年生根或采挖幼树、壮龄树根上采集,粗0.8～1.5 cm,长12 cm,上部平剪、下部斜剪。

4.3.3 催芽:扦插前20天左右在背风向阳处,挖深30 cm、宽80 cm的催芽坑,坑内底层铺湿沙10 cm,将种根成捆直立于沙土上,再盖沙3 cm,坑口盖薄膜。7～12 d种根露白发芽即可扦插育苗,未发芽的仍继续催芽。或用ABT6号生根粉100 mg/kg浓度快浸,促进生根,提高成活率。

4.3.4 根插:3月上旬将催芽后的种条扦插于苗圃垄床,深度以上端与地面平,并压实,根与土壤密接,浇透水,上覆盖薄膜保湿。

4.4 嫁接育苗

伏天,采用楸树播种苗作砧木,从楸树优良母树采健壮当年生枝条的接穗,带木质芽接。

5 苗期管理

幼苗在两对叶片之前根系较浅,应及时用喷雾器喷水。7月苗木进入旺盛生长期,每隔20天左右亩施10 kg速效氮肥或4 000～5 000 kg腐熟的人粪尿,并浇水、中耕、除草、松土。

6 苗木出圃

6.1 苗木分级标准

2年生苗木品种纯正,芽体饱满、枝条充实、根系发达,无病虫害,枝干、根系无机械损伤,嫁接苗嫁接部位完全愈合的苗木可按分级标准进行分级,苗木分级的定义按DB62/T 548—1998规定执行,苗木分级标准见下表。

6.2 起苗

春季在萌芽前进行,秋季在苗木落叶后进行。起苗后应立即假植。

6.3 苗木包装及运输

6.3.1 苗木检疫:起苗后,应请林业检疫人员进行产地检疫。

6.3.2 苗木包装:将合格苗剪去四周的二次枝,按苗木分级标准分级、打捆,用生根粉或泥浆蘸根后用草袋或塑料袋包装,包内外各放一枚标签,标注内容应符合DB62/T 551—1998规定。

6.3.3 苗木运输:运输过程中要注意保温、保湿、防冻和通风透气。

6.4 苗木假植

到达栽植地点要尽快定植或立即假植,选择避风、平坦、排水良好的地段挖深50～70 cm的假植沟,假植前先将苗木根向下斜放沟内,根部埋土至苗高2/3处,然后浇足水,并定期进行生活力检查。

苗木分级标准

苗木种类	苗龄	Ⅰ级苗				Ⅱ级苗				综合控制指标	Ⅰ、Ⅱ级苗百分率
		苗高(cm)	地径(cm)	根系		苗高(cm)	地径(cm)	根系			
				长度(cm)	>5cm侧根数			长度(cm)	>5cm侧根数		
播种苗	2—0	150	1.2	25	8	130	1.0	25	6	充分木质化,无机械损伤,根系完整。嫁接苗嫁接部位愈合良好。	85
归圃苗	2(3)—0	200	1.5	30	8	180	1.2	25	6		90
根插苗	2(2)—0	150	1.5	25	6	130	1.2	25	5		90
嫁接苗	2(2)—0	140	1.2	30	8	120	1.0	25	6		90

7 人工林营造

7.1 立地类型:根据造林目的选择立地类型。

7.1.1 营造速生丰产林、培育中、小径材,宜选择沟道平台地,半阳坡地或阳坡地。

7.1.2 培育中、大径材,宜选择沟道平台地、半阳坡地或阴坡地。

7.1.3 育中、小径材,各种立地类型均可选择。

7.2 整地:秋季或春季整地时,荒山坡地采用鱼鳞坑整地,规格为$80×60×30$ cm,沿等高线延伸,呈品字形排列;荒山滩地和退耕地采用水平阶整地,规格为$200×30×20$ cm。

7.3 苗木选择

一般造林采用二级以上苗木;城镇绿化采用一级苗木;道路绿化苗高3 m以上,胸径3 cm以上。

7.4 栽植季节:以春季为主,宜早不宜迟,一般在3月下旬。

7.5 造林密度:根据造林目的不同,初植密度不同,营造速生丰产林,株行距应确定为3×3 m。若进行一般造林,初植株行距应确定为2×2 m。

7.6 验收补植

检查验收,成活率在85%以上的林分为合格;成活率在40%～85%之间的林分进行补植;成活率低于40%的必须重造。

8 幼林抚育

8.1 造林后派专人进行看护,禁止放牧,清除杂草。

8.2 每年初春和秋末,给幼树主干上刷一次含有磷化锌的泥浆,以防兔、鼠危害。

9 病虫害防治

9.1 楸蠹野螟

从基部剪除有虫瘿的枝条烧毁。幼虫出现时喷 10％吡虫啉可湿性粉剂 800 倍液；成虫出现时喷敌百虫可湿性粉剂或敌敌畏乳油等 1 000 倍液,毒杀初孵化幼虫和成虫。

9.2 根瘤线虫病

清除和烧毁病株。禁止运输带病苗木。

9.3 中华鼢鼠

9.3.1 器械灭鼠

在出蛰、出洞、仔鼠分居、害鼠交尾等活动盛期,常用的专用灭鼠器械有:捕鼠夹、捕鼠笼、地弓、地箭、捕鼠钩,杆套,石板塌、电子捕鼠器等。

9.3.2 化学防治

常用的杀鼠剂有缓效药剂如敌鼠、氯敌鼠、杀鼠灵、杀鼠速、溴敌隆、大隆、杀它仗等;速效灭鼠剂如磷化锌、毒鼠磷、甘氟、滇化毒鼠磷等。

　　a. 0.005％溴敌隆毒饵。取 0.5％溴敌隆母液Ⅰ份,加清水 5～10 份,小麦(玉米渣等) 100 份均匀混合,并堆闷至干。按条带投饵,沿沟渠投置,每 5 m 一堆。

　　b. 0.0375％杀鼠灵毒饵。取 0.75％杀鼠灵母液 1 份,加清水 5～10 份,小麦或玉米渣 200 份,均匀混合,按条带投饵。

　　c. 0.25％敌鼠钠盐毒饵。取 0.25 g 敌鼠钠盐溶于适量的热水(80℃以上),用 100g 玉米渣浸泡,并加入引诱剂(少量糖或植物油)及警戒色搅拌均匀,待药液全部吸收,晾干后即为毒饵。撒施于田鼠洞旁。

9.3.3 全生境灭鼠

将灭鼠剂使用技术和组织措施结合起来,选择最适灭鼠时机,组织当地农户对防治区害鼠所有栖息地内的洞穴和活动觅食场所,在统一时间全部使用高效杀鼠剂围歼害鼠。

9.4 防治安全

在防治区域内,应树立警示牌,禁止人畜进入。防治结束后,及时清理对人畜有害的残留物质和影响人畜安全的防治器械。在制作和放置毒饵时,操作人员应戴手套和口罩,注意人身安全。

10 技术档案建立

10.1 育苗技术档案内容包括:育苗地概况、田间管理记载、苗木调查和病虫害调查。

10.1.1 育苗地概况内容包括:土壤名称、土壤质地、土层厚度、地下水位、灌水条件、海拔、年均气温、极端低温、年降雨量、无霜期、结冻期、解冻期等。

10.1.2 田间管理记载的内容有:追肥次数、追肥方法、追肥量、肥料种类、灌水次数、病虫害的发生及防治等。

10.1.3 苗木调查的内容有:产苗量、成苗率、平均苗高、平均地径等。

10.2 林分技术档案的内容包括:林地自然概况、造林技术、抚育管理措施、病虫害防治技术。

10.2.1 林地自然概况包括:林班名称、小班名称、纬度、经度、土壤名称、土层厚度、地下水位、坡向、坡度、坡位、海拔、平均气温、无霜期、极端温度、土壤解冻期、土壤结冻期、年降雨量等。

10.2.2 造林技术记载的内容有:造林时间、造林季节、造林密度、整地方法、整地时间、整地规格、苗木规格、起苗日期、定植日期等。

10.2.3 幼林抚育的内容有:割除杂草、病虫害防治等。

附件四

楸树品种对比示范园建设技术要点

楸树（*Catalpa bungei*）是我国古老的栽培树种之一，它生长迅速，材质坚实，结构中等，不翘裂，耐腐力强，易加工，切面光滑，纹理通直，花纹美观，有光泽，是做建筑、家具、雕刻、乐器等的优良用材树种；它的树皮、叶、种子可以入药；叶可以作猪饲料；花含有芳香化合物，可以浸提芳香油。它对二氧化硫、氯气等有毒气体具有较强的抗性。是一个花果叶材皆可用，集多林种于一身的优良乡土树种。为了筛选优质高产的楸树品种，我们在引进新品种的基础上，以本地灰楸为对照建立了品种示范园。先将其建设技术要点总结于后。

1 新品种特性

2008 年 3 月从河南省最大的楸树育苗基地——周口市淮阳县曹河乡，引进河南省林科院选育的豫楸 1 号和 2 号大苗各 3 000 株，定植在合水示范园苗木基地。豫楸 1 号树皮光滑，不裂，叶片大，颜色翠绿；豫楸 2 号树皮粗糙，浅裂，叶片小，颜色墨绿。两者都为速生品种。

2 品种对比示范园建设

2.1 园址选择：楸树在土层深厚、肥沃、疏松的中性土、微酸性土和钙质土上生长迅速，在含盐量低于 0.1% 的轻盐碱土上也能正常生长。但它对土壤水分十分敏感，不耐干旱，也不耐水湿，在积水低洼地不能生长。因此示范园宜选择在地势平坦，靠近水源，排水良好，土层深厚肥沃、疏松湿润、光照充足的地方。

2.2 整地：整地做到三犁三耙，深度 30 cm 以上，土壤细碎、平整。结合整地每公顷施有机肥 50 000 kg。

2.3 挖穴：按照南北走向以 1.0×1.5 m 株行距，挖 0.3×0.3×0.6 m 大的穴备用。

2.4 苗木管理：起苗要求根系完整，树皮保护完好，2.5～3.0 m 定干，截口涂抹愈合剂；运输途中篷布或遮阴网覆盖。到达目的地后，对苗木进行分级，并用流水冲刷根部 1d，以增加根源基数量促进生根。

2.5 分区栽植：苗木栽植前，穴内撒施硫酸亚铁和敌百虫颗粒剂拌好的毒土。栽植时，按照不同品种分级、分区（每个品种集中在一区），依照三埋两踩一提苗的方法进行栽植。栽植前适当修剪受伤的根系，将苗木直立于栽植穴中央，用手舒展根系，填表土覆盖根系，轻轻提苗 2～3 cm，填土到高过地平面 2～3 cm，踏实，再填土，再踏实；最后再填一层松土。

2.6 及时灌水：栽植完成后及时灌足灌透头水，待水分渗透后用表土覆盖蓄水穴，以减少水分蒸发确保成活。

2.7 适时摸芽和中耕除草:品种示范园所栽品种均作了定干处理,因此,摸芽是一项保障苗木正常生长的关键措施,必须抓紧抓好。同时,由于栽植树种株行距大预留空地多,适宜于杂草生长,因而做好中耕除草也至关重要。

3 不同品种生长比较

3.1 品种构成:合水楸树品种对比示范园建设,共涉及楸树 3 个品种:豫楸 1 号、豫楸 2 号和本地树种灰楸。均为 3 年生苗木,胸径大小接近,定干高度一致。

3.2 生长情况比较:2008 年定植后采取相同的管理方法,对各品种进行浇水、抹芽、除草等项管理。2009 年 10 月在示范园内随机选择不同品种 15 棵树,测量其树高和胸径进行比较。结果表明:豫楸 1 号、豫楸 2 号无论是树高还是胸径的生长量均大于本地灰楸且存在极显著差异;新品种中豫楸 2 号高生长大于豫楸 1 号且存在极显著差异,径生长 1 号却大于 2 号并无显著差异。因此,品种示范园生长情况是:豫楸 2 号 > 豫楸 1 号 > 本地灰楸。

附件五

楸树埋根育苗技术

1.整地

封冻前整地,施足底肥,每亩施 5 000 kg 有机肥,并施入呋喃丹颗粒剂 2～3 kg,防治根瘤线虫病及地下害虫。垄床规格:底宽 70 cm、上宽 30 cm、垄高 20 cm。

2.采根

3 月上中旬采根扦插,种根应在苗圃地 1 年生根或采挖幼树、壮龄树根上采集,再在粗 0.8～1.5 cm,长 12 cm,上部平剪、下部斜剪。秋季采根要用湿沙层积贮藏到来年 3 月下旬至 4 月上旬使用,做到随采、随剪、随埋。

3.催芽

扦插前 20 天左右在背风向阳处,挖深 30 cm、宽 80 cm 的催芽坑,坑内底层铺湿沙 10 cm,将种根成捆直立于沙土上,再盖沙 3 cm,坑口盖薄膜。7～12 d 种根露白发芽即可扦插育苗,未发芽的仍继续催芽。或用 ABT6 号生根粉 100 mg/kg 浓度快浸,促进生根,提高成活率。

4.根插

将催芽后的种根扦插于苗圃高床,要求大头向上、小头向下斜放,深度以上端与地面平,并压实,根与土壤密接,浇透水,上覆盖薄膜保湿。埋后覆土 1～1.5 cm。在干旱地区可培成土垄,高 15～20 cm,芽萌发时扒开土垄,注意不要伤芽。辨别不出上下头的根条用平埋法,将根条平放在埋条沟内,覆土 1～1.5 cm。

5.抚育管理

苗高 10 cm 时去除多余萌芽,只留一个发育好、长势旺的芽条。苗出齐后灌一次透水,按株行距 20×40 cm,每亩可产苗 8 000 株;要培育大苗,必须进行移植,移植培育 3 年生大苗的株行距 50×60 cm,每亩产苗 1 600～2 200 株。若要培育更大规格的苗木,株行距可按《楸树大苗培育技术要点》内规定的密度定植。

优质苹果苗木繁育及标准化建园技术示范推广

成 果 公 报 文 摘

成果名称:优质苹果苗木繁育及标准化建园技术示范推广

登 记 号:2010055

完成单位:庆阳市林木种苗管理站 庆阳市经济林木工作管理站

主要研究人员:胡开阳、慕友良、席忠诚、吕立君、曹思明、赵会通、牛立平、董天宝、
王宏贤、蔡巧红、雷普雄、耿志渊、高 鑫

研究起止时间:2008.3.15—2010.12.23

推荐部门:庆阳市林业局

内容摘要:

该项目引进瑞林、瑞丹和红国光三个富酸苹果品种,生产接穗 50 000 多支;建立规范化苗木繁育基地 22.07 hm²(331 亩),累计出圃良种壮苗 360 万株;采取标准化的建园技术措施,累计新栽规模在千亩以上的苹果栽植点 6 个 436.68 hm²(6 547 亩)[其中:示范样板园 25.35 hm²(380 亩)、标准化示范园 117.19 hm²(1 757 亩)],辐射带动新建标准化苹果园 0.73 万 hm²(11 万亩);总结出了《苹果优质苗木繁育技术规范》和《苹果标准化建园技术规范》;举办优质苗木培育和标准化建园技术培训班 121 场(次),培训果农 1.3 万人(次),培训专业技术人员 1 200 多人,发放资料 1 600 份;通过对苹果幼园果烟、果菜、果豆和果药等不同套种的试验观测,肯定了果豆、果药两种套种双赢模式,提高了苹果幼园经济效益;产生直接经济收益 1 342.05 万元,其中:育苗收入 360 万元、幼园套种收入 982.05 万元。经鉴定该项目选题准确,技术路线合理,资料齐全,数据详实,效益显著,成果达到国内先进水平。

【本项目获 2011 年庆阳市科技进步二等奖】

项 目 技 术 报 告

1 立项背景

庆阳市位于甘肃东部,是陇东黄土高原的重要组成部分,地处北纬 $35°10'\sim37°20'$ 之间,具有昼夜温差大、有效积温高、光照充足、土层深厚等自然气候特点,因此完全具备了生产优质安全高档苹果的良好生态条件。全市现有苹果园面积 8.10 万 hm^2(121.38 万亩),有万亩乡 34 个,千亩村 147 个,2009 年苹果产量 48.56 万吨,产值 8.26 亿元。苹果生产区域化特色明显,栽培面积绝大多集中在中南部 6 个重点县(区)的 50 个乡(镇)的塬面。我市苹果产区大力推广无公害及绿色果品生产技术,形成了以董志塬、永和塬、西华池塬和屯子塬为主的红富士苹果基地。西峰区温泉乡、庆城县赤城乡、宁县新庄镇、正宁县永和乡荣获"中国优质苹果基地百强乡镇"荣誉称号。庆阳市被国家特产之乡评审推荐委员会确定为"中国优质苹果之乡"。一大批农民依靠苹果走上了致富之路。

虽然庆阳苹果产业在多年的发展中积累了许多成功经验,初步形成了区域和市场优势,具备了一定的市场竞争力。但随着苹果产业化进程的加快,栽培面积的迅速扩大,市内优良苹果苗木繁育体系不健全,生产中外调苗木比较多,苹果苗木来源较为混杂、品种不纯、质量不高、成活率差,栽植建园中千家万户分散栽植,技术难以统一等问题,严重制约着全市苹果基地建设进程。因此,《庆阳市优质苹果苗木繁育及标准化建园技术示范推广》项目的立项实施,一方面繁育适宜我市发展的优良苹果品种,为基地建设提供优质的苗木资源。另一方面为全市规范化、标准化育苗、建园提供技术示范依据。同时为省重大科技专项《庆阳市加工苹果原料生产技术示范推广》项目实施提供技术支撑。

2 任务指标

2.1 完成优质苗木繁育 20 hm^2(300 亩),其中合水县 6.67 hm^2(100 亩),正宁县 13.34 hm^2(200 亩),出圃优质苗木 200 万株。

2.2 完成标准化建园 400.2 hm^2(6 000 亩),西峰区、庆城县、宁县、正宁县、镇原县、合水县六县(区)各 66.7 hm^2(1 000 亩),其中示范园样板园 20 hm^2(300 亩),六县(区)各 3.34 hm^2(50 亩)。

2.3 总结完善"标准化建园技术规范"和"优质苹果苗木繁育技术规范"。

3 研究方案

3.1 技术路线

3.1.1 育苗:种子准备→圃地建立→整地施肥→播种→田间管理→病虫害防治→苗木嫁接与管理→苗木出圃

3.1.2 建园:园地选择与规划→品种和苗木选择→果园栽植→栽培管理→技术服务

3.2 技术方案

3.2.1 实施地点

3.2.1.1 优质苹果苗木繁育 建立优质苹果苗木繁育基地 20 hm²(300 亩),其中:合水县固城川育苗 6.67 hm²(100 亩)、正宁县彭姚川育苗 13.34 hm²(200 亩)。

3.2.1.2 千亩标准化果园建设 2008 年在西峰区什社乡庆丰村、庆城县熊家庙瓦窑咀村、镇原县上肖乡北庄村、宁县中村乡圪崂村、合水县店子乡连家庄村、正宁县榆林子镇于嘴村,各新建 1 处 66.7 hm²(1 000 亩)以上标准化果园。

3.2.2 技术措施

3.2.2.1 优质苹果苗木繁育:品种以长富 2 号、早生富士、岩富 10 号、皇家嘎啦等为主。每亩一级苗木出苗率达到 90%以上。圃地选择在土地肥沃,灌溉条件好,交通便利,无环境污染的川台地块。砧木种子以山定子、海棠为主。育苗前进行圃地施肥、耕翻、耙平、作畦。秋季直播或沙藏到来年春季播种,在平整好的畦内,按行距 30 cm 沟播种子,深度不超过 1 cm。按照农事季节进行砧苗管理,及时实施中耕、除草、追肥、灌水和病虫害防治,4~5 月份进行两次间苗,保持 10 cm 株距,7~8 月份打顶促进加粗生长。第二年清明过后,进行带木质芽接,生长期及时对砧木进行 3~5 次抹芽,带木质芽长到 6~8 片叶时解除绑带,新梢长到 40 cm 时,再剪除新梢上部余砧。并做好田间各项管理工作,保证幼苗健壮生长。

3.2.2.2 标准化建园:园地选择在主栽六县区交通便利的塬地,定植时间选择到秋季 10 月中旬至 11 月上旬,株行距采取 3×5 m 或者 4×5 m,每亩栽植 44 或者 33 株。定植方法采取大穴栽植技术,秋栽苗木在土壤封冻前及时埋土防寒,第二年春季清明过后气温回升稳定时,放苗、定干、灌水、苗木套袋、树盘覆膜一次进行。春季栽植苗木可随栽随定干、灌水、苗木套袋、树盘覆膜。及时拓开 1 米宽的营养带,间作物以豆类、瓜类为主,严禁种植高杆深根作物,生长期及时中耕、灌水、做好幼树管理工作。

3.2.2.3 修订完善技术规范:根据我市实际及项目实施中一些好的做法,进一步制定完善《优质苹果苗木繁育技术规范》和《标准化建园技术规范》,为全市果业生产提供切实可行的技术指导。

4 进度安排

4.1 育苗建园:2008 年完成优质苗木繁育 20 hm²(300 亩);完成标准化建园 600.2 hm²(6 000 亩),其中示范样板园 20 hm²(300 亩)。

4.2 强化管理:2009 年做好苗木基地管理、标准化新建果园技术管理措施的实施,整理观察数据,总结出"标准化建园技术规范"和"优质苹果苗木繁育技术规范"。

4.3 总结完善:2010 年继续做好标准化建园过程中实施的各项技术措施,完善"标准化建园技术规范"和"优质苹果苗木繁育技术规范"。同时,做好项目验收各项准备工作。

5 取得的主要成果

5.1 选育优良加工品种

2008 年我们陆续从山东省农科院果树研究所、陕西省杨凌示范区、眉县青苹基地、天水果树研究所等地引进瑞林、瑞丹、红国光苹果接穗及苗木 5 000(根)株。2008 年 4 月 10

日在西峰区后官寨乡南佐村的 8 年生苹果树上进行高接换头,嫁接后及时进行了抹芽除蘖,以确保嫁接枝条的正常生长,嫁接成活率分别为:89.63%、43.42% 和 50.0%。当年平均枝条生长量均达到 30 cm,平均枝条粗均达到 0.3 cm。2009 年 4 月 16 日继续实施高接换头,当年平均枝条生长量分别达到 88 cm、68 cm 和 54 cm,平均枝条粗均达到 0.4 cm。有的一头抽出 3 枝,大多数都在 1 枝以上。2009 年对高接成活的接穗剪条后,其枝条平均生长量分别达到 160 cm、103 cm 和 60 cm,枝条平均粗度均达到 0.6 cm,生长量显著高于当年高接时的生长量(见表 1~4)。定植 80 亩作为采穗圃。通过引种试验观察富酸苹果嫁接亲和力与生长发育情况,进行品种对比试验,筛选出适宜我市大面积栽培的优良加工品种,三个加工苹果品种在我市的综合表现最好的是瑞林。

表 1　引种情况记载表　　　(时间:2008 年 4 月 20 日)

品种	引种地点	引种时间	引种单位	引入材料	引种数量	繁殖方式	砧木类型	繁育地点
瑞　林 瑞　丹 红国光	山东 烟台	2007 年 11 月	山东烟 台果树 研究所	接穗	190 支 150 支 60 支	高接 换头	8 年生红 富士果园	西峰区 后官寨 乡南佐村

5.2　果园生长量调查

按照标准化建园技术示范推广项目年度工作技术要求,在抓好各项技术措施落实的同时,开展了植株生长量和生长速度调查。在每个示范园地按照不同方位、不同间作地块分别选取 5 株果树作为样树,在每个样树上选取 3 个不同方向的延长枝分别编号调查登记。调查自 4 月 30 日开始,至 8 月 30 日结束,历时 151 d,每月 15 日、30 日定期对标注的枝条测量,逐段登记,测算生长速度。据测定,全市六处示范园枝条平均生长量 97 cm,最大单枝生长量在庆城县为 126 cm,标准化建园的果树枝条生长量较常规栽植的果树生长平均长 10 cm 以上。

表 2　嫁接成活率调查
(时间:2008 年 10 月 20 日　　地点:西峰区后官寨乡南佐村)

品系 砧木	嫁接 方法	嫁接 时间	调查嫁 接枝数	成活 枝数	成活 率%	枝条平 均长度	枝条平 均粗度	备注
瑞　林 瑞　丹 红国光	高接 换头	2008 年 4 月 10 日	135 接头 76 接头 28 接头	121 33 14	89.63 43.42 50	88cm 68cm 54cm	0.4cm 0.4cm 0.4cm	

5.3　优质苗木繁育

5.3.1　优质苗木的基本要求

5.3.1.1　外观质量。苗木外观规格:至少达到国颁一级苗木以上,即主根长 25 cm,侧根粗 0.5 cm、长 20 cm、数量 5 条;品种高度 150 cm,主干粗壮,定干较高,整形带萌芽多等基本要求;矮化中间砧苗要求砧段长度达到 25~28 cm。养分积累:苗木成熟度好,营养积累充分。亩出苗数控制在 6 000~8 000 株,品种部分生长发育期满一年。品种段木质化程度好,表现品种固有色泽。10 月中下旬保叶率 80% 以上。

5.3.1.2　内在品质:砧木要适地适栽:砧木分实生基砧和矮化中间砧。砧木类型直接影响到苗木的适应性、栽植密度、整形修剪及品种的选择。优良的砧木不仅适应性好,抗性强,还可最大限度地表现品种特有的性状。其内涵包括三个方面:一是适宜当地的立地和水肥条件;二是和品种亲合好,嫁接口愈合光滑,上下部分生长粗度相当。三是砧木类型与栽植密度相适宜。一般来说,乔砧或半矮化砧(如 M7)的苗木适宜稀植,而矮化砧(如 M26、M9)苗木则适宜密植栽培。品种优良纯正:选择品种时还必须和当地区域布局和结构调整相联系,以市场为导向,以地方优势品种、品系为参照,选择适宜发展的品种。

表 3　剪穗后枝条生长调查

(时间:2009 年 10 月 10 日　地点:西峰区后官寨乡南佐村)

品系 砧木	嫁接 方法	剪穗 时间	调查 枝数	存活 枝数	保存 率%	枝条平 均长度	枝条平 均粗度	备注
瑞林	高接 换头	2009 年 4 月 1 日	30 个接头	30 个	100	160cm	0.6	
瑞丹			12 个接头	12 个	100	103cm	0.6	
红国光			7 个接头	7 个	100	60cm	0.6	

5.3.2　优质苗木培育:项目完成育苗 22.1 hm²(331 亩)、占任务 20 hm²(300 亩)的 110%;累计出圃一级优质苗木 360 万株,占任务 200 万株的 180%。我们按照优质苗木繁育的基本要求,将育苗基地选在市内具有传统育苗技术的合水县固城川和正宁县彭姚川,区内肥水条件好,交通便利,与果园较远。每个育苗点确定 2 名技术人员进行具体指导,及时搞好苗木的田间管理及苗木年生长量观察记载。同时,我们在优质苗木繁育方面进行了试验示范,把原来亩需 2 kg 种子控制在亩播种量 1 kg,亩优质苗木出苗量控制在 1 万株以内,一级苗率达到 90% 以上。杜绝了在繁育基地出现自根砧育苗,保证了优质壮苗的纯正性。通过优质苗木繁育技术的应用,生产苗木较对照的高度、粗度和分枝量都有了大幅提高(见表 5、6)。

表 4　不同品种枝条生长速度观察对比表

(时间:2009 年 10 月 10 日 地点:西峰区后官寨乡南佐村)　　　(单位:cm)

品种	6 月 26 日	7 月 18 日	8 月 1 日	8 月 23 日	9 月 3 日	9 月 15 日	9 月 25 日	10 月 10 日
瑞林	40	52	73	90	132	140	151	160
瑞丹	50	52	55	60	70	84	96	103
红国光	30	34	40	45	50	54	57	60

表 5　优质苹果品种苗木年生长量观察记载表

(时间:2010 年 10 月　　地点:正宁县宫河镇彭姚川)

品种	苗木高度(m)	苗木粗度(cm)	分枝量(%)
长富 2 号	1.70	1.2	46
早生富士	1.55	1.1	54
岩富 10 号	1.65	1.0	48
皇家嘎啦	1.50	1.1	59
对照	0.86	0.65	25

表6　2010年苗木繁育出圃情况记载表

繁育地点	繁育面积（亩）	繁殖方式	一级苗率（％）	嫁接时间	嫁接方式	出苗量（万株）
合计	331		93	2009.4	带木质芽接	360
固城川	100	种子育苗	92	2009.4	带木质芽接	145
彭姚川	231	种子育苗	95	2009.4	带木质芽接	215

表7　千亩标准化果园栽植面积及成活率调查统计表

[调查时间：2009年5月　单位：hm²（亩）]

栽植地点	栽植时间	栽植品种	栽植面积	成活率（％）
全市			436.68（6 547）	95.6
西峰区什社乡庆丰村	2008.10	富士	80.04（1 200）	93.6
庆城县熊家庙瓦窑咀村	2008.10	富士	72.44（1 086）	94
合水县店子乡连家庄村	2008.10	富士	70.04（1 050）	93
镇原县上肖乡北庄村	2008.10	富士	71.37（1 070）	94.4
宁县中村乡圪崂村	2008.10	富士	73.37（1 100）	97.2
正宁县榆林子镇于咀村	2008.10	富士	69.43（1 041）	98

5.4　千亩标准化果园及示范园建设

项目在西峰、庆城、合水、镇原、宁县、正宁六个县（区）共完成千亩标准化果园栽植点6处、共计 436.68 hm²（6 547亩）（表7），占任务 400.2 hm²（6 000亩）的109％，其中示范区样板园 25.35 hm²（380亩），同时结合全市"千百十"示范园建设工程，在全市60个乡镇建立标准化示范园 117.19 hm²（1 757亩）（表8），辐射带动全市标准化建园 0.73万 hm²（11万亩）。项目实施过程中的技术措施：一是合理套种。在千亩标准化果园建设中合理间作，前三年利用苗小，田间主要采取果烟（烤烟）、果菜（马铃薯等）、果豆和果药4种套种模式，经过实验果豆、果药具有推广价值；二是在技术管理上，主要突出刻芽拉枝、除萌抹芽、防病杀虫、树盘覆膜、科学施肥、阳光树形等技术的应用，确保建园保存率和苗木成活率均达到93％以上；三是走经合之路。正宁县在榆林子镇于嘴村千亩栽植点成立了果树专业合作社，依托经合组织管理及技术措施的统一落实，使果园苗木成活率和保存率均达到98％以上。

5.5　完善技术规范

三年来，技术小组成员通过项目实施，认真总结各项技术措施应用的效果，及时讨论制定了符合我市实际的《苹果标准化建园技术规范》和《优质苹果苗木繁育技术规范》（附1、2），为全市优质苹果苗木繁育和标准化建园提供了重要的技术依据。

6　应用效益分析

6.1　社会效益

本项目的顺利完成，极大地提升了庆阳市苹果苗木的质量，为加快我市果业发展速度、确保栽植质量树立了样板，起到了示范带动作用，有力地推动全市苹果产业的稳步拓

展。三年累计完成科技培训 121 期(场),培训果农 1.3 万人(次)。其中提高培训 20 期
(场),培训专业技术人员 1 200 多人(次)。

表 8　标准化示范园名单

乡、村名	示范园面积 [hm²(亩)]	乡、村名	示范园面积 [hm²(亩)]
温泉乡新桥村	3.47 (52)	高楼乡雷家岘子村	3.34 (50)
上肖镇姜曹村	3.34 (50)	湘乐镇南仓村	3.34 (50)
湫头乡湫西村	3.34(50)	吉舰乡朱家寨子村	3.34 (50)
悦乐镇新堡村	3.34 (50)	温泉乡新桥村	3.47 (52)
高楼乡雷家岘子村	3.34 (50)	临泾乡良韩村	2.0 (30)
孟巴镇王地庄	2.0(30)	湫头乡湫西村	6.68 (100)
西华池镇师家庄村	0.67 (10)	吉岘乡吉岘村	1.0 (15)
温泉乡新桥村	0.73 (11)	彭原乡义门村	0.73 (11)
后官寨乡沟畎村	0.80 (12)	董志镇崔沟村	0.80 (12)
肖金王庄村	0.73 (11)	显胜乡岳玲村	0.80 (12)
高楼乡雷家岘子村	3.34 (50)	庆城镇西塬村	2.0 (30)
翟河乡店户村	1.8 (27)	蔡口集乡六河湾村	2.20 (33)
土桥乡西掌村	2.0 (30)	葛崾岘乡辛龙口村	2.06 (31)
蔡家庙乡北岔沟村	2.0 (30)	州铺镇百步寺村	2.40 (36)
玄马镇罗庄村	0.67 (10)	南川乡成赵村	2.67 (40)
屯字镇马堡村	2.0 (30)	上肖乡杨城村	3.34 (50)
太平乡俭边村	2.0 (30)	孟坝镇孟坝村	6.68 (100)
开边乡甄沟村	2.0 (30)	武沟乡渠口村	2.0 (30)
郭原乡王沟圈村	3.34 (50)	平泉乡上刘村	3.34 (50)
中原乡武亭村	2.0 (30)	米乔乡宋家村	0.67 (10)
平子镇平子村	0.67 (10)	良平乡陈家村	0.67 (10)
湘乐镇南仓村	0.67 (10)	盘克乡观音村	0.67 (10)
早胜镇曹家村	0.67 (10)	九岘乡北庄村	0.67 (10)
金村乡金村村	0.67 (10)	和盛镇和盛村	0.67 (10)
焦村乡街上村	0.67 (10)	长庆桥乡西塬村	2.0 (30)
南义乡马户村	0.67 (10)	瓦斜乡刘坳村	0.67 (10)
新宁镇梁高村	2.0 (30)	春荣乡金草村	2.0 (30)
山河乡王阁村	2.0 (30)	永正乡纪村	2.0 (30)
榆林子镇于家嘴村	2.0 (30)	宫河乡王录村	2.0 (30)
周家乡芦堡村	2.0 (30)	永河镇罗家沟圈村	2.0 (30)

以上涉及 60 个示范园共计 117.20 hm²(1 757 亩)。

6.2　经济效益

通过项目实施,取得直接和其他经济效益共计 1 342.05 万元。其中:育苗 360 万株,
每株按 1.5 元计算,产值 540 万元,扣除成本 180 万元,纯收益 360 万元;通过间作土豆、

烟叶、大豆、西瓜、药材等作物,每年亩均收入 500 元,三年累计收益 982.05 万元。示范推广面积完成 436.68 hm²(6 547 亩),通过规范栽植和标准化管理,根据树体长势情况,预计三年可挂果,六年可丰产,预期亩实现产值 6 500 元,较常规栽植亩净增值 1 700 元;0.73 万 hm²(11 万亩)净增值1.87亿元。

项目带动了我市苗木产业发展和苹果基地的形成,对提高农民收入,增加就业,推动苹果产业化建设具有重大意义。同时,可有效扩大林地面积,改善土壤理化性状和空气质量,降低了空气污染,对改善生态有着积极的促进作用。

2010 年 12 月 23 日

附件一

庆阳市优质苹果苗木繁育技术规范

一、种子准备

选择适应性强、生长快、嫁接亲和力好、抗病虫的砧木种子（如河北八棱海棠、山定子和甘肃陇东海棠）。一般种粒大小一致、饱满、千粒重较大，有光泽、无霉变和病虫感染，剥掉种皮后，胚和种子呈乳白色，不透明，有弹性的都是生命力强盛的好种子

二、圃地建立

圃地应选择在土壤土层深厚，地势背风向阳、日照好、稍有坡度的开阔地；同时要求水源充足、灌溉条件便利，确保种子萌发对土壤湿度的要求。

三、整地施肥

果树圃地一般深翻 20～40 cm，过浅不利蓄水保墒和根系生长。春耕地时，要耙耢镇压，以利保墒。为改良土壤，提高肥力，促使苗木生长，确保苗木质量，应结合深翻，每亩施入腐熟的农家肥 5 000 kg 做底肥。培垄作畦山定子、海棠等种子，通常用平畦育苗。畦宽 1～1.2 m，畦长 5～10 m，埂宽 30～40 cm，做畦时要留出步道和灌水沟。

四、播种

春播是生产上常用的播种季节，宜在初春土壤解冻后进行。其优点是种子在土壤中停留的时间少，可以减少鸟、兽、病虫等为害。同时，春播地表不发生板结，便于幼苗出土，适时春播，幼苗不易受低温、霜冻等自然灾害，但要注意种子层积沙藏处理所需天数，方可正确掌握播种的迟早。播种方式有直播和床播两种。直播是直接播种于苗圃地，床播是先播在苗床上，出苗后再移到嫁接圃地。播种方法有条播，撒播和点播三种，以条播最为常用。条播是在施足底肥，灌足底水，整平耙细的畦面上按一定的距离开沟，沟内坐水，把种子均匀地撒在沟内。播种后要立即覆土、镇压，并因材加覆盖物保湿。

五、田间管理

间苗与定苗：直播种子出土以后，一般在幼苗长出 2～3 片真叶时，开始第一次间苗，过晚影响幼苗生长。要做到早间苗，晚定苗，及时进行移植补苗，使苗木分布均匀，生长良好。间苗应在灌水或降水后，结合中耕除草分 2～3 次进行。土壤孔隙度大的间苗后应进行弥缝，浇水，以保护幼苗根系。亩出苗数控制在 6 000～8 000 株，品种部分生长发育期

满一年。品种段木质化程度好,表现品种固有色泽。10月中下旬保叶率80％以上。

浇水:播种前应灌足底水,出苗前尽量不要浇头水,以防土壤板结,影响种子发芽出土。幼苗初期,床播应用喷壶少量洒水,直播也要少浇,出真叶前,切忌漫灌,但要求稳定的湿度。旺盛生长期形成大量叶片,需水量大;秋季营养物质积累期,需水量小。一般苗木生长期需浇水5—8次。生长后期要控制浇水,以防贪青徒长,否则不利于越冬。雨季应注意排水防涝,这是苗圃地管理中一项不可忽视的工作。如果苗木较长时间处于积水状态,往往造成根系腐烂,病害发生,甚至死亡。

中耕除草:中耕结合除草,多在浇水或降雨后进行,一般每年4～6次,杂草多的地方,应锄草7～8次。杂草不仅与苗木争夺肥水及阳光,还是病虫繁殖场所,只有经常中耕除草,苗木才能健壮生长。拔除幅内杂草时,操作要细致,不要伤苗。

追肥:苗期追肥要分2～3次进行。前期可施用氮肥,每次每亩施尿素5～10 kg,后期应施用复合肥,每次每亩8～10 kg,以加速苗木生长和木质化进程。追肥不可过晚,最迟不能超过8月下旬,否则砧木贪青徒长,推迟休眠期,容易受到冻害。

摘心抹芽与副梢:砧木摘心能促使植株加粗生长和提前嫁接。摘心应在夏季植株旺盛生长结束前进行。摘心过早,常刺激植株下部大量萌发副梢,影响嫁接,过晚则失去作用。一般芽接前一个月,苗高达30～40 cm时摘心为宜。砧木苗抹芽是指及早抹除苗干基部5～10 cm以内萌发的幼芽。嫁接部位以上的副梢应全部保留,以增加叶面积,促进苗木加粗生长,副梢过多过密时,也可以少量间除,但保留基部功能叶,采取摘心、抹芽和副梢处理措施,能提高当年砧木嫁接率和苗木质量。

六、苗期主要病虫害防治

蚜虫,蚜虫在本区苗木上发生十分普遍,其寄主除苹果外还有大叶黄杨、红叶李、桃、海棠、月季等。它的危害不但造成缩叶、生长不良,而且极易导致苗木染病。四月份正值苗木春梢期,枝叶嫩绿,营养丰富,温度适宜,蚜虫的繁殖很快,发生范围也将迅速扩展,应及时防治。防治药剂:10％吡虫啉或10％金世纪1 500倍液。

白粉病,白粉病是苗木上的主要病害,对以往发病较重的苗木,可在新芽长到一定程度时用大生M45 600倍液喷雾;对已发生的苗木,要抓住初发病期,用15％粉锈宁可湿性粉1 500倍、或50％翠贝干悬浮剂4 000倍、40％福星乳油8 000倍防治,病情严重的隔15 d左右再喷一次。

七、苗木嫁接与管理

嫁接时期:随着果树育苗技术的不断发展,接树由春、夏扩大到秋、冬,就是说,在一年四季都能嫁接。具体嫁接时期的确定,根据嫁接方法和目的,例如,枝接还是芽接,培育成苗还是半成苗,当年出圃还是不出圃。

嫁接方法:目前生产中应用最广泛的嫁接方法有两种:凡是用一个芽片作接的叫芽接,用具有一个或几个芽带一段枝条作接的叫枝接。芽接包括四个基本步骤:削取芽片,切割砧木,取下芽片插入砧木接口和绑缚。由于接芽削取方法和砧木接口形成不同,芽接又分为"丁"字形芽接,"一横一点"芽接,"工"字形芽接,方块芽接,套接和带木质部芽接等多种方法,但不论哪一种方法,都要做到芽片与砧木紧密吻合,否则不易接活。使用的接芽,应该在接穗中段选取充实饱满的芽子,上端的嫩芽和下端的隐芽都不宜采用。芽接应该在同一方位进行,以便田间作业和检查成活情况。在有季节风的工区,接芽宜在迎风面,以防接芽萌发后被风吹折断。接后用宽1厘米左右的塑料薄膜条绑严,绑紧。包扎的宽度,以越过接口上下 1~1.5 cm 为宜(芽子和叶柄应该外露)。如果照此法切取芽片,但砧木不切成"工"字形,而视接芽片大小将砧木皮取下,迅速将芽片贴补在砧木去皮的地方并绑缚,就是通常说的方块芽接法或贴皮芽接法。枝接发芽早,生长旺盛,一般可以当年成苗,但比较费工,接穗消耗量大,嫁接时期也受到了一定限制,一般枝接时期多在春分至清明节,果树开始萌动而尚未发芽之前进行。插皮接是把削好的接穗插在砧木的树皮与木质部之间,所以又叫皮下嫁接,插皮接是枝接中容易掌握,操作简便的一种嫁接方法,但要求砧木直径应在 2 cm 以上,过细则难以成活,要求在接穗发芽以前,砧木离皮以后进行,注意不可过早,否则砧木离皮程度差,强行插入接穗可使形成层受到破坏,或根本不能插入形成层,造成嫁接失败。一般在四月中旬至五月上旬为宜。砧木处理:选择光滑无伤疤的砧木,在地面以上 10 cm 处左右剪断,剪口要平滑。接穗上选取 2~4 个饱满芽,上端剪平,并在下端芽的下部背面一刀削成 3~5 cm 长的平滑大切面,并在削面两侧轻轻削两刀,以削一丝皮层,露出形成层为宜,然后在大切面尖端的另一面再削一个小切面,以便插入湿布包好待用。接合:用木签或竹签插入砧木的韧皮部和木质部之间,深约是接穗大切面的一半或多一半,拔出签子后,迅速将接穗大切面朝里插入,露白 0.5~1 cm,给愈合的组织生长留下充分余地。

附件二

庆阳市苹果标准化建园技术规范

一、园地选择

苹果园地应选择生态条件好,远离污染源,具有持续生产能力的农业生产区域。一般除气象因素外,土壤要肥沃,而且无污染,有机肥含量超过 1.0%,活土层厚 80 cm 以上,地下水位 1.5 m 以下,土壤 pH 值 6.0~8.0,总盐量在 0.3% 以下。一般应首选塬地,地形要平坦,光照要充足,空气要流畅,管理要方便;坡地、川台地可作为补充地形,建园时必须提前整修梯田,防止水土流失。

二、品种选择及授粉树配置

(一)品种选择

品种选择一要因地制宜,适地适栽;二要根据市场需求变化,选择适销对路品种;三要合理搭配主栽品种与授粉品种;四要稳定当地优势品种的规模,科学引进新品种。根据庆阳市目前的发展和市场形势,苹果鲜食品种主要发展外形美观、着色鲜艳、质地脆硬、贮藏性好、市场前景广阔的优良晚熟品种,重点栽培 2001 富士、长富 2 号、长富 6 号、烟富 3 号等高桩、条红品种,适当发展嘎拉优系、华冠、美国 8 号等早中熟品种,引进发展秦阳、玉华早富等品种;加工品种引进发展瑞丹、瑞林、红国光等品种。塬地建园以鲜食品种为主,坡地建园重点发展加工品种。

(二)授粉树配置

苹果自花结实率较低,为了提高产量和质量,建园时必须配置适量的授粉树。良好授粉树应具备下列条件:(1)适应我市栽培条件;(2)开始结果年龄、开花期、经济寿命应与主栽品种基本一致;(3)与主栽品种能够相互授粉,结果良好;(4)成熟的花粉量大,大小年结果不明显;(5)果实品质好,商品价值高。目前我市发展的品种之间,均可相互作主栽或授粉品种(详见表1)。授粉树配置要便于授粉受精和田间作业,授粉品种与主栽品种比例一般为 1:4~6,配置应采用株间配置的方式,小果园 1 株授粉树周围栽 4~6 株主栽品种,大果园根据栽植方式应整行配置授粉树,例如南北行向果园可东西整行配置,即每行主栽品种隔 4 株栽 1 株授粉品种,这样既使授粉品种东西成行,又有利蜜蜂南北飞翔传粉,可提高授粉效率。

(三)苗木选择

优质壮苗是建园和争取丰产、优质的基础。优质苗木由于根量大、苗秆粗、芽眼饱、营养物质贮藏多,一般栽后成活率高,缓苗期短,发芽早,萌芽多,抽梢快,叶片大,成形快,结果早,易丰产。苹果苗分乔化苗和矮花苗两种,我市大部分区域属旱作区,主要应栽乔化苗,在有灌溉条件的地方,可积极栽植矮化苗,发展矮密果园。建园时应按照国家有关苗木标准选择优质苗木(详见表2)。

(四)注意事项

一是建园要因地因树,连片统一规划,合理利用土地;二是要做好园地区划和道路建设;三是倡导发展无病毒苗木;四是旱作果园要修集雨节灌配套工程;五是面积较大果园,主栽品种以2~3个为宜,不宜过多过杂,面积较小的果园一般只确定1个主栽品种。

三、果树栽植

(一)栽植时期

栽植苹果一般有春秋两季。春栽时间在土壤解冻后至发芽前,一般栽后缓苗期长,发芽迟,生长慢。秋栽时间在落叶至土壤封冻前,秋栽地温较高,土壤墒情好,断根伤口易愈合,并可产生新根,有利根系恢复,翌年发芽早,成活率高,但秋栽应压苗干埋土防寒。在我市多数地域春季干旱多风,无灌溉条件,因此苹果栽植提倡以秋栽为主。

表 1　苹果品种的适宜授粉组合

主栽品种	授粉品种
富士	元帅系、津轻系、王林、千秋、红玉、秦冠、金冠、嘎拉系、新世界
短枝富士	首红、新红星、金矮生
乔纳金系	津轻、嘎拉系、元帅系、王林、富士系、秦冠、金冠
红将军	津轻、嘎拉系、元帅系、富士系、王林
华红	津轻、嘎拉系、富士系、美国8号、王林
王林	富士、金矮生、千秋、夏绿
元帅系	富士、金矮生、千秋、嘎拉
金冠	津轻、嘎拉、元帅系、千秋、富士系、祝光
津轻	元帅系、富士系、金冠、嘎拉、祝光、红玉、夏绿
夏绿	富士、千秋、嘎拉、祝光、红玉、夏绿
早捷	首红、新红星、金冠
华冠	嘎拉系、元帅系、富士系、美国8号
嘎拉系	富士系、元帅系、美国8号、津轻、金冠
腾牧一号	元帅系、美国8号、嘎拉、津轻、早捷
粉红女士	嘎拉系、元帅系、富士系
美国8号	腾牧一号、嘎拉、元帅系、津轻
新世界	津轻、嘎拉系、元帅系、富士系
萌(嘎富)	腾牧一号、津轻、嘎拉系、元帅系、富士系
信浓红	嘎拉系、元帅系、红将军
红香脆	美国8号、元帅系、新世界、富士系
玉华早富	嘎拉系、元帅系、千秋、新世界
蜜脆	嘎拉系、津轻、元帅系、新世界、富士系

表 2 苹果苗木标准

项 目		级 别		
		一级	二级	三级
	品种与砧木类型		纯 正	
根	侧根数量	实生砧苗:5 条以上 中间砧苗:5 条以上 矮化砧苗:15 条以上	实生砧苗:4 条以上 中间砧苗:4 条以上 矮化砧苗:15 条以上	实生砧苗:4 条以上 中间砧苗:4 条以上 矮化砧苗:10 条以上
	侧根基部粗度 (cm)	实生砧苗:0.45 以上 中间砧苗:0.45 以上 矮化砧苗:0.25 以上	实生砧苗:0.35 以上 中间砧苗:0.35 以上 矮化砧苗:0.2 以上	实生砧苗:0.3 以上 中间砧苗:0.3 以上 矮化砧苗:0.2 以上
	侧根长度及分布		20 cm 以上,分布均匀,舒展不卷曲	
	砧段长度		实生砧:5 cm 以下,矮化砧:10～20 cm	
	中间砧长度		20～35 cm,同苗圃的变幅不超过 5 cm	
茎	高度(cm)	120	100	80
	粗度 (cm)	实生砧苗:1.2 以上 中间砧苗:0.8 以上 矮化砧苗:1.0 以上	实生砧苗:1.0 以上 中间砧苗:0.7 以上 矮化砧苗:0.8 以上	实生砧苗:0.8 以上 中间砧苗:0.6 以上 矮化砧苗:0.8 以上
	倾斜度	15 度以下		
	根皮与茎皮		无干缩皱皮,无新损伤处,老损伤处面积不超过 1 cm^2	
芽	整形带内饱满芽数	8 个以上	6 个以上	6 个以上
	接合部愈合程度		愈合良好	
	砧桩处理与愈合程度		砧桩剪除,剪口环状愈合或完全愈合	

(二)栽植密度、行向和方式

1. 密度:栽植密度应根据地形地势和砧木、品种特性具体确定,一般山地果园应比塬地果园密度大,矮化园应比乔化园密度大。以红富士品种为例,塬地建园密度应确定为:乔化果园株行距 3×5 m 或 4×5 m,亩栽 44 或 33 株;矮化果园株行距 2.5×4 m 或 3×4 m,亩栽 66 或 55 株。另外,栽培管理条件和技术水平较高的地方,也可进行变化(计划)型密植栽培,即先密后稀的间伐式栽植,这是提高早期产量的一种栽植方式。栽植时,分永久树和临时株,永久树按正常确定的株行距栽植,在其行间或株间增栽临时株。对永久树,按预定树形整形修剪。对临时株,应以促其提早结果为目的,及时控制树冠增大。当永久树成形时,定期移走或间伐临时株,以保证永久树正常生长和结果。这种栽植方式对管理措施要求高、精、细,按照一般管理很难达到原定的满意效果。

2. 行向:应以南北行向栽植为主,因为南北行向的果园,生长季节能充分利用太阳辐射,树冠两侧受光均匀。在一天内,上午东面晒太阳,中午光照强时,入射角度大(太阳光线与地面构成的夹角),下午西面晒太阳,且时间基本相等。据介绍,6 月间测定,以树上光照为 100%,南北行向的果园,树冠上部光照为 89.6%,而东西行间的果园,树冠上部光照仅为 78.8%。据研究,南北行向吸收的直射光比东西行向多 13%,而漫射光则与行向无关。

3. 方式:在塬地,苹果一般采用行距大于株距的单行长方形栽植方式,有利通风透光,果实着色艳丽,风味品质良好,同时也便于田间管理。

(三)栽前准备

1.开沟(穴)改土:果树栽植沟(穴)的大小、深浅直接影响着幼树根系的伸长和扩展,进而影响到植株地上部的生长发育。栽植前开沟(穴)改土,目的就在于创造有利于苹果苗木根系生长发育所需的土壤环境条件,使园土耕性良好,水、肥、气、热保持适、足、稳、匀的状态,根域活动层才能不断加深,有利增加土壤有机质和各种元素的供给,促进土壤肥力提高和根系生长。因此,规划建园地块应提前数月做好开沟(穴)改土工作。具体方法:根据确定的行向和行距,开挖宽 1 m、深 0.8~1.0 m、上下一致的栽植沟(穴),疏松沟底土壤。开挖时间宜早,最好是夏挖秋栽或春挖夏栽,使深层土壤能有足够的时间熟化。开挖时,一要表土、底土分开堆放;二要及时分层回填,沟(穴)下部分 2~3 层填入粉碎的作物秸秆、杂草、树叶等有机物,并拌施适量的有机肥和磷肥;沟(穴)上部填入表土与有机肥、磷肥混合物,最后覆上底土,促其熟化,为栽植果苗做好准备。

2.定点挖坑:栽植前,根据确定的株行距在已经开挖回填好的栽植沟(穴)中部划线定点,要求定植点纵、横、斜三个方向都要成行。以定植点为中心挖 30 cm 见方的栽植坑,待机备栽。

3.处理苗木:栽前,首先要核对、登记苗木的品种,避免栽乱。其次,按苗木质量分级排队,同一果园应栽植同一级别的苗木,使每行树的高度、大小基本一致,果园面貌整齐,方便管理。对质量差的弱小、畸形、伤根过多的苗木,应及时剔除假植或单独栽在一处。第三,对分级排队的苗木,将主、侧根剪除少许,然后将苗木根系放在清水中浸泡一昼夜,使其充分吸水。栽植时,配置磷肥液蘸根,配方是优质过磷酸钙 1.5 kg+黄土 10 kg+水 50 kg,充分搅匀,将苗木根系完全浸入其中,半小时后栽植或随蘸随栽。也可将修剪根系后的苗木,放在 1%~2% 的过磷酸钙液中浸根 12~24 h(自育苗宜短,外调苗宜长),最后泥浆蘸根栽植。

(四)栽植技术

将定植坑的底部培成丘状,再按品种配置计划将处理好的苗木放于坑内,使根系均匀分布在土丘之上,扶直苗木,校正位置,顺株行标齐。然后在根系周围填入表土,并轻轻提苗,使根系舒展,随之用脚踏实,土根密接,最后填土与地面平齐。栽植苗木应注意以下几点:(1)掌握好栽植深度,过浅影响成活,过深不利于幼树生长,一般是苗干上的原土印(苗木在苗圃生长时与地面平行处的土印)应与地面平行;(2)土壤墒情过差时,在苗木根系周围尽量填入墒情好的表土,并在苗木周围做直径 1 m 的树盘,及时灌水,然后封土保墒;(3)栽植预备苗,同一果园在栽植时,应在株间加密栽植 10% 左右同品种、同质量的"预备苗",如果第二年有未成活或损坏植株,就可在秋季补植,能确保园貌整齐一致。

(五)埋土防寒

我市冬季气候比较寒冷、干旱并伴有大风,秋栽苗木露地越冬往往会发生苗干失水干枯,这种现象称为风干抽条。为了防止风干抽条,避免畜兔啃伤苗木和提高成活率,秋栽苗木在土壤封冻前必须埋土防寒。埋土时,先在苗干周围做一"土梁",防止在弯曲苗木时折坏苗干;然后将苗干顺行的方向(西北)慢慢弯曲,使其接近或紧贴地面,随后在苗干上覆土 30～50 cm,将苗木全部埋严。注意在拉弯苗干时要轻慢,覆盖的土要拍碎,覆土后要拍光,万不能用脚踏或用工具砸,以防损坏苗木。

(六)栽后管理

1.刨土定干:春季萌芽前应对上年秋栽埋土的苹果苗及时刨土定干。刨土要注意掌握适当的时间,过早,苗木易受低温冻害,过晚容易引起烧芽。我市一般在清明过后一周气温回升并稳定时刨土放苗。刨土既可一次全刨放苗,也可根据天气变化情况分次刨土放苗。放苗后,扶正苗木及时定干,苗高 1 m 左右,可在距地面 0.8 m 处剪截;苗高 1.2 m以上可在距地面 1 m 处剪截(要求饱满芽适中,剪口芽迎风);如果苗木质量差,定干高度要低一些。定干后及时用塑膜袋、接蜡或果树愈合剂及时封堵剪口。

2.苗干套袋:新栽苹果树套袋的好处有:(1)套袋后,由于袋内温度提高,湿度增大,满足了苗木萌芽对温度、湿度的要求。避免了春季大风干旱使苗木风干抽条现象的发生,从而使苗木发芽早、发芽齐、萌芽率高。同时,由于温度、湿度适宜,新梢生长迅速。(2)套袋后,可促发新根,缩短缓苗期,促进成活。根据研究报道,根系的发生依赖于叶芽萌动时提供的一种特殊物质(激素)来启动。套袋后,由于提早催醒了芽子,内源激素就产生了,激素下运到根系,启动了根系,从而促进早发新根,这对缩短缓苗期、促进苗木成活具有很好作用。(3)可以有效防止金龟子等害虫为害。套袋后,由于受塑膜袋的隔阻,可有效防止金龟子等害虫对嫩芽和嫩梢的为害。

套袋程序:①制袋:将普通农用薄膜裁成宽 12～15 cm、长 90～110 cm 的长条,然后对折封口,制成宽 5～7 cm、长 90～110 cm、三面封口、一面开口的长筒形塑料袋。②套袋:套袋时间要早。秋栽苗在第二年春季刨土放苗定干后,春栽苗在栽植定干后立即进行。将苗木用制成的长筒形塑料袋自上而下全部套住,下端埋入土中,以防透气,使袋内形成相对封闭的小环境。③取袋:一般当袋内幼芽长到 3 厘米左右时,分 3～4 次进行取袋,使袋内苗木逐渐适应外部环境。第一次先在袋子周围扯开 4～5 个直径约 1 cm 大小的孔透气,然后每隔 2～3 d 扩大一次,6～8 d 后在袋内外温度、湿度条件基本相同时,傍晚将残袋全部取掉。取袋不宜过早、过急或过迟,若取袋过早,嫩芽仍有可能被金龟子等害虫为害;取袋过急,新叶从高湿环境中很快暴露在干燥大气中,叶缘易焦枯;取袋过晚,由于袋内温度过高,易使叶片烧伤或因新梢生长过长而扭曲。

3.树盘、营养带覆膜:对幼树树盘或营养带覆盖地膜,是一项提高幼树成活和促进幼树快速生长的实用技术,尤其对旱作果园更具重要意义。覆盖地膜的作用主要有以下几个方面:(1)提温保温。(2)保墒提墒。(3)通气增肥。(4)增强光照。(5)灭草免耕。新栽幼树当年采用地膜覆盖,利用保墒增温,能显著提高成活率,促进幼苗生长。覆膜应在早春尽早进行,以充分发挥前期的增温保墒作用。秋栽苗木刨土放苗、定干、套袋、覆膜可同时进行,春栽苗木随栽随覆膜。覆膜前对果树营养带浅锄松土,耙碎土块,将树盘整修成外高内低的浅盘,然后用 80～100 cm 见方的地膜在中心开孔从苗干套下,使地膜紧贴地面,中心孔与四周均用湿土压实。幼园和挂果园可根据树盘大小和地膜宽度,以树干为中心进行覆膜,可树盘覆膜,也可营养带覆膜。但是,覆膜也有一定缺陷,应采取相应措施克服。一是覆膜后,降雨或灌水不易迅速均匀下渗,应在覆膜前灌水或雨后趁墒及时覆盖。

二是夏季覆膜部位地温较高,对根系生长有一定影响,应在膜上加草覆盖。

4.合理间作:一般栽植后1～4年行间可以合理进行间作,这样既可以充分利用园地和光能,增加早期经济效益,实现以短养长,又可以增加土壤有机质,改善土壤,还可形成土壤生物群体,利于幼树生长。适宜间作物选择的原则:(1)生育期短,需肥水较少,能与树体需肥需水临界期(关键期)错开;(2)植株低矮、根系浅,不影响果树通风透光;(3)适应性强,经济效益高,能改良土壤,提高肥力;(4)与果树无共同的病虫害或病虫害的中间寄主。一般间作物往往不能完全满足上述条件,但至少应具备前两个条件。最好选用西瓜、香瓜为主的瓜类;花生、黄豆为主的豆类;辣椒、甘蓝为主的蔬菜类;黄芪、大黄为主的药用植物类。果园内不宜种植深根、高杆、消耗地力大的作物,如小麦、玉米、高粱、向日葵等。间作范围:为了使间作物不会影响到果树生长,缓和果树与间作物争肥争水的矛盾,有利田间管理,间作时应留出树行(营养带)。营养带的宽度标准是:一年生树1 m,二年生树1.5 m,三年生树2 m,四年生树3 m,以后随树冠扩大,应停止间作或行间种植三叶草等绿肥作物,增加土壤有机质含量。间作模式:瓜类－菜类－豆类－薯类;小杂粮－瓜类－菜类－豆类(绿肥);菜类－瓜类－花生－绿肥等。

旱地幼龄果园间作物栽培应注意下列问题:①轮作倒茬,同类作物不能连年间作,避免造成营养失调或在土壤中残留有害物质;②由于间作物与果树争肥争水,因此,间作后对幼树进行肥水管理时,还应对间套作物加强管理,尤其是加强肥水管理,使幼树正常生长。

容器育苗标准化生产技术集成与产业化

成 果 公 报 文 摘

成果名称:容器育苗标准化生产技术集成与产业化

登记号:2011069

完成单位:庆阳市林木种苗管理站

主要研究人员:席忠诚、徐建民、马德辉、张拥军、常华江、王建刚、彭小琴、邵玲玲、
刘向鸿、张育青、曹思明、段剑青、刘志刚

研究起止日期:2009.3—2011.12

推荐单位:庆阳市林业局

内容摘要:

该项目建成标准化苗木生产基地 500 亩,集成应用遮阴网、植物动力 2003、ABT－3 生根粉＋容器营养袋、营养钵苗、新药剂防治立枯病及根外追肥等技术,完成和推广容器育苗 28 000 万袋,累计培育油松、侧柏、云杉、白皮松、华山松、樟子松、文冠果等树种苗木 36 695.67 万株,定植培育大苗 566.41 万株。试验表明:遮阴网＋容器育苗成苗率达 95.2％,发芽天数较常规容器苗和大田苗分别缩短 1 d 和 2 d,1 a 生苗高 7.3 cm、地径 0.16 cm、主根长 16.4 cm、侧根数 14 条,较对照均有增加;采用 ABT－3 生根粉 50 mg/kg 拌种,出苗率比对照提高 10 个百分点,出苗期缩短 2~3 d;在 1 a 生苗生长期喷施 "植物动力 2003" 1500 倍液,比对照苗高增加 0.9 cm、地径增加 0.04 cm;新型药剂恶霉灵组合防治立枯病和叶枯病,保苗率达 99.6％,较对照提高 3.8 个百分点;植因美、三元菌肥追施显著提高了植株生长量、减轻了越冬紫化率。总结提出了搭建和不搭建拱棚条件下,最佳播种时间分别为 3 月中旬和 4 月中旬,规模化育苗容器规格 8×15 cm 和 9×15 cm、育苗基质 "1/3 腐殖土＋2/3 耕作土(消毒)"、容器直播用种量 3~5 粒/袋为宜等主要技术;总结出了营养钵容器育苗技术要点,起草颁布了《油松容器育苗技术规程》地方标准;探索总结出了育苗技术和技术集成推广应用模式。培育苗木直接收入 36 017.9025 万元,利润 20 698.07 万元。

经鉴定该项目技术集成科学,组织措施得力,与生产实际结合紧密,推广规模大,产业化程度高,经济、生态、社会效益显著,成果总体达到国内先进水平。

【本项目获 2012 年庆阳市科技进步二等奖】

项 目 技 术 报 告

1 项目背景及目的意义

温家宝总理在中央林业工作会议上明确指出:林业在贯彻可持续发展战略中具有重要地位,在生态建设中具有首要地位,在西部大开发中具有基础地位,在应对气候变化中具有特殊地位。回良玉副总理进一步阐明:实现科学发展必须把发展林业作为重大举措,建设生态文明必须把发展林业作为首要任务,应对气候变化必须把发展林业作为战略选择,解决"三农"问题必须把发展林业作为重要途径。林业要发展,种苗是基础、是关键。没有优质壮苗作保障,林业的发展就是无本之木、无源之水。林木容器育苗是目前世界上苗木培育的一项先进育苗技术,是解决苗木匮缺的重要手段。在国外,大规模商品化容器苗的概念、生产方式和生产技术相当完善。在国内,苗木产业虽自上世纪 80 年代以来有了较大的发展,如苗木的生产面积、品种和数量均有大幅度的提高,但由于其生产方式不像花卉、草坪业那样与国外的交流直接、频繁,苗圃管理等都仍非常传统,因此,我们必须大力提倡发展容器苗。只有用容器育苗的生产方式,苗木产业才能实现现代化,也只有用容器苗的生产方式,造林绿化和观赏苗木的质量才能真正得到保障。

容器苗与普通裸根苗相比,具有育苗周期短、苗木规格和质量易于控制、苗木出圃率高、节约种子、起苗运苗过程中根系不易损伤、苗木失水少、造林成活率高、造林季节长、无缓苗期、便于育苗造林机械化等优点,因而其使用率在迅猛提升,市场份额也在逐步扩大。在今后一个相当长的时期内,容器育苗都是播种苗木培育特别是针叶树苗木培育的首选方法,也是造林绿化苗木选择的重要标准和依据。目前,由于各地园林绿化工程量增多,苗木市场需求量不断增加,同时,为了能合理利用土地资源,保护耕地、水资源、能源,不与林农争地,保证林业的可持续发展,容器苗都具备相当优势。因此,容器育苗的产业化生产是适应市场需求的必然结果。容器苗的培育和推广,不但打破了长期以来常规裸根育苗的束缚,而且为提高干旱地区荒山造林成活率提供了新的有效途径,不仅满足了本市各项林业生态工程建设造林对苗木的需要,提高了造林成活率,而且为周边省、市、县区提供了部分优质造林用苗,经济效益和社会效益显著。为了彻底扭转苗木品种较少、优质壮苗匮缺、苗木质量不高、数量不平衡的被动局面,为造林绿化奠定良好的物质基础,加快生态环境建设的速度,推动西部大开发战略的顺利实施,我们于 1998 年开始选立并于 2007 年完成的《陇东黄土丘陵沟壑区容器育苗与造林技术示范推广》项目,旨在加大苗木生产的科技含量,充分展示容器育苗所具有的育苗时间短、苗木整齐健壮、不伤根、运输方便、造林成活率高、能有效延长造林时间等优势,以提高林木种苗的造林质量和经济效益。《容器育苗标准化生产技术集成与产业化》是我们在原有项目基础上,通过采用容器苗标准化生产,综合地解决提高产品质量的问题,使容器苗的生产培育达到最佳技术水平和质量水平,并将研究成果更加广泛地应用到实际生产中,通过大批量生产实践以达到林业对苗木的需求,推进林业生态建设跨越式发展,从而真正实现容器苗集约化、标准化、规模化、产业化生产。

近年来,通过对容器育苗的推广应用,各生产单位和育苗户已充分认识到容器育苗的优越性,容器育苗面积逐年增大,在林场,例如油松、侧柏、白皮松、樟子松、华山松等针叶树基本上很少培育裸根苗,不同品种、各种规格的苗木均生长于容器之中。在林场的带动下,个体育苗户也开始采用容器袋育苗,特别在今年,农民培育的油松容器苗随处可见,而且面积大,长势好。油松容器苗给农民带来了非常可观的经济效益。农民尝到了甜头,容器育苗热情空前高涨,容器育苗的标准化批量生产趋势已基本形成。

因此,在实现了容器苗标准化生产之后,做大做强容器育苗产业,使陇东黄土高原沟壑区特别是子午岭林区的容器育苗沿着集约化、规范化和产业化的路子走下去,形成产业链,以推动林业可持续发展目标的顺利实施。

2 项目区概况

2.1 实施区自然条件

2.1.1 地理位置:庆阳市属黄河中游内陆地区。介于东经 $106°20'\sim108°45'$ 与北纬 $35°15'\sim37°10'$ 之间。东倚子午岭,北靠羊圈山,西接六盘山,东、西、北三面隆起,中南部低缓,故有"盆地"之称。区内东西之间 208 km,南北相距 207 km。

2.1.2 地质地貌:远古以来,经过地质不断运动和变迁,使雄浑的黄土地貌千姿百态,风格独特。古生代陆地从汪洋中隆起,陇东出现丘陵。中生代沉积成我国西北最大的庆阳湖盆,涉及陕、甘、宁、蒙,浩瀚辽阔。第四纪陆地不断抬升,更新世的大风,席卷黄土,铺天盖地,覆积成厚达百余米的黄土高原,全新世,黄土高原被河流、洪水剥蚀切割,形成现存的高原、沟壑、梁峁、河谷、平川、山峦、斜坡兼有的地形地貌。分为中南部黄土高原沟壑区,北部黄土丘陵沟壑区和东部黄土低山丘陵区。全市海拔相对高差 1 204 m,北部马家大山最高为 2 089 m,南部政平河滩最低为 885 m。

2.1.3 地势地形:庆阳市地势南低北高,海拔在 $885\sim2\ 089$ m 之间。山、川、塬兼有,沟、峁、梁相间,高原风貌雄浑独特。全境有 0.667 万 hm² (10 万亩)以上大塬 12 条,面积 25.48 万 hm²(382 万亩)。董志塬平畴沃野,一望无垠,有 908.92 hm²(13 627 亩),是世界上面积最大、土层最厚、保存最完整的黄土原面,堪称"天下黄土第一原"。子午岭的 26.68 万 hm²(400 多万亩)次生林,为中国黄土高原上面积最大、植被最好的水源涵养林,有"天然水库"之称。

2.1.4 气候特点:庆阳属干旱半干旱气候,年均气温 7℃~10℃,年日照 2 250~2 600 h,无霜期 140~180 d。年均降雨 480~660 mm。

2.2 项目实施区优势

本项目在我市正宁、湘乐、合水、华池四个林业总场实施。四个林业总场下辖 26 个国有林场 1 个林科所,基本苗圃地总面积 548.47 hm²(8 223 亩),平均年出圃各类合格苗木 1 亿株,培育容器苗 8 000 多万袋。林场职工都有一定的育苗技术和理论水平,况且通过近几年对容器苗的示范培育,使职工对如何培育容器苗积累了一定的实践经验,加之林场育苗面积大,育苗地相对集中,易于管理,是理想的项目实施区。(详见表 2—1)

3 技术路线与试验方法

3.1 技术路线

项目采取产学研有机结合形式,充分依靠各级专业技术人员、管理人员、生产工人,以实用技术培训为先导,以推广应用容器育苗先进技术为主体,以标准化示范样板为载体,以整体推广应用容器育苗为目标,坚持"引进新技术与自身总结提升相结合,规范生产与推广应用相结合"的技术路线,不断实现容器育苗标准化生产和产业化发展。

3.1.1 确定产业化示范点:从 2009 年 1 月开始,我们在子午岭 26 个林场大面积进行容器苗培育试验示范。重点研究容器育苗的标准化生产和产业化发展,即严格按照容器育苗技术规程进行育苗,不断扩大容器育苗面积。

3.1.2 推广应用项目成果:在总结试验成果的基础上,加大成果推广力度,使容器育苗这一高新育苗技术普及到全市各个育苗单位和育苗户,不断走上标准化,产业化发展路子。通过多年的宣传和推广,我市容器育苗面积增加迅猛。

3.1.3 集成容器育苗配套技术:随着容器育苗培育力度的不断加大和培育时间的不断延伸,我们扩大了容器育苗技术的集成,由以前单一的容器营养袋育苗,逐步集成了遮阴网+容器营养袋、动力 2003+容器营养袋、ABT-3 生根粉+容器营养袋等容器育苗技术。增加了塑料营养钵等容器的种类,并实施了带营养钵苗木定植。容器苗培育以油松为主打树种,同时兼顾侧柏、云杉、白皮松、华山松,文冠果并引进樟子松等树种。

3.1.4 规范容器育苗主要技术环节:以油松为主研究常规裸根苗和容器苗的苗高、地径生长情况,从而规范了容器育苗的各个主要技术环节。

3.1.5 实施大规模容器苗定植:充分利用林场的土地资源开展容器苗定植,提高容器苗的附加值。同时,引进抗旱抗寒性较好的樟子松进行营养钵培育。

3.1.6 经济效益分析:比较分析常规裸根苗和容器苗的经济效益。

3.2 材料与方法

3.2.1 不同育苗时间对苗木生长的影响:为规范油松容器育苗的最佳播种时间,分别于 2009 年 3 月上旬、3 月中旬、3 月下旬、4 月上旬、4 月中旬、4 月下旬播种,在合水、华池、宁县、正宁四个区域进行育苗试验。

3.2.2 不同容器规格对苗木生长的影响:根据油松容器苗生长特点,采用 6 种不同规格的有底或无底长方体白色聚乙烯塑料袋进行试验,1a 生容器苗规格(直径×高)有:6×12 cm、8×10 cm、8×12 cm、8×15 cm、9×15 cm 和 10×15 cm 等 6 种。2 a 生容器苗规格(直径×高)有:7×14 cm、8×12 cm、8×15 cm、9×15 cm、10×15 cm 和 12×15 cm 等 6 种。每种处理 200 袋,重复 3 次。以规范塑料容器袋规格。

3.2.3 不同基质对苗木生长的影响:基质配制是培育容器苗的主要条件,它直接影响苗木的生长,是容器育苗成败的关键环节。本试验对基质的选择以就地、就近、就便取材,因地、因树种制宜为原则,将基质种类分为 4 种配比方式,即 100%腐殖土、100%耕作土、1/3腐殖土+2/3 耕作土、2/3 腐殖土+1/3耕作土。容器选用 8×15 cm 同一规格的容器袋,每个处理 100 袋,重复 3 次。同时再加入适量的杀菌、杀虫农药进行消毒,预防苗木发生病虫害。基质的 pH 值控制在 5.5~6.5 之间。以规范容器育苗的基质配比。

3.2.4 不同播种方法对苗木生长的影响:通过采取容器直播、芽苗移植和幼苗移植 3 种方法。每种处理 500 袋,重复 3 次。以规范容器育苗的播种方法。

表 1 子午岭国营林场基本情况 [单位:m²、hm²(亩)、人、万株]

名 称	经营面积	房屋面积				职工人数	年平均产量
		计	办公用房	生产用房			
				种子仓库	苗木储藏室		
合 计	548.47(8 223)	22 557.8	20 830	1 117.6	610	1443	10 533
秦家梁林场	22.68(340)	1 210	1 040	40	130	56	90
西坡林场	25.35(380)	1 245	1 055	40	150	78	100
中湾林场	21.34(320)	1 455	1 265	40	150	80	90
刘家店林场	30.68(460)	685	1 465	40	180	71	110
罗山府林场	27.15(407)	160	100	60		50	428
盘克林场	10.34(155)	100	60	40		30	601
湘乐林场	3.54(53)	100	60	40		20	98
梁掌林场	19.68(295)	100	60	40		30	423
九岘林场	12.01(180)	100	60	40		30	347
桂花塬林场	23.68(355)	160	100	60		50	519
北川林场	17.94(269)	156	120	36		44	450
蒿嘴铺林场	24.15(362)	55.8	37.2	18.6		8	600
连家砭林场	33.35(500)	66	33	33		7	1000
太白林场	33.48(502)	840	800	40		84	400
平定川林场	23.35(350)	3 149	3 119	30		105	480
拓儿塬林场	17.21(258)	560	320	240		67	397
大山门林场	6.27(94)	2 311	2 271	40		220	800
山庄林场	17.54(263)	1 063	1 063			53	400
南梁林场	11.81(177)	860	860			32	440
林镇林场	20.88(313)	1 100	1 100			44	360
豹子川林场	49.42(741)	1 134	1 134			69	500
东华池林场	24.01(360)	2 179	2 179			73	700
城壕林场	11.34(170)	540	540			40	390
大风川林场	21.94(329)	1 799	1 559	240		71	640
乔川林场	3.34(50)	250	250			16	80
白马林场	2.67(40)	180	180			15	90

3.2.5 播种数量对苗木生长的影响:在一定的育苗技术和圃地自然条件下,苗木质量的好坏和产量的高低与苗木密度有很大关系。为了探索播种数量与苗木品质的关系,使单位面积上生产的苗木既达到质量要求,又能取得最大的经济效益,我们在同样条件下,进行不同数量籽粒点播试验。每袋分别播 3 粒、4 粒、5 粒、6 粒、7 粒种子,统一采用 8×

15 cm塑料袋,基质为1/3腐殖土＋2/3耕作土,每种处理100袋,重复3次。以规范容器育苗播种籽粒数。

3.3 数据处理

随机间隔抽样,对样本测定其生长指标,包括苗高、地径、主根长、大于5 cm一级侧根数等。苗高每10 d测定一次,其余指标在试验结束时测定。用钢卷尺、游标卡尺测量苗高、地径,填写记录表。数据结果用EXCEL软件进行汇总,求取苗高、地径、主根长、侧根数等的平均值,然后绘制不同处理下容器苗木的生长量调查表格及不同处理下的生长曲线图,得出结论。

4 主要集成技术研究

4.1 遮阴网＋容器育苗技术

2010～2011年在中湾林场进行了遮阴网油松容器育苗试验,并与常规容器育苗进行比较。结果表明:遮阴网容器育苗具有遮阴、保湿、防止日灼和土壤板结及鸟虫害,出苗快、齐,出苗率高等特点。详见表2。

表 2　油松苗不同培育方式调查(试验)对比表

培育方式		发芽 (d)	出苗 (d)	苗高 (cm)	地径 (cm)	主根长 (cm)	侧根数 (条)	成苗率 (％)
容器育苗	遮阴网育苗	5	5	7.3	0.16	16.4	14	95.2
	常规育苗	6	6	7.1	0.15	16.1	12	93.7
大田育苗		7	9	6.8	0.12	15.8	12	90％

从表2的对比结果可以看出:1、与常规容器育苗和大田育苗相比,采取遮阴网育苗成苗率高达95.2％;2、发芽天数明显缩短,分别比常规容器育苗缩短1d,比大田育苗缩短2d;3、遮阴网育苗的苗高、地径值最大,分别为7.3 cm和0.16 cm;4、遮阴网育苗的主根长可达到16.4 cm,比常规育苗和大田育苗分别长0.3 cm和0.6 cm,侧根数相比而言增加2条,大大提高容器苗成活率。

遮阴网在生产上管理极为方便,有利于提高苗木质量。一是遮阴网的揭盖方便,在苗木生长中期可随时根据气候揭网,促进苗木提早木质化;二是林区昼夜温差大,在遇雷雨、晚霜和冰雹时,遮阴网可起到保温防霜,截流暴雨冲击和抵挡冰雹对苗木危害等的防护作用;三是遮阴网在第二年的育苗中能继续利用,成本较低。

4.2 "植物动力2003"＋容器育苗技术

"植物动力2003"是德国几代科学家经过60多年时间研制成功的一种液体肥料,它集植物营养、生理调节、土壤调理三大功能于一身,是当今同类叶面肥料中的高科技产品。自1995年引入我国后,已在全国20多个省、市、自治区进行多种作物试验、示范,推广达50万 hm²。据测定,它在增加作物单产,改善农产品品质,增强作物抗逆性,作物受灾之后恢复生长,提高氮肥利用率等方面具有明显效果。

4.2.1　喷施不同叶肥对比试验:选取油松容器育苗常用叶面肥磷酸二氢钾和"植物动力

2003"进行比较,以清水为对照,肥液均按产品推荐的原液用量和喷施浓度在苗木生长期三次喷施,其中一年生苗第一次喷施选在苗木出齐、种壳完全脱落时,然后每隔一个月喷施一次,全年三次;二年生苗在顶芽萌动后喷施第一次,然后每隔一个月喷施一次,全年三次。本试验在华池总场进行。

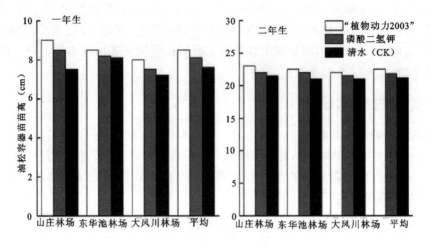

图1 不同施肥种类对油松容器苗苗高的影响

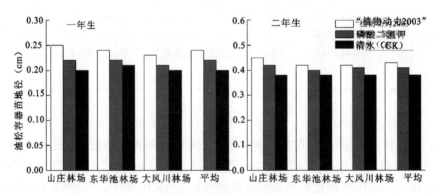

图2 不同施肥种类对油松容器苗地径的影响

试验结果表明:喷施"植物动力"2003 的一年生油松容器苗苗高比对照(CK)增加 0.9 cm,地径增加 0.04 cm,喷施磷酸二氢钾一年生油松容器育苗苗高比对照(CK)增加 0.5 cm,地径增加 0.02 cm,喷施"植物动力"2003 的一年生油松容器苗比喷施磷酸二氢钾一年生油松容器苗苗高增加 0.4 cm,地径增加 0.02 cm;喷施"植物动力"2003 两年生油松容器苗苗高比对照增加 1.3 cm,地径增加 0.05 cm,喷施磷酸二氢钾两年生油松容器育苗苗高比对照增加 0.6 cm,地径增加 0.03 cm,喷施"植物动力"2003 两年生油松容器苗比喷施磷酸二氢钾两年生油松容器苗苗高增加 0.7 cm,地径增加 0.02 cm。由此喷施"植物动力"2003 可明显增加油松容器苗的生长量。

4.2.2 "植物动力 2003"不同浓度对比试验 选用不同浓度的"植物动力 2003"在 1 a 生和 2 a生油松容器育苗进行试验。喷施时期选择在生长期,全年喷施 3 次。

试验结果表明:喷施"植物动力 2003",对油松容器苗生长效果显著,其苗高和地径值均大于对照(清水)。1 a、2 a生油松容器苗的苗高和地径随"植物动力2003"浓度升高而呈上升趋势,达到1 500倍液为最佳效果,1 a生油松容器苗苗高8.5 cm,地径0.24 cm,2 a生油松容器苗苗高22.5 cm,地径0.43 cm,当2 000倍液时苗高、地径呈现降低趋势。

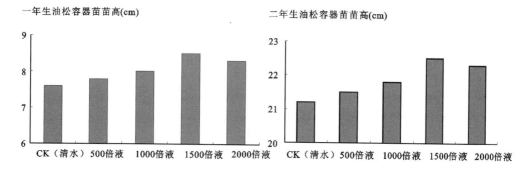

图3 不同"植物动力2003"浓度对油松容器苗苗高的影响

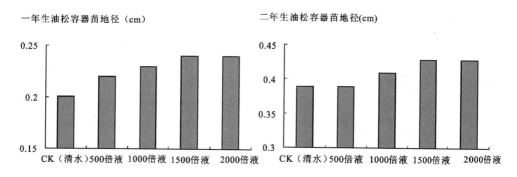

图4 不同"植物动力2003"浓度对油松容器苗地径的影响

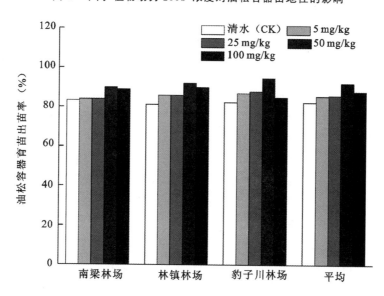

图5 ABT—3生根粉对油松容器苗出苗率的影响

4.3 ABT-3生根粉+容器育苗技术

近几年,随着国家加大对林业科技成果的开发和转化,ABT生根粉作为一种高效、广谱的复合型植物生长剂,越来越得到广泛的应用。1998年,ABT生根粉被列为国家"星火计划"项目之一,1999年国家林业局将"ABT生根粉的推广"作为重要的推广项目。目前ABT生根粉的推广使用已经应用于120多个树种(品种)的播种、扦插、移栽和嫁接育苗,本试验主要是应用ABT-3生根粉。

4.3.1 对油松容器育苗出苗率的影响:试验结果表明:使用ABT-3生根粉5 mg/kg、25 mg/kg、50 mg/kg和100 mg/kg与CK(清水)相比,出苗率均有提高。其中,出苗率最高的是50 mg/kg浓度的ABT生根粉,达95.3%,比CK提高10个百分点。其他4个处理虽效果不如50 mg/kg浓度的ABT生根粉明显,但与CK相比,都有不同程度的提高。由此可见,ABT生根粉可显著提高油松容器苗的出苗率,浓度以50 mg/kg为最佳。

4.3.2 对油松容器育苗生长的影响 待苗木停止生长后测定调查发现,使用50 mg/kg浓度ABT-3可使1 a生油松容器苗苗高增加0.8 cm,地径增加0.04 cm。

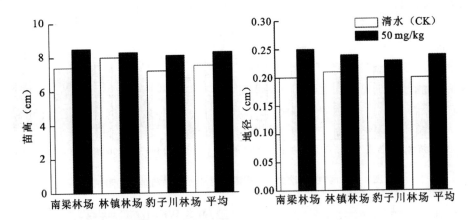

图6 ABT-3生根粉对油松容器苗苗高、地径的影响

以上试验证明:

(1)应用ABT-3生根粉处理种子,能提高种子的呼吸作用与酶的活性,促进种子萌发,提高发芽率,促进幼苗根系及地上部分的生长发育。从处理结果看,用50 mg/kg的ABT-3生根粉能显著提高油松种子出苗率。

(2)经观测,使用ABT-3生根粉处理油松种子可缩短育苗期2~3 d左右。

(3)对出圃苗木调查显示,苗木各项性状指标均高出对照,地径增加0.04 cm、苗高增加0.8 cm,说明用ABT-3生根粉能明显促进油松幼苗生长。

4.4 营养钵容器育苗技术要点

为了验证营养钵容器育苗在育苗生产中的优点,项目组在合水林业总场各林场进行了营养钵容器育苗,通过多年的实践,总结出以下技术要点:

(1)圃地选择:应选择在地势平坦、土层深厚、土壤肥沃、通风透光、水源充足、交通方便、排水良好的地方。

(2)配制营养土:将拉回的腐殖质土过筛,清除杂质之后,将腐殖质土与生土按3∶2

的比例混合均匀,每10万袋加磷肥100 kg,硫酸亚铁40～50 kg。如果腐殖质土质量不好,可不加生土。营养土如果是纯腐殖质土,或腐殖质土的比例过大,不易保墒,以后苗木出圃运输、栽植的过程中,土容易撒落,使苗木成裸根苗。如果营养土中生土的比例过大,苗木养分不足,生长不良,且容易板结成硬块。

(3)做床:装钵前进行土地平整,做低床,床面要水平且夯实,同时修好排洪渠。

(4)装钵:营养钵规格根据用途确定,幼苗并床可选口径×钵高为8×13 cm,大苗定植可选18×18 cm。每钵装入营养土至钵中部即可,然后整齐摆入苗床。每装四行一定要用木板靠实,不留孔隙,有孔隙则容易跑墒且浇水后容器袋容易变形。

(5)苗木移栽:移栽时应进行分级苗木移栽,使根系舒展,栽后上覆细土,采用宽窄行错窝种植。大苗定植,一般紧凑型苗栽3 500～4 500株/亩,半紧凑型苗栽3 000～3 500株/亩;小苗可根据苗床确定密度。

(6)管理:移栽后,保持床面湿润,苗床缺水应及时补水。注意浇水时一定要在早晨11时以前,下午4时以后,水要用河渠水、水坝水、井水,自来水一定要抽到露天水池中晾晒并加少许硫酸亚铁中和后方可浇灌。及时拔草、浇水。其他管理措施与大田苗相同。幼苗在冬季易失水枯死。一般在土壤封冻前,灌足冬水,土壤稍干时,采用雍土、覆草等措施。翌年苗木萌动前立即灌水。

(7)病害防治:固定苗圃苗木移栽后一月以内每一周打一次药防病,以防苗木立枯病发生,以后可逐渐减少喷药次数。药物采用硫酸亚铁1%～3%溶液(20 min后冲洗),等量式波尔多液、1～3‰的高锰酸钾溶液、65%代森锌可湿性粉剂、50%甲基托布津可湿性粉剂、50%退菌特可湿性粉剂、25%多菌灵可湿性粉剂等。苗木过稠、湿度过大,油松苗木易得叶枯病,在6月初及时喷施50%退菌特800～1 000倍液,或25%多菌灵200倍液,或1‰高锰酸钾溶液,每1～2周喷一次,至8月中旬,可有效防治该病。

4.5 新药剂防治立枯病及追肥应用试验

在正宁林业总场刘家店林场进行了油松容器苗立枯病防治及追肥新农药应用试验。试验共设定了5块试验田,每块试验田50万～60万袋容器苗,共340万袋。1～4块试验田采用新引进农药恶霉灵进行防病,植因美进行追肥,使用比例为:预防时用袋装0.5%恶霉灵乳油20 g+20 g植因美+1 g赤.吲已.芸苔,每5～7 d喷施一次。感病严重时用瓶装3%恶霉灵乳油50 g+20 g植因美+1组就苗,每3～5 d喷施一次。生长期追肥用植因美或三元菌肥相互交替喷施:1a生苗追肥每喷雾器用20 g植因美喷施。1 a生苗追肥每喷雾器用20 g三元菌肥喷施,以上两种药每7 d交替喷施一次;第5块试验田采用传统硫酸亚铁0.5%～1%进行防病和用传统的磷酸二氢钾进行叶面追肥。

此外,选择土壤疏松、肥沃、利于排灌的地方。在发生松苗立枯、叶枯病的苗圃,采用与抗病树种实行轮作,或在冬季进行深耕,将病苗深埋土中,减少病原。同时加强在苗木生长期的管理,及时间苗、施肥、浇水、中耕除草,保障苗木生长健壮,增强其抗病能力。发病期间及时检查,对少数发病早的植株可摘除感病针叶或拔除病苗集中烧毁,防止苗地形成发病中心,引起病害蔓延。经过对油松苗采用传统和引进新药进行防治、追肥后,均取得了良好效果,以引进新药较传统药作用更为明显,防病和追肥效果更好,具体有如下几个优点:①采用新药恶霉灵组合防治立枯病、叶枯病使用方便,种子无需冲洗,更安全,更环保,更省工,用传统硫酸亚铁防治时用工花费是用新药的2倍。②通过对比试验采用新药恶霉灵组合防治立枯病、叶枯病保苗率达99.6%,较传统硫酸亚铁防治保苗率95.8%提高了3.8个百分点。③通过对比试验采用新药植因美、三元菌肥追肥苗高达7.2 cm,较用传统磷酸二氢钾追肥新育苗高6.1cm增加了1.1 cm。④通过对比试验采用新药植因美、三元菌肥追肥比用传统磷酸二氢钾追肥新育苗紫化现象显著减轻,新药追肥的植株10月底紫化现象达到30%,而磷酸二氢钾追肥9月底紫化现象已达到90%。

5 容器育苗主要技术环节研究

5.1 不同育苗时间对苗木生长的影响

从图7可以看出,从3月上旬到4月下旬6个不同的播种期,油松苗木的生长情况差异明显。在搭建拱棚前提下,3月中上旬播种的苗木出苗齐,且生长情况远远好于其他4个时间播种的苗木。3月上旬苗高分别比其他播种期高104%、107.6%、113%、131.1%、128.9%;地径分别高122%、125%、122%、138%和183%;侧根数则分别多1.07倍、1.25倍、1.5倍、1.36倍和1.7倍。

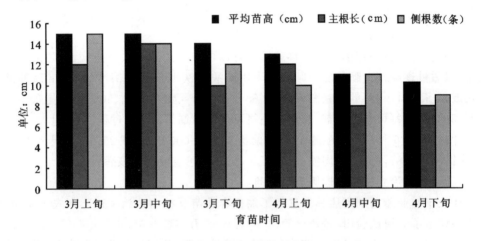

图7 不同育苗时间对搭建拱棚容器苗木生长的影响

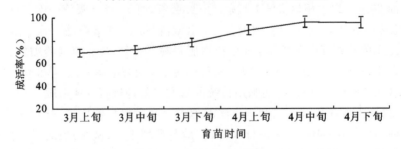

图8 分区域不同育苗时间油松容器苗成活率比较

从成活率来看,3月中旬平均成苗率最高为93.0%;其次是3月上旬为92.7%;从地域来看,正宁总场和湘乐总场在3月上旬播种较好,华池总场和合水总场在3月中旬播种较好。

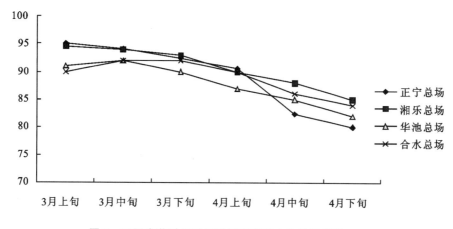

图9 不同育苗时间对无拱棚容器苗木生长的影响

试验结果表明,在不搭建拱棚条件下,育苗时间相对于搭建拱棚时间延长30d左右,苗木成活率由低向高,到4月中旬达到最大值,即4月中旬最适于正常条件下播种育苗。

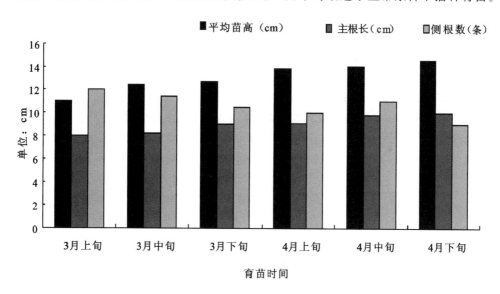

图10 不同育苗时间油松容器苗成活率比较

育苗时间受每年春季气温影响,一般情况下,采用搭建塑料小拱棚繁育苗木,播种期可提早30d左右,有出苗早、出苗齐的优势,可以促进幼苗提前生长和延长生长期,减少苗木日灼、冻害、鸟食等损失。

5.2 不同容器规格对苗木生长的影响

育苗容器是培育容器苗的主要设备,容器设计的合理与否,直接影响到苗木的生长发育、生产管理和经济成本。同一体积的容器,高径比不同,苗木的生长也不同。最佳的容器尺寸应该是既适合苗木生长的需要,又要尽量降低成本。一般而言,大规格容器生长空间大,利于苗木的生长发育。评价苗木质量的指标包括形态指标、生理指标和苗木活力表现指标 3 个方面。但从有利于生产应用出发,可操作性强、简单而又可靠的评价指标以苗高、地径、高径比、主根长、侧根数等指标为主。因此,我们依据以上这些评价指标,综合分析各处理对苗木生长的影响。详见表 3。

表 3　不同容器规格对容器苗生长的影响

地点:山庄林场　　　时间:2010 年　　　单位:cm)

处理	规格	苗高	地径	主根长	侧根数	高径比
1	6×12	5.0	0.12	12.0	12	42
2	8×10	5.4	0.13	13.0	13	42
3	8×12	5.5	0.13	14.0	12	42
4	8×15	6.0	0.15	14.0	13	40
5	9×15	7.0	0.15	15.0	13	47
6	10×15	7.0	0.18	16.0	8	39

5.2.1　不同容器规格对苗高的影响:结果表明,不同规格容器培育的苗木,对 1a 生油松高生长存在一定差异。由表 3 可知,高生长最大的是 9×15 cm(直径×高),苗高 7 cm;最差的 6×12 cm,苗高 5 cm。6×12 cm、8×10 cm、8 ×12 cm 的苗木生长较差;容器规格为 8×15 cm、9×15 cm 和 10 ×15 cm 的苗木长势好,质量高,说明小的容器规格影响到了根和叶的生长,从而影响了高的生长;规格稍大些的容器基本能满足苗木正常生长。

5.2.2　不同容器规格对苗木地径的影响:在表 3 中,10×15 cm 规格的容器育苗地径最粗,达 0.18 cm;最细的为 6×12 cm,地径 0.12 cm。

5.2.3　不同容器规格对苗木根系的影响:通过对主根长、侧根数进行比较分析,1 a 生油松容器苗主根最长的是 10×15 cm,根长 16 cm,最短的是 6×12 cm,根长 12 cm;侧根数最多的是 8×10 cm,8×15 cm,9×15 cm,根数均为 13 条。最少的是 10×15 cm,侧根数8 条。

　　总之,在一定范围内,容积增大,苗木的高、地径均相应增大,但根数却随容积增大而减小。且小容器的育苗成本和造林成本低。生产上,在保证造林效果的前提下,可尽量采用中等偏小规格的容器。综合各项因素分析,8×15 cm 和 9×15 cm 性价比最高,更适宜大规模油松容器苗生产。

　　育苗容器是培育容器苗的主要设备,容器设计的合理与否,直接影响到苗木的生长发育、生产管理和经济成本。同一体积的容器,高径比不同,苗木的生长也不同。应该选择既适合苗木生长的需要,又要尽量降低成本。一般而言,大规格容器生长空间大,利于苗木的生长发育。但从经济角度考虑,大容器价格成本高,空间利用率低。而且容器直径过大,装土后影响容器高度,从而对苗高有一定影响。比较而言,最佳的容器尺寸应该是 8×15 cm 和 9×15 cm,与其他容器规格的苗木相比,在苗高、地径、主根长、侧根数等方面,表现基本上相似或略高,且成本相对低,亩培育苗木多。由于 8×15 cm 和 9×15 cm 其总体水平相差不大,考虑到经济因素,因此,项目大面积推广中普遍使用了 8×15 cm 规格的塑料袋容器来培育油松容器苗。

5.3　不同基质对苗木生长的影响

　　从表 4 看出,不同基质处理的苗木生长相差较大,其中 1/3 腐殖土＋2/3 耕作土处理的苗木生长健壮、根系极为发达,苗高、地径、主根长、侧根数分别达 7.2 cm、0.15 cm、15 cm 和 18 条。试验表明,基质以腐殖质再加入一定比例的耕作土经改良后,土壤理化性质得到改善,有利于苗木根系生长发育。营养基质全部为腐殖土的苗木,土球结实较差,出圃时容易破碎;营养土全部为耕作土,虽能发芽生长,但后期生长较差。因此,油松容器育苗基质采用"1/3 腐殖土+2/3 耕作土"较为理想,也是本项目主推的营养土配比。

表4 不同基质对苗木生长的影响

(地点:刘家店 时间:2011 年 单位:cm)

处理	苗高	地径	主根长	侧根数	高径比	土球结实度
100%腐殖土	6.0	0.12	12	6	50	较松
100%耕作土	5.5	0.1	11	10	55	较紧
1/3 腐殖土+2/3 耕作土	7.2	0.15	15	18	48	适中
2/3 腐殖土+1/3 耕作土	6.8	0.12	13	14	57	适中

5.4 不同培植方法对苗木生长的影响

培植方法主要采取了三种,即容器直播、1a 生苗移植和 2a 生苗移植。从表 5 中可以看出,容器直播效果优于移植苗,主要表现在成本低,根系好,苗木生长健壮,有较强的生命力和对外界不良环境的抵抗力,造林后容易成活。移植苗培育最好选择 1a 生苗栽植,这时移栽有利于根系发育,培育出的苗木和直播苗差异不大。用 2a 生以上成苗移植于容器内,不仅延长了培育时间,而且有明显的缓苗过程。因此,项目推广中以容器直播为主的方法进行育苗。

表5 不同培植方法对苗木生长的影

(地点:西坡林场 时间:2011 年 单位:cm)

处理	平均苗高 (cm)	平均地径 (cm)	高径比	成活率 (%)	主根长 (cm)	优缺点
容器直播	11	0.36	30.1	98%	12	方便、省工
1a 生苗移植	10.8	0.32	33.8	82%	11.8	费时费力
2a 生苗移植	10	0.30	33	80.5%	11.3	成活率低、费工

5.5 播种数量对苗木生长的影响

播种数量是决定苗木产量、质量和育苗成本的重要因素。因此,苗木播种数量的调控一直是林木育苗的关键技术。在确定树种的合理苗木密度时,必须兼顾质量优和产量高的原则。如图 11 所示。

试验表明,当每容器袋内装有 6~7 粒种子时,苗木相互拥挤,为了竞争同等光照和养分,相对而言,苗高生长较快,但主根较短,高径比大,叶量少,顶芽不壮,根系不发达,苗木质量差,单位面积产苗量虽有所增加,但保存的合格苗木相对较少;当每个容器袋内装有 3~5 粒种子时,主根较长,也不能充分利用苗木之间的互利作用(相互遮阴)。

从地径和侧根数量来看,播种 3 粒时的侧根数量多,播种 6~7 粒较播种 5 粒的侧根数量少,播种 3~4 粒时地径最大,达到 0.12cm,随着播种数量加大,地径逐渐变小,但变化趋势不大。

此外,播种数量越多,苗木越整齐,但分化越大。播种数量越小,苗木受种子质量影响较大。综合各项形态质量指标,以每容器袋 5 粒种子较为合理,苗木整体生长比较健壮。

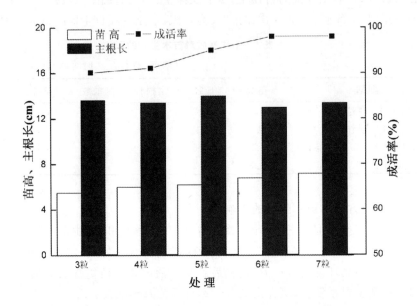

图 11　不同播种数量对容器苗苗高、主根长、成活率的影响

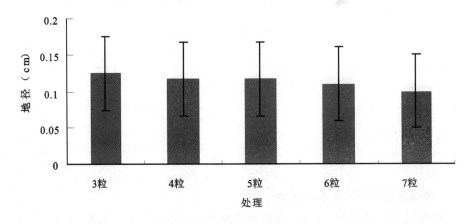

图 12　不同播种数量对容器苗地径的影响

在以往的容器苗培育中,往往考虑到经济利益及节省空间,育苗密度过大导致苗木比较瘦弱,苗木质量不高从而影响造林成活率。本试验通过容器播放的 5 种密度(3 粒/袋、4 粒/袋、5 粒/袋、6 粒/袋和 7 粒/袋)来研究播种数量对于容器苗质量的影响,试验结果证明:容器苗的播种数量影响了苗木的整齐度及苗木的质量。密度为 7 粒/袋的苗木比较整齐,但分化严重,苗高显著高于其他密度的苗木,但地径等指标的平均值较小;密度为 3 粒/袋的苗木生长整齐度差,高径比小但后期生长稳定;而密度为 5 粒/袋的苗木不仅整齐度比较好,而且大部分形态指标也比较好,苗木相对比较健壮,亩产苗量稳定,商品率高。

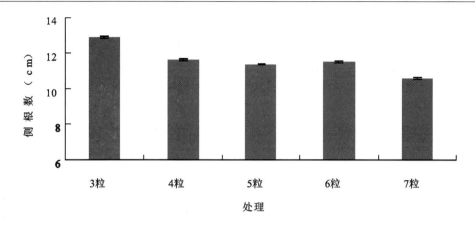

图 13 不同播种数量对容器苗侧根数量的影响

5.6 主要结论

(1)不同育苗时间对油松容器苗期苗高、地径和成活率进行测定,分析了其播种时间对苗期生长的参数变化影响,结果表明:搭建拱棚条件下,3月上旬播种,其苗高分别比其他播种期高,从成活率来看,3月中旬平均成活率最高为93.0%;其次是3月上旬为92.7%;从地域来看,正宁总场和湘乐总场在3月上旬播种较好,华池总场和合水总场在3月中旬播种较好;在不搭建小拱棚的正常条件下的最佳育苗时间是4月中旬。

(2)不同容器规格对苗木生长的影响,结果表明,育苗容器过大或过小对苗木生长存在一定影响,综合比较而言,8×15 cm和9×15 cm更适宜大规模油松容器苗生产培育。

(3)不同基质对苗木生长的影响,结果表明,纯腐殖土土球易散落、不紧实,影响造林成活率,纯耕作土养分较低,对苗木后期生长不利,在两者不同的比例添加中比较出,油松容器育苗基质采用"1/3腐殖土+2/3耕作土"较为理想。

(4)不同培植方法对苗木生长的影响,结果表明,容器直播最好,其次是1a生苗移植,再次是2 a生苗移植。

(5)播种数量越多,苗木越整齐,但后期生长较差,播种数量越小,苗木根系长,侧根数量多,但亩产苗量少。综合各项形态质量指标,本试验认为每容器袋5粒种子较为合理,苗木整体生长比较健壮,商品率高。

(6)从育苗容器选择、育苗基质配制、容器苗培育、容器苗出圃等环节规范了容器育苗技术,形成了《油松容器育苗技术规程》DB62/T2134-2011甘肃省地方标准。

6 产业化示范推广

6.1 产业化主推技术

6.1.1 集成技术推广:对集成的遮阴网+容器营养袋、动力2003+容器营养袋、ABT-3生根粉+容器营养袋、营养钵育苗、立枯病防治及追肥新农药应用等容器育苗技术,在子午岭林区育苗中大力推广,三年累计推广8 000万袋。

6.1.2 主要环节技术推广:在大面积育苗时规范了营养袋规格、营养土配比、育苗时间、培植方法、播种籽粒数等容器育苗主要环节的技术推广,三年累计推广20 000万袋。

6.2 产业化培育规模

6.2.1 子午岭容器苗培育规模:从 2009 年开始,子午岭林区进行容器育苗标准化生产、产业化培育,培育树种有油松、侧柏、云杉、白皮松、樟子松和华山松等针叶树,文冠果、红叶小檗等阔叶树。2009 年培育规模为 56.67 hm²(850 亩)、9139.22万袋,2010 年培育规模为 50.69 hm²(760 亩)、7 921 万袋。2011 年培育规模为 68.80 hm²(1 031.5 亩)、13 846.45万袋,其中新育苗 39.10 hm²(585.9 亩)、8 090.22 万袋、留床苗 36.39 hm²(545.6 亩)、5 756.23 万袋。三年累计培育容器苗 30 906.67 万袋。

6.2.2 县区容器苗培育规模:从 2010 年开始,八县区农民在林场或林场职工的辐射带动下自觉投入人力、物力和财力开展容器育苗。在华池县城壕乡、山庄乡、南梁乡,合水县太白镇、古城乡、蒿咀铺乡,宁县春荣乡、湘乐镇、九岘乡,正宁县山河镇、西坡乡、山嘉乡,镇原县城关镇、孟坝镇、临泾乡,环县曲子镇、木钵乡,庆城县卅铺镇、白马乡,西峰显胜乡、后官寨乡等乡镇涌现出油松、樟子松容器苗培育的专业合作社和育苗大户。经现地核查2010 年共培育油松容器苗 2 110 万袋,2011 年共培育油松容器苗 3 679 万袋。两年共计培育容器苗 5 789 万袋。

6.2.3 子午岭容器苗定植规模:从 2009 年开始,项目组在子午岭林区推广用容器苗进行定植培育绿化大苗。截至目前,全林区定植油松、侧柏、云杉、白皮松、华山松等树种容器苗 6 926.8 亩、566.41 万株。

7 效益分析

7.1 经济效益

计算分析普通裸根苗木与标准化容器育苗的经济效益。2 a 生油松裸根苗每亩最多出圃合格苗12 万株,每株平均售价 0.20 元,收入 2.4 万元/667 m²,扣除 0.4 万元/667 m² 育苗成本,0.12 万元的打浆费,0.3 万元的起苗费,可获得直接经济效益 1.58 万元。2 a生油松容器苗一般每亩可出圃合格苗 10 万株,每株平均售价 0.75 元,收入 7.5 万元/667 m²,扣除 0.8 万元/667 m² 育苗成本,0.5 万元的起苗费,可获得直接经济效益 6.2 万元。两者相比2 a生容器苗是裸根苗经济收入的近 4 倍,多获利 4.62 万元/667 m²,即每株每年多获利 0.231 元。本项目共推广容器苗 36 695.67 万株,每年可获利润 8 476.6 万元,以两年为出圃周期,36 695.67 万株容器苗总计可获利润 16 953.2 万元。

定植苗5 年可生长到 1 m 以上。1 m 左右油松现行市场价为每株 15 元,扣除 5 元管理费和 3 元的起苗包装费,每株可获利润 7 元,本项目定植苗 566.41 万株,五年后可获总利润为 3 744.87 万元。

上述两项总计利润为 20 698.07 万元。经济效益十分可观。

7.2 生态效益

容器育苗的大面积推广,显著地提高了造林成活率和保存率,使庆阳市及其毗邻省区的市县森林覆盖率迅速提高,森林系统的生态效益和绿化美化效果得到进一步彰显,黄河上中游地区水土流失严重的局面得到有效遏制,环境质量在一定程度上得到改善,生态环境逐步得到恢复,初步实现了林业建设的全面协调和可持续发展。

7.3 社会效益

容器育苗的日益发展,不仅改变了苗圃作业的性质和方式,同时也开辟了造林工作的新局面。随着容器育苗比重的不断加大和造林面积的增加,容器育苗及造林的经济效益和社会效益已引起社会的普遍关注。过去习惯用裸根苗造林,栽植数量大,成活率低,这是造林工作中长期存在的普遍问题。通过近几年来的容器苗与裸根苗造林试验证明,容器苗造林平均成活率在96.5%以上,而裸根苗造林成活率平均只有84%左右,两者相差12.5个百分点以上。容器苗营造的幼树,生长快而整齐,有利于提早郁闭成林。而裸根苗造林要想达到容器苗造林同样的效果,还需多次补植,且经补栽的幼林由于"三代同堂",生长参差不齐。所以说,容器苗既是裸根苗的竞争者,同时也是改进传统育苗造林方法的推动者。由于容器育苗能够满足不同情况下的造林需求,可以在干旱瘠薄的立地条件下造林,解决了造林的区域性限制,提高了森林覆盖率和森林分布均衡性,为构建生态和谐社会奠定基础。子午岭所育容器苗质量高,价格适当,除满足本场林业生态工程容器苗造林外,且向本市的八县区和毗邻的陕西省的延安市、青海省的西宁市、内蒙古自治区的赤峰市、宁夏区的银川市、吴忠市、固原市等省地市提供了容器苗木,为这些地区提高造林成活率,确保造林质量打下坚实的基础,得到了社会各界的一致好评,容器育苗技术推广及应用,可为今后全市种苗产业和造林绿化发展夯实基础。

8 项目技术创新点

8.1 推广模式创新

探索总结出了"以系列化集成技术目标为统领,以各级专业技术人员、管理人员和生产工人为核心,以技术推广应用下沉为目的,充分依靠各林场技术人员和生产工人、育苗专业合作社组织,联合开展技术推广的相互牵引、上下联动、多方协作"的技术集成推广应用基本模式。

8.2 技术创新

8.2.1 研究肯定了遮阴网+容器育苗的技术优势。

8.2.2 研究肯定了植物动力2003对容器苗生长的促进效果和喷施的适宜浓度。

8.2.3 研究了ABT-3生根粉对容器育苗出苗率和生长量的促进效果。

8.2.4 验证了营养钵容器育苗在育苗生产中的优点,制定了营养钵容器育苗技术要点。

8.2.5 试验了新型药剂组合在防治立枯病及追肥上的应用效果。

8.2.6 规范了播种时间、容器规格、基质配比、培植方法、播种数量等容器育苗主要技术环节,起草颁布了《油松容器育苗技术规程》DB62/T2134-2011甘肃省地方标准。

9 项目小结

项目实施三年来,以显著的经济、社会、生态效益和先进技术集成,有力推动了庆阳特别是子午岭林区苗木产业发展,提升了产业水平,在省内外苗木生产供应方面产生了积极影响,概括起来主要有以下4大特点:

9.1 立项准确

容器育苗是庆阳市苗木繁育采用最多的一项育苗新技术,容器育苗标准化生产和产业化发展项目紧密结合庆阳育苗发展实际,对推动全市造林绿化进程具有重要的现实意义。

9.2 技术全面

遮阴网容器育苗技术、营养钵容器育苗技术、动力 2003 容器育苗技术以及 ABT-3 生根粉容器育苗技术针对性强,实用性好,符合容器育苗标准化、产业化生产需要,内容具体全面,操作性强。制定了《油松容器育苗技术规程》DB62/T2134-2011 甘肃省地方标准。

9.3 产业规模大

容器苗造林已经成为干旱阳坡和沙地造林的首选措施。具有提高造林成活率、延长造林季节、降低造林成本和速生、成林早和郁闭快等特点。通过本项目的实施,规范了容器育苗的播种时间、播种方式、最佳的容器规格、播种数量和营养土配制等技术,容器苗培育力度逐年增加,产业规模不断扩大。

9.3.1 由过去的单一树种向多树种拓展:在本项目开始之初,各林业总场首选了抗干旱、耐瘠薄的油松作为主导树种,而后扩展到侧柏、白皮松、樟子松、华山松等针叶树种,随着阳坡绿化与沙地治理的逐步推进,除了沙棘、山杏、柠条等易栽易活的灌木树种,在文冠果、栾树、五角枫等阔叶树种上也逐步推行了容器育苗造林,为大面积推广容器苗造林创造了更多的树种选择机会。

9.3.2 采用不同规格的容器:为培育出优苗、壮苗和大苗,在容器选择上淘汰了过去直径小于 6cm 的塑料袋,统一采用 8×15cm 的塑料营养袋作为育苗容器。同时,根据引进树种(如樟子松)繁育与造林绿化的需要采用了营养钵进行苗木定植,解决了大苗带土难的问题。

9.3.3 不断改进营养土配制技术:过去多采用山地腐殖质土作为基础营养土,随着容器育苗数量的增加,大量取用山地表皮土对林地破坏程度加大,为此,技术人员进行了深入探讨,总结推广了多种营养土配制方法,现在采用腐殖土加耕作土加腐熟农家肥,经消毒处理后,装入容器育苗,具有营养充足、不散坨等特点,育苗成活率显著提升。

9.3.4 优化育苗方式:采用就地起苗就地装杯,林业系统育苗和社会育苗相结合的做法。在哪里育营养钵苗就在哪里育基础苗,现起苗现装杯,省去长距离运输苗木失水问题,保证容器育苗成活率。为解决容器苗造林长途运输成本高和大规模集中育苗劳力难以保证的问题,每年都选定在造林项目区内,小规模分散育苗,接近造林地育苗。除林业总场加强容器苗培育外,大力提倡和鼓励有技术的农户培育容器苗,以保证造林用苗需要。

9.4 成效显著

本项目共推广容器苗 36 695.67 万株,定植苗 566.41 万株,可获得直接利润16 953.2 万元,间接利润为 3 744.87 万元。总计利润为20 698.07万元。

附件一

浅谈遮阴网油松容器育苗

张吉祥

（正宁林业总场中湾林场，甘肃 正宁 745300）

油松（ *Piuast qeformis* Carr. ）是我国北方地区的主要造林绿化树种之一，分布广，适应性强，有良好的水土保持和环境保护的效能。近年来，在林业生态工程建设，绿色和谐家园建设等工程中，油松成为主要的造林绿化树种，被大面积栽植，因此油松苗木培育方式方法是培育优质壮苗的重要措施。

油松遮阴网容器育苗是通过采用遮阴措施，人为地改善苗木生长环境条件培育苗木的方法之一。2010～2011 年中湾林场进行了遮阴网油松容器育苗，它与常规育苗相比，具有遮阴，保湿，防日灼、土壤板结、鸟虫害，出苗快、齐，出苗率高等特点。现就遮阴网油松容器育苗浅谈如下，仅供参考。

一、试验地概况

该地位于中湾林场场部苗圃基地，地理位置介于东经 $108°34'14''$～$108°34'16''$，北纬 $35°26'15''$～$35°36'17''$之间。海拔 1 450 m，气候属温带半湿润区，年平均气温8.3℃，极端最高气温 36.7℃，极端最低气温－27℃，年降雨量 600 mm 左右，无霜期约 150～160 d，灾害性气候主要有：干旱、冻害、暴雨、冰雹。总的气候特点是：春旱多风、夏凉多雨、秋涝霜早、冬干寒冷。

二、播种育苗与管理措施

1.苗圃地选择

苗圃地选在交通方便、地势平坦、背风向阳、质地疏松、水源充足、浇灌方便、排水良好、空气流通、便于管理的地段，切忌选择在前茬是菜地和薯地，地势低洼，雨季积水，有病虫害的土地。

2.种子处理

播种前一年最好将种子进行雪藏处理，催芽前将种子用 0.5％的高锰酸钾溶液浸泡 2 h或用 3％的硫酸亚铁溶液消毒后用清水冲洗，再用 30℃温水浸泡一昼夜后进行水选后，将种子与沙子按 1：2 的比例混合，用生"豆芽菜"的方法层积堆放于向阳地段，指定专人勤翻动，使其保持均匀的温度和湿度，注意观察，待有 40％～50％的种子裂嘴露白即可播种。

3.营养土的选择与处理

最好在育苗前一年入冬前选理化性状好，具有一定肥力，通气、透水性良好，无害虫、病原体和杂草种子等的森林腐殖质土,用筛子进行筛选,在营养土筛选的同时每 m³ 营养土拌 10 kg 硫酸亚铁和 50% 的辛硫磷 10~15 g 进行土壤杀菌杀虫,预防立枯病、猝倒病和地下害虫。

4.育苗

(1)作床:苗床呈南北走向,床面平整,宽 1 m 或 0.7 m(因苗床相对较窄,便于管理,同时可避免因边行效应而导致苗木生长参差不齐,形成马槽状,苗木质量不高),长 10 m(也可因地形而定),床面深度根据容器袋高度,一般采用低床,步道宽 40~50 cm 左右。

(2)装袋　选用 8×15 cm 的聚乙烯封底塑料袋,将筛好的腐殖质土装入容器袋内,整齐地摆放于床内并靠实,床面平整,空隙用细土填满,苗床每隔 1~1.5 m 留出 15~20 cm 的横行步道,以便于苗木通风透光。

(3)播种:因林区气候和昼夜温差变化较大,因此遮阴网油松育苗一定要掌握好育苗时间,一般在 4 月中下旬播种,播种前修整床面后灌一次透水,待床表土松散无淤泥后,将处理好的种子每袋 3~5 粒点播于营养袋中,点种后稍加镇压并用土质疏松的腐殖质土覆盖种子,覆土厚度为种子的 2~3 倍(0.5~1 cm),要均匀,以防覆土不均匀影响苗木顶土或者板结。

5.苗期管理

播种后,用小拱棚的模式覆盖遮阴网,勤观察,严把幼苗出土管理关,出苗期和苗木生长初期,以喷灌喷洒的方式适时适量浇水(少量多次),保持床面湿润,切忌采用漫灌,防止土壤板结和冲蚀苗床。同时加强锄草和病虫害防治,幼苗出土后每 5~6 d 交替喷洒 500 倍的敌克松水剂,多菌灵,0.5% 的高锰酸钾或 1% 硫酸亚铁(喷后 30 min 洒清水洗苗)等杀菌消毒的药物 1 次,并随时拔除病苗。在幼苗期,选阴天或晴天的早晚撤除遮阴网炼苗,晴天中午高温覆盖遮阴网,使苗木逐步适应外界环境后,7 月中旬苗木生长基本稳定后,撤除遮阴网。

三、试验内容

1.试验设计

选同年度以容器育苗(遮阴网育苗和常规育苗)和大田育苗两种不同培育方式的油松苗圃地作为试验,在试验地内采用随机抽样的办法或者根据试验内容的要求选择具有代表性的苗床进行布设样方,样方标准为 1 m²(1×1 m)和 0.5 m²(1×0.5 m)。

2.调查方法及内容

育苗后注意观察种子的发芽、顶土和出苗等情况,9 月下旬或 10 月上旬采用设样方抽样调查的方法对成苗率、苗木高度、地径等调查后取平均值,在每块样方内选择与样方平均高和平均地径相近的苗木 3 袋,测量主根长度和侧根数量。

四、结论

1.遮阴网油松容器育苗与常规容器育苗相比成苗率高

2.生产管理方便,有利于提高苗木质量

(1)遮阴网的揭盖方便,幼苗期,在阴天与晴天的早晚可揭网,晴天中午高温覆盖遮

阴,苗木生长中期可随时揭网,促进苗木提早木质化;

(2)遮阴网育苗具有遮阳保湿、通风、透光均匀,防日灼和鸟害,出苗快、齐等特点;

(3)苗期管理浇水可直接从网面往下洒水,同时,在幼苗期,正是春末夏初,由于林区昼夜温差大或者出现晚霜,夏季出现雷雨和冰雹等灾害时,遮阴网可起到保温防霜,截流暴雨冲击和抵挡冰雹对苗木危害等的防护作用。

油松苗不同培育方式调查(试验)对比表

培育方式		发芽 (d)	出苗 (d)	苗高 (cm)	地径 (cm)	主根长 (cm)	侧根数 (条)	成苗率 (%)
容器 育苗	遮阴网育苗	3	5	7.3	0.16	16.4	14	86.2
	常规育苗	5	6	7.1	0.15	16.1	12	84.7
大田育苗		7	9	6.8	0.12	15.8	12	

3.遮阴网容器育苗

由于苗木产量高于其他育苗方式产苗量,同时遮阴网在第二年的育苗中能继续利用,因而遮阴网育苗成本仍然较低。

附件二

"植物动力 2003"在油松育苗中的应用与推广

1　前　言

　　"植物动力 2003"是德国几代科学家经过 60 多年时间研制成功的一种液体肥料,它集植物营养、生理调节、土壤调理三大功能于一身,是当今同类叶面肥料中的高科技产品。自 1995 年引入我国后,已在全国 20 多个省、市、自治区进行多种作物试验、示范,推广达 50 万 hm²。结果表明:它在增加作物单产,改善农产品品质,增强作物抗逆性,作物受灾之后恢复生长,提高氮肥利用率等方面具有明显效果。但是在林业生产中的应用却很少,为了验证"植物动力 2003"对油松幼苗的施用效果,并探索总结施用方法,为大面积推广应用提供理论依据,我们在华池林业总场的多个林场布点,进行了相关试验和示范。

2　材料与方法

2.1　试验地概况

　　华池林业总场位于甘肃省庆阳市华池县境内,是子午岭林区的重要组成部分之一,下辖九个林场。介于东经 107°29′～108°33′,北纬 36°07′～36°51′之间。试验地分别设置在山庄林场、东华池林场、大凤川林场。树种为油松,苗龄一年生和两年生,床宽 70 cm。

2.2　药剂

　　由中国科学院提供的"植物动力 2003",磷酸二氢钾。

2.3　方案设计

2.3.1　不同叶面肥对油松幼苗生长量的影响:该实验为单因素随机实验,实验地分别设置在山庄林场、东华池林场、大凤川林场,同时布点实验,试验小区面积为 10 m²,重复三次,分别用植物动力 2003、磷酸二氢钾、清水(CK)喷施,观察生长量。

2.3.2　喷施浓度实验:该项试验设清水为对照处理和 500、1 000、1 500、2 000 倍液四级浓度喷施处理。试验地分别设置在山庄林场、东华池林场、大凤川林场,同时布点试验。

3　结果与分析

3.1　不同叶面肥施用效果对比试验

　　选取当地油松容器育苗常用叶面肥磷酸二氢钾和植物动力 2003 进行比较,肥液均按产品推荐的原液用量和喷施浓度在苗木生长期三次喷施。

　　试验结果(表 1)表明,喷施植物动力 2003 的一年生油松容器苗苗高比对照增加 0.9 cm,地径增加 0.04 cm,喷施磷酸二氢钾一年生油松容器育苗苗高比对照增加 0.5 cm,地径增加 0.02 cm,喷施植物动力 2003 的一年生油松容器苗比喷施磷酸二氢钾一年生油松容器苗苗高增加 0.4 cm,地径增加 0.02 cm;喷施植物动力 2003 两年生油松容器苗苗高比对照增加 1.3 cm，地径增加 0.05 cm，喷施磷酸二氢钾两年生油松容器育苗苗高比对照增加 0.6 cm，地径增加 0.03 cm，喷施植物动力 2003 两年生油松容器苗比喷施磷酸二氢钾两年生油松容器苗苗高增加 0.7 cm，地径增加 0.02 cm。由此喷施植物动力 2003 可明显增加油松容器苗的生长量。

表 1 不同叶面肥对油松容器苗的生长量影响 （单位：cm）

种类	苗龄	山庄林场		东华池林场		大凤川林场		平均	
		苗高	地径	苗高	地径	苗高	地径	苗高	地径
植物动力 2003	一年生	9.0	0.25	8.5	0.24	8.0	0.23	8.5	0.24
	两年生	23.0	0.45	22.5	0.42	22.0	0.42	22.5	0.43
磷酸二氢钾	一年生	8.5	0.22	8.2	0.22	7.5	0.21	8.1	0.22
	两年生	22.0	0.42	22.0	0.4	21.5	0.41	21.8	0.41
清水（CK）	一年生	7.5	0.20	8.1	0.21	7.2	0.20	7.6	0.2
	两年生	21.5	0.38	21.0	0.38	21	0.38	21.2	0.38

表 2 植物动力 2003 不同浓度对油松容器苗的生长量的影响 （单位：cm）

试验林场	苗龄	清水（CK）		500 倍液		1 000 倍液		1 500 倍液		2 000 倍液	
		苗高	地径	苗高	地径	苗高	地径	苗高	地径	苗高	地径
山庄林场	一年生	7.5	0.2	7.7	0.22	8	0.23	9.0	0.25	8.5	0.25
	两年生	21.5	0.41	21.8	0.41	22	0.43	23	0.45	22.5	0.45
东华池林场	一年生	8.1	0.21	8.2	0.22	8.3	0.23	8.5	0.24	8.4	0.24
	两年生	21	0.38	21.5	0.39	22	0.4	22.5	0.42	22.4	0.42
大凤川林场	一年生	7.2	0.2	7.5	0.21	7.6	0.22	8	0.23	7.9	0.23
	两年生	21	0.38	21.2	0.38	21.5	0.40	22	0.42	22	0.42
平均	一年生	7.6	0.2	7.8	0.22	8	0.23	8.5	0.24	8.3	0.24
	两年生	21.2	0.39	21.5	0.39	21.8	0.41	22.5	0.43	22.3	0.43

3.2 喷施浓度试验

选用不同浓度的植物动力 2003 在一年生和两年生油松容器育苗进行试验。喷施时期选择在生长期，全年喷施三次。

试验结果（表 2）显示：各级浓度处理均有增加油松容器苗生长量的效果，但是浓度不同，增加效果不同，选用 1 500 倍液增加效果最明显。

4 小结

在子午岭林区气候生态条件下，在油松生长期喷施"植物动力 2003"对生长量增加有显著效果，一年生油松容器苗苗高增加 0.9 cm，地径增加 0.04 cm。二年生容器苗苗高增加 1.9 cm，地径增加 0.04 cm。具体使用方法，原液掌握在每次 15 mL/667 m² ，喷施浓度控制在 1 000 倍左右，一年生苗第一次喷施选在苗木出齐过、种壳完全脱落时，然后每隔一个月喷施一次，全年三次；二年生苗在顶芽萌动后喷施第一次，然后每隔一月喷施一次，全年三次。目前，"植物动力 2003"已经在华池林业总场下辖的九个林场开展推广示范，一年生油松容器苗 2 900 万株，两年生容器苗 1 800 万株。经济效益显著。

附件三

ABT－3 生根粉在油松容器育苗中的应用试验

（庆阳市国营华池林业总场，甘肃 华池 745600）

近几年，随着国家加大对林业科技成果的开发和转化，ABT 生根粉作为一种高效、广谱的复合型植物生长剂，越来越得到广泛的应用。1998 年，ABT 生根粉被列为国家"星火计划"项目之一，1999 年国家林业局将"ABT 生根粉的推广"作为重要的推广项目。目前 ABT 生根粉的推广使用已经应用于 120 多个树种（品种）的播种、扦插、移栽和嫁接育苗。本次实验主要研究 ABT 生根粉在油松容器育苗中应用。

1　试验地概况

华池林业总场位于甘肃省庆阳市华池县境内，是子午岭林区的重要组成部分之一。介于东经 $107°29'\sim108°33'$，北纬 $36°07'\sim36°51'$ 之间。本区属黄土高原丘陵沟壑地貌类型，境内千沟万壑、梁峁川台相间。地势呈北高南低，海拔 $1\,110\sim1\,782$ m，相对高差为 $200\sim400$ m，坡度一般在 $15°\sim35°$ 之间。气候属北温带大陆性季风气候区，年平均气温 8.4℃，最热月（七月）平均气温 21.9℃，极端高温 38℃；最冷月（一月）平均气温 －6.7℃，极端低温 －26.5℃。$\geqslant10$℃ 的积温为 $2\,896.7$℃。年无霜期 165 d。年均降水量 481.2 mm，总的趋势是由东南向西北递减，且各季节降水量分布不均，60％的降水集中在 7、8、9 三个月。年均蒸发量 $1\,513.6$ mm。适宜油松生长。

2　试验材料与方法

2.1　试验材料

选用中国科学研究院 ABT 研究开发中心生产的 ABT－3 生根粉。供试种子为华池林业总场自采，经检测，该种批净度 98.61％，千粒重为 38 g，实验室发芽率为 90.8％，发芽势为 65.4％。

2.2　试验方法

ABT－3 生根粉处理浓度为 A：5 mg/kg；B：25 mg/kg；C：50 mg/kg；D：100 mg/kg；以清水作对照（CK）。试验安排南梁林场、林镇林场、豹子川林场三个试验点，每个处理设置三个重复，小区面积为 0.7×5 m。播种前先用水洗法净种，然后用 55℃温水浸种 24 h（自然冷却），再用冷水浸泡 24 h 后用 1∶1 000 多菌灵溶液进行种子消毒，最后将种子分成 5 份，用不同浓度的 ABT－3 生根粉溶液浸泡 2 h，装入竹筐中保湿催芽 2 d。按常规方法进行播种、育苗。

2.3　观测调查

播种后，对出苗情况进行隔日观测，分区组、小区统计。

(1)出苗前:检查苗木出土情况,记录苗木开始出土时间。

(2)出苗后:隔日观测,并对出苗率进行调查统计,直至苗木出齐。

(3)苗木出圃前:在每个小区内沿苗床对角线等距离抽取 5 株样苗,分别测定其地径、苗高等性状。

3 结果与分析

3.1 出苗率

(1)调查结果:播种 4 d 后苗木开始出土,A,B,C,D 4 个处理 10 d 后苗木出齐,对照 E 处理 12 d 后苗木出齐,推迟 2~3 d。

表1 ABT-3 生根粉对油松容器育苗出苗率(%)的影响

试验林场	5 mg/kg	25 mg/kg	50 mg/kg	100 mg/kg	清水(CK)
南梁林场	84	84	90	89	83.4
林镇林场	86	86	92	90	81.2
豹子川林场	87	88	95	85	82.3
平均	85.6	86	92.3	88	82.3

(2)出苗率调查:待苗木出齐后,调查各种处理对出苗率的影响(表1),使用 50 mg/kg 浓度的 ABT-3 生根粉比对照提高 10 个百分点。其他浓度处理虽然都有不同程度的提高,但效果不如 50 mg/kg 浓度的 ABT-3 生根粉明显。由此可见使用 50 mg/kg 浓度的 ABT-3 生根粉可显著提高油松容器苗的出苗率。

(3)苗木性状调查:等苗木停止生长后,调查苗高、地径,使用 50 mg/kg 浓度 ABT-3 可使一年生油松容器苗苗高增加 0.8 cm,地径增加 0.04 cm。

表2 ABT-3 生根粉对油松容器育苗苗高(cm)地径(cm)的影响

试验林场	清水(CK)		50 mg/kg	
	苗高	地径	苗高	地径
南梁林场	7.4	0.2	8.5	0.25
林镇林场	8.0	0.21	8.3	0.24
豹子川林场	7.2	0.2	8.1	0.23
平均	7.5	0.2	8.3	0.24

4 小结

(1)应用 ABT-3 生根粉处理种子,能提高种子的呼吸作用与酶的活性,促进种子萌发,提高发芽率,促进幼苗根系及地上部分的生长发育。从处理结果看,用 50 mg/kg 的 ABT 生根粉能显著提高油松种子出苗率。

(2)使用 ABT-3 生根粉处理油松种子可缩短育苗期 2~3 d 左右。

(3)对出圃苗木调查显示,苗木各性状均高出对照,地径增加 0.04 cm、苗高增加 0.8 cm,说明用 ABT-3 生根粉能明显促进油松幼苗生长。

附件四

油松营养钵容器育苗技术

何登宁

（合水林业总场多种经营科，甘肃 合水 745400）

摘 要：油松是甘肃年降雨量 400 mm 以上地区的造林先锋树种。通过在子午岭林区油松营养钵容器育苗的实践中，总结出了该树种主要育苗技术，对这一植物在子午岭林区繁殖和发展具有一定的促进作用。

关键词：油松 子午岭 育苗技术

油松（松树）属松科。为我国的特有树种，甘肃大多数林区都有其天然林。油松适应性强，主根深，侧根发达，是甘肃年降雨量 400 毫米以上地区的造林先锋树种。子午岭人工林中油松占比例最大。油松干形直，生长速度快，是优良的风景绿化树种和用材树种，也是优秀的水土保持树种。

1 育苗区概况

育苗区位于子午岭中段合水县太白镇境内的郭家川，属蒿咀铺林场苗圃基地。苗圃总面积 14 hm²（210 亩），森林覆盖率 86.34%。在地质构造上属于鄂尔多斯台地的南部，是被黄土覆盖的基岩山地。地形多由塬面分割而成的梁峁沟壑组成，梁峁大多相连等高。在长期流水侵蚀切割下，形成支离破碎的地貌，海拔多在 1 000～1 660 m 之间，相对高差 400 m 左右，林区主要自然土壤依成土母质和发育条件可分为黄绵土、灰褐土、灰鄌土、灰褐鄌土四个土种。林地土壤多为灰褐土类，亦称褐色森林土，由枯枝落叶层、腐殖质层、黏化层、钙积层和母质组成，pH 值在 7.8～8.4 之间，其养分中富含钾、高氮、极缺磷。据测定氮的含量为 70～140 ppm，磷的含量为 1.55～7 ppm。在植被区划上属暖温带落叶阔叶林带，为次生林，是黄土高原上森林植被保护较好，覆盖率较高的地区。主要森林类型有油松林、侧柏林、山杨林、白桦林、小叶杨林、落叶阔叶混交林和灌木林。在气候区划上属于暖温带半湿润区。境内年平均气温为 9.1℃，年平均降水 568.4mm，年大气相对湿度为 60%，无霜期 160 d 左右。

2 形态特征与生物学特性

油松是常绿乔木，高达 25 m，直径 1 m 以上；树冠塔形或卵形。一年生枝较粗壮，淡灰黄色或淡褐红色；冬芽红褐色。针叶二针一束，粗硬，长 10～15 cm。雌雄同株，雌球花单生或 2～4 个生于新枝近顶端。球果第二年成熟,卵圆形,长 4～9 cm,成熟时暗褐色,常宿存树上;鳞盾肥厚,横脊显著,鳞脐凸起有尖刺;种子卵形,具翅,种翅基部有关节,易于和种子分离。

　　油松喜光,适应干冷的气候。在酸性、中性或石灰性土壤上均能生长,不耐水涝及盐碱地。较耐干旱瘠薄,土壤过旱处生长缓慢。生长速度中等,幼时生长较慢,第 4～5 年后高生长加速,胸径生长一般在 15～20 年后开始加速,在良好条件下旺盛生长期可维持到 50 年生左右,胸径连年生长量最大可达 1～1.5 cm。种子繁殖。在陇东黄土高原子午岭林区,绝大多数地块均能正常生长。

3 采种

　　子午岭林区油松球果 9～10 月成熟,9 月中旬即可组织人员及时采收。采收的球果集中晾晒,脱粒去杂,及时晒干并拌杀虫药剂后贮藏,每 50 kg 球果约能出种子 1.5～2.5 kg。种子千粒重 40～42 g,约有 26 000 粒/kg。

4 营养钵育苗技术

4.1 油松大田育苗要点:

4.1.1 整地　山地临时苗圃:因节约土地,苗木病虫害少,生长健壮,是子午岭林区广泛采用的育苗方式。圃地应选择阴坡、半阴坡、平缓、排水良好的地块。圃地上层若有树木,注意遮阴不能过大(郁闭度≤0.2～0.3)。先年伏天开挖,将林地清理干净,圃地不留树根、草根,整地深度 30 厘米,秋季复整二次,并每亩施硫酸亚铁 20 kg,翌年春季育苗前再浅耕一次,并每亩施 20 kg。固定圃地:应选地形平缓,土层深厚肥沃,浇水方便,排水良好的地块。秋季深翻土壤,每亩施 40～50 kg 硫酸亚铁,来年春季育苗前再施 25～50 kg 硫酸亚铁,同时每亩施磷肥 40～50 kg,尿素 5～10 kg。

4.1.2 种子处理　湿藏:育苗前 20 d,用 1‰的高锰酸钾溶液浸种 2 h,或用 5‰的高锰酸钾溶液浸种 30 min 对种子进行消毒,消毒后用清水漂洗干净,再用 30℃～60℃的温水浸种 24 h,或在流水中浸泡 1～2 昼夜,然后捞出室内堆藏。勤翻动(一日 2～4 次)、勤洒水确保种子温度、湿度一致,处理均匀。待有 30% 的种子裂嘴时播种。若距育苗时间近,可堆厚 20～40 cm,使催芽速度加快;若距育苗时间远,可稍许摊薄(10～20 cm),使催芽速度放慢。沙藏:此方法的前部分与湿藏相同,只是种子浸泡捞出后,与含水量 60%(手捏成团,触之即散)的湿沙按体积比 1:3 的比例混合均匀后堆藏。雪藏:选择背阴且排水良好的地方,在冬季有积雪时,将种子与雪按体积比 1:3 的比例混合均匀后堆藏,上面培成雪丘,并盖草帘。注意:春季融雪时,仍盖草帘,保持低温,勤观察,控制好温度、湿度,防止种子霉变,待冰雪大量融化时全面翻动并摊平(其他方法同湿藏)。在催芽的过程中要做好各项育苗准备工作,不能种子等地。经过雪藏的种子发芽早,发芽率高,耐寒力强。冬季无雪时,可以冰藏。

4.1.3 播种　子午岭林区以 3 月底至 4 月初播种为宜。开沟条播要求沟深 3～5 cm,沟底镇平,均匀播种,每亩播种 17.5～25.5 kg,覆土 1.5～2 cm 并镇压。山地苗圃播幅 8 cm,行距 35～40 cm,用腐殖质土覆盖 2 cm;固定苗圃播幅 8 cm,行距 30～35 cm,用优质腐殖质土覆盖 1.5 cm。山地育苗用水选后的秕种或糜子拌磷化锌等农药,撒于苗圃周围,以防鸟兽危害。待种子顶土时,一定要固定专人看管,直至种壳脱落。

4.1.4 管理 浇水应掌握少量多次的原则,既能调节床面温度变化,又能保持床面湿润,水量过多时要及时排水。待幼苗出齐后及时松土、锄草,坚持"除早、除小、除了"的原则,为防伤苗,株间草用手拔,行间草结合松土进行。间苗和补苗同时并举。苗木出土两个月之后,可利用降雨或浇水少量多次撒施尿素,也可沟施,每次不超过 2.5～4 kg,15～30 d 施一次,共施 2～3 次,8月中旬后施肥要停止;也可叶面喷施磷酸二氢钾,植物动力 2003 液肥,GGR 生根粉或其他叶面肥,每 7～14 d 一次。

4.2 油松营养钵容器育苗要点:

4.2.1 圃地选择:应选择在地势平坦、土层深厚、土壤肥沃、通风透光、水源充足、交通方便、排水良好的地方。

4.2.2 做床:装体前进行土地平整,做低床,床面要水平且夯实,同时修好排洪渠。

4.2.3 配制营养土:将拉回的腐殖质土过筛,清除杂质之后,将腐殖质土与生土按 3:2 的比例混合均匀,每 10 万袋加磷肥 100 kg,硫酸亚铁 40～50 kg。如果腐殖质土质量不好,可不加生土。营养土如果是纯腐殖质土,或腐殖质土的比例过大,不易保墒,以后苗木出圃运输、栽植的过程中,土容易撒落,使苗木成裸根苗。如果营养土中生土的比例过大,苗木养分不足,生长不良,且容易板结成硬块。

4.2.4 装袋:装袋时必须将袋子装满靠实,摆放整齐,每装四行一定要用木板靠实,不留孔隙,有孔隙则容易跑墒且浇水后容器袋容易变形。每床装满后,用木板将床面刮平,不平则浇水不匀、影响出苗及生长。

4.2.5 种子处理:种子必须水选或风选之后处理,处理方法同大田育苗。种子裂嘴至 50％时点播(浇水有保证时种子处理可至 100％发芽时点播,这样出苗更快)。

4.2.6 点播:露天苗:种子处理之后,注意勤观察,在播种前 2～3 d 灌足底水,待土壤用手捏不成团时便可点籽。点播时先用手或木棍在容器袋中央开孔(也可用卵圆石头压坑),深度不超过 1 cm,点籽 3～5 粒,用手轻轻镇压,然后用消毒的腐殖质土覆盖,厚度 1 cm 左右,种子不能重叠,覆土后洒水,使种、土密接。每 10 万袋需种子约 25－30 kg。点播最好在 4 月上旬进行。温棚苗:土壤解冻后(三月中旬)适时点播,点播的方法同露天苗。点播后立即用塑料棚膜搭小拱棚。棚用细竹竿做拱架,拱架间距 1 m,拱高 50～60 cm,棚膜四周用土压实。

4.2.7 管理:点种后每天勤观察,棚内放温度计、湿度计,温度过高(超过 30℃时)及时放风降温,每天早晨9点以后揭开棚两头,温度过高时要揭开中间放风或全面揭除放风,下午 4 点以后盖棚。每天早晚用小木棍敲露水,保持床面湿润,苗床缺水应及时补水。注意浇水时一定要在早晨 11 点以前,下午 4 点以后,水要用河渠水、水坝水,井水、自来水一定要抽到露天水池中晾晒并加少许硫酸亚铁中和后方可浇灌。晚霜过后即可撤除温棚,及时拔草、浇水。其他管理措施与大田苗相同。幼苗在冬季易失水枯死。一般在土壤封冻前,灌足冬水,土壤稍干时,采用壅土、覆草等措施。用细土覆于床面以不露苗梢为度(约 10～15 cm),也可用碎草或树叶覆盖苗木 15～20 cm,翌年苗木萌动前撤除,立即灌水。

5　病虫害防治

固定苗圃苗木出齐后一月以内每一周打一次药防病,以防苗木立枯病发生,以后可逐渐减少喷药次数。药物采用 1‰～3‰硫酸亚铁溶液(20 min 后冲洗),等量式波尔多液、0.1‰～0.3‰的高锰酸钾溶液、65％代森锌可湿性粉剂、50％甲基托布津可湿性粉剂、50％退菌特可湿性粉剂、25％多菌灵可湿性粉剂等。苗木过稠、湿度过大,油松苗木易得叶枯病,在 6 月初及时喷施 50％退菌特 800～1 000 倍液,或 25％多菌灵 200 倍液,或 0.1％高锰酸钾溶液,每 1～2 周喷一次,至 8 月中旬,可有效防治该病。

虫害主要有红蜘蛛为害,防治方法是:①早春喷洒 5％葱油乳剂,毒杀越冬卵;②红蜘蛛发生期喷洒 50％"1059"的 2 500～3 300 倍液或 25％乐果 1 000～1 500 倍液。

附件五

刘家店林场油松容器育苗立枯病防治及追肥新农药应用试验

正宁林业总场刘家店林场位于子午岭林区正宁县山嘉乡境内,地处陕甘两省交界,交通便利,生态良好,育苗规模大,病虫害防治措施到位,在育苗方面率先淘汰了原来的高危农药,试验性引进了新药应用于今年的油松容器育苗,取得了良好的效果,现介绍如下:

一、油松新育苗病害种类及发病原因

油松苗立枯病:立枯病是一种严重病害,主要为害杉木属、松属和落叶松属等针叶树的幼苗。在针叶树种中,除柏类幼苗比较抗病外,其他都是易感病的。该病害多在5～6月间发生,主要发生在一年生以下的幼苗上,特别是出土一个月以内的幼苗受害最重。在苗木生长纤弱和环境适宜时,一次病程只需3～6 h。在幼苗时期,可连续多次发病,而每次发病留下的死苗又是病菌的营养物质,借以繁殖,造成流行。

油松苗叶枯病:叶枯病主要危害油松幼苗的针叶,可造成留床苗的大批死亡。通常叶枯病先侵染下部针叶,逐渐向上部针叶蔓延,受害针叶从叶端开始出现一段一段的褐色黄斑,以后逐渐变成深褐色至灰褐色,病叶干枯后下垂,但不脱落。当病害蔓延到全部针叶后,病苗即干枯死亡。针叶上病斑长1cm左右,在潮湿的条件下,病斑上产生许多沿气孔线纵向排列的黑色霉点,即病菌的分生孢子梗和分生孢子。

发病原因:病害的发生与环境条件有密切的关系,夏季高温、高湿有利于病菌的侵染,苗圃地耕地过浅,苗木根系不发达,土壤保水保肥能力差,苗木生长纤弱,易发病;在感病苗圃,连育松苗时,如未清除病苗、深耕和土壤消毒处理,常发病重;育苗时播种量过多,苗木生长过密,通风透气性差,病害容易蔓延;土壤缺肥,管理不善的苗圃发病重。当年播种的松树苗在5月中旬开始发病,6月为流行期,7月以后逐渐停止。

二、试用的新药介绍

防病类药有:袋装0.5%恶霉灵乳油、瓶装3%恶霉灵乳油、就苗。
生长调节类:赤.吲已.芸苔、植因美。
追肥类:三元菌肥。

三、防治措施

选择土壤疏松、肥沃、利于排灌的地方。在发生松苗立枯、叶枯病的苗圃,应与抗病树种实行轮作,或在冬季进行深耕,将病苗深埋土中,促使腐烂,减少病原。同时加强管理:在苗木生长期要及时间苗、施肥、浇水、中耕除草,保障苗木生长健壮,增强其抗病能力。发病期间及时检查,对少数发病早的植株可摘除感病针叶或拔除病苗集中烧毁,防止苗地形成发病中心,引起病害蔓延。

在松苗感病期间,我们采用药物进行防治,今年我们共 6 块地(400 万株)新育油松苗,我们对 5 块地(340 万株)采用新引进农药恶霉灵、植因美进行防病、追肥,对另外 1 块地(60 万株)采用传统硫酸亚铁 0.5%～1% 进行防病和用传统的磷酸二氢钾进行叶面追肥。

新药使用比例为:预防时用袋装 0.5% 恶霉灵乳油 20 g＋20 g 植因美＋1 g 赤,吲已,芸苔,每 5～7 d 喷施一次。

感病严重时用瓶装 3% 恶霉灵乳油 50 g＋20 g 植因美＋1 组就苗,每 3～5 d 喷施一次。

生长期追肥用植因美或三元菌肥相互交替喷施:1 年生苗追肥每喷雾器用 20 g 植因美喷施。1 年生苗追肥每喷雾器用 20 g 三元菌肥喷施,以上两种药每 7 d 交替喷施一次。

四、结论

经过对油松苗采用传统和引进新药进行防治、追肥后,均取得了良好疗效,但引进新药相比传统药还是作用更为明显,防病和追肥效果更好,具体有如下几个优点:

1.采用新药恶霉灵组合防治立枯病、叶枯病使用方便,种子无需冲洗,更安全,更环保,更省工,用传统硫酸亚铁防治时用工花费是用新药的 2 倍。

2.通过对比试验采用新药恶霉灵组合防治立枯病、叶枯病比传统硫酸亚铁防治保苗率提高了 3.8 个百分点,今年用新药防治保苗率为 99.6%,传统硫酸亚铁防治保苗率为 95.8%。

3.通过对比试验采用新药植因美、三元菌肥追肥比用传统磷酸二氢钾追肥新育苗高增加了 1.1 cm,当年新育苗用新药追肥苗高为 7.2 cm,用磷酸二氢钾追肥苗高为 6.1 cm。

4.通过对比试验采用新药植因美、三元菌肥追肥比用传统磷酸二氢钾追肥新育苗紫化现象显著减轻,新药追肥的苗子 10 月底紫化现象达到 30%,传统磷酸二氢钾追肥 9 月底紫化现象已达到 90%。

附件六

容器育苗技术集成规程

1 范围

本标准规定了容器育苗技术集成的内容和要求。

本标准适用于庆阳市行政区域内容器苗推广,甘肃省中南、河西等条件相似或相近地区可参照执行。

2 规范性引用文件

下列文件对于本文件应用是必不可少的。凡是注日期的引用文件,仅注日期的版本适用于本文件。凡是不注日期的引用文件,其最新版本(包括所有的修改单)适用于本文件。

GB 7908－1999 林木种子质量分级;

GB 6000－1999 主要造林树种苗木质量分级;

GB 6001－1985 育苗技术规程;

LY 1000－91 容器育苗技术;

DB62/T2134－2011 油松容器育苗技术规程。

3 术语和定义

下列术语和定义适用于本文件。

3.1 营养袋

用厚度 0.02～0.06 mm 无毒塑料薄膜加工而成的上下粗细一致的圆筒状育苗容器,分有底和无底两种。

3.2 营养钵

用软质塑料加工而成的上口大、底部小的倒圆台状、底部有排水孔的育苗容器。

3.3 间苗

疏去密集株、间出病苗、弱苗,保留健壮苗,使苗木密度均匀,群体结构合理的一项技术措施。

3.4 松柏

本规程所称的松柏是指油松、落叶松、白皮松、华山松、云杉、樟子松和侧柏等针叶树。

4 育苗容器选择

营养钵规格根据用途确定,幼苗并床可选口径×钵高为 8×13 cm,大苗定植可选 18

×18 cm。营养袋规格选用 8×15 cm 或 9×15 cm。

5 育苗基质配制

5.1 育苗基质配制

基质的成分为疏松、通透性好的"1/3 腐殖土＋2/3 耕作土"。

5.2 基质消毒及酸度调节

5.2.1 基质消毒：配制好的育苗基质加入 3‰的硫酸亚铁溶液 20 kg/m³ 进行消毒，并充分搅拌均匀，覆盖塑料布堆放 3～10 d。

5.2.2 酸度调节：基质的酸碱度控制在微酸性，pH 值偏低，加入消石灰粉进行调整，pH 值偏高，加入硫酸亚铁调整。

6 容器苗培养

6.1 育苗床地选择

选择地势平坦，排灌条件良好的地段。山地苗床要选在通风良好，阳光较充足的半阴坡或半阳坡，不能选在低洼积水、易被水冲、泥埋的地段和风口处。前茬豆类、薯类、番茄等蔬菜地易感猝倒病，不宜选作油松育苗床地。

6.2 整地作床

6.2.1 整地：清除杂草、石块、平整土地，做到土碎、地面平。周围挖排水沟，做到内水不积、外水不淹。

6.2.2 作床：在平整的圃地上，划分苗床与步道，苗床宽 1.0～1.2 m，床长依地形而定，步道高于床面 10～15 cm，宽 30 cm。气候干旱或灌溉条件差的育苗地，一般采用平床或低床，即在低于步道的床面上摆放容器，摆好后容器上缘与步道平（平床）或低于步道（低床）。

6.3 装填基质和摆放容器

6.3.1 装填基质：基质装填前尽量湿润。基质必须装实，填压后检查底部是否漏土，基质装到离容器上缘 5～10 mm 处。

6.3.2 摆放容器：将装好基质的容器整齐摆放在苗床上，容器上口要平整一致，苗床周围用土培好，容器间空隙用细土填实。

6.4 播种

6.4.1 种子质量：选用良种或种子质量应达到 GB7908－1999 标准要求。

6.4.2 种子处理

6.4.2.1 种子消毒及处理：将种子放在 0.5‰的高锰酸钾溶液中浸泡 2h，捞出后清水冲洗后用 50 mg/kg ABT－3 生根粉溶液浸泡 2 h，摊薄阴干。

6.4.2.2 种子催芽：采用温水浸种催芽。播种前 4～5 d 用始温 45℃～60℃温水浸种，种子与水的容积比约为 1：3。浸种时不断搅拌，自然冷却浸泡 24 h。种皮吸水膨胀后捞出，置于 20℃～25℃条件下催芽。催芽过程中经常检查，防止霉变，每天用清水淘洗一次，当 1/3 的种子裂嘴时，即可播种。

6.4.3 播种期和播种量

6.4.3.1 播种期:在搭建拱棚条件下 3 月中上旬播种,在不搭建拱棚条件下在 4 月中上旬进行播种育苗。秋季在 10 月中旬下种;以春播最为常用。

6.4.3.2 播种量:每个容器播种 3～5 粒。

6.4.4 播种方法:采用容器直播,容器内的基质在播种前充分湿润,采取人工点播的方法,将种子均匀地播在容器中央稍加按压,覆 1～2 cm 厚的基质土,随即喷水。覆土后至出苗要保持基质湿润。

6.5 苗期管理

6.5.1 浇水:在出苗期和幼苗生长初期要多次适量勤浇。速生期应量多次少,在基质达到一定的干燥程度后再浇水。生长后期要控水。

6.5.2 间苗:种壳脱落,幼苗出齐 7 d 后,间除过多幼苗。每袋内保留 1～2 株,对缺株容器及时补苗。间苗、补苗后及时浇水。

6.5.3 除草:本着"除早、除小、除了"的原则,做到容器内、床面和步道上无杂草。人工除草在基质湿润时连根拔除,防止松动苗根。

6.5.4 施肥:苗木出土两个月之后,可利用降雨或浇水少量多次撒施尿素,每次不超过 2.5～4 kg,15～30 d 施一次,共施 2～3 次;或在生长期追肥,用植因美或三元菌肥相互交替喷施:1 a 生苗追肥每喷雾器用 20 g 植因美喷施。1 a 生苗追肥每喷雾器用 20 g 三元菌肥喷施,以上两种药每 7 d 交替喷施一次;或在油松生长期,全年喷施 1 500 倍液的叶肥"植物动力"2003 三次,其中 1 a 生苗第一次喷施选在苗木出齐过、种壳完全脱落时,然后每隔一个月喷施一次,全年三次;2 a 生苗在顶芽萌动后喷施第一次,然后每隔一个月喷施一次,全年三次。

6.5.5 有害生物防治及综合治理

6.5.5.1 立枯病防治:立枯病是病害防治的重点。防治方法是在幼苗基本出齐时,用 50％多菌灵可湿性粉剂 1 000 倍液、50％福美锌可湿性粉剂 1 000 倍液和 3％硫酸亚铁溶液交替喷施。发生立枯病,立即清除病苗,撒硫酸亚铁粉末将发病区圈起,防止病害蔓延;或在幼苗基本出齐时,用袋装 0.5％恶霉灵乳油 20 g＋20 g 植因美＋1 g 赤.吲已.芸苔,每 5～7 d 喷施一次,进行预防。发生立枯病,立即清除病苗,用瓶装 3％恶霉灵乳油 50 g＋20 g 植因美＋1 组就苗,每 3－5 天喷施一次,防止病害蔓延。

6.5.5.2 鸟虫兽害防治:松柏类出苗后,极易遭受麻雀等鸟类啄食种壳,采取人工驱赶的办法予以保护,直至种壳全部脱落、幼苗半木质化。虫害主要是采集缀叶虫苞,集中销毁,保护利用天敌;大面积发生时,可采用化学药剂防治。另外鼠类也常危害苗床,可采用人工捕杀,投放毒饵,保护天敌等手段进行防治。

6.5.5.3 遮阴网综合治理:遮阴网容器育苗与常规容器育苗相比成苗率高,遮阴网揭盖方便,幼苗期,在阴天与晴天的早晚可揭网,晴天中午高温覆盖遮阴,苗木生长中期可随时揭网,促进苗木提早木质化;遮阴网育苗具有遮阳保湿、通风、透光均匀,防日灼和鸟害,出苗快、齐等特点;苗期管理浇水可直接从网面往下洒水,同时,在幼苗期,正是春末夏初,由于林区昼夜温差大或者出现晚霜,夏季出现雷雨和冰雹等灾害时,遮阴网可起到保温防霜,截流暴雨冲击和抵挡冰雹对苗木危害等的防护作用。遮阴网容器育苗由于苗木产量高于其他育苗方式产苗量,同时遮阴网在第二年的育苗中能继续利用,因而遮阴网育苗成本仍然较低。

7 容器苗出圃

7.1 起苗

7.1.1 起苗时间:起苗应与造林时间相衔接,做到随起,随运,随栽植。一般以春季苗木萌动前起苗为主,适时早起。秋季起苗尽量选阴天或早晨。

7.1.2 起苗方法:采用人工方法,铲除靠近起苗人员行走的一侧步道,依次逐一剥离取出紧靠的容器苗,注意不伤苗干、顶芽。

7.2 分级

符合 LY1000−91 容器育苗技术第 6 章规定和 6.1.2 条要求的苗木为合格苗,合格苗可以出圃造林。具体分级标准参照 GB6000−1999 主要造林树种苗木质量分级表 A1 油松播种苗执行。

7.3 包装运输

容器苗包装时贴上标有苗龄、等级、数量的标签质量证书。运输过程中不得重压、日晒,对苗木采取保湿、降温、通气等措施,以防发热。

8 苗圃档案

执行 GB 6001−1985 第 13 章规定。

标准篇

ICS65.020.01

B09

BAH

DB62

甘 肃 省 地 方 标 准

DB62/T542－2008

代替 DB62/T542－1998

庆阳市杨树苗期主要病害
综合防治技术规范

2008－10－14发布　　　　　2008－10－25实施

甘肃省质量技术监督局 发 布

前　言

　　本标准是为适应杨树苗期管理技术的发展，对 DB/T542－1998《庆阳地区杨树苗期主要病害综合防治技术规程》进行的修订。

　　本次修订对以下十个方面的内容进行修改和增添：①将原"庆阳地区"改为"庆阳市"，使其范围更符合现实实际；②在术语的夏孢子中增加了"锈菌类的一种双核无性孢子"，使定义更为准确；③将原"预防为主，综合防治"改为"预防为主，科学防控，依法治理，促进健康。"更能体现生态全局意识；④增加了病原菌的拉丁学名，避免了因中文名称不同而引起的误解；⑤增加了锈病和斑点病的典型症状，便于生产上实地操作；⑥增加了病害调查，使防治方法选择更具科学性；⑦根据林分被害级划分标准对植物检疫的有关指标作了调整；⑧增加了部分杨树抗病品种；⑨增加了部分农药的剂型和喷药次数；⑩增加了"保护利用叶片腐生菌交链孢（Alternaria sp.）和青霉（Penicillium sp.），发挥其对夏孢子的抑制作用"一项。

　　本标准从实施之日起，同时代替 DB/T542－1998。

　　本标准由庆阳市林业局提出。

　　本标准起草单位：庆阳市林木种苗管理站。

　　本标准主要起草人：席忠诚、何天龙、曹思明、靳晓丽

庆阳市杨树苗期主要病害综合防治技术规范

1 范围

本标准规定了杨树苗期主要病害的术语、防治原则和对象、病害调查及防治技术。

本标准适用于庆阳市个人苗圃或营林单位以及相同类型地区杨树苗期锈病、斑点病的综合防治。

2 术语

2.1 产地检疫

森检机构(人员)对杨树苗木在原地生产过程中进行的检验检查。

2.2 调运检疫(包括进口检疫)

森检机构(人员)对杨树苗木在调运过程中进行的检验检查。

2.3 夏孢子

锈菌类的一种双核无性孢子。锈病病原菌生长到一定阶段时所显现的形态。

3 防治原则和对象

3.1 防治原则

坚持"预防为主,科学防控,依法治理,促进健康。"的防治方针,"因地制宜"地协调运用植物检疫、林业措施、生物技术、化学药剂和人工物理等防治手段,将病害控制在不成灾的水平。

3.2 防治对象

3.2.1 锈病

白杨锈病(马格栅锈菌 *Melampsora magnusiana* Wagn. 杨栅锈菌 *Melampsora ros-trupii* Wagn.)。

青杨锈病(松杨栅锈菌 Melampsora larici—populina Kleb.)。

山杨锈病(松山杨栅锈菌 Melampsora larici—tremulae Kleb.)。

3.2.2 斑点病

黑斑病[褐斑盘二孢 *Marssonina brunnea*(Ell. et Er.)Sacc.、杨盘二孢 *Marssonina populi*(Iib.)Magn.]灰斑病[杨棒盘孢 *Coryneum populinum* Bres.、有性阶段东北小球腔菌 *Mycosphaerella mandshurica* Miura]黑星病[山杨黑星孢菌 *Fusicladium tremulae* (Fr.) Aderh.、有性阶段杨黑星菌 *Venturia populia* Fabr.]轮斑病[链格孢菌 *Alternaria tenuis* Nees]白粉病[钩状钩丝壳菌 *Uncinula adunca* (Wallr. Fr.)Lev.、杨球针壳 *Phyllactinia populina* Sacc.]炭疽病[围小丛壳菌 *Glomerella cingulata* (Stonem.)Spauld. et

Schrenk]霉斑病[细盾霉属真菌 *Leptothyrium* sp.]。

3.3 主要症状

3.3.1 锈病

叶片受害后,先出现退绿点斑,点斑扩大密集成橙黄色、橘黄色的粉堆,即夏孢子堆。

3.3.2 斑点病

共同的特征是叶片或嫩枝受害后期具有黑色、不同形状、不同大小的斑点出现。

4 病害调查

4.1 病情划分标准

4.1.1 林分被害级划分标准(见表)

林分被害级划分标准表

被害级	I	II	III	IV	V
代表数值	0	1	2	3	4
叶面积被害率%	15 以下	15~30	30~45	45~60	60 以上

4.1.2 病情指数计算公式

$$Z = \frac{\sum\limits_{i=1}^{5}(N_i \times A_i)}{N \times A_{max}} \times 100 \tag{1}$$

式中:Z—— 病情指数;

N_i——第 i 级被害级的被害株数;

A_i——第 i 级被害级的代表数值;

N——调查总样株数;

Amax——被害最重级代表数值。

4.2 调查方法

4.2.1 线路踏查

5 月份病害开始侵染后,根据调查地的情况,选定具有一定代表性的路线,对病害发生情况进行线路踏查,随机选取 100 株树,调查林木被害株率,计算病情指数。

4.2.2 标准地调查

在杨树苗期病害发生区,选有代表性的林(圃)地,设立 3 至 5 个标准地调查,每个标准地面积不小于 500 m²,在每个标准地内采用对角线法抽取样树 30 株,定期调查病害发生消长情况。

5 防治技术

5.1 植物检疫

5.1.1 调运检疫

调运检疫(包括进口检疫)必须严格检疫制度,发现 30%～45%(不包括 45%)的苗木、插条、接穗带有锈病或斑点病病菌时要经过彻底的灭菌消毒处理,并经检疫检验合格后方可继续调运;发现 45％(包括 45％)以上的苗木、插条、接穗带有锈病或斑点病病菌时,就地销毁。

5.1.2 产地检疫

在杨树苗木生产基地应加强产地检疫,发现有 45％~60％(不包括 60％)的苗木叶片感染锈病或斑点病时,及时进行灭菌处理;当感染率达到 60％(包括 60％)以上时,必须及时剪除,并集中烧毁。

5.2 **林业措施**

5.2.1 选用抗病品种

抗白杨锈病:银新杨 4755-2、银新杨 W-38。

抗青杨锈病:山杨、新疆杨、银白杨、美洲黑杨、格尔里杨。

抗山杨锈病:白杨派以外的其他杨树。

抗黑斑病:欧美杨无性系、美洲黑杨无性系、银白杨、西玛杨、鲁伊莎扬、意大利 I-69 杨、I-63 杨、I-72 杨等。

抗灰斑病:新疆杨、银白杨、北京杨 605、银白杨×中东杨。

抗黑星病:毛白杨、银白杨、银灰杨、新疆杨、意大利 I-69 杨、I-72 杨、鲁伊沙杨、西玛杨等。

抗轮斑病:加杨、山海关杨、新疆杨、小黑杨、青杨×毛白杨、美杨×山杨、银白杨×山杨。

抗炭疽病:小青杨。

抗霉斑病:毛白杨、银白杨。

抗白粉病:毛白杨、银白杨、新疆杨、鲁伊沙杨、西玛杨。

5.2.2 培育壮苗

5.2.2.1 选地势平坦、水源充足、排水良好,疏松肥沃的沙土或壤土为杨树苗圃地。

5.2.2.2 细致整地 ,严格消毒。一般用硫酸亚铁 300 kg/ha 或代森锌可湿性粉剂 7.5 kg/ha 或晶体敌百虫 4.5 kg/ha 或呋喃丹颗粒剂 60 kg/ha 进行土壤杀菌灭虫处理。

5.2.2.3 感病的杨树品种育苗密度一般在 6 万株/ha,抗病品种密度控制在 8~9 万株/ha。

5.2.2.4 适时追肥、灌水、除草、间苗、打底叶。

5.5.2.5 合理轮作倒茬,一般以豆科植物为好。

5.2.3 营造混交林

5.2.3.1 坚持适地适树原则,合理安排树种搭配。避免杨树与落叶松混交引发锈病感染,松杨造林至少要有 3 km 隔离带。

5.2.3.2 营造感病杨树与抗病杨树混交林,阻隔病原菌的传播。

5.2.3.3 有染病史的苗圃或林地周围,避免栽植有交叉感染的树种。

5.3 **物理防治**

5.3.1 消除病源

在杨树生长季节发现病株、病枝、病叶、病芽及时摘除并集中烧毁。

5.3.2 阻隔扩散

每年秋末或冬季清除病落叶和病枝梢,集中烧毁或深埋。

5.4 化学防治

5.4.1 白杨锈病

5 月初,每隔半月喷 1 次波美 0.3～0.5 度石硫合剂,或敌锈钠原药 200 倍液。还可选用 100 倍 50%代森铵水剂或 25%粉锈宁可湿性粉剂 1 500～2 500 倍液。共喷 2～3 次。在防治银白杨、新疆杨苗期锈病时,药液中加入 0.1%洗衣粉,可提高药效。

5.4.2 青杨锈病

7 月初,可用波美 0.3～0.5 度石硫合剂,或 50%代森铵水剂 100～200 倍液,或 50%萎锈灵可湿性粉剂 200 倍液,或 65%代森锌可湿性粉剂 500 倍液,或 25%粉锈宁可湿性粉剂 1 500～2 500 倍液,或敌锈钠原药 100～200 倍液喷雾;7～10 d 喷 1 次,共喷 4 次。

5.4.3 山杨锈病

6 月至 10 月中旬,用波美 0.3～0.5 度石硫合剂,或 50%代森铵水剂 100 倍液,或 50%萎锈灵可湿性粉剂 200 倍,或 65%代森锌可湿性粉剂 500 倍液喷雾;7～10 d 喷 1 次,连续喷 4 次。

5.4.4 黑斑病

5～6 月份植株全面喷布 200～300 倍波尔多液,或 65%代森锌可湿性粉剂 100～250 倍液,或 50%代森铵水剂 300～500 倍液,或 0.25%～0.5%漂白粉,或 0.6%硫酸锌液;每隔 10～15 d 1 次,共喷 2～3 次。

5.4.5 灰斑病

5 月中旬喷 1：1：160～200 波尔多液,或 6 月末喷 65%代森锌可湿性粉剂 500 倍液,或喷 75%百菌清可湿性粉剂 500 倍液,或 50%多菌灵可湿性粉剂 600 倍液,或 70%甲基托布津可湿性粉剂 600 倍液。

5.4.6 黑星病

5 月下旬喷 1：1：125 波尔多液,或波美 0.5 度石硫合剂,或 65%代森锌可湿性粉剂 200～300 倍液,或 50%代森铵水剂 500～1 000 倍;每隔 10～15 d 1 次,共喷 2～3 次。

5.4.7 轮斑病

喷用 40%乙膦铝可湿性粉剂 500 倍液,或 50%多菌灵可湿性粉剂 400～500 倍液,或 75%百菌清可湿性粉剂 800 倍液,或 1：1：100 波尔多液,或 65%代森锌可湿性粉剂 500～850 倍液;每隔 10～15 d 1 次,共喷 2～3 次。

5.4.8 白粉病

6 月初,喷波美 0.2～0.3 度石硫合剂,或 1：1：100 波尔多液,或 70%甲基托布津可湿性粉剂 800～1 000 倍液;每半月 1 次,共喷 2～3 次。

5.4.9 炭疽病

3～4 月喷洒 65%代森锌可湿性粉剂 600 倍液,或 80%代森锰可湿性粉剂 500 倍液,或 50%退菌特可湿性粉剂 800～1 000 倍液,或 1：1：100 波尔多液;每隔 10～15 d 1 次,共喷 2～3 次。

5.4.10 霉斑病

6 月至 7 月中旬喷 1：1：100 波尔多液,还可喷 65%可湿性代森锌 100～250 倍液;

每隔 15 d 喷 1 次,共喷 2～3 次。

5.5　生物防治

5.5.1　保护与繁殖食锈螨,使其取食锈菌夏孢子。

5.5.2　利用人工合成的"401"、"402"抗菌剂喷布,可有效防治多种杨树苗期病害。

5.5.3　保护利用叶片腐生菌交链孢(*Alternaria* sp.)和青霉(*Penicillium* sp.),发挥其对夏孢子的抑制作用。

ICS 65.020.40

B 65

备案号：

DB62

甘 肃 省 地 方 标 准

DB62/T1742−2008

庆阳市油松种实害虫综合防治规程

2008−10−14 发布　　　　　　2008−10−25 实施

甘肃省质量技术监督局 发布

前　言

在油松采种林分中(包括良种基地、优树和其它林分),经常遇到种实害虫成灾的问题。为了适应采种林分实现良种化的需求,本标准规定了油松种实害虫综合防治技术规程。

本标准由庆阳市林业局提出。

本标准起草单位:庆阳市林木种苗管理站。

本标准主要起草人:席忠诚、何天龙、马　杰、谌　军、乔小花。

庆阳市油松种实害虫综合防治规程

1 范围

本标准规定了油松种实害虫的种类、危害期和危害特点、虫情调查、综合防治原则及综合防治措施。

本标准适用于庆阳市油松良种基地及其他油松采种林分和优树种实害虫的综合防治。

2 种实害虫种类

2.1 油松球果小卷蛾 *Gravitarmata margarotana*(Hein.)

2.2 松果梢斑螟 *Dioryctria pryei* Ragonot

3 危害期和危害特点

3.1 危害期

油松种实害虫危害期一般在 5 月至 10 月份,而以 5、6 月份最为集中。5 月上、中旬当油松开花授粉时,正是油松球果小卷蛾幼虫初孵期和松果梢斑螟越冬幼虫危害期。

3.2 危害特点

3.2.1 油松球果小卷蛾

初孵幼虫一般先取食当年生雌球花和嫩枝,后转入 2 年生球果危害,营隐蔽生活,取食鳞片基部和种子。当年生雌花受害后,常提早枯落;2 年生球果受害后,一般仍不脱落,其蛀孔多位于球果下面的中部和端部,孔口小,形状不规则。幼虫老熟后即离果坠地,在枯枝落叶层及杂草丛中吐丝结茧。

3.2.2 松果梢斑螟

幼虫取食雄(雌)花序并越冬于其中,偶有在遭过虫害而干枯的果、枝内越冬的。次年 5 月份越冬幼虫开始转移到健康的 2 年生球果及当年生枝梢内危害,但主害 2 年生球果。其蛀孔多位于球果下面的基部,孔口大,近圆形。6 月中、下旬开始在被害的 2 年生球果及当年生梢内化蛹。

4 虫情调查

4.1 虫情划分标准

4.1.1 球果受害级划分标准(见表)

球果受害级划分标准表

被害级	I	II	III	IV	V
代表数值	0	1	2	3	4
球果受害状	球果正常, 无虫害	有虫蛀,鳞片 干枯3个	有蛀孔,球果 干枯达1/3	有蛀孔,球果 干枯1/3~2/3	有蛀孔,球果 全干枯

4.1.2　虫情指数计算公式

$$Z = \frac{\sum_{i=1}^{5}(N_i \times A_i)}{N \times A_{max}} \times 100 \tag{1}$$

式中：Z——虫情指数；

　　　　N_i——第 i 级被害级的被害球果数；

　　　　A_i —— 第 i 级被害级的代表数值；

　　　　N —— 调查总样球果数；

　　　　A_{max} —— 被害最重级代表数值。

4.2　调查方法

4.2.1　线路踏查

在 5 月份,幼虫开始活动后,根据调查地的情况,选定具有一定代表性的路线,对种实害虫发生情况进行线路踏查,随机选取 20 株树,每棵树按南北方向各取 5 个样枝,全部摘下球果,调查球果受害情况,计算虫情指数。

4.2.2　标准地调查

在球果害虫发生区,选有代表性的林地,设立 10 块标准地调查,每块面积为 0.5ha,在每个标准地内采用对角线法抽取样树 10 株至 20 株,定期调查种实害虫消长情况。

4.2.3　样株调查

将样株树冠分成上中下 3 层及阴阳面(或南北两半)6 个小区,分别按方位和小区调查记载每枚 2 年生球果上的落卵量或 2 年生球果的受害情况及受害果内的虫数;或每个小区选择一定数量的球果进行调查,然后进行分析。

5　综合防治原则

坚持"预防为主,科学防控,依法治理,促进健康"的森防方针,充分利用害虫与寄主油松,有害生物与环境的关系,以营林措施为基础,以生物措施为主导,辅以化学防治的综合技术措施,因时因地因虫制宜地协调运用各种有效措施,安全、有效、经济、简易地控制油松种实害虫的危害,确保油松种子的丰产、优质和丰收。

6　综合防治措施

6.1　营林措施

6.1.1　初建油松种子园园址应尽可能选设在距油松天然林和居民点 3~5 km 外的地方,以保证人畜安全、隔绝天然林种实害虫的入侵。

6.1.2　人工林改建母树林时,要加强砍灌、修枝、松土除草、施肥、疏伐等项经营措施,以增强保留株的树势,减少种实害虫入侵和危害。

6.1.3　建立种子园应在保证雌花正常授粉的前提下,从严控制栽植多雄株数,减少松果斑螟的越冬场所。

6.1.4　于3、4月份清除种子园和母树林内杂灌,追施化肥,施用3‰呋喃丹颗粒剂或西维因粉剂,以增强树势提高抗虫力。

6.1.5　冬春季用竹竿敲落或3MF-4型弥雾喷粉机吹落雄花序,以破坏松果梢斑螟幼虫的越冬场所。

6.1.6　大面积造林时,要在良种选育的基础上,尽可能地营造油松-栎类、油松-桦树混交林,从根本上杜绝种实害虫的大发生。

6.2　物理防治

6.2.1　在4月中旬至5月底,设置黑光灯和性激素诱捕器,诱杀油松球果小卷蛾的羽化成虫。

6.2.2　在整个夏季,设置黑光灯和信息素板诱杀油松球果小卷蛾和松果梢斑螟及其他害虫。

6.2.3　于6月上、中旬油松球果小卷蛾幼虫全部侵入球果后至老熟幼虫开始脱果前采集虫害果防治。

6.2.4　10月份结合采果,将树上的虫害果全部采回,集中在林边,利用虫害果内寄生的天敌控制来年的危害。

6.2.5　冬季或早春剪除干枯的虫害果枝,集中堆放在深坑内,周围洒上农药,既可防止松果梢斑螟越冬幼虫的逃走,又有利于其内寄生天敌安全返回林间。

6.3　生物防治

6.3.1　喷洒生物制剂

6.3.1.1　用25‰B.t乳剂(苏云金杆菌 *Bacillus thuringiensis* Berliner)200倍液,防治未侵入梢果的油松球果小卷蛾。

6.3.1.2　施用青虫菌6号50倍液防治油松种实害虫。

6.3.1.3　6月中旬以后,晴天的16时后或阴天地面喷洒白僵菌 *Beauveria bassiana* (Bals)Vuill粉,每亩600 g,或粉拟青霉 *Paecilomyces farinosus* Bronn et Smith 麦麸锯末粗制菌剂,大树每株施用10 g,小树每株施用5 g,可有效防治油松球果小卷蛾下地化蛹的老熟幼虫。

6.3.2　释放赤眼蜂

油松球果小卷蛾成虫产卵期(4月下旬至5月上旬),释放松毛虫赤眼蜂 *Trichongramma dendrolimi* Matsumura,每亩3~5万头,可减轻球果受害。

6.3.3　利用寄生蜂

6.3.3.1　油松球果小卷蛾

利用松毛虫赤眼蜂、悬腹广肩小蜂 *Eurytoma appendigaster* Swederus、考氏白茧蜂 *Phanerotoma kozlovi* Kok.、球果卷蛾长体茧蜂 *Macrocentrus resinellae* Linnaeus、卷蛾绒茧蜂 *Apanteles ultor* Rein. 等进行防治。

6.3.3.2　松果梢斑螟

利用斑螟大距侧沟茧蜂 *Protomicroplitis spreta* Marsh.、考氏白茧蜂、球果卷蛾长体茧蜂、愈腹茧蜂 *Phanerotoma* sp.、广肩小蜂 *Eurytoma* sp. 等进行防治。

6.3.4 利用食虫鸟

大山雀是油松种实害虫的重要天敌。利用巢箱是招引大山雀的常用方法。巢箱圆筒形，正上方一圆形进出口，右下方一方形开口，上覆盖一片油毛毡。巢箱于头年秋末悬挂，用细铁丝将上下两端固定在树上。

6.4 化学防治

6.4.1 防治时期

5月上、中旬油松开花授粉时，正是化学防治的关键时期。

6.4.2 器械选择

6.4.2.1 超低容量喷雾

用永旋牌手持式电动超低容量喷雾器。

6.4.2.2 常量喷雾

用3WBS—16型手动背负式喷雾器。

6.4.2.3 农药混合使用

采用3MF—4型弥雾喷粉机和WFB—18型弥雾喷粉机喷雾。

6.4.3 药剂浓度

6.4.3.1 超低容量喷雾防治

可用2.5％敌杀死乳油或20％速灭杀丁乳油100倍液或敌马乳油10倍液。

6.4.3.2 常量喷雾防治

采用40％增效氧化乐果乳油或40％久效磷乳油50倍液或2.5％敌杀死乳油或20％速灭杀丁乳油500倍液。

6.4.3.3 农药混合使用防治

采用25％灭幼脲3号胶悬剂1 000倍液分别与40％增效氧化乐果乳油100倍液或2.5％敌杀死乳油500倍液或20％速灭杀丁乳油100倍液按1∶1的比例混用。

6.4.4 喷雾强度

以球果表面湿润而无药液下滴为宜。

6.4.5 安全要求

6.4.5.1 施药地段在显著位置树立警示牌，禁止人畜入内。

6.4.5.2 施药人员在打药时必须戴防毒口罩，穿长袖上衣、长裤和鞋袜。工作后要用肥皂彻底清洗手、脸和漱口。严禁打药期间饮酒。

6.4.5.3 用药结束后，要及时清洗器械，清洗的污水要妥善处理。

6.5 检疫

6.5.1 受检植物

油松球果、枝梢、枯枝落叶和油松种子等。

6.5.2 受检地域

出入油松分布区特别是油松种子园、母树林和采种林的受检植物。

6.5.3 检疫要求

受检植物及其运输工具不得携带种实害虫的各种虫态和具有明显危害状的植物或产品。

ICS 65.020.40

B 65

备案号：

DB62

甘 肃 省 地 方 标 准

DB62/T1743—2008

庆阳市欧美杨育苗栽培技术规范

2008－10－14 发布　　　　　　　　2008－10－25 实施

甘肃省质量技术监督局 发 布

前　言

　　为了强化杨树新品种栽培的集约化管理,规范杨树新品种的扩繁和栽培,本标准规定了欧美杨 107、108 号的育苗栽培技术要求。

　　本标准由庆阳市林业局提出。

　　本标准起草单位:庆阳市林木种苗管理站。

　　本标准主要起草人:席忠诚、何天龙、贾随太、彭小琴、张育青。

庆阳市欧美杨育苗栽培技术规范

1 范围

本标准规定了欧美杨的种性及特性、扩繁育苗、造林、抚育管理和有害生物防治。

本标准适用于庆阳市及气候和立地条件相类似的其他地区欧美杨 107、108 号的育苗栽培。

2 种性及特性

2.1 树种

2.1.1 欧美杨 107 号

欧美杨杂交种,起源于意大利,1984 年引入我国,1990 年选育成功。以美洲黑杨为母本,欧洲黑杨为父本。学名 *Populus* × *euramiricana* '*Neva*',国家良种审定编号为:国 R—SC—PE—028—2002。

2.1.2 欧美杨 108 号

欧美杨杂交种,起源于意大利,1984 年引入我国,2000 年选育成功。为美洲黑杨与欧洲黑杨的人工杂种无性系。学名 *Populus* × *euramericana* '*Guariento*',国家良种审定编号为:国 R—SC—PE—029—2002。

2.2 树种特性

2.2.1 欧美杨 107 号

树干高大通直,树皮灰色较粗,分枝角度小,树冠窄,侧枝细,叶片小而密。干形美、材质好、丰产速生、抗病虫、无性繁殖能力强。

2.2.2 欧美杨 108 号

树干通直,尖削度小,窄冠。丰产速生、材质优良、抗病虫害、无性繁殖能力强。

2.2.3 欧美杨 107 号与 108 号的区别

107 皮色较深、节间短、皮孔较密。

3 扩繁育苗

3.1 圃地选择

育苗地选在交通方便、地势平坦、地下水位在 2 m 以下、背风向阳、排水良好,土壤质地疏松、肥沃、保水保肥、pH 值在 6～8.5 之间、易溶盐含量低于 3‰,有灌溉条件的地方。避免在地下害虫严重和病菌严重感染的地段育苗。

3.2 整地作床

冬初圃地施足基肥(每亩约 4 000～5 000kg),翻耕,深度 25～30 cm。翌春土壤解冻后苗木扦插前作床,苗床宽 70～80cm,两床间距 20cm 左右,南北走向、床高 20～25 cm。为增温保水床面覆地膜一层。

3.3 插穗准备

3.3.1 采条

在秋季苗木落叶后将 1 年生苗平茬做种,每 50 根条一捆,整捆贮藏;亦可采用春季随采随插方法。

3.3.2 截条

将种条截成三个芽(要求发育正常、芽体饱满)、长度为 12～15cm 的插穗,上下切口需平截。一般情况下,只需截取苗干中、下部作插穗。

3.3.3 蜡封

将截好的插穗 10 根一捆,形态学顶端蘸熔化的石蜡封住截面约 1～1.5cm 高,严禁两头封蜡。

3.4 扦插

扦插时间在清明前后,林区适当推迟 7～10 d,但须在叶芽萌动前插入。扦插前将蜡封的插穗在水中浸泡 12～24 h,使插穗吸足水分。扦插株距 25 cm、行距 60 cm。在覆膜苗床上扦插时,先将地膜用器械戳一个与插穗粗细相当的孔,然后再从孔中垂直插入插穗。插后顶端覆土 1 cm 左右。对取自于基部的插穗在扦插时可蘸 50～100 ppm ABT 生根粉少许,以提高出苗率和苗木质量。

3.5 适时浇灌

插后,对所有扦插地段浇透水一次。此后至新梢长出,若土壤不缺水可以不浇水。新梢长出后可根据土壤墒情适时浇灌。灌溉以漫灌加喷灌为好。

3.6 苗期管理

3.6.1 修枝抹芽

在苗高 30～50 cm 时选留一个较壮实的新梢,其余抹去。在后期生长过程中对长出的侧芽也应随时抹去。

3.6.2 追肥

新梢长到 50～80 cm 时追肥一次,其后在苗木速生期再追肥 2～3 次。追肥以氮肥为主,亦可点施成分含量高的有机肥,有条件还可以叶面追 6 000 倍喷施宝。

3.6.3 松土除草

苗木生长过程中应及时中耕除草。裸地扦插每次灌溉后都要松土保墒、除草保苗。

3.6.4 苗木检疫

育苗全过程进行严格检疫。

4 造林

4.1 林地选择

选土层深厚,疏松,土壤肥沃的塬面、川台地、二荒地、弃耕地和坡耕地造林。

4.2 整地

在先 1 年入冬前林地全面深翻 30～40 cm,3 月份造林前挖穴。穴状整地法,按株行距定点挖穴,穴大 60×60×60 cm 以上。全垦大穴法,穴大 70×70×70 cm 以上。

4.3 苗木选择

选择苗高在 3.0 m,地径 2.0 cm 以上的 2 根 1 杆苗造林。要求苗木健壮、顶芽饱满、根系完整、无病虫害。

4.4 栽植密度

培育大径材,采用 3×4 m 的株行距;小径材采用 2×3 m 的株行距为宜。

4.5 栽植

栽植时间为每年的 3 月中旬至 4 月上旬。栽植前要将苗木根系浸泡在水中 1～2 d 后再进行栽植。造林时用生根粉 6 号 100 ppm 的溶液浸泡 12 小时以上,栽植方法采用穴状栽植,先填表土,后填心土,分层覆土,层层踩实。栽植深度 60 cm,栽后覆膜。苗木定植后一次浇足定根水,株均 50 kg 以上。

5 抚育管理

5.1 施肥

一般每株施 0.5 kg 复合肥和 0.5 kg 过磷酸钙或每株 10 kg 腐熟的有机农家肥作基肥。在第一次生长盛期(5 月中下旬至 6 月下旬)和夏季生长高峰期(7 月初至 8 月底)追施氮磷肥。

5.2 修枝

栽植后,及时剪去树冠中下部的卡脖枝和树干中下部的萌条。

5.3 抚育管理

栽植后需连续抚育 3 年,适时松土、扩穴、施肥、控制杂草、防治病虫鼠兔害等。培育大径材 5 年以后间伐 1 次。培育小径材,可以多次间伐利用。

6 有害生物防治

6.1 发生种类

欧美杨幼苗和幼树期害虫以白杨叶甲、白杨透翅蛾、青杨天牛、大青叶蝉等四种为主;病害以褐斑病和叶锈病最为常见;鼠兔害有野兔等。

6.2 防治方法

6.2.1 白杨叶甲

清除枯枝落叶,破坏越冬场所;人工摘除卵块,集中销毁;利用成虫的假死习性,震落捕杀;幼虫和成虫出现期,选用 50％杀螟松乳油或 50％敌敌畏乳油或 40％乐果乳油 1 000 倍液喷洒。

6.2.2 白杨透翅蛾

严格产地检疫和调运检疫,及时剪除虫瘿,集中烧毁;发现苗木上有虫屑或小瘤,要及时削掉;有虫瘿,可用钢丝自虫瘿的排孔处向上钩刺幼虫;幼虫发生期,用 50％杀螟松乳油或 50％磷胺乳油 20～60 倍液涂环,用 50％敌敌畏乳油 500 倍液注入蛀孔内或敌敌畏乳油棉球或毒泥、或磷化铝片堵塞虫孔,用 10％呋喃丹颗粒剂,施入 1～2 年生苗木行间,深 30～40 cm,用 50％杀螟松乳油 20 倍液涂抹排粪孔道毒杀幼虫;于 6 月底 7 月初采用白杨透翅蛾性信息素诱捕器诱杀;保护招引天敌棕腹啄木鸟。

6.2.3　青杨天牛

严格检疫,禁止带虫瘿的苗木枝条外运;要经常检查,发现虫瘿,立即剪掉烧毁;于成虫期,用40%乐果乳油1 000～1 500倍液或80%敌敌畏乳油1 000～2 000倍液喷洒苗木;在初孵幼虫侵入木质部这段时间,用上述药剂喷洒苗木主干;还可利用天牛肿腿蜂、啄木鸟等天敌防治。

6.2.4　大青叶蝉

在成虫期利用黑光灯诱杀,在早晨露水未干时,进行网捕;剪除产卵密度大的枝条或挤压零星产卵处;选用50%敌敌畏乳油2 000倍液或40%乐果乳油3 000～4 000倍液,或90%敌百虫晶体,或50%辛硫磷乳油800～1 000倍液在苗木上喷洒。

6.2.5　杨褐斑病

冬季清除病落叶和病枝梢;5月下旬至6月初,叶面喷洒200～300倍波尔多液,或65%代森锌可湿性粉剂100～250倍液,或50%代森铵水剂300～500倍液,或0.25%～0.5%漂白粉,或0.6%硫酸锌液,每隔10～15 d 1次,共喷3次。

6.2.6　杨叶锈病

冬季清除病落叶,集中烧毁;初春冬芽萌发时,及时摘除病芽烧毁;7、8月间用波美0.3～0.5度石硫合剂,或50%代森铵水剂100～200倍液,或50%萎锈灵可湿性粉剂200倍,或65%代森锌可湿性粉剂500倍液,或25%粉锈宁可湿性粉剂1 500～2 500倍,或敌锈钠原药100～200倍液喷雾,7～10 d喷1次,共喷3次。

6.2.7　野兔

用铁丝环套法捕杀或涂抹防啃剂等方法防治。

ICS 65.020.40

B 65

备案号：

DB62

甘 肃 省 地 方 标 准

DB62/T2141－2011

庆阳市文冠果育苗造林技术规程

2011－06－29 发布　　　　　　　　2011－07－30 实施

甘肃省质量技术监督局 发布

前　言

本标准依据 GB/T 1.1－2009 编制。

本标准由庆阳市林业局、庆阳市质量技术监督局提出。

本标准起草单位:庆阳市林业科学研究所、庆阳市林木种苗管理站。

本标准主要起草人:朱岩峰、席忠诚、姜抢平。

庆阳市文冠果育苗造林技术规程

1 范围

本标准规定了文冠果的苗木培育、苗期管理、苗木出圃、造林、幼林管理、病虫害防治及档案建立的技术内容。

本标准在庆阳市行政区域内适用,其他相近地区可参照执行。

2 规范性引用文件

下列文件对于本文件应用是必不可少的。凡是注日期的引用文件,仅注日期的版本适用于本文件。凡是不注日期的引用文件,其最新版本(包括所有的修改单)适用于本文件。

GB 7908－1999 林木种子质量分级;

GB 6001－1985 育苗技术规程;

GB/T 15776－2006 造林技术规程。

3 树种特性

3.1 树种特征

文冠果属无患子科文冠果属的落叶小乔木或灌木,高 2.0～8.0 m。种子含油率高,油质好,既可食又可供作医药用、制作生物柴油和工业润滑油等。树形优美,结果早,收益期长,材质坚硬,有"北方油茶"之称,既是北方地区良好的生物质能源和水土保持树种,也是理想的园林观赏树种。

3.2 生物学特性

文冠果根系发达,萌蘖性强,耐半阴,对土壤的适应性极强,耐旱、耐瘠薄、抗盐碱,在 41℃的高温和－37℃的低温条件下都能生长。开花期 4～5 月,果实成熟期 7～8 月。

4 苗木培育

4.1 种子育苗

4.1.1 种子采收

从树势健壮、结实丰盈的母树上采集充分成熟、种仁饱满的种子。采种时间为 7 月底至 8 月初,当果皮由绿褐色变为黄褐色、由光滑变为粗糙、种子由红褐色变黑褐色,全株约有 1/3 以上的果实果皮开裂时即可采种。采集的果实放在阴凉通风处,除掉果皮,晾干种子,然后装入容器,贮藏中要严防潮湿。

4.1.2 层积沙藏

播前进行低温沙藏处理,具体方法是:土地封冻前选背风向阳处挖条形坑,坑深

1.2 m、宽 1.0 m,长度视种子数量而定;将经过筛河沙加水搅匀,沙的湿度以用手捏不出水而伸开散为 2～3 瓣为宜;将事先经浸泡 2～3 d(每天换水一次)的种子捞出,与湿沙混匀,种子与湿沙体积比为 1∶3;将混沙种子装入坑内,厚度为 70～80 cm,上层用湿沙覆盖;沿坑长每隔 1.0 m 从坑底向上竖一直径 20 cm 的秫秸把,顶端须露出所覆沙层之外。

4.1.3 催芽处理

层积处理的种子在次年春播前 15 d,选背风向阳的墙脚,挖深 0.5 m、宽 1.0 m、长视种子数量而定的坑,清除坑上覆盖沙层,将混沙种子移至新挖坑内,堆成有利于采光的斜面,上覆塑料薄膜,进行催芽处理。每天将坑内混沙种子上下翻动 1～2 次。若混沙种子失水发干时,应适时适量补充水分。当 10% 种子裂嘴"露白"时,即可播种。

4.1.4 整地

选地势平坦、土壤深厚肥沃、排灌方便的疏松土壤育苗。育苗上年秋季可深翻圃地 25 cm,早春浅翻,并碎土、耙平,不做床或做成高床,然后撒施生石灰 300 kg/hm² 或硫酸亚铁 75 kg/hm² 进行土壤消毒,同时施农家肥料 32 500～45 000 kg/hm²。

4.1.5 播种

一般多采用春播,在 4 月下旬至 5 月中旬进行。如地膜覆盖或小拱棚育苗播期可提前至 3 月中下旬。播前 5～7 d,灌足底水,待水下渗微干后,开挖深 3～5 cm 的沟,沟距 20～30 cm,撒播时将种子均匀撒入沟内,覆土厚度 3～4 cm,然后踩踏一遍,使种子与土壤密接。沟内点播时,每隔 6～7 cm 放入 2 粒种子,种脐平放,以利发芽出土。播种量 450～600 kg/hm²,播后床面覆草。

秋播在土壤封冻前进行,沟内散播或点播,播后覆土,然后践踏一遍,使种子与土壤密接。

4.2 根插育苗

4.2.1 整地作床

土壤封冻前深耕 20～25 cm,施腐熟有机肥 75 000 kg/hm²,并混施呋喃丹颗粒剂 30～45 kg/hm²,防治根瘤线虫病及地下害虫,并整地做床或做垄。垄床规格:底宽 70 cm、上宽 30 cm,垄高 20 cm。

4.2.2 采根

每年秋季树体落叶后至土壤封冻前,树木萌动前的 3 月中下旬采根,利用起苗后残留圃地根苗或采挖的幼树、壮龄树的一年生种根。

4.2.3 种根处理

选取粗度≥4 mm 种根,截成长 10～15 cm 的根段,用 ABT 生根粉 250 mg/kg 处理浸泡种根 3 min 或用流水冲刷 7 d 后备用。

4.2.4 根插

3 月中下旬将处理后的种根条按 10～15 cm 株距扦插于苗圃垄床,深度以插穗顶端低于地面 2 cm 为宜,并压实,使根与土壤密接,浇透水,覆盖地膜保温保湿。

4.3 嫁接育苗

7 月 25 日至 8 月 20 日,采用文冠果播种苗作砧木,从文冠果优良母树采集一年生枝条做接穗,带木质进行芽接,培育优良品种苗木。

5 苗期管理

生长期间及时松土、除草、追肥、灌水、间苗、定苗和进行病虫害防治。定苗后,保持苗距 9～12 cm。

6 苗木出圃

6.1 苗木分级标准

根据苗高、地径,根系发达完整、植株粗壮通直、木质化良好等指标分为三级。

一级苗:苗龄1－0,苗高≥60 cm,地径≥0.6 cm;苗龄2－0,苗高≥80 cm,地径≥0.8 cm。根系发达完整无伤痕,苗杆通直,梢端完全木质化。

二级苗:苗龄1－0,苗高50～60 cm,地径0.5～0.6 cm;苗龄2－0,苗高60～80 cm,地径0.6～0.8 cm。根系发达无严重伤痕,梢端基本木质化。

三级苗:苗龄1－0,苗高≤50 cm,地径≤0.5 cm;苗龄2－0,苗高≤60 cm,地径≤0.5 cm。根系欠发达、欠完整或有重伤残,梢端未木质化。三级苗只能归圃培育,不宜用于造林。

6.2 起苗

春季在萌芽前进行,秋季在苗木落叶后进行,起苗后立即假植。

6.3 苗木包装及运输

6.3.1 苗木检疫

起苗后进行产地检疫。

6.3.2 苗木包装

将合格苗剪去四周二次枝,按照苗木分级标准分级、打捆,用 ABT 生根粉或者泥浆蘸根后用草袋或塑料袋包装,包内外各放置标签一枚,标注内容符合 GB6001－1985 规定。

6.3.3 苗木运输

运输过程,注意保温、保湿、防冻和通风透气。

6.4 苗木假植

运抵栽植地尽快定植或假植,假植时选择避风、平坦、排水良好的地段挖深50 cm～70 cm的假植沟,假植前先将苗木根向下斜放沟内,根部埋土至苗高 2/3 处,然后浇足水,并定期进行生活力检查。

7 造林

7.1 造林地选择

应选土壤深厚、湿润肥沃、通气性好、无积水、排水灌溉条件良好、pH 值 7.5～8.0 微碱性土壤的滩地或坡地。

7.2 整地

荒山坡地采用鱼鳞坑整地,长宽高规格为 80×60×30 cm,沿等高线延伸,呈品字形排列;荒山滩地和退耕地采用水平阶整地,长宽高规格为 200 ×30 ×20 cm。

7.3　苗木选择

采用二级以上苗木进行造林。

7.4　造林季节

一般采用春季造林,在3月下旬进行。

7.5　造林方法

株行距为2.0×3.0 m。造林时根系要舒展,埋土要低于原土痕上线1 cm,填土要踩实。栽植后立即灌水,待水渗下后,覆一层干土。并及时定干,定干高度为80 cm。

7.6　补植

按照GB/T 15776－2006规定执行。

8　抚育管理

8.1　整形修剪

8.1.1　夏季修剪

包括抹芽、除萌、摘心、剪枝、扭枝。

8.1.2　冬季修剪

修剪骨干枝和各类结果枝、疏去过密枝、重叠枝、交叉枝、纤弱枝和病虫枝等。

8.2　施肥

有条件时每年进行1～3次追肥,时间可分别掌握在萌芽前、花后和果实膨大期,追肥量视树龄0.25～1.0 kg/株。

8.3　灌水

有条件时可结合施肥灌水,注意防涝、排涝。

9　病虫害防治

9.1　黄化病

苗期及时中耕松土,铲除病株。实行换茬轮作。林地实行翻耕晾土。

9.2　木虱

清除林地落叶杂草,消灭越冬成虫。早春或初发期喷布5波美度石硫合剂、2.5％溴氢菊酯乳油2 500倍液或25％功夫乳油2 000倍液防治。

9.3　黑绒金龟子

用4.5％高效氯氰菊酯2 000倍液、4.5％瓢甲敌乳油1 500倍液或1.8％阿维菌素乳油2 000倍液喷杀成虫。

10　技术档案建立

10.1　苗圃技术档案

依据GB 6001－1995规定执行。

10.2　造林技术档案

依据GB/T 15776－2006规定执行。

ICS 65.020.40

B 65

备案号：

DB62

甘 肃 省 地 方 标 准

DB62/T2172－2012

无公害农产品
庆阳苹果标准化果园规划与建设技术规程

Nuisanceless Agriculture product － Planning & Construction
Technical Regulations of Standard orchard of Apple in Qingyang

2011－07－20 发布　　　　　　2011－08－30 实施

甘肃省质量技术监督局 发布

前 言

本标准依据 GB/T1.1-2009 给出的规则编写。

本标准由陇东学院、庆阳市果业局、庆阳市质量技术监督局提出。

本标准起草单位:陇东学院农林科技学院、庆阳市林木种苗站。

本标准主要起草人:范宗珍、王锦锋、席忠诚、赵菊莲、张庆霞、任邦来、张永明、姚志龙、吴健君。

庆阳苹果标准化果园规划与建设技术规程

1 范围

本规范规定了无公害农产品庆阳苹果标准化建园规划与建设的适用范围、术语、产地环境要求、生产目标、园地规划、果苗定植、栽后管理、档案建立等内容。

本规程适用于庆阳市及陇东地区年平均降水 510～650 mm、无霜期 170～190 d、平均气温 8.0℃～10.5℃、海拔 800～1 500 m 范围内的标准化苹果园建设。

2 规范性引用文件

下列文件对于本文件的应用是必不可少的。凡是注日期的引用文件，仅所注日期的版本适用于本文件。凡是不注日期的引用文件，其最新版本（包括所有的修改单）适用于本文件。

GB 10651－2008 鲜苹果；

GB 9847 苹果苗木；

GB 8370－2009 苹果苗木产地检疫规程；

NY 329 苹果无病毒苗木；

NY/T 393－2000 绿色食品 农药使用准则；

NY/T 394－2000 绿色食品 肥料使用准则；

NY 5011 无公害食品 仁果类水果；

NY 5012 无公害食品 苹果生产技术规程；

NY 5013 公害食品 林果类产品产地环境条件。

3 术语和定义

下列术语和定义适用于本文件。

3.1 无公害农产品

无公害食品是指源于良好生态环境，按照专门的生产（栽培）技术规程生产或加工，无有害物质残留或残留控制在一定范围之内，经专门机构检验，符合标准规定的卫生质量标准，并许可使用专用标志的农产品。

3.2 苹果矮化砧木

苹果矮化砧木是从苹果属植物中筛选出嫁接后能使苹果树生长比正常树体矮小的一类砧木。

3.3 中间砧

在嫁接过程中既嫁接联接砧木又承受镶入接穗的植物组织及发育器官。

3.4 自根砧

在繁育林果苗木时,利用扦插、压条和分株方法繁殖得到的植物体在嫁接过程中直接承受镶入接穗的基础砧木。

4 产地环境

应符合 NY5013 标准规定要求。

5 生产目标及品质要求

新建果园 3 年结果并形成产量,5 年生果园产值应达到 1.5 万元/hm² 以上;初结果期(6~9 年生):7 500~18 000 kg/hm²;盛果期(10 年生以上):30 000~37 500 kg/hm²;果实品质必须符合 GB10651-2008 和 NY/T 5011 的要求,≥75♯ 的优果率达到 90% 以上。

6 园地规划

6.1 园地选择

6.1.1 环境条件 园地应符合 NY5013 标准规定要求。选择生态条件良好,远离污染源,具有可持续生产能力的生产区域。土壤有机质含量≥1.0%,土层厚度≥1 m,地下水位<1.5 m,土壤 pH 值 6.0~8.0,总盐量<0.3%。建园地在过去三年内栽种过前茬植物,必须避开土壤有害物质(前茬果树的分泌物、病菌害虫残余、农药及其他农用化学物质残留等)比较多、营养物质匮乏且严重不均衡、微生物群落发生改变、有害生物如线虫、病菌等泛滥、严重抑制后茬果树生长发育的果园重茬地。

6.1.2 经营条件

园地必须选在国家优质苹果重点扶持发展规划的最佳区域,要求交通优化、水源保证、综合配套、服务齐全、经营方便。塬地和川台阶地,地势平坦、土层深厚、光照充足、空气流畅、管理方便,是发展优质苹果首选地形,而坡地梯田则可作为补充地形。应以乡镇或行政村为单位,转租土地,集中连片,统一规划,分片管理。

6.2 果园区划

6.2.1 管理小区 管理小区划分以节约土地和投资,便于集约经营,依照果园面积和地势,防止或减少自然灾害(水土流失、风害等)原则而定,大小控制在 3~6 个/hm²;小区之间以道路、防护林为界。每小区只栽 1 个主栽品种,环境条件和管理技术相对一致。

6.2.2 道路及排灌系统

建园地各栽植区的出入道路、排灌设施(包括管道、渠道、集雨蓄水池井等)应最短贯通或环绕果园;根据果园规模和灌水方式按照相关规范标准配套建设。

6.2.3 基础设施

果园建立必备的果品生产、包装、存储等辅助设施,应根据园地规模、交通、水电供应等制定相应规划,做到宁少勿多、不占沃土、方便实用。

6.2.4 防护林

防护林设置重在创造果树生长发育微域气候环境。调节温、湿度,降低风害、冻(霜)

害,减少水土流失;培植蜜源或绿肥植物,开辟肥源;隔离周围其他因素对绿色果品生产不利影响。设置的重点应在果园迎风面及环围整个苹果规模化栽植区;防护林树种速生健壮,且不和苹果树有共同病虫害或潜隐寄主及其传播体,果园周边忌讳栽植松柏、泡桐、刺槐、杨树。防护林设置时间在建园前1~2年或与果树同时栽植。

6.3 品种选择

6.3.1 适宜砧木

采用抗逆性、固地性强,亲和性、早果性好,容易繁殖、栽植的苹果优良砧木。基砧可采用海棠、楸子及山定子;矮化中间砧应适应庆阳适栽区立地条件,中间砧可选 M26、M9、SH6、SH40 及 SL-1。

6.3.2 发展品种

适宜规模发展鲜食红富士优系(烟富1号、烟富3号、烟富6号、长富2号、秋富1号、岩富10、玉华早富、宫崎短富、礼泉短富等)主栽品种,适度发展嘎拉优系、信浓红、夏丽、美国8号、华冠、乔纳金优系、金冠优系、秦冠优系等和适宜加工果汁、果干的优良品种。$\geq 6/hm^2$苹果园主栽品种 2~3 个,$<6/hm2$ 的果园只主栽 1 个品种。

6.4 苗木选择

选择矮化中间砧嫁接苗、乔砧无毒嫁接苗或普通嫁接苗。苗木质量符合 GB 9847 苹果苗木一级标准,苗木检疫按 GB8370-2009 规程规定执行。

6.5 授粉树配置

授粉与主栽品种配置比例为1:4~6。可采用"梅花式"或南北行栽植果园以东西成行的株间方式配置。红富士授粉品种适合选华冠、嘎啦优系、元帅优系、秦冠优系;嘎啦优系授粉品种选红富士优系、美国8号、金冠优系;玉华早富授粉品种选金冠优系、元帅优系。

6.6 栽植方式

塬面或川台平地果园,采用宽行(距)窄株(距)的长方形栽植方式,栽植提倡南北行向。塬边梯田或山地果园,采用等高栽植或带状栽植,田面宽度要求应≥ 6 m。

6.7 栽植密度

栽植密度根据选定品种、配套砧木、立地条件、培养树形、目标产量、管理水平、栽培技术不同合理确定。塬地果园栽植密度小、山地果园栽植密度大。乔化苹果园提倡中等密度栽植,株行距可选 3.0×4.0 m 或 2.5×5.0 m 或 3.0×5.0 m 或 3.5×5.0 m;矮化中间砧苹果园提倡高密度栽植,株行距可选 1.5×4.0 m、或 2.0×4.0 m、或 2.5×4.0 m、或 1.5×5.0 m 或 2.0×5.0 m。

7 果苗定植

7.1 定植时间

春栽在土壤解冻后至苗木萌芽前(3月下旬至4月中旬)进行。秋栽在苗木形成顶芽后至土壤结冻前(10月上旬至10月下旬)进行。栽植苗应是自然落叶或人工落叶健康单株,营养钵果苗可带土栽植。

7.2 栽前土壤准备

土壤准备,春栽果园可在上年秋冬进行,秋栽果园可在栽前1月落实。

7.2.1 挖定植沟

按栽植密度确定的行距与行向,开挖宽80～100 cm、深80 cm的定植沟,挖沟时表土底土分开,分别堆放在定植沟两侧。

7.2.2 定植沟回填

回填时先在沟底填入30 000～45 000 kg/hm² 的农作物秸秆(秸秆压紧后的厚度约30 cm),并按100 kg农作物秸秆喷洒6～7 kg的速效纯氮溶液(调整填充秸秆C/N比)。然后将表土与腐熟发酵后的农家积存有机肥混合(有机肥施用量30 000～45 000 kg/hm²)填入,最后再填平定植沟。

7.2.3 灌水

定植沟土壤回填后,及早灌足底水,保证土壤湿度,促进土层下沉埋实,保持园地平整。

7.3 栽前苗木准备

7.3.1 选苗

栽植前,首先逐一核对、登记品种,检查苗木生活力、根系和分枝状况;按照建园规划对苗木进行分级排队,剔除不合格苗木,保证栽后整齐一致。

7.3.2 修根

栽植用苗木应先剪除主根和少许的过长侧根及伤根、腐朽毛细根,然后将根系放在清水中浸泡一昼夜使其充分吸水。

7.3.3 蘸根

栽植时,配置磷肥泥浆液先蘸根。泥浆液配方为:优质过磷酸钙1.5 kg+黄土10 kg+水50 kg,并加入少许的多菌灵或甲基硫菌灵,充分搅匀后,将苗木根系完全浸入其中,随蘸随栽;也可将修根后的苗木放在1％～2％的过磷酸钙液中浸根12～24 h,最后采用泥浆蘸根后立即栽植。

7.4 定植

7.4.1 挖穴施肥

按确定栽植密度,纵横成行打点、定窝、挖穴,定植穴的规格为60 cm见方。然后施入有机质含量不低于30％的优质商品有机肥或生物有机肥2～3 kg/穴,尿素0.2 kg/穴(生物有机肥不允许和尿素混合施用,而是先施生物有机肥,覆10 cm厚的土后再浅施尿素)或磷肥2 kg/穴、磷酸二铵0.5 kg/穴、尿素0.2 kg/穴,与穴土充分拌匀后填入栽植穴底。

7.4.2 苗木定植

表土先回填,回填土在定植穴内先整理成一个小个丘(如圆形馒头状),至距离地面25 cm～30cm时,再将苗木根系放置在小丘顶部,根系在小丘上面分布自然舒展,苗干正竖,纵、横、斜三方均成直行;随后将土填至接近穴面部位轻轻提苗一次,踩实后再将土填至穴面,然后再轻轻提果苗一次,做直径1 m大小树盘,浇水15～20 kg/穴,使根系与土壤密接。待水渗完后再行覆土,特别对根颈部要培一小土堆,保墒、防风、防冻。栽植深度乔化果苗嫁接口略高出地面,矮化中间砧果苗应将中间砧埋入土内1/3～1/2。

8 栽后管理

8.1 补植扶苗

苗木定植后 20 d,检查栽植成活情况,对死、伤株应及时补植。补植时应选同龄苗和原有苗品种。因定植沟(穴)深加之填草改良土壤,新栽苗木常会出现歪斜、倒伏,需及时培土扶正或设立临时支柱,以保证苗干强壮挺立。

8.2 浇水覆盖

苗木栽植后,条件允许可间隔 10～15 d 连续浇水 2～3 次,或在雨后及时抢墒整理树盘。在完成根颈培土后,树盘覆盖 100 cm 见方的地膜或 10～15 cm 厚的农作物秸秆。

8.3 埋土防寒

庆阳冬季寒冷、干旱、多风。秋栽苗在土壤结冻前要埋土防寒。埋土时,先在苗干周围做一"土梁"(防止压苗时折坏苗干),然后将苗干向迎风面压弯,使其接近或紧贴地面,覆土 30～50 cm,将苗木地上露出部分全部埋严。下年春天,土壤解冻(清明节前后)至气温上升并稳定后(萌芽前)去除覆土,小心刨出扶正苗干并踏实土壤进行固定。

8.4 栽后定干

根据有中干树形培养要求并结合苗木生长情况,在苗干一定高度定干。定干时剪口下 20 cm 以内须留饱满芽以便选留主枝或永久性结果枝组,定干在上年秋栽树放苗扶正后或春栽苗定植后苗木萌芽前及时进行。定干时苗高在 100 cm 左右,可在距地面 70～80 cm 处剪截,苗高在 120 cm 以上可在距地面 90～100 cm 处剪截(要求饱满芽适中,剪口芽迎风);如果苗木质量差,定干高度可适当低一些(但剪口下 10 cm 必须留饱满芽)。定干后及时用塑膜带、接蜡或果树愈合剂封涂剪口,也可用猪皮擦揢树干,以防抽干。

8.5 苗干套袋

8.5.1 总则

缺乏分枝的单干延伸树定干后苗干要套袋。

8.5.2 制袋

将普通农用薄膜裁成宽 12～15 cm、长 90～110 cm 的长条,然后对折封口,再制成宽 5～7 cm、长 90～110 cm,三面封口、一面开口的长筒形塑料袋。

8.5.3 套袋

套袋时间要早。秋栽苗于第二年春季刨土放苗定干后,春栽苗木栽植定干后立即进行。将苗木用制成的长筒形塑料袋自上而下全部套住,下端埋入土中或用绳系牢,以防透气,使袋内形成相对封闭的小环境。

8.5.4 取袋

当袋内幼芽长到 3 cm 时(4 月上中旬),分 3～4 次进行取袋,使袋内苗木逐渐适应外部环境。第 1 次先在袋子周围扯开 4～5 个直径约 1 cm 大小的孔透气,然后每隔 2～3 d 扩大一次,6～8 d 后,袋内外温湿度条件基本相同时,于傍晚全部取掉残袋即可。

8.6 除萌、控梢

4～5 月及时去除砧木上的全部萌蘖。生长过旺应进行控梢,方法是对果苗已有或新生分枝,采取拉平、变向、适度损伤等措施进行调控。

8.7　设立支架

对矮化果园尤其是自根砧必须设立支架或立柱。方法是依树行走向,每隔 10 m 立 2.5 m 长水泥柱,分别在水泥柱的 1.0 m 和 2.0 m 处各拉一道 10 号铁丝,扶植中干。幼树期也可在每株树旁立一竹竿作为立柱,扶植中干,结果后再立水泥桩。

8.8　病虫害防治

8.8.1　总则

以农业和物理防治为基础,生物防治为核心,依据病虫害发生规律和经济阈值,综合防治。

8.8.2　病害

8.8.2.1　早期落叶病

应按照以下流程:

①萌芽前至中心花露红期(3 月中旬至 4 月中旬),喷 5%菌毒清 1 000 倍液或波美 5°石硫合剂。

②落花后至套袋前(4 月下旬至 5 月中旬),喷 1～3 次杀菌剂(有 1 次应在套袋前一天喷),用扑菌灵 800 倍液;与此同时,如有金纹细蛾、金龟子等,则配合喷苦参碱、吡虫啉、毒死蜱等。

③套袋后(6 月中下旬)喷 50%多菌灵可湿性粉剂 800 倍液或 43%戊唑醇悬浮剂 1 000 倍液等。

8.8.2.2　苹果锈病

4 月上中旬,喷 36%甲基硫菌灵 800 倍液或 25%粉锈宁 800～1 200 倍液;7 月至 8 月喷 12.5%烯唑醇 1 000 倍液或 25%的三唑酮可湿性粉剂 2 500～4 000 倍液。

8.8.3　虫害

8.8.3.1　卷叶蛾(包括金纹细蛾)

清扫落叶,利用天敌,剪除冠下砧木萌蘖,在 5 月下旬至 6 月上旬、7 月中旬喷施 25%灭幼脲 3 号胶悬剂 2 000 倍液。

8.8.3.2　金龟子

及时布点架设频振式杀虫灯、诱杀灯或火堆诱杀,利用其假死性在清晨或傍晚振落捕杀,喷施 2.5%溴氰菊酯 5 000 倍液或 0.30%苦参碱 800～1 000 倍液。

8.8.3.3　卷叶蛾

每亩喷施白僵菌菌剂(每 g 含 100 亿孢子)2 kg 加 48%毒死蜱乳油 0.15 kg,兑水 75 kg,在树盘周围地面喷洒,后覆草。

8.8.3.4　毛虫类

喷苏云金杆菌 500～1 000 倍液。

9　档案建立

9.1　果园规划

9.1.1　规划依据

包括行政管理属地,果园权属文件或公证文书(含地界、用途、受益、年限、目标等);当地的气候条件、土壤条件、地形地势、交通条件、水利条件、经营条件、农民收入、产销预测等规划依据资料。

9.1.2　配套设计

包括管理作业区划分、道路水系配置设计、防护林设置、栽植品种及授粉树配置、栽植密度与栽植技术以及建园前期所有可行性论证材料。

9.1.3　设计图纸

包括行政区划图、果园平面图以及分项规划和整体规划完成后绘制出的果园规划图、果园设计图和管理规程等。

9.2　实施过程

9.2.1　建园进度

包括苗木质量、来源与检疫记录,规划放样记录、打点栽植记录、成活调查记录、越冬防寒记录、栽后管理记录以及分阶段工作进度记录等。

9.2.2　建园成本

包括果园建成后所有生产资料(苗木、肥料、农药、器械、秸秆、农膜、支架、竹竿等)、劳动力投入(栽前土壤准备、栽植与栽后当年管理)记录、各项配套设施建设投入成本以及栽植后至结果前分年度的果园生产性投入核算和基本效益测算等。

9.3　生产管理

按照苹果年周期物候规律所采取的各项技术管理措施的真实记录。

后 记

  林木种苗是林业生产不可替代的基本生产资料,是最重要的科技载体,是增加林产品产量、提高林产品品质、丰富林产品种类的内在条件,是延长林业产业链条、林产品价值链条的起点。当前,我国林业发展进入了一个新的重要战略机遇期,党的十八大做出了建设生态文明的战略部署,提出了建设美丽中国的宏伟蓝图。发展林业是建设生态文明的首要任务,林木种苗是林业发展的重要基础和前提。保护自然生态系统、实施重大生态修复工程,构建生态安全格局、推进绿色发展、建设美丽中国、应对气候变化必须首先抓好林木种苗。

  发展现代林业,筑牢林木种苗这一林业建设的基石,科技是基础,人才是关键。为了进一步加强林木种苗队伍建设,提高从业人员业务素质和科学技术水平,我们把曾经主持或参与的主要课题、标准、项目的核心内容和重要文章汇集成册,编辑成《陇东林业有害生物与林木种苗管理研究》一书。全书由席忠诚整理汇集,发表在重要期刊杂志上的文章由刘向鸿负责收集,科研篇由原课题项目组提供,标准篇由标准主要起草人提供。所有内容尽可能维持原貌不动,只对有明显漏洞的部分做了技术处理,英文摘要和相关论文表格、公式由李亚绒重新录入。标准篇和科研篇的"欧美杨107、108及110号引种试验示范"及"陇东黄土高原区现代化苗圃建设"内容由李亚绒校对修改,论文篇的实用技术和科研篇的"优质苹果苗木繁育及标准化建园技术示范推广"及"容器育苗标准化生产技术集成与产业化"内容由彭小琴校对修改,论文篇的试验研究和科研篇的"陇东黄土丘陵沟壑区容器育苗与造林技术示范推广"内容由刘向鸿校对修改,论文篇的树种培育和科研篇的"优良树种文冠果的开发与栽培技术研究"内容由靳晓丽校对修改,论文篇的对策思考和科研篇的"楸树优质苗木繁育试验示范"内容由李宏斌校对修改。最后由席忠诚统稿完成。

  本书在编辑过程中得到了西北农林科技大学出版社、庆阳市财政局、庆阳市林业局、陇东学院农林科技学院、庆阳市林木种苗管理站、庆阳市经济林木工作管理站等单位和樊德民、夏华、胡开阳、刘越峰、张兴龙、慕友良、徐爱军、吴健君、何天龙、白勇龙、王锦峰、王润虎、赵琦、包建强、祁越峰、杜芬芬、姜建伟、张东照、张育青、曹思明等领导、专家和基层林场领导以及技术人员的关心、支持,庆阳市林业局党委书记、局长樊德民特为本书作序,在此谨表诚挚的谢意。

  由于时间仓促,加之水平所限,书中缺点错误在所难免,敬请批评指正。

编者

2013 年 4 月